# Studienbücher Chemie

**Herausgegeben von**
Jürgen Heck
Burkhard König
Roland Winter

Die Studienbücher der Reihe Chemie sollen in Form einzelner Bausteine grundlegende und weiterführende Themen aus allen Gebieten der Chemie umfassen. Sie streben nicht unbedingt die Breite eines umfassenden Lehrbuchs oder einer umfangreichen Monographie an, sondern sollen den Studierenden der Chemie – durch ihren Praxisbezug aber auch den bereits im Berufsleben stehenden Chemiker – kompakt und dennoch kompetent in aktuelle und sich in rascher Entwicklung befindende Gebiete der Chemie einführen. Die Bücher sind zum Gebrauch neben der Vorlesung, aber auch anstelle von Vorlesungen geeignet. Es wird angestrebt, im Laufe der Zeit alle Bereiche der Chemie in derartigen Texten vorzustellen. Die Reihe richtet sich auch an Studierende anderer Naturwissenschaften, die an einer exemplarischen Darstellung der Chemie interessiert sind.

Wolfgang Legrum

# Riechstoffe, zwischen Gestank und Duft

Vorkommen, Eigenschaften und
Anwendung von Riechstoffen
und deren Gemischen

2., überarbeitete und erweiterte Auflage

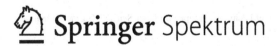 Springer Spektrum

Wolfgang Legrum
Philipps-Universität Marburg
Deutschland

Die Reihe Studienbücher für Chemie wurde bis 2013 herausgegeben von:

Prof. Dr. Christoph Elschenbroich, Universität Marburg
Prof. Dr. Friedrich Hensel, Universität Marburg
Prof. Dr. Henning Hopf, Universität Braunschweig

Studienbücher Chemie
ISBN 978-3-658-07309-1          ISBN 978-3-658-07310-7 (eBook)
DOI 10.1007/978-3-658-07310-7

Die Deutsche Nationalbibliothek verzeichnet diese Publikation in der Deutschen Nationalbibliografie; detail-
lierte bibliografische Daten sind im Internet über http://dnb.d-nb.de abrufbar.

Springer Spektrum
Springer Fachmedien Wiesbaden ist Teil der Fachverlagsgruppe Springer Science+Business Media
(www.springer.com)

# Vorwort

Jeder kennt die Fühlbücher für Kleinkinder, darin Samt, Sandpapier, Stoff, Fell zum Erkennen verschieden rauer Oberflächen, mit Löchern, Gruben und Erhebungen, mit Beweglichem und Starrem. Ein Gang durch die Welt des Tastens, ohne andere Sinne bemühen zu müssen, zur Freude und zum Erfahren.

Ein analoges Riechbuch für Erwachsene zusammenzustellen wäre ebenfalls interessant, doch auch die pfiffige Erfindung des Aufdruckens von mikro-verkapselten Duftstoffen auf Papier ermöglicht noch nicht, solch eine Idee in die Tat umzusetzen.

Düfte, Aromen, Gerüche und Gestank lassen sich nicht einsperren. Sie bilden eine untastbare, unsichtbare, lautlose, temperaturlose Welt. Sie drängen in den Raum, sie erobern die Nase des Riechers, sie werden in ihm lebendig, sie bauen in ihm eine neue Welt.

So blieb dem Autor nur die traditionelle Art mit schwarzer Farbe für Buchstaben und chemische Formeln ein Buch zu schreiben, um sich akademisch den Gerüchen zu nähern. Das Wissen darüber, wo sie zu finden sind und wie sie sich verhalten, kann dem Leser die Tür zu dieser Welt einen Spalt weit öffnen.

Gerüche umgeben uns unsichtbar und erzählen vieles. Sie können Rückblicke auf gerade Geschehenes oder länger Zurückliegendes ermöglichen. Betreten wir einen Hausflur, in dem es nach Schimmel riecht, so erhalten wir eine Information über den Gebäudezustand der letzten Jahre. Der Geruch nach Parfum oder Körpergeruch sagt uns, ob fremde Personen im Hause waren. Düfte nach Braten oder Fisch verraten, was auf dem Speisezettel stand. Informationen schweben in der Luft.

Geruch und Nahrung verbinden wir meist mit einem appetitanregenden Aroma. Für ein Tier ist es allerdings eine Überlebensfrage wie sicher sein Fernsinn zur Nahrungsquelle führt und zusätzlich Informationen über 'verdorben' oder 'noch genießbar' bereitstellt. Dem Element Schwefel kommt hier eine besondere Bedeutung zu.

Hedonische und aversive Komponenten der Gerüche steuern weite Teile des Lebens. Dies gilt für die Technik bis zur Kosmetik.

Häufig ist der Evolution das Kunststück gelungen giftige Stoffe auch schlecht riechen zu lassen. So sammeln sich in manchen Abschnitten toxikologische Informationen.

Da die Strukturformeln im Buch weder den Geruch der dargestellten Moleküle verströmen, noch an irgendeiner Stelle Kostproben von Düften versteckt sind, kann man das Buch getrost ohne Belästigung lesen oder offen liegen lassen. Die Eindrücke werden allein durch die Erinnerung lebendig.

Mein Dank geht an PL, XL und ML für hilfreiche Diskussionen und das Korrekturlesen.

Gleichermaßen danke ich den Lesern für wertvolle Kritik und vielfältige Hinweise, welche teilweise in die zweite Auflage eingegangen sind. Diese enthält über ein Dutzend Neuaufnahmen zu aktuellen Themen, viele kleinere Ergänzungen und ein umfangreiches Kapitel zur Analytik.

Marburg, Mai 2011 und November 2014

W. Legrum

# Inhalt

# 1 Einleitung

Durch ihre Sinne erhalten die Lebewesen Informationen über ihre Umgebung. Die Fernsinne haben große Reichweite. Licht, Schall und Geruch kommen aus großen Entfernungen zu uns. Reize von Wärme, Kälte, Berührung und Geschmack setzen einen direkten Kontakt voraus und lösen Empfindungen der Nahsinne aus.

Anders eingeteilt gibt es physikalische Sinne und chemische Sinne, darunter Geschmack und Geruch. Beide sind substantiell durch Moleküle vermittelt, während die übrigen Sinne auf einem Energietransfer beruhen.

Zurück zu den Fernsinnen. Energie aus Licht und Schall versorgen Sinne, die einen momentanen Zustand registrieren und die aktuelle Lage erfassen. Ohne große Verzögerung, ist eine schnelle Reaktion möglich, für jagende Tiere ein enormer Vorteil.

Der Geruchssinn hat einen anderen Vorteil. Er stellt einen kriminalistischen Sinn dar, indem er auf eine externe Sammlung von Informationen in Form von Riechstoffen zugreift.

Ein Blick in die Kriminalistik mag das verdeutlichen. Wie oft sind wichtige Beweismittel in nicht geleerten Papierkörben, Mülleimern oder Staubsaugerbeuteln zu finden. Geheime Geschäftsunterlagen finden sich im allgemein zugänglichen Papierkorb. Nicht mehr Benötigtes geht nicht so schnell verloren und eröffnet einen Blick auf Gewesenes. Eine Fundgrube für den, der sie zu nutzen weiß.

Den Geruchssinn sprechen Moleküle an, die von Gegenständen, Stoffen und Lebewesen in Ruhe und in Bewegung abgegeben werden. In der Luft befindet sich eine Schleppe von Molekülen, die ständig von Oberflächen ausgehen. Auch wenn das Objekt schon vorbeigezogen ist, tummeln sich dessen verlorene Moleküle am alten Ort. In der Luft steht ein Teil der Vergangenheit.

## 1.1 Feind, Futter, Fortpflanzung

Für die Revierabgrenzung nutzen Tiere den Geruchssinn. Sie setzen Duftmarken und dokumentieren damit ihren Anspruch auf dieses Gebiet. Ohne dass sich die Rivalen selbst begegnen müssen, findet der Austausch von Informationen über riechende Spuren und Fährten statt. Gegenüber Tieren anderer Spezies beruht die Erkennung von ernstzunehmenden oder weniger gefährlichen Feinden auf Gerüchen.

Eine immer wiederkehrende Aufgabe ist die tägliche Suche nach Futter. Sie gelingt durch den Geruchssinn wesentlich effektiver als über das Auge. Beutetiere verraten ihre Anwesenheit durch Geruch, verendete Tiere geben Zersetzungsgerüche ab und locken Aasfresser an. Früchte verströmen je nach Reifezustand unterschiedliche Düfte und machen auf sich aufmerksam. Schon kleinste Lebewesen orientieren sich mit Hilfe der Chemotaxis zu den Nahrungsquellen hin, indem sie zielgerichtet einem Konzentrationsgradienten folgen.

Die dritte deutlich vom Geruchssinn geleitete Aufgabe ist die der Fortpflanzung. Tiere erkennen über den Geruch den hormonellen Zustand des Sexualpartners und können durch ihren eigenen Geruch auf sein unmittelbares Verhalten Einfluss nehmen oder auf längere Sicht hormonelle Reaktionen einleiten. Weiterhin könnten beim chemotaktischen Auffinden einer Eizelle durch die Spermien neben Hormonen (Progesteron) auch Riechstoffe eine Rolle spielen.

## 1.2  Gestank und Gift

Feind, Futter und Fortpflanzung (drei F) zeigen uns, dass es ausreichend ist, nur diejenigen Moleküle riechen zu können, die von der umgebenden Tier- und Pflanzenwelt erzeugt und freigesetzt werden. Folglich geben die bestehenden Stoffwechselwege auch die Art der Riechstoffe vor, die für andere Lebewesen wichtige Informationen beinhalten. Eine solche Verzahnung ist Voraussetzung für eine Co-Evolution.

Die permanent notwendige Suche nach Futter und besonders nach Eiweißquellen macht es plausibel, dass ein Erkennen von Eiweiß über den Geruch nützlich ist. Dies könnte erklären, warum von vielen Tieren Blut über große Entfernungen gerochen wird. Weiterhin sind viele Gerüche, welche aus Zersetzungs- und Fäulnisprozessen hervorgehen, bereits in besonders geringen Konzentrationen deutlich wahrzunehmen. Die verströmten, meist schwefelhaltigen Moleküle helfen Nahrungsquellen zu erschließen, denn viele Tiere, vor allem Aasfresser, sind gegenüber verdorbenem Fleisch weniger empfindlich als der Mensch.

Die Intensität, mit der schwefelhaltige Geruchsstoffe den Menschen auf Zersetzungsprozesse aufmerksam macht, lässt darüber nachdenken, ob Gestank und Giftigkeit etwas miteinander zu tun haben. Im Falle von verderbendem Eiweiß kann das richtig sein, insofern als auch Toxine durch bakteriellen Befall gebildet werden.

Interessant ist aber, dass die Geruchsempfindung vieler Substanzen, mit denen die menschliche Nase allein durch die Arbeit von Chemikern in Kontakt kommen kann, häufig als 'knoblauchartig' eingeordnet wird, obwohl sie keinen Schwefel im Molekül vorweisen wie das Aroma des Knoblauchs.

Jedoch gibt es nachweislich viele giftige, karzinogene und mutagene flüchtige Stoffe, die keineswegs mit Warngerüchen auf sich aufmerksam machen, sondern im Gegenteil, oft besonders angenehm riechen, wenn man nur an bestimmte Lösungsmittel denkt. Künstliche Moleküle mit Potential zur Schädigung des Organismus falsch zu bewerten, kann man dem Geruchssinn nicht anlasten.

Viel häufiger als Schwefel ist Stickstoff in Molekülen anzutreffen, da er in allen Aminosäuren vorkommt. Bei Zersetzungsprozessen führt die Decarboxylierung von Aminosäuren unter anderem zu riechenden Aminen, welche ebenfalls auf potentielle Nahrungsquellen aufmerksam machen.

Im abbauenden (katabolen) Stoffwechsel von Aminosäuren ist die wichtige Aufgabe, überschüssigen Stickstoff beim Säugetier in Form von Harnstoff zu eliminieren. Bakterielle Tätigkeit erzeugt daraus riechenden Ammoniak.

Pflanzen deponieren fixierten Stickstoff in Form von Pflanzenbasen (Alkaloiden). Stickstoffhaltige Moleküle stellen einen großen Teil pflanzlicher Riechstoffe dar.

## 1.3 Riechbare Moleküle

Riechbare Moleküle sind meist physiologische Stoffe, die in Tieren und Pflanzen biosynthetisch entstehen. Pflanzen imponieren hierbei durch die unendliche Fülle von sekundären Inhaltsstoffen, deren Vorläufermoleküle aus dem primären Stoffwechsel stammen.

Eine unabdingbare Eigenschaft eines potentiellen Riechstoffs ist seine Flüchtigkeit. Darunter versteht man die Fähigkeit in die Gasphase überzutreten. Sie ist eine Funktion der Molekülgröße und der Wechselwirkungen mit anderen Molekülen gleicher oder anderer Art.

Bis zu einer Molmasse von etwa 300 amu können Moleküle flüchtig sein. Eine Molmasse von 300 amu entspricht etwa einer Anzahl von 20 Kohlenstoffatomen, da man für jedes Kohlenstoffatom noch zwei oder drei Wasserstoffatome berücksichtigen muss (s. Abb. 1.01). Übersteigt die Masse diese Grenze, benötigen die Teilchen zu viel Energie, um bei normaler Temperatur aus ihrem Verband herausgelöst zu werden. Geringe Wechselwirkungen zwischen den Molekülen eines Stoffes verleihen diesem eine stärkere Flüchtigkeit, die sich an einem höheren Dampfdruck erkennen lässt.

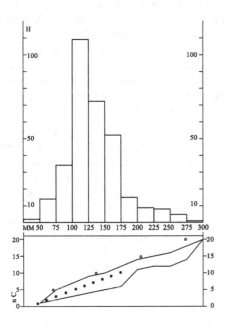

**Abb. 1.01**: Absolute Häufigkeitsverteilung der relativen molekularen Masse (MM) von 320 Riechstoffen. Die Intervalle schließen den unteren Wert ein, den oberen aus. Moleküle über 300 amu mit olfaktorischen Eigenschaften sind selten. Daten aus GARA (2001). Im unteren Teil der Abbildung ist, korrespondierend zu den Intervallen, die maximale und minimale Anzahl der Kohlenstoffatome (n C) der betreffenden Riechstoffe angegeben. Masse, die nicht aus Kohlenstoff stammt, wird von Heteroatomen beigesteuert.

In die dargestellte Zone sind einige ausgewählte Moleküle eingetragen. Die ausgefüllten Punkte markieren Carbonsäuren und kurzkettige Fettsäuren, beginnend mit Ameisensäure, endend mit Dekansäure. Die ersten vier riechen stechend, die folgenden ranzig und jenseits der Decansäure sind sie geruchlos. Durch die Kreise sind Vielfache des Isopren ($C_5H_8$) mit Hemi-, Mono-, Sesqui- und Diterpenen dargestellt. Hormone liegen im Intervall von 250-275.

Die Betrachtung dieser wenigen groben physikalisch-chemischen Parameter offenbart eher Gemeinsamkeiten zwischen den Riechstoffen als deutliche Unterschiede. Zur sensorischen Differenzierung der Moleküle müssen andere Merkmale hinzutreten.

Die Kenntnis der Dinge sagt, dass Moleküle sich im Hinblick auf ihre Elektronenverteilung an der Oberfläche unterscheiden. Die Verteilung hängt an den Eigenschaften der im Molekül vorhandenen Atome, deren Verknüpfung miteinander und an der geometrischen und räumlichen Anordnung. Es gibt polare und weniger polare Bereiche, von deren Verhältnis und Lage zueinander die Wasserlöslichkeit, die Lipophilie und die Ladungsverteilung abhängen. Bereits ein Gerüst von knapp zwei Dutzend Kohlenstoffatomen gemischt mit einigen der biologisch gängigen Heteroatome wie Sauerstoff, Schwefel, Stickstoff oder Chlor bietet genügend Möglichkeiten für Variationen.

Angenehm und unangenehm riechende Stoffe findet man im Bereich zwischen einem und 20 Kohlenstoffatomen, angenehm riechende meist zwischen 8 und 16 Kohlensoffatomen.

## 1.4  Biologische Detektoren

Als Träger einer Geruchsinformation sind nun relativ kleine Moleküle bis zu einer molekularen Masse von etwa 300 amu ausgemacht. Diese sollten durch ein geeignetes Detektionssystem zu erkennen und nach Möglichkeit weiter zu unterscheiden sein, um so Informationen über das Objekt zu erhalten, das die betreffenden Moleküle abgegeben hat.

Die Natur greift zur Lösung dieser Aufgabe auf ein bewährtes System zurück, das in fast allen Lebewesen zur Übertragung von Informationen genutzt wird. Es handelt sich um die Einrichtung der 'G-Protein gekoppelten Rezeptoren' (GPCR). Sie leisten im Organismus vielerorts Dienste bei der Erkennung von Transmittern, die auf chemischem Wege Informationen von einer Zelle zur anderen tragen. Hierbei ist die Erkennung eines Moleküls durch eine passgenaue Bindung am Rezeptorareal perfekt realisiert. Dies führt dazu, dass Hormone oder Neurotransmitter im zentralen und peripheren Nervensystem gezielt ihre Wirkung entfalten können. Insgesamt sind im Menschen rund 800 GPCR identifiziert.

Im Vergleich zu der unbegrenzten Vielfalt von Riechstoffen ist die Anzahl der körpereigenen Transmitter geradezu bescheiden. Um dieser externen Vielfalt gewachsen zu sein und möglichst viele Riechstoffe individuell zu erkennen, müsste die Anzahl sich unterscheidender Rezeptortypen deutlich vermehrt werden. Doch ist es aussichtslos für jeden einzelnen Riechstoff genau einen passenden Rezeptor bereitzuhalten. Deshalb ist das Riechsystem unter Verwendung der G-Protein gekoppelten Rezeptoren in anderer Weise optimiert wie im folgenden Kapitel erläutert. Die Registrierung der Bindungsereignisse allerdings wird nach bewährter Methode über Nervenbahnen ins Hirn weitergeleitet und dort ausgewertet.

---

### Literaturauswahl

Diaconu M: Tasten - Riechen - Schmecken: eine Ästhetik der anästhesierten Sinne. Verlag Königshausen & Neumann, Würzburg, 2005; 494 S.
GARA – Glomerular Activity Response Archive. 2001: gara.bio.uci.edu/siteMap.jsp
Hatt H, Dee R: Niemand riecht so gut wie du. Die geheimen Botschaften der Düfte. Verlag Piper, München, 2010; 320 S.
Martinetz D, Hartwig R: Taschenbuch der Riechstoffe: Ein Lexikon von A-Z. Verlag Harri Deutsch, Frankfurt am Main, 1998; 416 S.
Ohloff G, Pickenhagen W, Kraft P: Scent and Chemistry – The Molecular World of Odors, 1st Edition, Verlag Helvetica Chimica Acta, Zürich, 2011; 350 S.

# 2 Geruchssinne

Die Geruchs- und Geschmacksempfindung wird von den zwei chemischen Sinnen des Organismus ermöglicht. Beide sind in der Lage die Anwesenheit chemischer Verbindungen außerhalb des Organismus zu erkennen, wozu Extero-Rezeptoren vorhanden sind. Mit Auge und Gehör zählt der Geruchssinn zu den drei Fernsinnen im Gegensatz zu den Nahsinnen Tasten, Schmecken, Wärmeempfindung, Gleichgewicht, Hunger und Durst.

Das Riechen wird ermöglicht durch eine relativ kleine Region der Nasenschleimhaut, die mit Sinneszellen ausgestattet ist und als *Regio olfactoria* bezeichnet wird. Sie liegt in beiden Nasenhöhlen am Oberrand der oberen Nasenmuscheln in direkter Nachbarschaft zum *Bulbus olfactorius* des Gehirns. Doch das Olfaktorische Riechsystem ist nicht die einzige Quelle der Information über diffusible Stoffe in der Luft. Zusätzliche Informationen werden über den *Nervus trigeminus* zugänglich, dessen Äste drei Bereiche des Kopfes versorgen. Die von ihm sensorisch versorgten Anteile des nasalen Epithels bilden das Trigeminale Riechsystem. Das Vomeronasale System, dem bei vielen Tieren eine wichtige Informationsquelle über Artgenossen zukommt, ist meist auf einige wenige Molekülfamilien spezialisiert und kann diese empfindlicher erkennen und feiner unterscheiden als das olfaktorische System. Manche Verbindungen werden zu den Pheromonen gerechnet.

Weiterhin wichtig ist die gegenseitige Ergänzung von Geruchs- und Geschmackssinn während der Nahrungsaufnahme und das retronasale Riechen von Aromen, die im Mund aus Lebensmitteln freigesetzt werden. Mit gutem Grund darf man nicht nur von einem einzigen Geruchssinn ausgehen, sondern von mehreren, die parallel arbeiten und sich informativ ergänzen.

## 2.1 Olfaktorisches System

### 2.1.1 Lage des Olfaktorischen Systems

Das Riechepithel des Geruchsorgans liegt in den beiden Nasenhöhlen jeweils am Oberrand der oberen Conchen. Der *Regio olfactoria* genannte Bezirk befindet sich in direkter Nähe zu den paarig angelegten *Bulbi olfactorii*, von denen er durch eine gelöcherte Knochenplatte, das Siebbein oder *Lamina cribrosa*, getrennt ist (Abb. 2.01).

Die von den Sinneszellen abgehenden Neuriten ziehen gebündelt und begleitet von Schwann-Zellen durch Öffnungen des Siebbeins in den jeweiligen *Bulbus olfactorius*. Hier haben sie synaptischen Kontakt mit den glomerulären Ausläufern der Mitralzellen, welche ihrerseits die Informationen durch den jeweiligen *Tractus olfactorius* in das Riechhirn weiterleiten.

Die Mitralzellen haben Verknüpfungen mit periglomerulären Zellen, Körnerzellen und mit efferenten Axonen. Histologisch lassen sich die Regionen, in denen die Kontakte zwischen den Zellen ausgebildet sind, im *Bulbus olfactorius* unterscheiden. Sie tragen die Bezeichnungen *Lamina glomerulosa, L. mitralis* und *L. granularis*. Von den früheren Anatomen wurde der paarig angelegte *Nervus olfactorius* als 'erster Hirnnerv' (I.) bezeichnet, obwohl er kein peripherer Nerv ist, sondern aus Fortsätzen der Riechzellen besteht.

Der bereits erwähnte *Nervus trigeminus* ist dagegen ein echter peripherer Hirnnerv (V.). Er tritt an der Brücke aus dem Hirn aus und lässt seine sensiblen und motorischen Fasern führenden Hauptäste durch das *Foramen ovale* und *F. rotundum* zu Mundhöhle, Gesicht und Nasenhöhlen eintreten. Lediglich der trigeminale Zweig *N. ethmoidalis anterior* nutzt den Weg durch die Siebplatte und versorgt Teile der Nasenhöhle und die Haut der Nase.

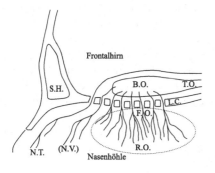

**Abb. 2.01**: Schematisierte Übersicht über die anatomische Lage von Riechschleimhaut und Bulbus olfactorius.
L.C. Siebbein, Siebplatte (*Lamina cribrosa*),
F.O. *Fila olfactoria* ziehen als *Nn. olfactorii* zum Bulbus olfactorius,
R.O. *Regio olfactoria* (Riechepithel, Riechschleimhaut) (mit Ellipse markiert),
B.O. *Bulbus olfactorius* (Riechkolben), mit *Lamina glomerulosa*, *L. mitralis* und *L. granulosa* (nicht gezeigt),
T.O. *Tractus olfactorius*,
N.V. *Nervus vomeronasalis* (bei Tieren zieht der N.V. vom Vomeronasalorgan in den *B.O. accessorius*),
N.T. *Nervus terminalis*
S.H. Stirnhöhle

Durch die Öffnungen des Siebbeins ziehen neben den Fortsätzen der Riechzellen auch der *Nervus terminalis*, ein vegetativer Nerv, und der *Nervus vomeronasalis*, der aus Fortsätzen der vomeronasalen Sinneszellen gebildet wird. Diese Sinneszellen sind im sensorischen Epithel des vomeronasalen Organs (VNO) vereinigt, das im *Ductus vomeronasalis* zu beiden Seiten des vorderen Nasenseptums liegt. Der *Nervus vomeronasalis* und das zugehörige vomeronasale Organ ist beim Menschen im Embryonalstadium angelegt, wird aber nicht entwickelt.

### 2.1.2 Mikroanatomischer Aufbau

Beim Menschen bedeckt die *Regio olfactoria* eine Fläche von etwa zwei mal 5 cm². In diesem Bereich sind in der Riechschleimhaut etwa 20 Millionen Riechsinneszellen vereinigt. Vier Zelltypen lassen sich im Riechepithel unterscheiden, Stützzellen, zwischen denen die Sinneszellen eingebettet sind, Bowmansche Drüsenzellen und Basalzellen oder neuronale Stammzellen (Abb. 2.02). Durch die Sekretion der Bowmanschen Drüsenzellen wird das Epithel von einer $Ca^{2+}$-haltigen Schleimschicht bedeckt. In diese Schicht ragen pro Sinneszelle zwischen fünf und zwanzig Riechhärchen oder Cilien hinein, die vom olfaktorischen Vesikel des Dendriten ausgehen. In den Cilien sitzen die olfaktorischen Rezeptorproteine. Der umgebende Schleim hat einerseits eine Schutzfunktion, andererseits nimmt er Riechstoffe auf, die allerdings ein Mindestmaß an Wasserlöslichkeit aufweisen müssen, und stellt zur Auslösung der Aktionspotentiale das passende Ionenmilieu bereit. Aus den Basalzellen bilden sich nach etwa 40 Tagen wieder neue Riechzellen als Ersatz für die abgestorbenen. Sie wachsen dabei am gleichen Ort und die neuen Axone wachsen den alten Bahnen nach. Hierbei spielt wohl ein Transport von Rezeptorproteinen, dem Axon entlang, in den Bulbus eine Rolle.

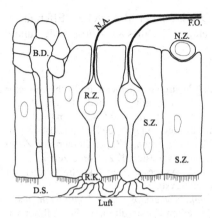

**Abb. 2.02**: Anatomischer Aufbau und Feinstruktur des Riechepithels der *Regio olfactoria*.
B.D. Bowmansche Drüse,
D.S. Drüsenschleim (Schicht bis 60 µm Stärke),
N.Z. adulte neuronale Stammzelle (Basalzelle),
S.Z. Stützzelle mit Mikrovilli,
R.Z. Riechzelle (bipolare Sinneszelle, Rezeptor-Neuron, olfactory receptor neuron, ORN),
R.K. Riechkegel mit Riechgeißeln (Cilien, Riechhärchen), in denen die olfaktorischen Rezeptoren (OR) sitzen.
N.A. Neurit/Axon
F.O. *Fila olfactoria* sind Bündel von Neuriten begleitet von Schwann-Zellen. Sie ziehen als *Nn. olfactorii* in den *Bulbus olfactorius*.

Die Axone aller Riechzellen sammeln sich in den *Fila olfactoria* und verlaufen durch die Öffnungen des Siebbeins (*Lamina cribrosa*) zu den paarig angelegten Riechkolben (*Bulbi olfactorii*).

### 2.1.3  Bulbus olfactorius

Im Bulbus olfactorius werden die zunächst individuell von jeder einzelnen Riechzelle abgegebenen elektrischen Reize (Aktionspotentiale) auf eine geringere Zahl von Mitralzellen übertragen. Hierbei konvergieren die Informationen von etwa 1000 Riechzellen auf den Dendriten einer Mitralzelle (Konvergenz).

Die große Ansammlung von Synapsen auf dem Dendriten der Mitralzellen zeigt sich mikroanatomisch als kugelartige Struktur, welche die Bezeichnung *Glomerulus olfactorius* trägt (Abb. 2.03). Wesentlich bei der Bündelung der eingehenden Information ist, dass sich ausschließlich afferente Axone von Riechzellen mit dem gleichen Rezeptorprotein in einem Glomerulus treffen. Signale von Rezeptorproteinen unterschiedlicher Spezifität gelangen also in ebenso viele unterschiedliche Glomeruli, wodurch eine klare Zuordnung gewahrt bleibt und auf zellulärer Ebene bereits ein Muster von der Erregung durch einen Riechstoff vorliegt.

Die relativ großen Strukturen der Glomeruli lassen sich in der äußersten von drei Schichten des Riechkolbens, der *Lamina glomerulosa*, erkennen. Die Mitralzellen liegen in der mittleren Schicht, der *Lamina mitralis*. Zur Mitte hin schließt sich die *Lamina granulosa* mit Assoziationszellen an.

Die in der Nähe der Glomeruli liegenden periglobulären Zellen haben über Synapsen mit Dendriten verschiedener Glomeruli Kontakt und sorgen für eine laterale Inhibition. Das bedeutet, dass stark aktivierte Zellen weniger stark aktivierte Nachbarzellen weiter schwächen. Auf diese Weise kann eine Kontrastüberhöhung erreicht werden. In ähnlicher Weise wirken die Körnerzellen auf der Ebene der sekundären Dendriten der Mitralzellen. Efferente Neurone aus höheren Verarbeitungszentren des Gehirns nehmen Einfluss auf Körnerzellen und periglomeruläre Zellen.

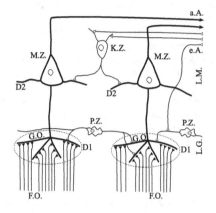

**Abb. 2.03**: Neuronale Elemente im Bulbus olfactorius.
F.O. *Fila olfactoria* mit Axonen der Riechzellen,
G.O. *Glomeruli olfactorii*, Ø 50-200 μm (·····),
M.Z. Mitralzellen und analoge Zellen (Büschelzellen),
D1 primären Dendriten, P.Z. periglomeruläre Zellen,
D2 sekundäre Dendriten, K.Z. Körnerzellen,
e.A. efferente Axone (z. B. vom kontralateralen Bulbus),
a.A. afferente Axone.
L.G. *Lamina glomerulosa*, L.M. *Lamina mitralis*.
Die dargestellten Glomeruli sammeln die Reize von zwei verschiedenen Typen olfaktorischer Rezeptorproteine.
Bei einer Konvergenz von 1000 gibt es insgesamt 20.000 Glomeruli, welche für die Verarbeitung der Informationen von rund 350 Rezeptorproteinen zur Verfügung stehen.

Die Axone der Mitralzellen leiten die Informationen über den *Tractus olfactorius* und das *Trigonum olfactorium* weiter, wo eine Aufteilung stattfindet. Ein Teil der Axone endet im *Nucleus olfactorius anterior* und gelangt nach Umschaltung in den kontralateralen *Bulbus olfactorius*. Die meisten Fasern treten in die *Striae olfactoriae laterales* und *mediales* ein und erreichen vier weitere Zielgebiete.

Die *Striae olfactoriae mediales* versorgen das *Tuberculum olfactorium*, welches vorzugsweise in das Septum weiterleitet ① (vgl. Abb. 2.04). Die Fasern in den *Striae olfactoriae mediales* ziehen einerseits über die Amygdala und den Hypothalamus zum lateralen orbitofrontalen Cortex ②, andererseits über die *Area praepiriformis* zum Thalamus und projizieren auf den zentralen orbitofrontalen Cortex ③. Von der *Area praepiriformis* wird auch der entorhinale Cortex im Hippocampus erreicht ④.

Die Verknüpfungen in den ersten beiden Zielgebieten sind im wesentlichen für die emotionale Verarbeitung der Geruchsinformationen zuständig. Die beim Riechen einer Substanz ausgelösten Gefühle entstehen im Hypothalamus. Von hier aus existieren Verbindungen zur Sexualität und die Bahnen zur Hypophyse ermöglichen die Beeinflussung endokriner Funktionen.

Das dritte Zielgebiet leistet seine Arbeit in der vorzugsweise bewussten Unterscheidung und Identifizierung von Gerüchen, wobei auch das *Tuberculum olfactorium* Reize beisteuert. Der letzte Projektionsstrang über die *Area praepiriformis* zum entorhinalen Cortex im Hippocampus ermöglicht das Lernen und Erinnern von Gerüchen. Geruchserlebnisse werden noch nach Jahren deutlich erinnert, da sie kaum bearbeitet im Langzeitgedächtnis gespeichert sind. Siehe hierzu die von Marcel Proust beschriebene 'Madeleine-Erfahrung' in: À la recherche du temps perdu.

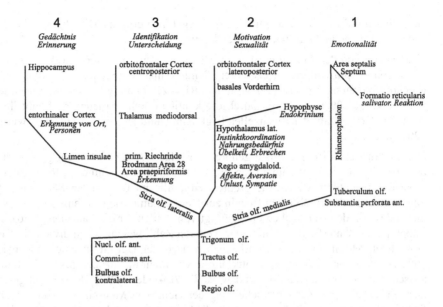

**Abb. 2.04**: Schematische Darstellung der Verteilung der von der *Regio olfactoria* (unten) einlaufenden Reize auf vier Zielregionen. Nebenbahnen sind nicht dargestellt. Die Reize gelangen nicht primär, wie bei anderen Sinnesreizen, in den Thalamus. Kursive Einträge beziehen sich auf die Leistungen der verschiedenen Bereiche. ant. = *anterior*, olf. = *olfactorius/a*, lat. = *lateralis*.

Informationen von Riechstoffen passieren und infiltrieren auf dem Weg ihrer Verarbeitung zuerst das Limbische System und den Hippocampus und damit die ältesten Strukturen des Gehirns, in denen Gefühle, Erinnerungen, Triebe und hormonelle Steuerung ohne unser Bewusstsein kontrolliert werden.

### 2.1.4 Olfaktorische Rezeptoren

Die olfaktorischen Rezeptoren (OR) befinden sich in den äußeren Membranen der Cilien, die von jeder Riechzelle in die Schleimschicht des Riechepithels hineinragen. Jede Riechzelle oder olfaktorisches Rezeptor Neuron (ORN) exprimiert aus der Vielzahl der OR-Gene jeweils nur ein einziges. Innerhalb des Riechepithels sind die Riechzellen mit ihren sortenreinen Rezeptorproteinen zufällig und mosaikartig verteilt.

Die Informationen für die olfaktorischen Rezeptoren sind bei Säugetieren, wie seit den Arbeiten der 2004 mit dem Nobelpreis für Medizin geehrten Forscher R. Axel und L. Buck bekannt, in etwa tausend Genen gespeichert. Beim Menschen machen diese Gene etwa ein Prozent des gesamten Genoms aus (bei Säugetieren 3% des Genoms). Allerdings werden beim Menschen nicht alle exprimiert, sondern nur etwa 350. Die Maus exprimiert 850 Gene, der Hund etwa 900 und die Ratte ist mit bald tausend der Spitzenreiter. Die nicht exprimierten

Gene liegen meist als Pseudogene vor, die wegen Fehlern im Code abgeschaltet sind oder aus anderen Gründen nicht aktiviert werden können.

Unabhängig von der Anzahl der verschiedenen exprimierten Gene ist die Gesamtzahl der im Sinnesepithel präsentierten Rezeptoren. Nimmt man eine Gleichverteilung der rund 350 Riechrezeptoren auf die etwa 20 Millionen Riechzellen an, gibt es beim Menschen von jeder Sorte etwa 50.000 Exemplare. Durch die kontinuierliche Erneuerung bleibt ihre Zahl konstant. Die Gesamtzahl der Riechzellen liegt beim Hund je nach Nasenlänge zwischen 100 und 220 Millionen.

Die olfaktorischen Rezeptorgene gehören zur Klasse A der 'G-Protein gekoppelten Rezeptoren' (GPCR = G protein-coupled receptor), den Rhodopsin-ähnlichen Rezeptoren. Die olfaktorischen Rezeptoren stellen die größte Genfamilie im Genom der Säugetiere. Ihre Benennung erfolgt nach den üblichen Regeln zur Nomenklatur von Genfamilien. Angeführt werden die Codes von den Buchstaben OR, gefolgt von Zahlen für die Familien (1-56), einem Buchstaben für die Unterfamilien und einer weiteren Zahl, welche das individuelle Gen (Isoform) bezeichnet. Mitglieder einer Familie haben nach der Definition eine Sequenzidentität von mehr als 40%, diejenigen einer Unterfamilie von mehr als 60%. Typische Vertreter der olfaktorischen Rezeptorgene sind beispielsweise OR7D4 oder cOR7D4P. Ein nachgestelltes P indiziert ein Pseudogen. Zur Unterscheidung der Gene von Mensch und Hund können in einer früheren Codierung (hOR17-4 = OR1D2) die kleinen Buchstaben h (human) und c (canis) vorangestellt sein.

Einige olfaktorische Rezeptorgene werden nicht nur im Riechepithel exprimiert, sondern nach neueren Erkenntnissen auch ektopisch in Zellen anderer Organe und in Spermien. In letzteren wurde das Rezeptorprotein von hOR17-4 (OR1D2) nachgewiesen, das die körperfremden Riechstoffe Cyclamal und Bourgeonal bindet (Abb. 2.05). Dies führt zu Verhaltensänderungen der Spermien. Große Resonanz fand das daraus abgeleitete 'Maiglöckchen-Phänomen' in der Öffentlichkeit, wonach die Spermien den Weg zur Eizelle vermittelt durch einen Riechrezeptor und den passenden Duft finden. Jedoch sind bisher keine körpereigenen Riechstoffe im Genitaltrakt gefunden worden. Wie das nachgewiesene Rezeptorprotein in eine Signaltransduktion eingebunden ist, wird derzeit von mehreren Arbeitsgruppen intensiv untersucht.

Olfaktorische Rezeptorgene wurden ebenfalls in Darm und Niere exprimiert gefunden. In der Prostata kommt das exprimierte Gen hOR51E2 vor, welches auf Steroidhormone und $\beta$-Ionon (Veilchenduft) reagiert. Prostatakarzinomzellen exprimieren dieses Gen stärker als gesundes Gewebe und reagieren auf die Anwesenheit von $\beta$-Ionon oder Dihydrotestosteron im Experiment mit einem reduzierten Wachstum.

Unlängst ist man in Keratinozyten der Haut auf das Rezeptorprotein von OR2AT4 gestoßen. Solche Zellen lassen sich durch den künstlichen Riechstoff Sandalore, den die menschliche Nase als Sandelholzduft erkennt, zu verstärktem Wachstum anregen. In allen erwähnten Fällen kann die kausale und teleologische Frage für das ektopische Vorkommen von solchen Proteinen, die uns primär als Rezeptoren des Riechepithels bekannt sind, (noch) nicht beantwortet werden.

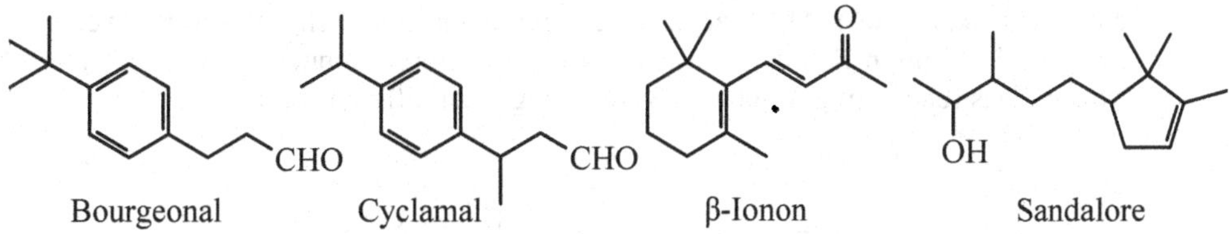

Bourgeonal          Cyclamal                    β-Ionon                          Sandalore

**Abb. 2.05**: Die Riechstoffe Bourgeonal [18127-01-0], Cyclamal [103-95-7], β-Ionon [79-77-6] und Sandalore [65113-99-7] binden an den erwähnten olfaktorischen Rezeptorproteinen von Spermien, Prostata und Haut.

Auf Grund der Zugehörigkeit der olfaktorischen Rezeptorproteine zu den Rhodopsin-ähnlichen GPCR (Klasse A) weisen sie eine Struktur mit sieben Transmembran-Domänen auf. Diese verankern das Protein in gleichbleibender Orientierung in der Membran. Gelangt ein Riechstoff an die Bindungsstelle des Rezeptorproteins, aktiviert dieses nach einer Konformationsänderung das nur in der Riechzelle vorkommende $G_{olf}$-Protein (Golf), welches seinerseits die Adenylatcyclase aktiviert. Dieses Enzym kann zelluläres ATP in cyclisches AMP umwandeln, das als second messenger die Membranpermeabilität von Kanalproteinen für Kationen ändern kann. Hierdurch sind die im Nasenschleim vorhandenen Natrium- und Calcium-Ionen in der Lage in die Zelle einzudringen und sie zu depolarisieren. Einströmendes Calcium verstärkt über einen Chloridkanal die Depolarisierung der Zelle, bis es oberhalb eines Potentials von -50 mV durch die Aktivierung spannungsabhängiger Natriumkanalproteine zur Auslösung eines Aktionspotentials bis maximal +60 mV kommt, das neuronal weitergeleitet wird.

### 2.1.5 Kodierung der Informationen

Im Organismus übernehmen Rezeptoren die Erkennung von Transmittern, welche auf chemischem Wege Informationen von einer Zelle zur anderen transportieren. Hierbei ist die Bindung eines Moleküls an eine Rezeptoroberfläche optimal realisiert. Allerdings werden im Organismus nur relativ wenige Transmitter eingesetzt, die nicht verwechselt werden dürfen. Im Falle der Riechstoffe gibt es jedoch ein Überangebot unterschiedlicher Moleküle, man schätzt ihre Zahl auf mehr als 400.000. Die Aufgabe der Erkennung dieser vielen Stoffe durch eine Erhöhung der Anzahl maßgeschneiderter Rezeptoren zu lösen, überstiege die Kapazität des Organismus und wäre nicht effektiv.

Wie gelingt es in der Realität trotzdem mit einer überschaubaren Anzahl von unterscheidbaren Rezeptortypen (etwa 1000) eine differenzierte Erkennung einer beinahe unendlichen Fülle von verschiedenen Molekülen zu bewerkstelligen? Keinesfalls braucht man für jedes Molekül einen eigenen maßgeschneiderten Rezeptor. Die Aufgabe lässt sich durch eine Kombination von zwei Informationssignalen günstiger lösen, die sich aus der Spezifität und der Intensität der Bindung ergeben. So erhält man zwei Informationen gleichzeitig: an welchen Rezeptortyp und wie intensiv ein Molekül gebunden wird. Aus diesen Wertepaaren ergibt sich nun ein Muster, das für eine Substanz charakteristisch ist und dem Erregungsmuster der Rezeptoren entspricht (Abb. 2.06). Allein zehn Rezeptoren unterschiedlicher Spezifität, welche eine Bindung in drei Stufen (keine, schwach, stark) registrieren können, liefern $3^{10}$ unterscheidbare Muster. Das reicht um etwa 60.000 Verbindungen zu differenzieren.

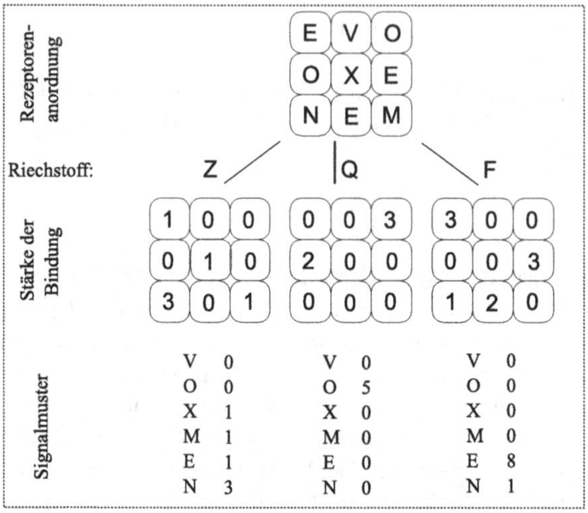

Rezeptoren-anordnung:

E V O
O X E
N E M

Riechstoff:        Z          Q          F

Stärke der Bindung:

| Z | | | Q | | | F | | |
|---|---|---|---|---|---|---|---|---|
| 1 | 0 | 0 | 0 | 0 | 3 | 3 | 0 | 0 |
| 0 | 1 | 0 | 2 | 0 | 0 | 0 | 0 | 3 |
| 3 | 0 | 1 | 0 | 0 | 0 | 1 | 2 | 0 |

Signalmuster:

| | | | | | |
|---|---|---|---|---|---|
| V | 0 | V | 0 | V | 0 |
| O | 0 | O | 5 | O | 0 |
| X | 1 | X | 0 | X | 0 |
| M | 1 | M | 0 | M | 0 |
| E | 1 | E | 0 | E | 8 |
| N | 3 | N | 0 | N | 1 |

**Abb. 2.06**: Schematische Darstellung der Kodierung ausgehend von der Anordnung sechs hypothetischer Rezeptoren (3E,M,N,2O,V,X) im Riechepithel bis zur Gewinnung eines Musters der Erregung nach Anlagerung von drei Riechstoffen (Z,Q,F), die in vier Intensitätsstufen (0,1,2,3) gebunden werden. Die Interaktion der Riechstoffe mit den Rezeptoren basiert hier auf der Ähnlichkeit der eingesetzten Buchstaben. In diesem Beispiel gibt es 4096 Möglichkeiten des Informationsmusters. Die Mustererkennung und Zuordnung zu bekannten Gerüchen erfolgt in höheren Zentren des Gehirns (vgl. Abb. 2.04).

Auch die Anforderungen geringe Konzentrationen registrieren zu können oder für verschiedene Gruppen von Molekülen bessere Empfindlichkeiten zu erreichen, lässt sich erfüllen. Soll die Empfindlichkeit allgemein gesteigert werden, vermehrt man die Anzahl der Rezeptoren bei gleich bleibendem Verhältnis untereinander. Soll die Selektivität gegenüber bestimmten Verbindungen erhöht werden, verschiebt man das Verhältnis der verschiedenen Rezeptortypen zu Gunsten der im Fokus stehenden Sorte, ohne jedoch die anderen Typen aufzugeben.

### 2.1.6 Bowmansche Drüsenzellen

Riechstoffe sind für jeden Organismus Fremdstoffe oder Xenobiotika, die beim Riechen zumindest teilweise in den Organismus aufgenommen werden und danach eliminiert werden müssen, um eine Anreicherung zu vermeiden. Daher lag es nahe im Riechepithel nach Vertretern der Cytochrom P450 Enzymfamilie zu suchen, welche die Aufgabe des Fremdstoffmetabolismus vor allem in der Leber übernimmt. In der Tat fand man zunächst bei der Ratte einen Vertreter des Cytochrom P450, der nur im Riechepithel vorkommt, das P-450olf1 (Cyp2g1), später beim Rind das P-450olf2. Beide Enzyme werden von den Bowmanschen Drüsenzellen exprimiert und spielen möglicherweise eine Rolle in der Entfernung von Riechstoffen aus dem olfaktorischen Epithel.

Die Drüsenzellen erzeugen ein Calcium-haltiges Sekret, welches das Riechepithel überzieht und optimale Bedingungen für eine Potentialauslösung garantiert. Das Sekret enthält zu 1% verschiedene 'odorant binding proteins' (OBP) von jeweils etwa 18 kD Größe, die nur Bruchstücke eines größeren Carrierproteins ausmachen, das dem Membrantransport hydrophober Moleküle dient. Die Funktion des OBP, das zum Beispiel Pyrazine (2-Isobutyl-3-methoxy-pyrazin) gut bindet, könnte darin bestehen, lipophileren Riechstoffen den Weg zum olfaktorischen Rezeptor zu erleichtern und auch den Abtransport von dort zu garantieren.

### 2.1.7  Olfaktorisches System bei Insekten

Das Geruchsorgan der Säugetiere ist im vorderen Nasen-Rachenraum, also eher im Körperinneren, lokalisiert. Soll es aktuelle Informationen über Riechstoffe liefern, ist ein laufender Austausch der umgebenden Luft erforderlich. Dies geschieht durch die Atmung. Im Gegensatz dazu tragen Insekten ihr System zur Geruchswahrnehmung außerhalb des Körpers, angeordnet auf sogenannten Antennen. Diese sind zwangsläufig der durchstreichenden Luft ausgesetzt und liefern ständig aktuelle Informationen.

Die Antennen stellen fein verzweigte Träger für Tausende von Riechhaaren oder Sensillen dar. In jedes einzelne Riechhaar hinein führen bei den meisten Spezies jeweils nur ein bis drei olfaktorische Rezeptorneuronen (ORN), die zur Erkennung verschiedener Riechstoffe befähigt sind (Abb. 2.07 A). Bienen und Grashüpfer bilden mit wesentlich mehr Rezeptorneuronen im Riechhaar eine Ausnahme. Während den Säugetieren einer Art bis zu tausend verschiedene olfaktorische Rezeptorgene zur Expression zur Verfügung stehen, haben Insekten nur etwa 150 zur Auswahl.

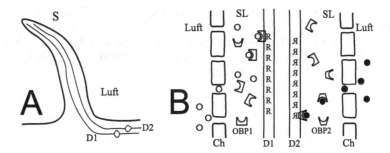

**Abb. 2.07**: A: Sensille (S) oder Riechhaar auf einer Antenne eines Insekts. In das Riechhaar ziehen die Dendriten von zwei Rezeptorneuronen (D1, D2). Vergrößerter Längsschnitt in der rechten Abbildung. B: Chitinaußenskelett (Ch), Sensillenlymphe (SL), olfaktorische Bindungsproteine (OBP1, OBP2), Rezeptoren der olfaktorischen Neuronen (R, Я), leere und ausgefüllte Kreise stellen zwei Riechstoffe dar.

Weil Insekten ein geschlossenes Außenskeletts aus Chitin besitzen, ist der Durchtritt von Riechstoffen aus der Luft in das Lumen des Riechhaares (Abb. 2.07 B) nur durch feine Poren möglich. Nach dem Eindringen gelangen die Moleküle in die proteinhaltige Lymphe. Sie binden dort an olfaktorische Bindungsproteine (OBP), die wahrscheinlich erforderlich sind, um die Riechstoffe den olfaktorischen Rezeptoren (OR) der dendritischen Membran der Riechneuronen zu präsentieren. Wird dadurch ein neurologischer Impuls ausgelöst, läuft dieser über das jeweilige Axon in den Antennennerven zum primären Riechzentrum des Insektenhirns, den Antennallobus. Hier treffen sich Signale von Rezeptoren gleichen Typs in jeweils einem Glomerulus. Jeder Riechstoff erzeugt auf diese Weise ein Erregungsmuster in den Glomeruli (vgl. 2.1.3).

Während in die meisten Sensillen zwei oder drei olfaktorische Rezeptorneuronen hineinführen, stellen die für die Registrierung der Sexuallockstoffe zuständigen Riechhaare eine Ausnahme dar, indem sie nur von einem Rezeptorneuron bedient werden. Auf der Ebene der Glomeruli treffen sich die eingehenden Impulse wie gewohnt auch in einem einzigen Glomerulus.

Die Antennen unterliegen bei vielen Insekten, besonders bei Spinnern und Nachtfaltern, einem Sexualdimorphismus. Das bedeutet, dass männliche Tiere derselben Art im Vergleich zu den weiblichen größere und anders gestaltete Antennen tragen. Dies hat seinen Grund in der Partnersuche, welche über große Distanzen hinweg mit Lockstoffen (Pheromonen) erfolgt, die von weiblichen Tieren abgegeben werden. Eine genaue Ortung der Herkunft des Geruches ist wichtig, um das Weibchen schnelerl und früher als Konkurrenten zu finden. Die Verbesserung der Riechleistung gelang während der Entwicklungsgeschichte unter anderem durch eine Vergrößerung der Oberflächen. Eine schlichte Verlängerung oder mehrfache Verzweigung der Antennenglieder stellt mehr Fläche für zusätzliche Sensillen zur Verfügung. Erstaunlich sind die großen verzweigten oder doppelt gekämmten Antennen vieler, überwiegend nachtaktiver Falter, darunter Vertreter von *Bombyx*.

Die Ortung einer Riechstoffquelle kann durch 'einfaches' Riechen gelingen wie wir aus eigener Erfahrung wissen. Hierbei verändern wir unsere Position und schätzen dabei die Ab- oder Zunahme der Geruchsintensität ein. Viele Spezies, darunter auch die Insekten, sind in der Lage, ohne Positionsveränderung die Ortung der Riechstoffquelle vorzunehmen und beherrschen das Richtungsriechen wie andere das Richtungshören. Dies gelingt bei Insekten durch das parallele Aufnehmen von Informationen über zwei unabhängig arbeitende Antennen. Die Tiere erstellen in hoher Frequenz eine ständig aktualisierte olfaktorische Landkarte, in der sie sich bewegen und sicher die Quelle finden.

## 2.2 Vomeronasales System

Das vomeronasale Organ (VNO) oder Jacobson Organ liegt bei Säugetieren in einer Schleimhautfalte zu beiden Seiten der vorderen Nasenscheidewand. Es besteht aus einer nur nach vorne hin offenen Röhre, die mit wässriger Lösung gefüllt ist. Wahrscheinlich tragen peristaltische Bewegungen dazu bei, aus der Luft herausgelöste Riechstoffe, darunter auch Pheromone, durch das Lumen bis zu einem sensorischen Epithel zu transportieren, wo sie über Rezeptoren analysiert werden. Manche Tiere wie z. B. Pferde zeigen im Flehmen eine besondere Methode die Luft mit den von Stuten abgesonderten, oft sexuell erregenden Stoffen optimal an das vomeronasale Organ heranzuführen. Der Aufbau des vomeronasalen Epithels entspricht weitgehend dem des olfaktorischen. Auch in diesem Epithel erneuern sich die Sinneszellen kontinuierlich während des ganzen Lebens. Der *N. vomeronasalis* zieht vom vomeronasalen Organ durch die Siebplatte zum jeweiligen *Bulbus olfactorius accessorius*.

Während das VNO in niederen Vertebraten vollständig ausgebildet ist, findet man es beim Menschen nur im Embryonalstadium. Im Erwachsenenalter haben etwa drei Viertel der Menschen keinen sichtbaren vomeronasalen Gang mehr. Außerdem ist bekannt, dass über 95% der bei Nagetieren im sensorischen Epithel des VNO exprimierten Gene der Rezeptorfamilien V1R (35 Gene), V2R (150 Gene) und V3R sowie das Gen für den Transduktionskanal der VNO-Neuronen (TRPC2) im menschlichen Genom Pseudogene sind und deshalb nicht exprimiert werden. Aus diesen beiden Gründen hat der Mensch mit ziemlicher Gewissheit kein vomeronasales Organ, welches so arbeitet wie dasjenige eines Tieres. Wenn beim Menschen pheromonartig wirkende Substanzen oder Riechstoffe eine Rolle spielen, so kann deren Erkennung eher im Rahmen der Leistungen des olfaktorischen oder trigeminalen Systems erbracht werden. Hierbei ist auch an die Möglichkeit zu denken, dass Gene von mutmaßlichen vomeronasalen Rezeptoren ektopisch im Riechepithel exprimiert werden, genauso wie umgekehrt olfaktorische Rezeptoren im VNO.

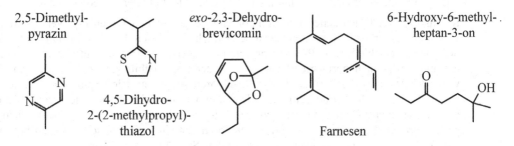

**Abb. 2.08**: Als Pheromone der Maus in Frage kommende flüchtige Verbindungen, die im Urin männlicher (♂) und weiblicher (♀) Mäuse nachweisbar sind. Dimethylpyrazin (♀): Verzögerung der weiblichen Pubertät; Dihydrobutylthiazol (♂) und Dehydrobrevicomin (♂): Synchronisation des Zyklus und Beschleunigung der weiblichen Pubertät. Farnesen kommt als α-Farnesen wie abgebildet und als isomeres β-Farnesen (gestrichelte Doppelbindung) vor. Seine Bildung erfolgt in der Vorhautdrüse (♂): Beschleunigung der weiblichen Pubertät, ebenso wirkt Hydroxymethylheptanon (♂). Nicht abgebildet: 2-Heptanon (♀+♂), welches eine Zyklusverlängerung hervorruft. Bei der Ratte ist es ein Alarmpheromon.

Die Rezeptoren des vomeronasalen Epithels gehören wie diejenigen des olfaktorischen Epithels zur gleichen Genfamilie. Bei der Maus reagieren V1R-Rezeptoren sehr empfindlich auf flüchtige hydrophobe Moleküle aus dem Urin (Abb. 2.08), während V2R-Rezeptoren spezialisiert sind auf Peptid-Liganden wie sie an Oberflächenantigenen (MHC-Klasse-I-Proteinkomplex) vorkommen (MHC = Major Histocompatibility Complex, Haupthistokompatibilitätskomplex). Präkursoren hierfür sind in den vielen tagtäglich abgestoßenen Epidermiszellen zu sehen. Die Eigenart der vomeronasalen Rezeptoren ist, dass sie extrem empfindlich und ausgesprochen selektiv sind, was zur Folge hat, dass kleinste strukturelle Änderungen an einer Verbindung zu völliger Ineffektivität hinsichtlich ihrer Erkennung führen.

## 2.3 Trigeminales System

Der *N. trigeminus* als fünfter Hirnnerv versorgt mit seinen drei Ästen *N. ophthalmicus*, *N. maxillaris* und *N. mandibularis* Haut und Schleimhäute des Gesichtes sensibel und die Kaumuskulatur motorisch. Die Nasenscheidewand liegt im Versorgungsbereich des *N. ophthalmicus*, die Nasenmuscheln, Kieferhöhlen und Gaumen in dem des *N. maxillaris* und der untere Mundbereich in dem des *N. mandibularis*.

Durch diese Zuordnung bestehen mehrere Möglichkeiten für eingeatmete Riechstoffe mit innervierten Oberflächen in Kontakt zu treten und dadurch Sinnesreize auszulösen, die zusätzlich zu denen des Riechepithels auftreten. Insbesondere kommen irritative Reize durch das trigeminale System zustande, die häufig vor einer drohenden Gefahr warnen. Die ausgelösten Empfindungen werden umschrieben als beißend, stechend, scharf, brennend oder kühlend. Sie machen möglicherweise auf die Entstehung eines Schadens aufmerksam und sind Teil der Schmerzwahrnehmung (Nozizeption). Reflektorische Abwehrmaßnahmen können einsetzen, Tränensekretion, Speichelsekretion, reflektorische Unterbrechung des Atemrhythmus und Niesreflex. Jedoch werden nicht alle Empfindungen negativ bewertet, wenn man an den Genuss von Senf, Meerrettich, Menthol, Kohlensäure, Alkohol oder Zwiebeln denkt.

Riechstoffe mit trigeminaler Wirkkomponente treffen an den Enden der Nervenfasern, die innerhalb des Epithels liegen, auf sensible Bereiche und lösen dort Aktionspotentiale aus, indem sie an verschiedene TRP-Rezeptorproteine (transient receptor potential channels) binden. Eventuell sind auch purinerge Rezeptoren an der Potentialbildung beteiligt. Jedoch gibt es weder Sinneszellen noch olfaktorische Rezeptoren wie sie im Riechepithel anzutreffen sind. Da die Nerven nicht frei im Schleim enden, sind nur ausreichend lipophile Riechstoffe in der Lage diese zu erreichen. Ob die Reizung an Augen, Nase oder Atemwegen erfolgt, hängt dagegen von der Wasserlöslichkeit der Stoffe ab und ist ein toxikologischer Aspekt bei Stoffen wie Allylisothiocyanat, Tränengasen, Ammoniak, Salzsäure oder Chlor.

Olfaktorische Riechstoffe können, je nach Ausprägung ihrer trigeminalen Wirkkomponente, besonders in höheren Konzentrationen eine trigeminale Wahrnehmung auslösen (Tab. 2.01). Der trigeminale Anteil der Wahrnehmung eines Riechstoffes ist deutlich konzentrationsabhängig und wird deshalb sehr unterschiedlich eingeschätzt, zumal trigeminale Fasern eine längere Latenzzeit haben und kaum adaptieren. Ist das olfaktorische Riechsystem ganz ausgeschaltet, wie bei einer Anosmie der Fall, kann die Erkennung der Riechstoffe sogar über die trigeminale Wahrnehmung erfolgen. Diese ist dann um so sicherer, je stärker die trigeminale

Wirkkomponente ausgeprägt ist. Die zur ausschließlich trigeminalen Reizwahrnehmung erforderlichen Konzentrationen sind im Vergleich zum Gesunden unverändert (Eucalyptol, Menthol).

| Riechstoff | Erkennung |
|---|---|
| Vanillin | 0/15 |
| Phenylethanol | 1/15 |
| Eugenol | 1/15 |
| Geraniol | 2/15 |
| Limonen | 6/15 |
| Anethol | 8/15 |
| Methylsalicylat | 9/15 |
| Linalool | 13/15 |
| Menthol | 15/15 |

**Tab. 2.01**: Erkennung von Riechstoffen mit unterschiedlicher trigeminaler Wirkungskomponente durch 15 Anosmiker (Doty, 1978). Angegeben ist der Anteil der Personen, welche die Riechstoffe erkannten. Vanillin ist Vertreter der 'reinen' oder 'echten Riechstoffe', während Menthol der typische Repräsentant eines Trigeminus-Reizstoffes ist.

Wegen der Parallelität des olfaktorischen und trigeminalen Riechsystems hat sich eine recht grobe Einteilung von Riechstoffen eingebürgert. So gibt es die 'echten Riechstoffe' oder 'Olfactorius-Reizstoffe', die beinahe ausschließlich über das olfaktorische System erkannt werden. Hierzu zählt man Vanille, Schwefelwasserstoff, Lavendel, Birkenteer, Zimt. Neben diesen stehen die 'unechten Riechstoffe' oder 'Trigeminus-Reizstoffe', wie Menthol, Eukalyptus, Formaldehyd, Salmiak, Essigsäure, Buttersäure, denen eine starke trigeminale Komponente eigen ist oder die olfaktorische fehlt.

Bei einem totalem Ausfall des olfaktorischen Riechvermögens werden keine reinen Olfactorius-Reizstoffe mehr wahrgenommen, wohl aber Trigeminus-Reizstoffe oder solche mit einer Geschmackskomponente, wie Chloroform mit süßer oder Pyridin mit bitterer Empfindung (sog. Glossopharyngeus-Reizstoffe). Die von den Stoffen ausgelösten geschmacklichen, geruchlichen und trigeminalen Wahrnehmungen sind zur Diagnose einer Anosmie von Bedeutung.

## 2.4 Thermorezeptoren

Der Apotheker James Lofthouse entwickelte 1865 für die in seinem Heimatort Fleetwood beheimateten Fischer aus Lakritz, Eukalyptus, Menthol und Capsicum die später weltbekannten Fischers Pastillen, die in Mund und Rachen eine Empfindung bitterer Kälte auslösen.

### 2.4.1 TRPM8 (Kälte)

Die Empfindung der Kälte der Pastillen rührt von der Stimulation des *N. trigeminus* durch Menthol her. Wie schon elektrophysiologische Messungen von Y. Zotterman und H. Hensel 1951 (Institut für Physiologie, Marburg) am *N. trigeminus* zeigten, verschiebt Menthol die Kälteempfindung in Richtung wärmerer Temperaturen. Die Stimulierung des Nerven gelingt durch Kälte und chemisch durch Menthol in gleicher Weise. Die Vermutung, es könne hinter dem Kälterezeptor ein Calcium-Kanal-Protein stehen, ließ sich lange nicht beweisen. Dies gelang erst rund 50 Jahre später. Zunächst konnte mit Hilfe der Patch-Clamp-Technik und des Calcium-Imaging gezeigt werden, dass ein Kältereiz und Menthol in gleicher Weise zu einem Einstrom von Calcium-Ionen in die Nervenzelle führen, also Calcium-Kanäle geöffnet werden. Das Rezeptorprotein aus dem *N. trigeminus* der Ratte konnte voll funktionstüchtig in Oozyten des Krallenfrosches exprimiert werden und erhielt die Bezeichnung CMR1, was für 'cold and menthol sensitive receptor 1' steht. Der CMR1 zählt zu der großen Familie der temperaturempfindlichen TRP-Ionenkanäle (nicht-selektive Kationenkanäle, non selective cation channel, NSCC), zu denen auch der bereits isolierte Hitze-Rezeptor gehört (siehe unten). In thermosensiblen Neuronen der Maus ließ sich ein analoger Rezeptor finden, der als TRPM8 bezeichnet wird (transient receptor potential cation channel, melastatin-related, member 8). Die Sequenzen der beiden Rezeptoren CMR1 und TRPM8 sind zu 92% identisch, funktionell reagieren beide Kanalproteine in gleicher Weise auf Menthol (Abb. 2.09) und geben ab Temperaturen unter 25°C den Einstrom für Calcium- und Natriumionen frei bis bei 10°C eine maximale Aktivierung vorliegt.

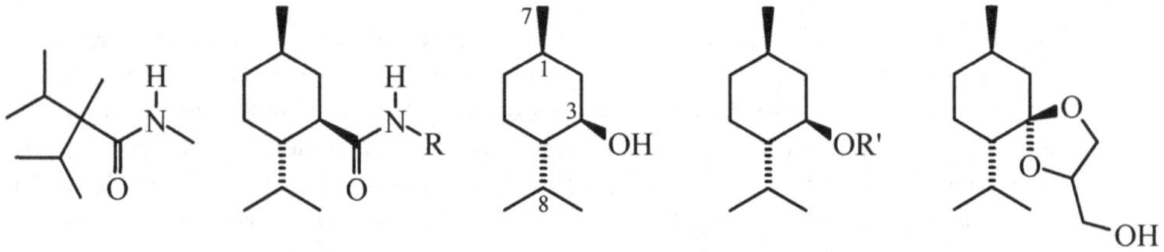

WS-23            'Carboxamid'        (-)-Menthol        'Menthoxy'        Frescolat MGA

**Abb. 2.09**: Beispiele von Strukturen, die eine physiologische Kühlempfindung auf der Schleimhaut oder Haut auslösen, 'cooling agents' oder Kühlreiz-Stoffe. In der Mitte (-)-Menthol. Im Menthan-Grundgerüst ist die Zählung der Atome angegeben. Nach rechts: Verbindungen mit Menthoxy-Struktur, z. B. Frescolat® MGA = Menthon glycerol ketal [FEMA 3807]. Nach links: Verbindungen mit Carboxamid-Struktur, die für R = Ethyl- das WS-3® [FEMA 3455] darstellt. WS-23® = 2-Isopropyl-N,2,3-trimethylbutyramid [FEMA 3804]. Die Abkürzung WS steht für Wilkinson Sword. Manche Substanzen schmecken bitter, weisen aber meist keinen Geruch auf bis auf wenige, die leicht minzig riechen. Unerwünschte Nebeneffekte sind Brennen, Kribbeln und Stechen. In der Praxis liegen die zur Auslösung der Kühlempfindung erforderlichen Konzentrationen im millimolaren Bereich.

Die Empfindung schmerzhafter Hitze (> 42°C) wird wahrscheinlich durch die gleichzeitige Stimulation von TRPV1 und TRPV2 hervorgerufen. Nicht-schmerzhafte Wärme (34-42°C) scheint durch die Rezeptoren TRPV3 und TRPV4 registriert zu werden. Nicht-schmerzhafte Kälte (< 25°C) wird über TRPM8 und schmerzhafte Kälte (< 17°C) über TRPA1 erkannt.

Wie Menthol aktivieren den TRPM8-Rezeptor auch 1,8-Cineol (Eucalyptol) und eine Fülle von Substanzen, die von verschiedenen Firmen gezielt hergestellt worden sind, denn die Auslösung eines kühlenden Sinneseindrucks durch chemische Substanzen ist für viele Anwendungen interessant.

Beliebte Einsatzfelder für die 'kühlenden' Agentien sind Zahnpasten, Aftershave, Deodorantien, Repellentien für Insekten, Kaugummi und Getränke. Schon in den 1970er Jahren wurden auf Veranlassung der Wilkinson Sword Ltd. mehrere Hundert Substanzen hergestellt und auf diese Eigenschaft hin geprüft (Abb. 2.09).

Was die Wirksamkeit und die Wirkungsstärke (Effektivität) der Kühlreiz-Stoffe betrifft, müssen sie einem Vergleich mit (-)-Menthol standhalten. (-)-Menthol zeigt am TRPM8-Rezeptor einen EC50 von etwa 4,1 μM gemessen im $Ca^{2+}$-Fluorimetrietest. Die auf ihre Kühlreizwirkung hin untersuchten Stoffe bilden vier Gruppen (Abb. 2.10).

Um das (-)-Menthol findet man die Hauptgruppe, in der das WS-3 mit seiner Wirkungsstärke herausragt und die durch (+)-Menthol abgeschlossen wird. Etwas weniger wirksam ist die Isopulegol-Gruppe, während die Geraniol-Gruppe drei Zehnerpotenzen oberhalb des Standards (-)-Menthol liegt. Icilin übertrifft im Hinblick auf Wirksamkeit und Wirkungsstärke das Menthol deutlich. Grund hierfür ist eine im Vergleich zu diesem andere Art der Aktivierung des TRPM8-Rezeptors, bei der auch der intrazelluläre pH-Wert eine Rolle spielt.

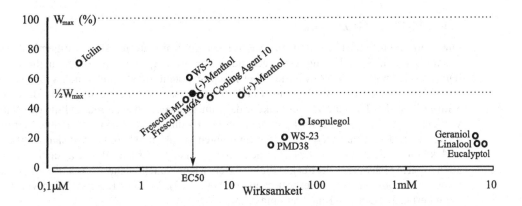

**Abb. 2.10**: Wirksamkeit und halbmaximale Wirkungsstärke der wichtigsten Kühlreiz-Stoffe (TRPM8 Agonisten), gemessen auf der Basis des $Ca^{2+}$-Fluorimetrietests FLIPR® (nach Behrendt et al., 2004). Eingetragen sind die Wendepunkte der Konzentrationswirkungskurven mit ihren Koordinaten EC50 (logarithmisch) und der dazugehörigen halbmaximalen Wirkungsstärke (linear). Für die Standardsubstanz (-)-Menthol liegt der Wendepunkt bei 4,1 μM (EC50) und genau 50%. Isopulegol [89-79-2], Cooling Agent 10 [87061-04-9]. Zur Erklärung von Wirksamkeit (EC50) und Wirkungsstärke siehe Abschnitt 3.3.6.

Die Abbildung 2.11 zeigt noch die Strukturen von einigen Kühlreiz-Stoffen aus der Reihe der Carboxamid- und der Menthoxy-Reihe, in denen von bekannten Firmen wirksame Strukturen entwickelt wurden. Viele der Substanzen wurden nach entsprechender Prüfung in die FEMA GRAS-Liste aufgenommen, was einen gewissen Verbraucherschutz garantiert. Coolact 38D wird in einer Mischung mit Isopulegon und Citronellol als Insekten-Repellent insbesondere gegen Küchenschaben eingesetzt. Icilin ist derzeit nur für die Erforschung von Wirkungsmechanismen im Einsatz, darunter auch der des Juckreizes.

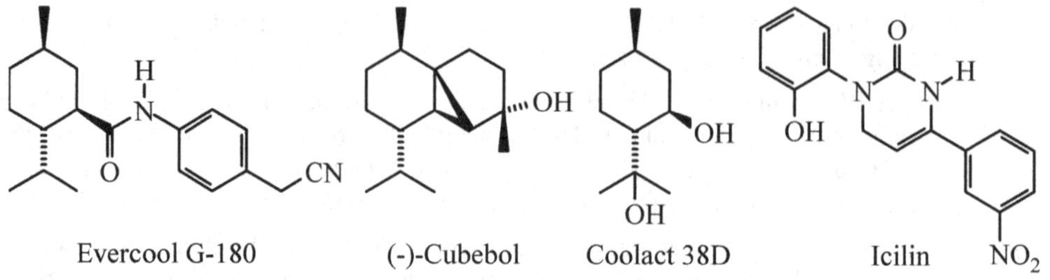

Evercool G-180          (-)-Cubebol          Coolact 38D          Icilin          NO₂

**Abb. 2.11**: Evercool G-180 von Givaudan [FEMA 4496], Cubebol von Firmenich [FEMA 4497], Coolact 38D (Isomerengemisch, [FEMA 4053]) = PMD38 = p-Menthan-3,8-diol von Takasago (vgl. Abb. 4.06). Zur Zählung in der Struktur des Menthan siehe Abb. 2.09. Icilin = AG-3-5 [36945-98-9].

### 2.4.2 TRPV1 (Hitze/Schärfe)

Die Empfindung von Hitze und Schärfe auf der Schleimhaut, meist oral-trigeminal, kommt ebenfalls durch Stimulierung entsprechender Thermorezeptoren zustande. In diesem Falle handelt es sich um den TRPV1 (transient receptor potential cation channel, vanilloid, member 1), der zuerst Vanilloid-Rezeptor (VR1) oder Capsaicin-Rezeptor hieß. Die Bezeichnung Vanilloid ist der Tatsache zu verdanken, dass im Capsaicin die Grundstruktur des Vanillins vorliegt. Den TRPV1-Rezeptor kann man am besten durch Capsaicin und Temperaturen über 43°C bis etwa 55°C aktivieren. Die Empfindungen 'scharf' und 'heiß' lassen sich nicht trennen und könnten als schmerzhaftes Brennen charakterisiert werden. Wie Capsaicin aktivieren auch Piperin (schwarzer Pfeffer), Allicin (frischer Knoblauch; siehe Abb. 5.06) und Campher (*Cinnamomum camphora*) diesen Rezeptor (Abb. 2.12). In einer Konzentration von 0,7 µM stimuliert Capsaicin den Kanal halbmaximal.

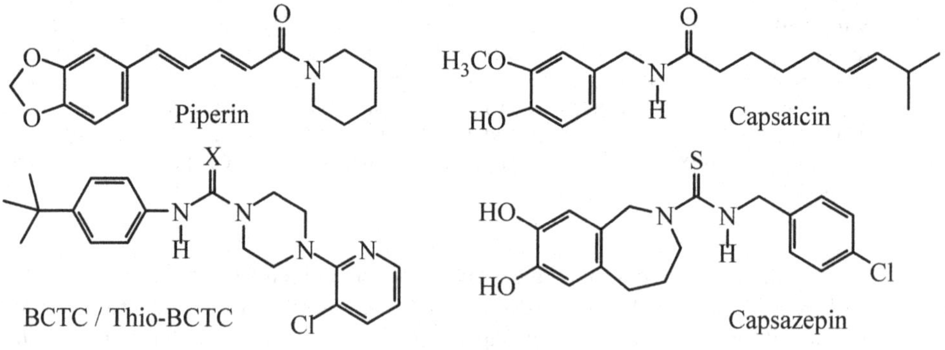

Piperin

Capsaicin

BCTC / Thio-BCTC

Capsazepin

**Abb. 2.12**: Auslöser des oral-trigeminalen Schärfegefühls sind Piperin und Capsaicin = 8-Methyl-N-vanillyl-6-nonenamid, der Namensgeber für den Vanilloid-Rezeptor. Darunter zwei TRPV1-Antagonisten, die eventuell analgetisch nutzbar sind: Capsazepin [138977-28-3] und BCTC bzw Thio-BCTC (X = O oder S). Die Substanzen sind gleichzeitig TRPM8-Antagonisten. BCTC steht für N-(4-*tert.*-**B**utylphenyl)-4-(3-**c**hlorpyridin-2-yl) **t**etrahydropyrazine-1(2H)-**c**arboxamid. In der Entwicklung neuer Analgetika stehen weitere Antagonisten wie SB 705498 und AMG 9810 im Zentrum des Interesses.

### 2.4.3 TRPA1 (schmerzhafte Kälte)

Auf sensorischen Nervenfasern tritt neben dem TRPV1-Kanal häufig der TRPA1-Kanal auf, auch als ANKTM1 bezeichnet (Ankyrin-like with transmembrane domain 1). Dieser ist ebenfalls ein Nozizeptor, der gegenüber einer Reihe von Isothiocyanaten aus Senf und Meerrettich (Abb. 2.13) sowie Zimtaldehyd, Eugenol und Gingerol empfindlich ist und dabei eine schmerzhafte Kälteempfindung signalisiert. Die beiden Kanäle TRPV1 und TRPA1 kommen nicht mit TRPM8 gleichzeitig auf einer Nervenfaser vor.

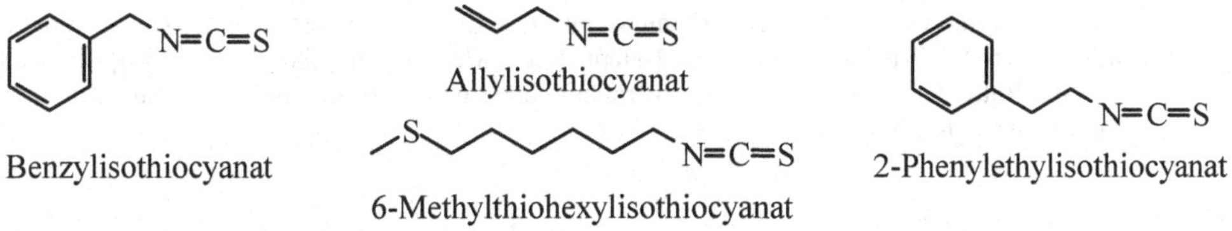

**Abb. 2.13**: Isothiocyanate oder Senföle aus Brassicaceen. Benzylsenföl [622-78-6] aus der Gartenkresse, Allylsenföl [57-06-7] aus schwarzem Senf, 2-Phenylethylsenföl [2257-09-2] aus der Brunnenkresse und 6-Methylthiohexylisothiocyanat [4430-39-1] aus Wasabi, dem japanischen Meerrettich (vgl. Abb. 5.05).

## 2.5 Pheromone

Der Begriff Pheromon wurde von Karlson und Lüscher 1959 geprägt, nachdem der Lockstoff des Seidenspinnerweibchens, das Bombykol, entdeckt war. Bereits im 19. Jhdt. hatte der Schweizer Arzt Auguste Forel beobachtet, dass männliche Seidenspinner in einen leeren Käfig fliegen, in dem vorher weibliche Seidenspinner untergebracht waren. Ähnliches berichtete der französische Naturforscher Jean-Henri Fabre im Mai 1870 über die für ihn magische Anziehungskraft eines weiblichen Pfauenauges für Männchen, die er in seinem Labor beobachten konnte. Mit diesem ursprünglich für Insekten geprägten Begriff 'Pheromon' ist damit eine Substanz gemeint, die von einem Individuum (meist in die Luft) abgegeben und von einem anderen derselben Art aufgenommen wird und dabei in diesem eine genetisch festgelegte Verhaltensweise oder einen Entwicklungsprozess auslöst.

Auf dieser Definition basiert auch eine spätere Unterteilung der Pheromone. Einerseits die Releasing Pheromone, welche auf das unmittelbare Verhalten eines Tieres einen Einfluss haben und rasch wirken. Hierzu zählen die Sexual-, Alarm-, Markierungspheromone. Andererseits die Priming Pheromone, die einen langsamen, meist hormonell gesteuerten Prozess in Gang setzten. Ein Beispiel hierfür ist das Locustol, durch das Wanderheuschrecken aus der solitären in die gregäre Lebensweise übertreten und ihre Züge beginnen (Abb. 2.14).

Während Pheromone nach der Definition eine chemische Kommunikation innerhalb einer Art herstellen, tauschen Allomone Informationen zwischen zwei Arten zum Nutzen von Sender, Empfänger oder von beiden aus.

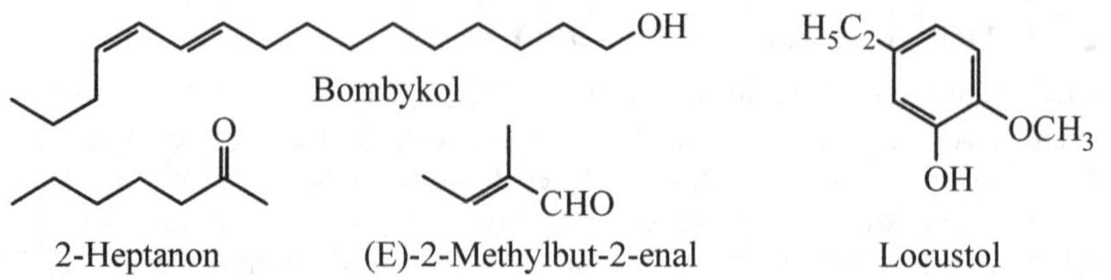

Abb. 2.14: Pheromone von Insekten: Bombykol = (E,Z)-10,12-Hexadecadien-1-ol [765-17-3], Locustol = 2-Methoxy-5-ethylphenol = 5-Ethylguaiacol [278588-8] wird im Darm der Heuschrecke durch Mikroorganismen aus Guaiakol, einem Abbauprodukt des Lignins, hergestellt. Pheromone von Vertebraten, die über das VNO registriert werden: 2-Heptanon = Methyl-n-amylketon [110-43-0], das Alarmpheromon der Ratte, hat einen durchdringend fruchtigen Geruch. (E)-2-Methylbut-2-enal ist das Mutterbrust-Pheromon des Kaninchens.

Bei Säugetieren sind einige durch Riechstoffe vermittelte Verhaltensweisen bekannt. Viele Tiere verteilen in ihrem Territorium und an seinen Grenzen chemische Duftmarken mit dem Urin oder Kot, um den Anspruch auf das Gebiet zu dokumentieren (vgl. Bieber, Moschus, Zibet). Auch Informationen über den eigenen sozialen Status oder den sexuellen Zustand können anderen Individuen übermittelt werden um deren Verhalten zu beeinflussen. In wichtigen Lebensbereichen des Tieres vorkommende Fähigkeiten wie die Erkennung von Familienmitgliedern, das Revierverhalten, die Aggression und die Paarung beruhen auf dem Austausch von Riechstoffen. Ohne Geruchssinn ist ein Tier nicht lebensfähig.

### 2.5.1 Pheromone bei Säugetieren

Es folgen einige Beispiele für pheromonartige Wirkungen von Riechstoffen bei Säugetieren.

Von Feinden angegriffene Tiere warnen mittels Alarmpheromonen, die bei den Artgenossen Flucht- oder Kampfverhalten auslösen. So scheint bei Ratten im Urin ausgeschiedenes 2-Heptanon (Abb. 2.14) eine solche Funktion zu übernehmen.

Säugende Kaninchen haben in ihrer Milch ein 'Mutterbrust-Pheromon' (mammary pheromone), das den taub und blind geborenen Jungen den Weg zu den Milchdrüsen weist. Weil das Muttertier nur wenige Minuten am Tag zum Säugen zur Verfügung steht, ist das schnelle Auffinden der Zitzen lebensnotwendig. Dazu dient die Substanz 2-Methylbut-2-enal, welche außerdem die Eigenschaft besitzt, das Erlernen weiterer Gerüche, mit denen sie zusammen vorkommt, zu fördern.

Um festzustellen ob Sauen paarungsbereit sind und künstlich befruchtet werden können, setzt der Mensch Androstenon, das Sexual-Pheromon des Ebers ein. Zum Zeitpunkt der Brunft tritt nach dem Versprühen des Androstenon bei den weiblichen Tieren die Duldungsstarre auf. Die Reaktion ist nicht auf ein funktionstüchtiges vomeronasales Organ angewiesen, sondern wird über olfaktorische Rezeptoren des Riechepithels vermittelt.

Bei Rhesusaffen hat man 1970 entdeckt, dass der Geruch des Vaginalsekretes die männlichen Tiere besonders dann zu sexuellen Aktivitäten stimuliert, wenn die Ovulation eingetreten war.

Weibchen, die wegen einer Sterilisation kaum Beachtung fanden, gewannen diese nach Einsatz von Vaginalsekret anderer Weibchen zurück. Die im Sekret gefundenen kurzkettigen Fettsäuren Essigsäure, Propansäure, Buttersäure, Methylpropansäure, Methylbuttersäure und Methylpentansäure (Abb. 2.15), welche die Männchen sexuell stimulierten, nannte man Copuline.

Eine Übertragbarkeit dieser Effekte auf den Menschen ist kaum gegeben, zumal die Zusammensetzung des Sekretes andere Verhältnisse aufweist. Daran kann auch der gewährte Patentschutz für die kommerzielle Verwendung der Copuline nichts ändern.

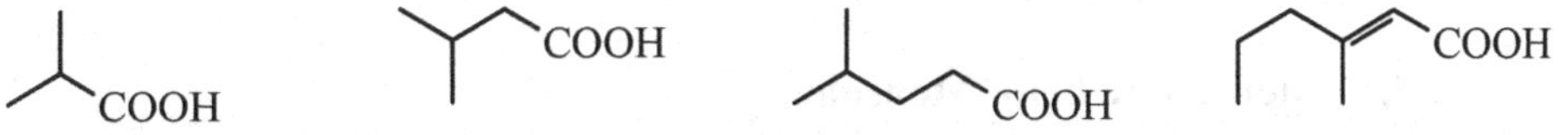

2-Methylpropansäure   3-Methylbuttersäure   4-Methylpentansäure
iso-Buttersäure        iso-Valeriansäure     iso-Capronsäure        3-Methyl-2-hexensäure

**Abb. 2.15**: Die als Copuline bezeichneten kurzkettigen Fettsäuren aus dem Vaginalsekret der Rhesusaffen. Nicht abgebildet sind Essigsäure, Propionsäure und Buttersäure. Von links nach rechts: [79-31-2], [503-74-2], [646-07-1]. In geringerer Menge werden auch Capron-, Capryl- und Caprinsäure sowie die davon abgeleiteten $\gamma$-Lactone gefunden. Die 3-Methyl-2-hexensäure kommt in der E- und Z-Form vor im Verhältnis 3:1 [27960-21-0]. Sie wird im Schweiß proteingebunden sezerniert und danach bakteriell freigesetzt, so dass sie im Achselschweiß frei vorliegt. Mit 3-Methyl-2-hexensäure kann ein künstlicher Körpergeruch erzeugt werden.

Die Zucht der Maus als Labortier offenbarte einige Effekte, die man schon vor Jahrzehnten beobachten und sammeln konnte. Sie betreffen vor allem die Reaktionen weiblicher Mäuse auf männliche Geruchsreize. So tritt der erste Östrus einer Maus verfrüht ein, wenn sie innerhalb einer sensiblen Entwicklungsphase männlichen Mäuseurin gerochen hatte. Umgekehrt wirkt der Urin weiblicher Mäuse (Vandenbergh-Effekt). Leben weibliche Mäuse in großen Gruppen eng zusammen, wird der Östrus der Tiere unterdrückt (Lee-Boot-Effekt). Durch den Geruch männlicher Mäuse wird der Östrus bei weiblichen geschlechtsreifen Mäusen ausgelöst (Whitten-Effekt). Ist eine Maus nach der Befruchtung innerhalb einer bestimmten Zeitspanne dem Geruch eines Männchens, das nicht der Befruchter war, ausgesetzt, so nistet sich das Ei nicht im Uterus ein (Bruce-Effekt). Ein funktionstüchtiges vomeronasales Organ ist für das Eintreten der genannten Effekte immer Voraussetzung.

Noch größere Bedeutung als für Labortiere haben die Einflüsse von Pheromonen auf den Stoffwechsel von Sexualhormonen besonders für gregär lebende Tiere. Zu Beginn steht die Abgrenzung eines Reviers und Steuerung der Aggressivität unter männlichen Tieren. Durch Einwandern von weiblichen Tieren folgt die Harembildung, danach die Zyklusinduktion (Bockeffekt) bei erwachsenen Weibchen bzw. die Auslösung der Pubertät bei Jungtieren. Beides hat das Ziel die Geburten zu synchronisieren. Die Brunfterkennung dient der sexuellen Kontaktaufnahme, an die sich die Ovulation und der Samentransport anschließen, so dass eine optimale Konzeption eintreten kann. Nach der Geburt ist die individuelle Versorgung des Jungtieres durch eine auf Grund des Geruchs feste Mutter-Kind Beziehung gewährleistet.

Den bisherigen Beispielen kann man entnehmen, dass die Wirkung eines Pheromons zwar häufig, aber nicht zwangsläufig und auch nicht ausschließlich über das vomeronasale Organ zustande kommt. Das olfaktorische Riechsystem kann durchaus die Erkennung von Pheromonen übernehmen und entsprechende Wirkungen auslösen.

Wenn folgende fünf Kriterien erfüllt sind, darf ein Riechstoff als Pheromon bezeichnet werden. Seine Wirkung muss artspezifisch (1) und genetisch festgelegt sein (2). Der Riechstoff muss aus einer oder wenigen Komponenten bestehen (3), reproduzierbar ein beobachtbares Verhalten (4a) oder eine endokrine Reaktion (4b) auslösen und die Effekte müssen vor allem reproduzierbar sein (5).

### 2.5.2 Pheromone beim Menschen?

Die Suche nach Substanzen, welche der gegebenen Definition für Pheromone genügen, gestaltet sich beim Menschen schwierig. Am sichersten sind Aussagen, wenn sie sich auf endokrine Reaktionen zurückführen lassen, da im Gegensatz dazu Beobachtungen von Verhaltensänderungen am Menschen fehlerbehaftet sind. Aus diesem Grunde wurde insbesondere der Zyklus der Frau beobachtet.

Relativ früh wurde festgestellt, dass Frauen, die in enger Gemeinschaft zusammenleben, häufig ihren Menstruationszyklus synchronisieren (McClintock-Effect, dormitory effect). Als auslösend hierfür werden geruchlose Substanzen aus dem Schweiß der weiblichen Achselhöhle erachtet. Wenn der Schweiß zum Zeitpunkt der Menstruation gesammelt wurde, sind darin zyklusverkürzende Mediatoren enthalten. Zum Zeitpunkt der Ovulation gesammelt, resultierte dagegen eine Zyklusverlängerung. Ursächlich involviert ist die Beschleunigung oder Verlangsamung der Ausschüttung von luteinisierendem Hormon (LH).

Weibliche Gerüche, ausgehend von Vaginalsekret und 3-Methyl-2-hexensäure, haben Wirkungen auf die Herz- und Atemfrequenz von schlafenden männlichen Probanden. Gleichzeitig wurden Einflüsse auf die Phase des Tiefschlafs und die Trauminhalte beobachtet.

Männlicher Achselschweiß scheint Wirkungen auf die Zykluslänge der Frau zu haben. Dies ist das menschliche Pendant zum Whitten-Effekt.

Wachsen Mädchen in einer Familie mit einem Stiefvater auf, haben sie früher ihre erste Regelblutung verglichen mit solchen Mädchen, die mit ihrer alleinerziehenden Mutter aufwachsen. Dies ist eine zum Vandenbergh-Effekt analoge Reaktion.

Die bisherigen Beispiele beruhen auf der Einflussnahme eines endokrinen Systems im Organismus. Daneben gibt es einige Untersuchungen, in denen durch Riechstoffe oder potentielle Pheromone ausgelöste Verhaltens- und Stimmungsänderungen im Zentrum des Interesses stehen.

Untersuchungen mit Androstenon (AND, Abb. 4.08) über den gesamten Zyklus der Frau hinweg ergaben bei unveränderter olfaktorischer Empfindlichkeit eine Änderung in der hedonischen Beurteilung seines Geruches. Je höher der Hormonspiegel an Östrogen und luteinisierendem Hormon ist, desto angenehmer wird Androstenon von Frauen empfunden. Dies hat zweifellos Vorteile bei der Physiologie der Reproduktion. Generell liegt die Geruchsschwelle für Androstenon bei Frauen um den Faktor zehn tiefer als bei Männern.

Bekannt sind auch Untersuchungen, in denen ausgewählte Stühle von Wartezimmern mit Androstenon beduftet waren. Hierbei stellte man fest, dass behandelte Stühle häufiger von Frauen besetzt wurden als von Männern.

Auf Fotos abgebildete Männer wurden von Frauen dann attraktiver beurteilt, wenn den Probandinnen geringste Mengen von Androstenon auf die Oberlippe appliziert wurden, besonders im letzten Drittel ihres Zyklus.

Die beobachteten Phänomene lassen berechtigte Vermutungen über die Existenz von Pheromonen beim Menschen aufkommen. Sie zeigen auch in welchen Substanzgruppen man nach aussichtsreichen Kandidaten für menschliche Pheromone suchen kann. Riechende Steroide aus Achselschweiß und Urin erwecken das Interesse der Frau, kurzkettige Fettsäuren aus dem Vaginalbereich das des Mannes. Allerdings sind die fünf eingangs genannten Kriterien für Pheromone in keiner der erwähnten Studienbeispiele ausreichend erfüllt. Vor allem gibt es viele methodische Kritikpunkte. Somit stehen die Beweise für die Existenz von Pheromonen beim Menschen noch aus. Ist diese Hürde genommen, wartet die nächste ebenfalls ungeklärte Frage, welches der bekannten drei Riechsysteme (olfaktorisch, vomeronasal, trigeminal) die Wirkung der Pheromone beim Menschen vermitteln soll. Hier hat die Natur zusätzliche als chemosensitiv geltende Systeme in der Reserve, wie das Septale Organ und das Grüneberg Ganglion.

Unbeeinflusst von den noch zu klärenden wissenschaftlichen Fragen bleibt die Tatsache, dass Menschen eine olfaktorische Geruchskommunikation haben, welche soziale und kulturelle Aspekte auslotet.

### 2.5.3 Vomeropherine

Weiterhin gibt es nahezu hundert geruchlose Hautsteroide, die aus dem Schweiß und anderen Sekreten des Menschen isoliert wurden. Von verschiedenen Forschern wird behauptet, das vomeronasale Organ des Menschen reagiere auf diese Substanzen empfindlicher als das olfaktorische Epithel auf normale Riechstoffe. Dies ist der Grund für Monti-Bloch und Mitarbeiter, die Substanzgruppe 'Vomeropherine' zu nennen. Aus der Vielzahl der zum Teil synthetisch zugänglichen Stoffe wird das Androstadienon als männliches, das Estratetraenol, ursprünglich aus dem Urin von Schwangeren isoliert, als weibliches Vomeropherin bezeichnet. Manche dieser Vomeropherine werden in Parfüms eingesetzt, um die sexuelle Attraktivität auf das andere Geschlecht zu erhöhen. Kontrollierte Studien scheinen dies zu belegen, ob praktische Erfahrungen mit gleichem Resultat vorliegen ist ungewiss.

Nicht zu verwechseln mit den Vomeropherinen sind die als 'vomodor' bezeichneten Substanzen, die zur Vertreibung von Schlangen eingesetzt werden. Schlangen sammeln mit der Zunge die Gerüche aus der Luft und führen sie ihrem vomeronasalen Organ zu, das ihr Hauptriechorgan darstellt.

## 2.6 Retronasales Riechen

Während beim orthonasalen Riechen die einströmende Luft am Riechepithel vorbeizieht, können beim retronasalen Riechen die in der ausgeatmeten Luft enthaltenen Riechstoffe analysiert werden. Durch das retronasale Riechen wird der Fernsinn zu einem Nahsinn. Zwar ist die Luft, die aus der Tiefe der Lunge kommt, nicht geruchsfrei, doch stehen nicht diese Stoffe im Mittelpunkt. Vielmehr dreht es sich um flüchtige Substanzen aus der Nahrung, die vom Mund- und Rachenraum im Strom der ausgeatmeten Luft in den inneren Nasenraum gelangen. Abgesehen von dem kurzen Moment des orthonasalen Riechens während der Aufnahme der Nahrung in den Mund, erreichen die Aromen der Speisen und Getränke unser Riechepithel nur auf folgendem recht komplizierten Weg.

Nach der Aufnahme der Nahrung in den Mund sind im einzelnen mehrere Phasen zu unterscheiden. Zuerst verhindert der Kontakt von Velum (Gaumensegel) und Zungengrund, dass Teile der Speise schon vor dem Schluckprozess in den Nasenraum gedrückt werden oder in die Luftröhre rutschen können. Bei (halb)flüssigen Speisen bleibt die Barriere dauerhaft geschlossen. In dieser Phase kann nur geschmeckt werden, es sei denn, es wird trockenere Nahrung intensiv gekaut. Dann kommt es nämlich zu einem zwischenzeitlichen Aufklappen dieser Barriere, was zu einem kurzen Entweichen von Aroma in den Nasenraum führt.

Beim nachfolgenden Schlucken wird das Velum mit der Rachenwand dicht verschlossen, damit der Speisebrei nicht in den Nasenraum gedrückt wird, und der Kehldeckel deckt den Eingang zur Luftröhre ab. Nach Beendigung des Schluckvorgangs öffnen sich beide Verschlüsse und mit dem ersten folgenden Atemstoß gelangen die dort verbliebenen Aromastoffe am geöffneten Velum vorbei von hinten in den Nasenraum zum Riechepithel.

In der Sensorik spielt das retronasale Riechen eine ganz bedeutende Rolle, weil das Riechen wesentlich feinfühliger und nuancenreicher ist als die geschmackliche Wahrnehmung mit ihren bescheidenen vier oder fünf Basalqualitäten süß, sauer, salzig, bitter und umami.

## 2.7 Anosmien

Neben der totalen Anosmie, die in einer Häufigkeit von 1:8000 in der Bevölkerung auftritt, bei der gar keine Gerüche wahrgenommen werden, gibt es verschiedene angeborene partielle Anosmien (Geruchsblindheit), bei denen nur bestimmte Bereiche in der Wahrnehmung fehlen (Tab. 2.02). Am weitesten verbreitet ist die Anosmie gegenüber Androstenon. Hier liegt allerdings eine bimodale Verteilungskurve zu Grunde, was anzeigt, dass es viele schlecht bis mittelmäßig empfindliche und relativ viele sehr empfindliche Riecher für diese Substanz gibt.

Während die angeborene Anosmie weniger Probleme bereitet, wird eine erworbene Anosmie als schwerwiegender Verlust und Einschnitt in das Leben empfunden. Einfache Tätigkeiten, bei denen sonst der Geruch wichtige Informationen liefert, gestalten sich schwierig. Betroffen sind die Körperhygiene, der Appetit zur Nahrungsaufnahme, das Gefühlsleben und die Warnfunktion mancher Gerüche in Küche und Technik.

Die häufigsten Auslöser einer Anosmie sind Erkältung, Grippe, Schleimhautschwellungen aufgrund von Allergien, Nasenpolypen oder Entzündungen der Nasennebenhöhlen. Hierbei kommt es zu einer Schädigung der Riechschleimhaut. Durch die kontinuierliche Regeneration der Riechzellen bildet sich die Riechfähigkeit meist zurück, sofern die Ursache des Störung zuvor behoben wurde. Eine permanente Schädigung mit irreversiblem Verlust der Riechfähigkeit wird durch inhalierte Cadmiumverbindungen ausgelöst (Cadmiumschnupfen).

| Riechstoff | Quelle | rH % |
|---|---|---|
| Androstenon | Urin | 40 |
| Isobutanal | Malz | 36 |
| 1,8-Cineol | Campher | 33 |
| 1-Pyrrolin | Sperma | 20 |
| Pentadecanolid | Moschus | 7 |
| Trimethylamin | Fisch | 7 |
| Isovaleriansäure | Schweiß | 2 |

**Tab. 2.02**: Relative Häufigkeit von partiellen Anosmien beim Menschen gegenüber verschiedenen Riechstoffen, die in den angegebenen Quellen als Hauptduftkomponenten enthalten sind.

Entsprechend dem Vorkommen dieser Anosmien hat man versucht eine Einteilung der Riechstoffe in Duftklassen vorzunehmen. Ursprünglich folgte man der Idee, das beim Geschmackssinn entdeckte Konzept des Zusammenspiels weniger Grundempfindungen auch im Geruchssinn zu etablieren. Das Phänomen der Kreuzadaptation von Gerüchen schien dieses Konzept zu stützen (vgl. Primärgerüche nach Amoore).

Weiter verbreitet als angenommen sind Riechstörungen, die sich mit zunehmenden Alter häufiger einstellen. Bei etwa 6% der Bevölkerung trifft man auf funktionelle Anosmien. Ab dem 55ten Lebensjahr ist das Riechvermögen bei einem Viertel eingeschränkt und ab einem Alter über 70 Jahre können etwa 30% der Bevölkerung nicht mehr riechen. Meist erfolgt das Verschwinden schleichend und fällt spät oder gar nicht auf.

## 2.8 Geruchsklassifikationen

Riechstoffe erzeugen Sinneseindrücke, die als Gerüche bezeichnet werden. Sowohl die Stimuli als auch die ausgelösten Eindrücke können klassifiziert werden. Beides ist wegen ihrer Fülle schwierig und ein Grund weswegen es in der Geschichte der Wissenschaft viele unbefriedigende Ansätze gibt. Manche Klassifizierungen haben sich überlebt, manche mechanistische Vorstellungen zur Auslösung von Stimuli müssen im Zusammenhang mit neuen Erkenntnissen über die olfaktorischen Rezeptoren überdacht werden.

Bereits in der Antike machten sich die griechischen Philosophen Gedanken über die Natur der Gerüche. Man konnte sie nicht in das gängige Weltbild der vier Elemente einordnen. Platon (428-348 v. Chr.) teilte die Gerüche in nur zwei Kategorien ein, in angenehme und unangenehme und zeigt damit, dass die direkte Beeinflussung des Gefühls durch Gerüche wesentlich ist.

Nach den Vorstellungen von Aristoteles (384-322 v. Chr.) gab es keine klare Unterteilung zwischen Geruch und Geschmack und er verwendete die Grundqualitäten bitter, süß, scharf, sauer und ölig für beide Sinne. Den seiner Meinung nach schwer klassifizierbaren Gerüchen fügte er lediglich die Qualität 'stinkend' hinzu. Nach heutigem Wissensstand ist die Vorstellung zwar nicht grundsätzlich falsch aber lückenhaft, da sie nur die eindrucksstärksten Empfindungen aus verschiedenen Bereichen der Wahrnehmung enthält.

Mit dem Einsetzen der systematischen Betrachtung der Natur in der Neuzeit wurden neue Ideen über das Riechen formuliert. Carl von Linné (1707-1778) teilte die Gerüche in sieben Klassen ein, die - der Zeit gemäß - lateinische Bezeichnungen tragen: *odores aromatici* (aromatisch), *fragrantes* (duftend), *ambrosiaci* (amberartig), *alliacei* (lauchig), *hircini* (bockig), *tetri* (garstig) und *nausei* (ekelerregend).

Hendrik Zwaardemaker (1857-1930) erweiterte 1895 die Linnéschen Klassen um zwei weitere: *odores aetherii* (himmlisch, ätherisch) und *empyreumatici* (brenzlich, rauchig) und zwei Hilfsklassen, welche die schmeckbaren und die scharfen Riechstoffe aufnahmen.

Die beiden Amerikaner E.C. Crocker und L.F. Henderson meinten 1927 alle Gerüche mit den vier Grundklassen duftend, sauer, brenzlich und schweißig beschreiben zu können, wenn diese jeweils in zehn Stufen graduierbar seien. Hierzu schlugen sie einen vierstelligen Ziffern-code vor, in dem die Intensitäten der jeweiligen Geruchsklassen ablesbar waren. Vanillin hatte beispielsweise den Code 7122, Phenylethylalkohol 7423.

Die Klassifizierungen von vorzugsweise angenehmen Düften stützen sich später auf sehr viel mehr Kategorien. Aus den neun von Zwaardemaker wurden schon in den 1950er Jahren 45 (R. Gerbelaud) und zehn Jahre später 88 (S. Arctander). Beinahe jeder Hersteller von Riech-stoffen mit Rang und Namen hat eine eigene Klassifizierung ausgearbeitet (Haarmann & Rei-mer, Naarden International, Quest International, Firmenich, Givaudan, Drom), daneben gibt es auch solche von Verbänden (Société des Parfumeurs de France, Hobbythek) und von Par-fümeuren (P. Jellinek, M. Edwards).

Unter den Klassifizierungen sind auch eigenwillige zu finden, darunter die des englischen Chemikers und Parfumeurs G.W.S. Piesse (1857), der die Gerüche einzelnen Tonhöhen zu-ordnete.

## 2.9 Riechtheorien

Die folgenden drei Systeme basieren ebenfalls auf Klassifizierungen, bleiben aber nicht auf der rein deskriptiven Ebene. Sie versuchen die Vorgänge beim Registrieren von Molekülen an den Rezeptoren der sensiblen Zellen oder auf der Ebene der Informationsverarbeitung zu ver-stehen. Häufig werden sie als Riechtheorien bezeichnet.

### 2.9.1 Das Henning-Prisma

Hans Henning (1885-1946) stellte 1915 eine Systematik der Gerüche anhand des 'Geruchs-prismas' vor. Hierin sind an den Ecken die definierten sechs Basisgerüche blumig, fruchtig, harzig, würzig, faulig und brenzlich angeordnet, mit denen ein Geruchs-Vektorraum aufge-spannt wird, welcher in der Graphik eine Fläche darstellt. Jede Duftqualität, als Kombination von jeweils zwei Basisgerüchen, lässt sich auf den zwischen den Ecken liegenden Kanten ein-sortieren. Mit dieser Vorstellung rückt der Ansatz Hennings erstmalig von der reinen Katego-risierung von Gerüchen ab und verwendet eine Addition von Basisqualitäten um andere Ge-ruchsqualitäten mehrdimensional darzustellen (Abb. 2.16). Henning versuchte darüberhinaus die chemische Struktur und die Sinneswahrnehmung in diesem System in Einklang zu bring-en.

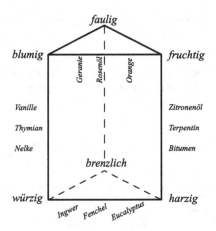

**Abb. 2.16**: Hennings Geruchsprisma versucht mit Kombinationen der sechs Basisgerüche Teer (*brenzlich*), Schwefelwasserstoff (*faulig*), Jasmin (*blumig*), Apfelester (*fruchtig*), Räucherharz (*harzig*) und Pfeffer (*würzig*) gemischte Geruchsqualitäten darzustellen. Beispiele für Mischgerüche sind auf den vorderen vier Kanten eingetragen. Außer auf den Kanten können die Mischgerüche auch auf den Mantelflächen liegen, nicht aber im Inneren des Prismas, was manche Kombinationen ausschließt. Die hintere Kante repräsentiert geruchlich die Zerfallsprozesse Verwesung (*faulig*) und Verbrennung (*brenzlich*). Ob die verwendeten Basisgerüche ausreichen jeden anderen Geruchseindruck zu beschreiben ist zweifelhaft.

Während die Basisgerüche im Henning-Prisma zu vierdimensionalen geruchsbeschreibenden Vektoren verbunden werden, kann man auch mit höher-dimensionalen Deskriptoren arbeiten. Diese Geruchsprofile stützen sich dann auf wesentlich mehr Geruchsnoten. Anstelle des ungeeigneten Systems von Crocker-Henderson, etablierte R. Harper (1968) ein auf 44 Geruchsnoten basierendes Charakterisierungssystem für die Lebensmittelindustrie. Später wählten verschiedene Firmen und Institutionen (American Society for Testing and Materials, ASTM) aus 800 häufiger angewendeten Deskriptoren etwa 160 aus, die man zur Charakterisierung als geeignet ansah. Hieraus entwickelten sich verschieden lange Listen bis zu der als Standard geltenden mit 146 Positionen (Harper's Scale), die im Atlas of Odor Character Profiles 1985 veröffentlicht wurde (Dravnieks).

Neben Geruchseindrücken lassen sich auch Gefühle erfassen, welche durch Riechstoffe ausgelöst werden. Hierzu nutzt die 'Geneva Emotion and Odor Scale' (GEOS) sechs-dimensionale Deskriptoren.

### 2.9.2 Der Wahrnehmungsraum

Die offenbar zur Charakterisierung von Geruchseindrücken erforderlichen höher-dimensionalen Deskriptoren verstricken sich in einer unüberschaubaren Datenfülle, sofern man nicht versucht in die dahinterliegende Struktur der mentalen Organisation vorzudringen. Listen mit Zuordnungen von Substanzen zu einzelnen Geruchsqualitäten reichen zur Bewältigung der Aufgabe nicht aus. Vielversprechend ist der Ansatz mit Hilfe mehrdimensionaler Deskriptoren Strukturen im menschlichen Wahrnehmungsraum der Gerüche zu finden.

Basierend auf der geruchlichen Charakterisierung von 851 Riechstoffen an Hand von 169 Geruchsnoten, konnten Mamlouk und Mitarbeiter mit Hilfe des 'multidimensional scaling' (MDS) das System von formal 169 Dimensionen auf 32 intrinsische Dimensionen schrumpfen, ohne wesentlich an Genauigkeit zu verlieren. Dies ist verständlich, da die 169 Geruchsnoten im mathematischen Sinne nicht alle linear unabhängig sind. Die 851 Riechstoffe bilden im 32D Punktwolken (Cluster). Eine für uns anschauliche Abbildung dieses 32D-Raumes gelingt durch eine Darstellung als Kohonen-Karte (Abb. 2.17). Durch diese Methode wird eine

Zuordnung der Punktwolken zu Blöcken auf der Oberfläche eines Ringtorus erreicht, wobei die Nachbarschaftsbeziehungen, die im 32D vorherrschen, annähernd bestehen bleiben.

Die Auswertung dieser Daten macht es wahrscheinlich, dass sich die Geruchsempfindungen des Menschen in einem Raum von etwa 32 Dimensionen darstellen lassen. Prinzipiell müsste man mit einem anderen Set höher-dimensionaler Deskriptoren das gleiche Ergebnis erhalten, sofern die Aussage eine allgemeine Gültigkeit hat.

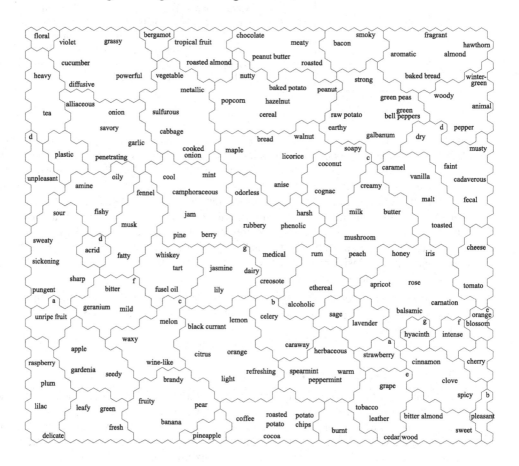

**Abb. 2.17**: Geruchswahrnehmung als Kohonen-Karte nach Mamlouk et al. (2003). Die abgebildete Karte ist die Oberfläche eines Torus, auf dem sich die obere und untere sowie die rechte und linke Kante der Graphik treffen. Die 37 Cluster im 32D Raum erscheinen auf der Karte in 44 Blöcken. Die fragmentierten Cluster tragen die Buchstaben a bis g in ihrer oberen rechten Ecke. Durch die Randschnitte sind insgesamt 54 Felder zu sehen, in denen 169 Geruchsnoten eingetragen sind. Der ursprüngliche hochdimensionale Vektorraum wurde durch multimensional scaling (MDS) auf 32D und durch self-organizing mapping (SOM) auf 2D reduziert. Die deutschen Bedeutungen der englischen Begriffe sind in Tabelle 2.03 zusammengestellt.

**Tab. 2.03**: Deutsche Bedeutung der 169 Geruchsnoten aus Abb. 2.17.

| | | | | | |
|---|---|---|---|---|---|
| acrid | beißend, scharf | fennel | Fenchel | penetrating | durchdringend |
| alcoholic | alkoholartig | fishy | fischig | pepper | Pfeffer |
| alliaceous | lauchartig | floral | blumig | peppermint | Pfefferminze |
| almond | Mandel | fragrant | duftend | phenolic | phenolisch |
| amine | aminartig | fresh | frisch | pine | Kiefer |
| animal | animalisch | fruity | fruchtig | pineapple | Ananas |
| anise | Anis | fusel oil | Fusel | plastic | Kunststoff |
| apple | Apfel | galbanum | Galbanum | pleasant | angenehm |
| apricot | Aprikose | gardenia | Gardenie | plum | Pflaume |
| aromatic | aromatisch, duftig | garlic | Knoblauch | popcorn | Popcorn |
| bacon | Speck | geranium | Geranie | potato chip | Kartoffelchip |
| baked bread | Brot gebacken | grape | Traube | powerful | kräftig |
| baked potato | Ofenkartoffel | grassy | grasig | pungent | stechend, scharf |
| balsamic | balsamisch | green | grün | raspberry | Himbeere |
| banana | Banane | green bell peppers | Gemüsepaprika | raw potato | rohe Kartoffel |
| bergamot | Bergamotte | green peas | Erbsen | refreshing | erfrischend |
| berry | Beere | harsh | herb | roasted | geröstet, gebraten |
| bitter | bitter | hazelnut | Haselnuss | roasted almond | geröstete Mandeln |
| bitter almond | Bittermandel | heavy | schwer | roasted potato | gebratene Kartoffel |
| black currant | schwarze Johannisbeere | herbaceous | krautig | rose | Rose |
| brandy | Weinbrand | honey | Honig | rubbery | gummiartig |
| bread | Brot | hawthorn | Weißdorn | rum | Rum |
| burnt | angebrannt, verbrannt | hyacinth | Hyazinthe | sage | Salbei |
| butter | Butter | incense | Weihrauch | savory | pikant |
| cabbage | kohlig | iris | Iris | seedy | grassamig |
| cadaverous | nach Kadaver | jam | Konfitüre | sharp | scharf |
| camphoraceous | campherartig | jasmine | Jasmin | sickening | widerlich |
| caramel | Karamell | lavender | Lavendel | smoky | rauchig |
| caraway | Kümmel | leafy | blattartig | soapy | seifig |
| carnation | Nelke | leather | Leder | sour | sauer |
| cedarwood | Zedernholz | lemon | Zitrone | spearmint | Grüne Minze |
| celery | Sellerie | licorice | Lakritz | spicy | würzig |
| cereal | Getreide | light | leicht | strawberry | Erdbeere |
| cheese | Käse | lilac | Flieder | strong | kräftig |
| cherry | Kirsche | lily | Lilie | sulfurous | schwefelig |
| chocolate | Schokolade | malt | Malz | sweaty | schweißig, verschwitzt |
| cinnamom | Zimt | maple | Ahorn | sweet | süß |
| citrus | Citrus | meaty | fleischartig | tart | herb, sauer |
| clove | Gewürznelke | medical | medizinisch | tea | Tee |
| cocoa | Kakao | melon | Melone | toasted | getoastet |
| coconut | Kokosnuss | metallic | metallisch | tobacco | Tabak |
| coffee | Kaffee | mild | mild | tomato | Tomate |
| cognac | Cognac | milk | Milch | tropical fruit | tropische Früchte |
| cooked onion | Zwiebel gekocht | mint | minzig | unpleasant | unangenehm |
| cool | kühl | mushroom | Pilz | unripe fruit | unreife Früchte |
| creamy | cremig | musk | Moschus | vanilla | Vanille |
| creosote | Karbolineum | musty | modrig, muffig | vegetable | Gemüse |
| cucumber | Gurke | nutty | nussig | violet | Veilchen |
| dairy | Milchprodukte | odorless | geruchlos | walnut | Walnuss |
| delicate | lecker, delikat | oily | ölig | warm | warm |
| diffuse | diffus | onion | Zwiebel | waxy | wachsartig |
| dry | trocken | orange | Orange | whiskey | Whiskey |
| earthy | erdig | orange blossom | Orangenblüte | wine-like | weinartig |
| etheral | ätherisch | peach | Pfirsich | wintergreen | amerik. Immergrün |
| faint | schwach | peanut | Erdnuss | woody | holzig |
| fatty | fettig | peanut butter | Erdnussbutter | | |
| fecal | fäkalisch | pear | Birne | | |

### 2.9.3  Die Strukturtheorie

Erste Ideen zum Zusammenhang von strukturierter Materie und Geruch stammen von Epikur aus dem 4. vorchristlichen Jahrhundert, der vermutete, dass alle riechenden Körper kleinste Teilchen (ἄτομοι) abgeben, die unsere Nase riechen kann. Dabei postulierte er, dass glatte, runde Teilchen süße Gerüche und scharfkantige und spitze unangenehme und saure Gerüche hervorrufen.

Die von John E. Amoore erstmals 1964 vorgestellte Theorie geht davon aus, dass ähnlich empfundene Gerüche durch Moleküle ähnlicher äußerer Form und Größe ausgelöst werden. Riechstoffe müssen hiernach, wie man es vom Schlüssel-Schloss-Prinzip bei enzymatischen Reaktionen kennt, in eine komplementäre Aussparung auf dem Rezeptorareal passen um dadurch neuronale Impulse auszulösen.

Durch die Suche nach den zur Beschreibung von Gerüchen am häufigsten verwendeten Begriffen kam Amoore zur Auffassung, dass sieben Primärgerüche ausreichen müssten um das ganze Spektrum abzudecken. Die ermittelten Kategorien sind: campherartig, etherisch, blumig, pfefferminzig, moschusartig sowie stechend und faulig. Die Vermessung von vielen Riechstoffen, die den ersten fünf Primärgerüchen zugehören, lieferte Daten, aus denen die Form und die Größe der jeweiligen komplementären Areale an den Rezeptoren rekonstruiert werden konnten (Abb. 2.18). Die Primärgerüche stechend und faulig werden dagegen über eine elektrostatische Bindung ihrer zugehörigen Riechstoffe am Rezeptor erkannt.

In einer späteren Version erfuhr die Rekonstruktion der komplementären Aussparung eine Verbesserung, indem man anstelle der halbseitigen Abdrücke der Moleküle ihre allseitigen Projektionsflächen (Schattenwürfe oder Silhouetten) verwendete. Außerdem öffnete man die Möglichkeit durch Aufnahme zusätzlicher Primärgerüche und Bildung von Untergruppen das System zu erweitern.

Das Auffinden von Anosmien gegenüber bestimmten Riechstoffen hatte zur Folge, dass die betreffenden Geruchsqualitäten den Status von Primärgerüchen erhalten mussten, um die Schlüssigkeit des erweiterten Systems zu wahren.

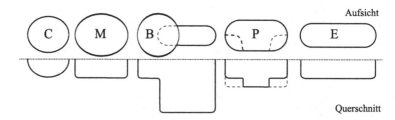

**Abb. 2.18**: Komplementäre Rezeptorareale für die fünf Primärgerüche: campherartig (C), moschusartig (M), blumig (B), pfefferminzartig (P) und etherisch (E) in Aufsicht und Querschnitt. Die Form und Größe des campherartigen Abdruckareals wurde an über hundert campherartig riechenden Verbindungen ermittelt, die eine grob kugelige Gestalt haben. Die postulierte Kalotte (C) hat die Abmessungen 75 nm × 90 nm bei einer Tiefe von 40 nm. Nicht gezeigt sind die Areale mit negativer Ladung (stechend) und mit positiver Ladung (faulig), die flach sein sollen und keine Vorgaben in Hinsicht auf die räumliche Struktur der Riechstoffe machen.

### 2.9.4 Die Vibrationstheorie

Die Grundzüge dieser Theorie wurden bereits 1937 von M. G. Dyson vorgestellt. Hiernach sollen Rezeptoren, die für verschiedene Frequenzen empfindlich sind, durch Eigenschwingungen von Riechstoffmolekülen angeregt werden. Das erzeugte Erregungsmuster lässt danach im Gehirn einen Geruchseindruck entstehen.

R. Wright arbeitete diese Ideen 40 Jahre später aus, indem er Infrarotspektren der Riechstoffe, in denen die molekularen Schwingungsfrequenzen zu erkennen sind, mit den durch sie ausgelösten Geruchseindrücken verglich. Obwohl Korrelationen gefunden wurden, gab es keine Vorstellung darüber, wie die Arbeitsweise eines für Schwingungen empfindlichen Rezeptors aussehen könnte.

Zur Arbeitsweise der Rezeptoren entwickelte L. Turin 1996 ein Modell. Voraussetzung ist, dass sich der Riechstoff an das Bindungsareal eines Rezeptor anlagern kann. Darüber hinaus muss die Schwingungsfrequenz des Riechstoffs mit der Differenz der Energieniveaus zwischen einer Donor- und Akzeptorstelle am Rezeptorprotein korrelieren. Sind beide Bedingungen erfüllt, sind die Elektronen mit Hilfe der Schwingungseigenschaften des Riechstoffmoleküls in der Lage von dem einen auf das andere Energieniveau zu tunneln und lösen hiermit die Signaltransduktion aus. Der Riechstoff verlässt wieder den Rezeptor (Abb. 2.19).

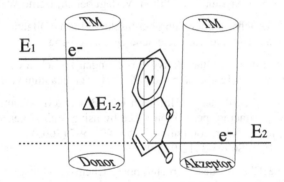

**Abb. 2.19**: Schema zur Vibrationstheorie von Turin. $E_1$ und $E_2$ sind die beiden Energieniveaus, deren Differenz ($\Delta E_{1-2}$) die Elektronen (e⁻) durch Tunnelung überwinden. TM sind zwei der sieben transmembranären Domänen des Rezeptors als Donor und Akzeptor für die Elektronen. Mit $\nu$ ist die Vibrationsfrequenz des angelagerten Riechstoffs (Cumarin) symbolisiert.

Der Geruch einer Substanz ist nach der Theorie von der Hauptschwingungsfrequenz des Moleküls abhängig, die von den in der Membran liegenden olfaktorischen Rezeptoren nach Art eines Spektrographen registriert werden kann. Die Theorie könnte erklären, warum Rezeptoren auf Moleküle gleicher Form unterschiedlich reagieren und deuterierte Moleküle beispielsweise von Fischen und Insekten unterschieden werden können. Im Einklang mit der Theorie steht, dass trotz unterschiedlicher Form, bedingt durch Struktur oder den Einbau anderer Elemente, eine Reihe von Molekülen den gleichen Geruchseindruck auslösen.

## Literaturauswahl

Behrendt HJ, Germann T, Gillen C, Hatt H, Jostock R. Characterization of the mouse cold-menthol receptor TRPM8 and vanilloid receptor type-1 VR1 using a fluorometric imaging plate reader (FLIPR) assay. Brit J Pharmacol 141: 737-745 (2004)

Buck L, Axel R: A novel multigene family may encode odorant receptors: A molecular basis for odor recognition. Cell 65: 175-187 (1991)

Büttner AK: Spaß an Essen und Trinken – Retronasale Geruchswahrnehmung. Nachrichten aus der Chemie 52: 540-543 (2004)

Doty RL, Brugger WE, Jurs PC, Orndorff MA, Snyder PJ, Lowry LD: Intranasal trigeminal stimulation from odorous volatiles: psychometric responses from anosmic and normal humans. Physiol Behav 20: 175-185 (1978)

Dravnieks A: Atlas of Odor Character Profiles Data Series 61 (DS 61). American Society for Testing & Materials (Juli 1985), Philadelphia, PA; 354 S.

Dyson GM: Some aspects of the vibration theory of odor. Perfumery and Essential Oil Record 19: 456-459 (1928)

Gschwind J: Repräsentation von Düften. Verlegt bei Dr. Bernd Wißner, Augsburg, 1998

Hansson BS: Geruchswahrnehmung bei Insekten. Insect Olfaction. Forschungsbericht 2008 – Max-Planck-Institut für chemische Ökologie, Jena

Hensel H, Zotterman Y: Quantitative Beziehungen zwischen der Entladung einzelner Kälte-fasern und der Temperatur. Acta Physiologica Scandinavica 23(4): 291-319 (1951)

Mamlouk AM, Chee-Ruiter C, Hofmann UG, Bower JM: Quantifying olfactory perception: Mapping olfactory perception space by using multidimensional scaling and self-orga-nizing maps. Neurocomputing 52-54: 591-597 (2003) doi:10.1016/S0925-2312(02)00805-6

Ohloff G: Die Chemie des Geruchssinnes. Chemie in unserer Zeit 5(4) 114-124 (1971) doi:10.1002/ciuz.19710050404

Ohloff G: Düfte – Signale der Gefühlswelt. Sachbuch. Wiley-VCH, Verlag Helvetica Chimica Acta, Zürich, 2004; 313 S.

Pritzel M, Brand M, Markowitsch HJ: Gehirn und Verhalten: Ein Grundkurs der physiologi-schen Psychologie. Spektrum Akademischer Verlag, Heidelberg, 2009; 568 Seiten

Schultz S: Untersuchungen am Vomeronasalorgan des Menschen mit elektrophysiologischen und psychophysiologischen Methoden. Bochum, Univ. Diss. (2008) 174 S.

Schulz S: The chemistry of pheromones and other semiochemicals II. Springer-Verlag, Berlin Heidelberg New York, 2005; 333 S. doi:10.1007/b83344

# 3 Kenngrößen von Riechstoffen

Physikalisch-chemische Kenngrößen eröffnen einen Blick auf einzelne Eigenschaften von Molekülen. Anhand der durch Messung ermittelten Parameter gelingt ein Vergleich verschiedener chemischer Verbindungen. Die Informationen aus mehreren Kenngrößen zusammen genommen können erklären, zum Teil auch voraussagen, ob eine Verbindung für bestimmte Anwendungsgebiete geeignet ist.

Wenn also eine Substanz nicht zu groß, nicht geladen, mäßig wasserlöslich, flüchtig und nicht zu haftfest ist, kann sie ein guter Riechstoff sein, sofern sie eine angenehme oder interessante Geruchsempfindung auslöst. Im folgenden werden einige zur Charakterisierung von Riechstoffen wichtige Parameter und Messverfahren aus Chemie, Physik, Physiologie und Analytik vorgestellt. Die verschiedenen wissenschaftlichen Teilbereiche treffen naturgemäß direkt aufeinander.

## 3.1 Chemische Kenngrößen

### 3.1.1 Stereoisomerie, Chiralität

Die bekannteste Form der Stereoisomerie stellt die Spiegelsymmetrie dar. Sie beruht auf der Vierbindigkeit des Kohlenstoffs, dessen Bindungen von der Mitte eines Tetraeders in dessen vier Ecken zeigen. Sind an einem Kohlenstoffatom vier verschiedene Substituenten gebunden, so gibt es zwei Möglichkeiten der räumlichen Anordnung, die sich nicht durch Drehung, sondern nur durch Spiegeln ineinander überführen lassen. Die beiden Moleküle verhalten sich chiral zueinander, also wie die Hände, und werden als Enantiomere bezeichnet (Abb. 3.01). Das Kohlenstoffatom ist asymmetrisch substituiert.

Zur Nomenklatur der absoluten Konfiguration an asymmetrischen Zentren dient die Cahn-Ingold-Prelog-Konvention (CIP). Maßgebend ist die Bestimmung der Priorität der vier Substituenten des asymmetrischen Zentrums. Höhere Priorität hat jeweils das Element mit der höheren Ordnungszahl (Erstatome), im Falle der Gleichheit entscheiden die nach außen folgenden Substituenten (Zweitatome). Liegen die Prioritäten fest, wird der Substituent mit der niedrigsten Priorität vom Betrachter abgewandt. Die Anordnung der verbliebenen Substituenten gemäß der Reihenfolge von hoher über mittlere zu niedriger Priorität ergibt eine rechte oder linke Umlaufrichtung, die die Konfiguration im Zentrum als R (*rectus*) oder S (*sinister*) festlegt.

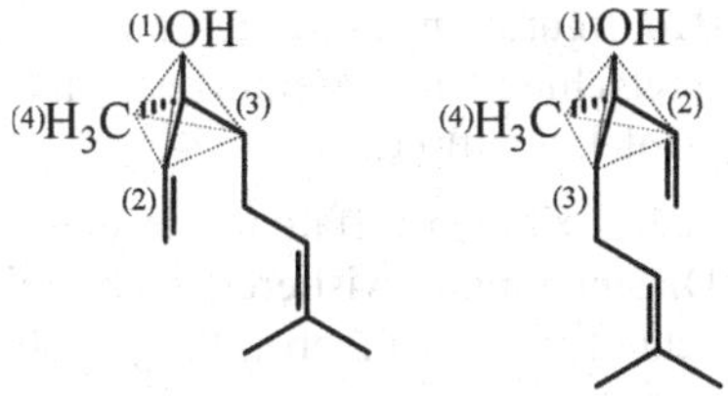

(S)-(+)-Linalool      (R)-(-)-Linalool

**Abb. 3.01**: Linalool als Beispiel für ein Riechstoffmolekül mit einem asymmetrischen Zentrum. Die beiden abgebildeten Konfigurationen stellen Enantiomere dar. Das asymmetrische Kohlenstoffatom, welches die vier Substituenten trägt, ist in einen Tetraeder eingezeichnet. Die Methylgruppe mit der niedrigsten Priorität (4) ist nach hinten gerichtet. Durch die Doppelbindung ist die Priorität der Vinylgruppe höher als die der Isoprenylgruppe. Die verbleibenden drei Substituenten haben eine linke oder rechte Umlaufrichtung.

Der für den flüchtigen Betrachter eher geringe Unterschied zwischen den beiden Enantiomeren ist für die olfaktorischen Rezeptoren alles andere als unbedeutend. Das (R)-Linalool unterscheidet sich vom (S)-Linalool in der Geruchsnote und im Geruchsschwellenwert, so dass es sogar zwei verschiedene Trivialnamen für die Verbindungen gibt. Das Licareol = (R)-Linalool hat eine blumige, holzartige Lavendelnote und eine Geruchsschwelle bei etwa 10 ppb, während das Coriandrol = (S)-Linalool süß blumig riecht und eine Geruchsschwelle von etwa 40 ppb aufweist.

Der Sachverhalt wird komplizierter, wenn ein Molekül weitere asymmetrische Zentren enthält. Dann kann jedes Zentrum ein Paar deckungsungleicher Verbindungen erzeugen, was bei n Zentren zu $2^n$ Verbindungen führt, die Diastereomere genannt werden (Abb. 3.02). Diese verhalten sich zueinander nicht mehr wie Spiegelbilder, es sei denn die Konfiguration ist in allen Zentren gleichzeitig geändert.

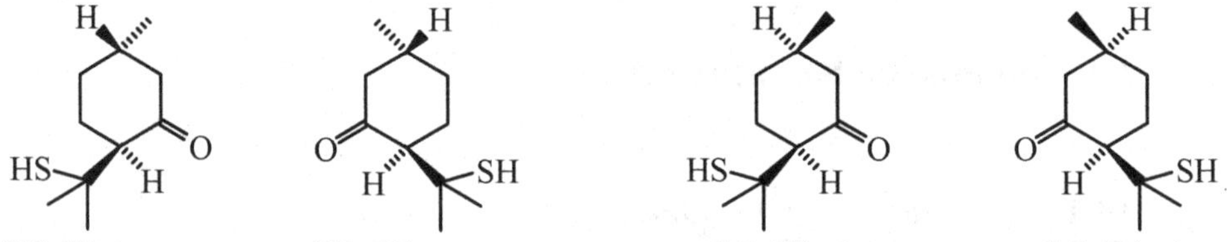

(1S,4S)-trans-        (1R,4R)-trans-              (1R,4S)-cis-              (1S,4R)-cis-

p-Menthan-8-thiol-3-on

**Abb. 3.02**: Mercaptomenthon = p-Menthan-8-thiol-3-on ist ein Beispiel für ein Molekül mit zwei asymmetrischen Zentren. Es existieren vier Diastereomere. Die Moleküle des linken und des rechten Paares sind zueinander Spiegelbilder. Auf epimere Beziehungen zwischen den Konformationen wird nicht eingegangen. Die Bezeichnungen cis und trans beziehen sich auf die Stellung der Substituenten relativ zur Ringebene. Die Geruchsnoten von li nach re: tropisch schwefelig - zwiebelartig, leicht fruchtig - unangenehm gummiartig - schwarze Johannisbeere Blattgeruch, Passionsfrucht.

Ein anderer Grund für das Auftreten von Diastereomeren kann eine Doppelbindung im Molekül sein, welche die sonst vorliegende freie Drehbarkeit einer Einfachbindung aufhebt. So ergeben sich an einer Doppelbindung wieder zwei Möglichkeiten der räumlichen Anordnung, die zu Verbindungen führen, welche als cis- und trans-Isomere oder als Z- und E-Isomere bezeichnet werden. Gibt es neben Wasserstoff nur zwei Substituenten, reicht die Unterscheidung nach der cis/trans-Konfiguration. Bei mehr als zwei Substituenten legt die Stellung derjenigen mit der höchsten Priorität nach CIP die Z/E-Konfiguration fest (Z zusammen, E entgegengesetzt). Die cis/trans Isomerie kann auch bei unterschiedlichen Stellungen von Substituenten bezüglich der Ringebene (Referenzebene) im Molekül auftreten.

Nerolidol ist ein Riechstoff, in dem ein asymmetrisches Kohlenstoffatom und eine Z/E-Isomerie gemeinsam vorkommen und deswegen vier Diastereomere existieren. Deren olfaktorische Eigenschaften sind deutlich voneinander unterscheidbar wie in Abb. 3.03 gezeigt.

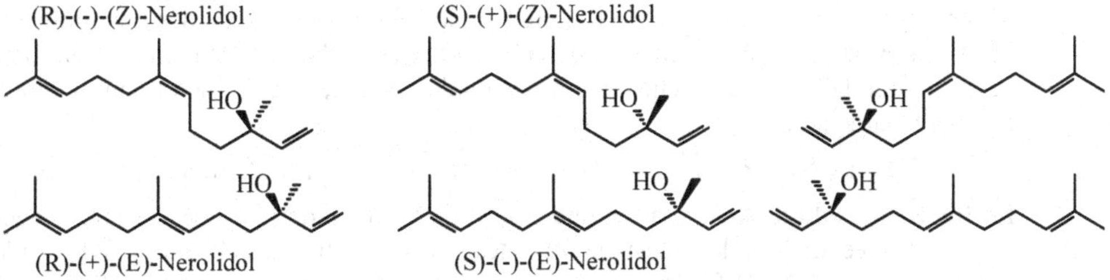

(R)-(-)-(Z)-Nerolidol          (S)-(+)-(Z)-Nerolidol

(R)-(+)-(E)-Nerolidol          (S)-(-)-(E)-Nerolidol

**Abb. 3.03**: Die vier Diastereomere des Nerolidol [7212-44-4 Racemat] haben die folgenden Geruchs noten: (R)(Z) intensiv blumig, süß, frisch; (R)(E) angenehm, holzig, warm, modrig; (S)(Z) holzig, grün, rindig; (S)(E) leicht süß, mild, blumig. Die beiden rechten Strukturen sind im Vergleich zu den beiden mittleren um 180° gedreht, gespiegelt aber im Vergleich zu den beiden linken.

Von etwa 600 Paaren diastereomerer Riechstoffe sind Unterschiede in den Geruchsnoten und den Geruchsschwellen beschrieben. Eine kleine Auswahl wird abschließend in der folgenden Tabelle 3.01 gegeben.

**Tab. 3.01**: Die in der Tabelle aufgenommenen Riechstoffe sind nach ihrer Anzahl an asymmetrischen Zentren sortiert, jedoch sind nicht immer alle Kombinationen von praktischer Bedeutung. Die absoluten Konformationen sind angegeben. Gegenübergestellt sind jeweils spiegelsymmetrische Strukturen und deren Geruchsnoten (links – rechts). Das nach Grapefruit riechende Nootkaton, hat auch einen bitteren Geschmack. Wenn bekannt, sind die Geruchsschwellenwerte in ppb (in Luft) angegeben.

| Konform. | Riechstoff | CAS | Geruchsnote 'links' | Geruchsnote 'rechts' |
|----------|------------|-----|---------------------|----------------------|
| R/S | Carvon | – | spearmint 6485-40-1 | Kümmel 2244-16-8 |
| R/S | Limonen | 7705-14-8 | frisch, Citrus, Orange | streng, Terpentin |
| R/S | Menthofuran | 494-90-6 | minzartig, herbal 0,2 | herbal, fettig |
| R/S | γ-Ionon | 79-76-5 | grün, fruchtig, metallisch 11 | blumig, grün holzig 0,07 |
| SR/RS | Galaxolid | 1222-05-5 | moschus kräftig 0,0006 | moschus fast geruchlos |
| RR/SS |  |  | fruchtig 0,44 | moschus kräftig 0,001 |
| RS/SR | Rhubafuran | 82461-14-1 | blumig | Citrus, Rhabarber, grün |
| SS/RR |  |  | Grapefruit, bitter, Cassis | nussig, säuerl., animal. |
| SSS/RRR | Lilac-Alkohol a | 33081-34-4 | blumig 0,002 | geruchlos >0,1 |
| RSS/SRR | b | 33081-35-5 | grün, grasig, frisch 0,004 | süß 0,08 |
| RRS/SSR | c | 33081-36-6 | blumig, süß 0,004 | krautig 0,074 |
| SRS/RSR | d | 33081-37-7 | süß blumig 0,002 | süß 0,022 |
| SRS/RSR | Nootkaton | 4674-50-4 | leicht holzig 1 | Grapefruit 0,001 |

## 3.1.2 Enantiomerenüberschuss

Während im Verlauf der Biosynthese ausgehend von natürlichen L-Aminosäuren als Vorläuferverbindungen in der Regel selektiv nur eine spiegelbildliche Verbindung entsteht, bilden sich bei einer chemischen Synthese von chiralen Molekülen meist beide Formen, wovon eine bevorzugt entstehen kann. Um die Reinheit einer Substanz bezüglich der Enantiomeren quantitativ zu erfassen, gibt es den Parameter 'Enantiomerenüberschuss' (% ee, enantiomeric excess), der die Differenz zwischen den prozentualen Anteilen der beiden Enantiomere R und S in einer Charge angibt.

$$ee = (R-S) / (R+S) \qquad [R+S \text{ repräsentiert das gesamte Material}]$$

Im Racemat sind die Anteile an R und S jeweils 50%, so dass 0% ee vorliegt. Dagegen bedeuten 98% ee, dass in der Substanz 99% des einen Enantiomers (R) nur 1% des anderen (S) gegenüberstehen. Die Differenz von % ee gegenüber 100 gibt den Anteil des Racemates an.

Neben dem Enantiomerenüberschuss kann auch das einfachere Enantiomerenverhältnis (enantiomeric ratio, er) zur Charakterisierung der Reinheit dienen, das als Bruch angegeben wird. Ein Racemat hat ein 'er' von 1:1, während eine Substanz mit 98% ee ein 'er' von 99:1 aufweist.

$$er = R : S \qquad oder \qquad S : R$$

In der Natur kommen bei weitem nicht alle Moleküle in sterischer Reinheit vor. In verschiedenen Früchten findet man vorzugsweise das (R)-γ-Decalacton (ee >80%), in Himbeeren und Karotten das (R)-*trans*-α-Ionon bzw. (R)-(+)-(E)-α-Ionon (ee >90%) oder in Haselnüssen das (S)-Filberton (ee zwischen 60 - 68%). Dennoch reichen die unterschiedlichen Enantiomerenverhältnisse in den meisten Fällen aus um den Zusatz eines Racemats künstlichen Ursprungs zu erkennen.

## 3.2 Physikalische Kenngrößen

### 3.2.1 Konzentration    %, ‰, ppm, ppb, ppt

Zur Angabe der Konzentration eines Stoffes in einer Matrix gibt es je nach Aggregatzustand der beteiligten Materialien verschiedene Möglichkeiten. Geringere Probleme treten bei der Deklaration mittlerer Konzentrationen von Feststoffen auf, die in Flüssigkeiten gelöst sind, wie beispielsweise eine im Alltag vorkommende 2%ige Zuckerlösung in einer Kaffeetasse. Ohne lange Überlegung interpretiert man diese Angabe als 2 g Zucker in 100 ml Kaffee. Doch das ist nur eine von mehreren Möglichkeiten. Stehen flüchtige Substanzen oder Gase im Mittelpunkt des Interesses, bedarf es einer genaueren Betrachtung der gebräuchlichen Einheiten, damit eine korrekte Interpretation gelingt.

Häufig findet man in der wissenschaftlichen Literatur und in der Laienpresse Angaben von Konzentrationen in ppm. Die Bezeichnung ppm bedeutet 'parts per million', also Teile pro eine Million anderer Teile. Sie kann einerseits als eine Angabe der Einheit Masse/Masse verstanden werden. Dann bedeutet 1 ppm genau das gleiche wie 1 mg/kg = 1 mg/1 000 000 mg oder 1 g/t.

Werden andererseits Gase, Dämpfe und flüchtige Stoffe beschrieben, drückt 'ppm' in der Regel eine Einheit Volumen/Volumen aus, ohne dass dies immer deutlich vermerkt ist. Hier steht dann 1 ppm für 1 ml / m³ = 1 cm³ /1 000 000 cm³. Selten findet man für diesen Fall vpm, was gleichbedeutend ist mit 'volumes per million' oder ppmv.

Wird ppm in diesem Sinne verwendet, so kann die Angabe auch als Verhältnis der Moleküle von Stoff zu Matrix interpretiert werden (Anzahl der Moleküle des Stoffs zu einer Million Moleküle der Matrix). Dies ist ohne Umrechnung möglich, da Gase näherungsweise den gleichen Raumbedarf haben, ein Mol nämlich 22,4 L unter Normalbedingungen (24 L bei 20°C).

Ohne Abstriche an seiner Bedeutung darf man 'ppm' als Kürzel für den Bruch 1 Millionstel ($10^{-6}$) verwenden, so wie man das bei % oder ‰ für 1 Hundertstel bzw. 1 Tausendstel gewohnt ist. Dies entbindet allerdings den Anwender nicht von der Entscheidung, ob er einen Quotient Masse/Masse, Masse/Volumen oder Volumen/Volumen angeben will. Für noch geringere Konzentrationen stehen die Bezeichnungen ppb 'parts per billion' ($10^{-9}$) und ppt 'parts per trillion' ($10^{-12}$) zur Verfügung.

Ein Beispiel mit Formaldehyd ($H_2CO$) soll verdeutlichen wie die Angabe 'ppm' interpretiert werden kann:

Die Angabe 1 ppm Formaldehyd kann bedeuten 1 mg $H_2CO$ / kg Wasser [Masse/Masse]. Dies ist praktisch identisch mit der Angabe 1 mg $H_2CO$ / Liter Wasser [Masse/Volumen]. Weiterhin kann 1 ppm Formaldehyd bedeuten 1 ml gasförmiger Formaldehyd / m³ Luft [Volumen/Volumen] und wäre genauer als 1 ppmv oder als 1 vpm anzugeben. Hier steht dann ein Molekül $H_2CO$ einer Million Moleküle Luft gegenüber. Mit der Kenntnis der molekularen Masse ($M_r$ = 30 g / mol) lässt sich diese Angabe in die Einheit mg / m³ Luft [Masse/Volumen] umrechnen, denn 1 ml gasförmiges Formaldehyd entspricht bei 20°C einer Masse von

$$30 \text{ mg / mmol} \times 1 \text{ mmol / 24 ml Formaldehyd,}$$

also 1,25 mg. Demnach sind bei 1 ppm Formaldehyd 1,25 mg / m³ Luft vorhanden. Die vorgenommene Umrechnung ergibt einen Umrechnungsfaktor, der auch nachgeschlagen werden kann (IFA-GESTIS).

### 3.2.2 Verhalten von Stoffen in Zweiphasensystemen

Ein aus zwei Phasen bestehendes System bietet einem darin befindlichen Stoff verschiedene Möglichkeiten sich zu verhalten.

Stehen zwei flüssige Phasen in gegenseitigem Kontakt miteinander, wird die Substanz von der einen Phase in der Regel besser aufgenommen als von der anderen. Hier handelt es sich um das Phänomen der Absorption, bei der ein Raum zur Verteilung zur Verfügung steht. Mit Hilfe des Verteilungskoeffizienten gelingt es, das Verhalten einer Substanz zu beschreiben oder vorauszusagen. Eine Absorption liegt beispielsweise auch vor, wenn Arzneistoffe aus dem Magen-Darm-Trakt aufgenommen werden. Den Stoffen steht der Raum des Organismus zur Verfügung. Im Deutschen wird dieser Vorgang meist als Resorption bezeichnet.

Liegt ein System aus fester und flüssiger Phase vor, kann sich ein Stoff nur an der Berührungszone der beiden Phasen anlagern. Diese Erscheinung nennt man Adsorption, wobei der Substanz nur eine Fläche zur Verfügung steht. Bilden zwei flüssige Phasen eine Grenzfläche, kann auch dort - neben einer Absorption - eine Adsorption auftreten. Vorgänge einer Adsorption in Form einer monomolekularen Schicht werden mit Adsorptionsisothermen nach Langmuir oder Freundlich beschrieben. Werden Substanzen aus ihren Bindung entlassen, handelt es sich um Desorption.

Zwischen Adsorption und Absorption gibt es Mischformen, welche man unter dem Begriff Sorption zusammenfasst. Beispiel hierfür ist die Sorption von Schadstoffen an Erdboden oder an Sedimente aus Kläranlagen oder Flüssen, die organisches Material enthalten. Um diese Vorgänge zu quantifizieren ermittelt man den Sorptionskoeffizienten.

Der dritte Fall liegt vor, wenn eine flüssige und eine gasförmige Phase miteinander in Kontakt stehen. Hier treten je nach Blickrichtung die Phänomene Flüchtigkeit und Löslichkeit auf, die sich mit der Henry-Konstanten beschreiben lassen.

### 3.2.3 Verteilungskoeffizient (n-Octanol/Wasser)

Zur Bestimmung des Öl-Wasser-Verteilungskoeffizienten gibt es verschiedene Möglichkeiten. In der Praxis wird er meist für das System n-Octanol/Wasser ermittelt. Hierzu lässt man der zu untersuchenden Substanz bei einer konstanten Temperatur ausreichend Zeit, das Verteilungsgleichgewicht zwischen den beiden Phasen zu erreichen. Aus beiden Phasen werden Proben genommen, in welchen dann die Konzentration der Substanz mit einem geeigneten analytischen Verfahren gemessen wird. Der Quotient aus den beiden Konzentrationen $c_O$ / $c_W$ liefert den dimensionslosen Verteilungskoeffizienten. Meistens sind die Größenordnungen der beiden Konzentrationen sehr unterschiedlich, z. B. hohe Löslichkeit in Octanol und geringe Löslichkeit in Wasser, so dass große Zahlen resultieren. Aus diesem Grund ist es sinnvoll den dekadischen Logarithmus des Zahlenwertes anzugeben. Man findet meist die Angabe log $K_{OW}$ oder logP, seltener logP$_{OW}$, wobei P für 'partition', d. h. Verteilung steht (Tab. 3.02).

**Tab. 3.02**: Verteilungskoeffizienten experimentell abgeschätzt (log $P_{OW}$ estimated; HPLC-Methode) und errechnet (XlogP3; Algorithmus; AA = Atom Additive Model) für einige ausgewählte Riechstoffe.

| Riechstoff | CAS | log $P_{OW}$ est | XlogP3 |
|---|---|---|---|
| Phenylacetaldehydglycerylacetal | 29895-73-6 | 0,8 | 1,20 AA |
| Orcinyl 3 | 3209-13-0 | 0,9 | 1,90 AA |
| p-Anisylacetat | 104-21-2 | 1,9 | 1,90 // |
| 1-Octen-3-ol | 3391-86-4 | 2,4 | 2,60 AA |
| Ligustral = 2,4 ivy carbaldehyd | 68039-49-6 | 2,7 – 2,67 | 1,40 AA |
| Citral | 5392-40-5 | 3,1 | 3,00 AA |
| Folion = Methylheptincarbonat | 111-12-6 | 3,4 | 3,20 AA |
| Bourgeonal = cyclamen propanal | 18127-01-0 | 3,7 | 3,30 AA |
| β-Ionon (Isomere) | 8013-90-9 | 4,1 | 3,00 AA |
| Aurantiol Schiffsche-Base | 89-43-0 | 4,8 – 4,4 | 3,30 AA |
| Ebanol = sandal pentenol | 67801-20-1 | 4,9 – 4,43 | 3,30 AA |
| Ambrofix = Ambroxan | 6790-58-5 | > 6 | 4,7 // |
| Velvione = musk amberol | 37609-25-9 | > 6 – 5,98 | 5,6 AA |

Das relativ langwierige geschilderte Verfahren darf nach EC Directive 92/69/EEC A.8 durch eine HPLC-Methode zur experimentellen Abschätzung des Verteilungskoeffizienten ersetzt werden. Hierzu werden sechs Referenzsubstanzen, von denen der log $K_{OW}$ bekannt ist, zusammen mit der zu untersuchenden Substanz im Elutionsverhalten in einem geeigneten Elutionssystem unmittelbar verglichen. Die Spanne reicht von Benzonitril (logP 1,6) bis DDT (logP 6,2). Je nachdem zwischen welchen Referenzsubstanzen die unbekannte Verbindung eluiert, lässt sich der Verteilungskoeffizient abschätzen. Dieses Ergebnis ist für die Praxis meist genügend aussagekräftig. Es drückt aus wie hoch die Affinität zu organischem Material ist, wie es in Lebewesen vorliegt.

Als Ergänzung zu diesen experimentellen Verfahren gibt es ein rechnerisches Verfahren, um aus der Molekülstruktur, den darin enthaltenen chemischen Bindungstypen und den vorkommenden einzelnen Atomen, sowie den vertretenen Heteroatomen einen logP für das System Octanol/Wasser vorherzusagen. Berechnete Koeffizienten tragen wegen der Unterscheidbarkeit von den experimentell bestimmten eine durch Buchstaben erweiterte Bezeichnung. Es stehen mehrere Algorithmen zur Berechnung zur Verfügung, die hervorragende Approximationen liefern (XLOGP3 Version 3 des Algorithmus XLOGP, basierend auf 89 Deskriptoren; XLOGP3-AA arbeitet im Atom-Additive Model; MlogP Algorithmus von Moriguchi, basierend auf 13 Deskriptoren; ClogP). (vgl. Tab. 3.02).

*Anmerkung*: Errechnete Kenngrößen, welche das Verhalten von neuen Substanzen in biologischen Systemen beschreiben, sind vor allem im high-throughput-screening unverzichtbar und zählen zu den *in silico* Modellen, welche die *in vitro* und *in vivo* Techniken ergänzen. Mit ihrer Hilfe lässt sich die Entwicklung ungeeigneter Substanzen frühzeitig stoppen. Die Vorhersagen betreffen Löslichkeit (logS), Absorption, Metabolismus und Blut-Hirn-Schranke (logBB). Zur Berechnung komplexer Kenngrößen werden verschiedene Deskriptoren linear miteinander verknüpft (logP, polar surface area, hydrogen-bond donors & acceptors, Form und Größe). Eine dieser komplexen Kenngrößen ist auch Lipinski's Rule of Five (LR5), welche die Wechselwirkung einer Substanz mit dem Organismus abschätzt. Arzneistoffe und Riechstoffe verhalten sich hierin ähnlich.

### 3.2.4  Sorptionskonstante

Die Sorptionskonstante (distribution constant) Kd einer Substanz ist definiert als das Verhältnis zwischen ihrer Konzentration in der sorbierenden Phase ($c_S$) und ihrer Konzentration in der wässrigen Phase ($c_W$), die nach Erreichen des Gleichgewichtes unter Testbedingungen vorliegen.

$$Kd = c_S / c_W$$

In der Praxis interessieren vor allem die sorbierenden Eigenschaften von Erdreich, Sedimenten und Klärschlamm. Experimentell kann die Sorptionskonstante bestimmt werden, indem man eine bekannte Menge der Testsubstanz zu einem Zweiphasensystem gibt und nach Einstellung des Gleichgewichts die Konzentration in der wässrigen Phase bestimmt. Die sorbierte Menge der Substanz berechnet sich aus der Differenz zwischen eingesetzter und in der wässrigen Phase wiedergefundener Menge. Das genaue Vorgehen dieser indirekten Methode ist in der 'EC Directive 2001/59/EC C.18 Batch Equilibrium Method' festgelegt.

Werden zur Berechnung von Kd die Konzentrationen in den gleichen Maßeinheiten benutzt, ist die Konstante dimensionslos. Andernfalls führt sie die Einheit L/kg bzw ml/g.

$$Kd = c_S \, [mg/kg] / c_W \, [mg/L] = c_S/c_W \, [L/kg]$$

Da die Zusammensetzung der Klärschlämme stark variiert, normiert man die Sorptionskonstante Kd auf den organischen Kohlenstoffgehalt (OC) des Sorbens und erhält dadurch die Konstante $K_{OC}$. Die errechneten Quotienten stellen in der Regel sehr hohe Zahlenwerte dar, weshalb man den dekadischen Logarithmus der Maßzahl als log $K_{OC}$ angibt.

Je höher die Werte, desto höher ist die Bindekraft einer Substanz an Erdboden, Klärschlamm oder Sedimente. Schwache Sorptionen liegen vor, wenn log $K_{OC}$ < 2, starke ab log $K_{OC}$ > 4, Letzteres bedeutet, dass eine Substanz praktisch immobil ist. Sofern keine elektrostatischen Kräfte zu den hydrophoben Wechselwirkungen hinzukommen, verhalten sich Sorptionskonstanten und Verteilungskoeffizienten ähnlich.

Die 'EC Directive 2001 59 EEC C.19' beschreibt eine HPLC Screening Methode, die zur Abschätzung des Koeffizienten log $K_{OC}$ durch den Einsatz von Referenzsubstanzen geeignet ist.

*Anmerkung*: Trotz gleicher Maßeinheit L/kg ist die Konstante Kd nicht mit dem in der Pharmakologie gebräuchlichen relativen Verteilungsvolumen (Vd) einer Substanz identisch. Beide Kenngrößen unterscheiden sich in der Bildung des Verhältnisses. Während für die Konstante Kd die Gleichgewichts-Konzentration der gebundenen durch die der freien Fraktion geteilt wird, stellt das relative Verteilungsvolumen Vd den Quotienten zwischen der angewandten Dosierung (Dosis/Körpergewicht = D/K) und der Gleichgewichts-Konzentration ($c_W$) der freien Fraktion dar. Mit der Dosierung ist die Gesamtmenge der Testsubstanz im System erfasst.

$$Vd = D/K \, [mg/kg] \, / \, c_W \, [mg/L] = D/K \, c_W \, [L/kg]$$

### 3.2.5 Flüchtigkeit und Löslichkeit

Ist eine betrachtete Substanz im Wasser gelöst enthalten, so hängt ihr Übergang in die Gasphase sowohl von ihrem Dampfdruck als auch von ihrer Löslichkeit im Wasser ab. Eine hohe Wasserlöslichkeit zwingt die Substanz im Wasser zu verbleiben, ihre Flüchtigkeit ist gering. Liegt die betrachtete Substanz in der Gasphase vor, so wird sie gemäß ihres Dampfdruckes und ihrer Wasserlöslichkeit in die wässrige Phase eindringen, also eine bestimmte Löslichkeit aufweisen. Die beiden Begriffe Flüchtigkeit und Löslichkeit ergeben sich aus den beiden unterschiedlichen Betrachtungsrichtungen. Sie lassen sich durch das Henry-Gesetz beschreiben (William Henry, 1775 – 1836). Es besagt, dass die Konzentration eines Gases in einer Flüssigkeit ($c_W$) direkt proportional zu seinem Dampfdruck (P) oberhalb der Flüssigkeit ist:

$$c_W = k_H \times P \quad \text{(beschreibt die Löslichkeit)} \qquad k_H = c_W \, / \, P \qquad [mol/Pa \cdot m^3]$$

oder, dass proportional zur Konzentration einer flüchtigen Substanz in einer Flüssigkeit diese in der überstehenden Gasphase einen bestimmten Dampfdruck erreicht:

$$P = K_H \times c_W \quad \text{(beschreibt die Flüchtigkeit)} \qquad K_H = P \, / \, c_W \qquad [Pa \cdot m^3/mol]$$

Die Flüchtigkeit eines Riechstoffes wird mit der unteren Formulierung erfasst. Anhand der Einheit der tabellierten Henry-Konstanten, hier willkürlich mit $k_H$ bzw. $K_H$ bezeichnet, ist erkennbar, in welcher der Gleichungen sie direkt anwendbar ist, oder erst nach Bildung ihres Kehrwerts. Die Proportionalitätskonstante $K_H$ ist abhängig von der Temperatur, dem Lösungsmittel und selbstverständlich vom betrachteten Stoff.

In der Praxis kann man auch eine dimensionslose Henry-Konstante ermitteln, sofern die Konzentrationen des Stoffes in Luft ($c_L$) und Wasser ($c_W$) durch Messung bekannt sind.

$$K_H = c_L \,/\, c_W$$

Nach ihren Henry-Konstanten können Stoffe in Flüchtigkeitsstufen eingeteilt werden: gering flüchtig: $K_H$ < 0,003 Pa·m³/mol, mittel flüchtig: $K_H$ = 0,003-100 Pa·m³/mol und stark flüchtig: $K_H$ > 100 Pa·m³/mol. Beispielsweise hat der Riechstoff Trisamber eine Henry-Konstante von 1080 Pa m³/mol, die sich wie folgt errechnet:

$$K_H = M_r \text{ [g/mol]} \times P \text{ [Pa]} \,/\, c_W \text{ [mg/L]} = 250{,}42 \times 4{,}4 \,/\, 1{,}02 = 1080 \text{ [Pa·m³/mol]}$$

Für den als Vergällungsmittel von Ethanol und als Hilfsmittel in der Kosmetik verwendeten Weichmacher Diethylphthalat (DEP) ergibt sich folgende Henry-Konstante:

$$K_H = 222{,}24 \text{ [g/mol]} \times 0{,}28 \text{ [Pa]} \,/\, 1080 \text{ [mg/L]} = 0{,}058 \text{ [Pa·m³/mol]}$$

Sie liegt für Diethylphthalat nach der oben gegebenen Einteilung im unteren Bereich der Kategorie 'mittel flüchtig'.

Zum Vergleichen der verschiedenen Angaben müssen oft die Druckeinheiten ineinander umgewandelt werden, wozu die Reihe 1013 mbar = 1013 hPa = 760 Torr = 760 mm Hg = 1 atm = 10,33 mWS nützlich sein kann.

## 3.3 Physiologische Kenngrößen

### 3.3.1 Schwellenkonzentrationen beim Menschen

Erhöht man für eine Testperson experimentell die Konzentration eines Riechstoffes beginnend von Null, so erreicht man zuerst die Wahrnehmungs- oder Absolutschwelle. Das ist diejenige Konzentration, bei welcher die Empfindung geäußert wird 'es riecht nach etwas', ohne dass eine eindeutige Zuordnung zu einer Geruchsqualität möglich ist. An die Erkennungsschwelle (Geruchsschwelle) (Tab. 3.03) stößt man erst bei mehrfach höheren Konzentrationen. Ab hier kann die Geruchsqualität sicher festgestellt werden. Zwischen den beiden genannten Schwellenkonzentrationen liegt die Aufmerksamkeitsschwelle, ab der eine Wahrnehmung auch bewusst wird. Noch höhere Konzentrationen führen an die Erträglichkeitsschwelle. Ab hier wird der Geruch als unerträglich und lästig empfunden.

Auch wenn in Tabellen oft nur ein Geruchsschwellenwert aufgeführt ist, bedeutet dies nicht, dass die Konzentrationen genau bestimmbar sind, denn sie sind eine Funktion vieler Variablen. Zunächst variieren sie von Person zu Person.

Um der biologischen Variabilität Rechnung zu tragen ist nach DIN EN 13725 festgelegt, Messungen von Schwellenwerten gleichzeitig mit mindestens vier Prüfern durchzuführen. Diese müssen bestimmte Kriterien erfüllen wie beispielsweise frei sein von Erkältung und von riechenden kosmetischen Stoffen. Die Testsubstanz wird dann im Luftstrom in verschiedenen Verdünnungen zum Riechen angeboten (dynamische Olfaktometrie). Aus den Versuchsreihen ermittelt man diejenige Verdünnung, in welcher die Hälfte der Prüfer den Geruch wahrnehmen konnte. Wenn die Hälfte aller Prüfer den Geruch wahrnehmen, entspricht dies genau der Aussage, dass ein idealer Durchschnittsprüfer den Geruch gerade eben wahrnimmt.

In einer so verdünnten Probe ist dann definitionsgemäß 'eine Europäische Geruchseinheit pro Kubikmeter Luft' ($GE_E$ /m³) enthalten. Die unverdünnte Probe enthält ein dem Verdünnungsfaktor entsprechendes Vielfaches an Geruchseinheiten. Hierbei ist es nicht erforderlich, dass die Substanz bekannt, chemisch definiert oder quantifizierbar ist.

**Tab. 3.03**: Geruchsschwellenwerte von Riechstoffen, die in Aromen vorkommen. Die Konzentrationen gelten in Wasser von 20°C für orthonasales Riechen. n-Butanol ist ein Riechstoff, der zur Kalibrierung von Personenkollektiven für Riechversuche verwendet wird. mg/kg ≙ ppm.

| Riechstoff | mg/kg | µg/kg | ng/kg |
|---|---|---|---|
| n-Butanol | 0,5 | | |
| Nerol | | 300 | |
| Vanillin | | 20 | |
| Schwefelwasserstoff | | 10 | |
| Dimethylsulfid | | 1 | |
| Eugenol | | 1 | |
| (E)-2-Nonenal | | 0,8 | |
| Methanthiol | | 0,02 | |
| β-Damascenon | | | 2 |
| 2,4,6-Trichloranisol | | | 0,03 |
| 1-p-Menthen-8-thiol | | | 0,02 |

Ist die Konzentration der unverdünnten Probe bekannt, lassen sich die Schwellenkonzentrationen in der Form Masse/Volumen (mg/m³) angeben. Wenn darüberhinaus auch die molekulare Masse bekannt ist, kann in die Angabe Teilchen/Volumen umgerechnet werden. Bei Verbindungen mit technischer oder toxischer Relevanz sind Angaben in ppm gebräuchlich, da sie unmittelbar mit den MAK (maximale Arbeitsplatzkonzentrationen) vergleichbar sind.

Vielfach sind Geruchsstoffe nicht in Luft, sondern in anderen Matrices wie Wasser, Ölen oder Lebensmitteln enthalten. Damit sind die Geruchsschwellen deutlich von diesen physikalischen Randbedingungen sowie von der Temperatur abhängig, die auf den Dampfdruck Einfluss nehmen. Die Geruchsschwellen werden in der überstehenden Luft ermittelt, die mit der betreffenden Matrix bei konstanter Temperatur im Gleichgewicht steht (vgl. headspace-Analyse, Henry-Konstante). Korrekte Angaben für Geruchsschwellen von Aromen beinhalten daher immer die Nennung der Temperatur, meist 20°C, und die der Matrix, welche in der Einheit mg/L Wasser oder mg/kg Öl angefügt ist.

Darüber hinaus werden die Geruchsschwellen von Randbedingungen beeinflusst, welche von der Arbeitsweise der Rezeptoren und der neuronalen Verarbeitung der ausgelösten Reize abhängig sind. So kann allein die Anwesenheit eines begleitenden Riechstoffes die Geruchsschwelle des ersten verschieben. Bekannt ist dieser Effekt für Furaneol (Abb. 3.04), einem weit verbreiteten Reaktionsaroma. Als Begleiter hebt es die Geruchsschwelle von β-Damascenon auf das 100-fache an, während es diejenigen anderer Aromen unverändert lässt. Diese Verschiebungen hängen mit Kreuzadaptationen zusammen, die innerhalb von Duftfamilien auftreten.

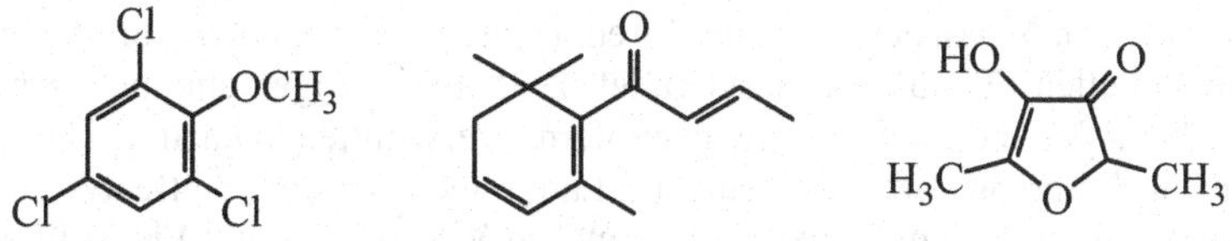

2,4,6-Trichloranisol          β-Damascenon          Furaneol (HD3F)

**Abb. 3.04**: Das 2,4,6-Trichloranisol verursacht die Korknote im Wein. In Wasser erzeugt es einen Eindruck von Schimmel, Schwelle $3 \times 10^{-5}$ μg/kg. Es entsteht beim mikrobiellen Abbau von Pentachlorphenol und beim Schimmelbefall von Papier. β-Damascenon findet man u. a. in Tomaten, Tee, Kaffee, Wein. Es ist ein Abbauprodukt von Carotinoiden. Furaneol = 4-Hydroxy-2,5-dimethyl-3(2H)-furanon (HD3F oder DMHF = HDMF) ist ein aus Zuckern gebildetes Aroma, das u. a. in Ananas, Erdbeeren, Kaffee und Tee vorkommt.

Letztlich hat auch das Training des Geruchssinnes und die ständige Übung einen entscheidenden Einfluss auf die Geruchsschwellen. Als Beispiel sei das 2,4,6-Trichloranisol genannt, von dem neben anderen im Wein die Korknote ausgeht. Ungeübte finden diese Schwelle erst bei 100 ng/L, der trainierte Sensoriker dagegen bei 2 ng/L. Hier spielen wiederum Verdeckungen durch andere Aromen eine Rolle.

## 3.3.2 Makrosmate und Mikrosmate

Der Mensch hat im Vergleich zu den übrigen Wirbeltieren ein relativ schwach ausgeprägtes Riechsystem. Man rechnet ihn wie auch die Primaten zu den Mikrosmaten, den 'Riechzwergen'. Obwohl nicht richtig untersucht, ordnet man dieser Gruppe zur Zeit auch die meisten Vögel zu. Ausnahmen sind Kiwi und die meist aasfressenden Neuweltgeier.

Zu den Makrosmaten dagegen zählen die Fische; sie nehmen Geruchsstoffe in zwei blind endenden Höhlen über der Mundhöhle auf, in denen ein Riechepithel mit vielen lappigen Falten liegt. Riechen ist also auch im Wasser möglich. Bekannt ist der gute Geruchssinn des Haies, der ihn zusammen mit Schallwellen seine Beute aufspüren lässt.

Reptilien, ebenfalls Makrosmaten, nehmen Duftstoffe mit ihrer Zunge auf und führen sie dem im Gaumendach gelegenen Jacobson Organ (vomeronasales Organ) zu, welches bei ihnen das olfaktorische Riechepithel ersetzt. Ein entsprechendes Organ haben auch Amphibien und zusätzlich zum olfaktorischen System verschiedene Gruppen von Säugetieren.

Raubtiere, Nagetiere und Huftiere sind ebenfalls Makrosmaten. Der hervorragend entwickelte Geruchssinn ergibt sich durch eine große Fläche des Riechepithels, welche auch stark gefaltet ist und wesentlich mehr Platz für Rezeptorzellen bietet. Außerdem exprimieren Makrosmaten mehr olfaktorische Rezeptoren als der Mensch und ihr Riechhirn ist im Vergleich zu dem des Menschen und anderer Primaten viel größer.

*Spürhunde*

Da Hunde wesentlich besser riechen können als der Mensch, werden sie seit Menschengedenken auch wegen dieser Fähigkeit genutzt. Die Jagd war bestimmt eines der ersten Gebiete, in denen sie dem Menschen hilfreich waren. Heute werden sie dank ihrer empfindlichen Nase zu professionellen Schnüfflern ausgebildet. Zoll- und Drogenfahndung gehörten zu den ersten Aufgaben, Aufspüren von Lawinenopfern, Verschütteten nach Erdbeben und Vermissten, Suche nach Sprengstoff, Blindgängern, Landminen, Waffen (waffentypischer Geruch), Brandbeschleunigern, Erkennung von Schimmel in Wohnungen und Erschnüffeln von Krankheiten aus der Atemluft von Menschen zeigen wie vielfältig die Aufgaben sind, bei denen sie unersetzlich sind und Außerordentliches leisten.

Bei Hunden mit langen Nasen hat die Luft eine längere Kontaktzeit mit dem Riechepithel als in kurznasigen, zusätzlich ist die Anzahl der Riechzellen größer. Ein Schäferhund bringt es auf 220 Millionen, ein Schweißhund (Bloodhound, Mantrailer) etwa auf 330 Millionen. Die Oberfläche des Riechepithels liegt zwischen 75 und 150 cm². Damit ist der Hund sogar in der Lage, Spuren von Menschen nicht auf Grund von riechenden Abdrücken auf der Erde zu verfolgen, sondern auch auf versiegelten Flächen. Hier orientiert er sich am Geruch von Epidermiszellen, von denen der Mensch in jeder Minute etwa 40 000 in Form von Haut- und Haarschuppen mit individuellem Geruch verliert. In der Forensik haben daher archivierte menschliche Geruchsproben eine Bedeutung.

Wegen der hohen Anzahl an Rezeptorzellen, die zusätzlich noch rund fünf mal mehr Cilien auf ihrer Oberfläche tragen als beim Mensch, liegt die Riechschwelle des Hundes weit unter der des Menschen. Eindrucksvoll zeigt dies eine Untersuchung mit aliphatischen, kurzkettigen Säuren, für welche die Geruchsschwellen im Vergleich zum Menschen bestimmt wurden (Abb. 3.05). Ein Optimum weisen beide Spezies für Buttersäure auf, jedoch liegt ein Abstand von sechs Zehnerpotenzen in der Empfindlichkeit dazwischen. Dieser Abstand ist keine Konstante, sondern variiert je nach Riechstoff.

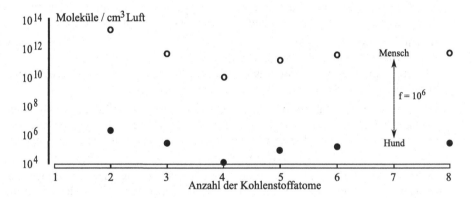

**Abb. 3.05**: Vergleich der Geruchsschwellen von Mensch und Hund für aliphatische, kurzkettige, unverzweigte Säuren: Essigsäure, Propionsäure, Buttersäure, Valeriansäure, Capronsäure, (Caprinsäure, keine Daten) und Caprylsäure (nach Neuhaus, 1957). Der Hund erkennt Buttersäure in einer Konzentration von etwa 10 Molekülen pro 1 mm³ Luft, das sind 10 Millionen pro Liter (Ordinate logarithmisch).

*Spürratte*

Zum Aufspüren von Landminen in Afrika (Tansania, Moçambique) setzt man seit zehn Jahren trainierte Gambia-Riesenhamsterratten (*Cricetomys gambianus*) ein. Diese Tiere sind mit einem Meter Länge und zwei Kilogramm Körpergewicht wesentlich größer als die hiesige Ratte. In ihren Fähigkeiten zu riechen und zu lernen steht sie dem Hund in nichts nach. Die Ausbildung gleicht derjenigen für Spürhunde, nur setzt die Belohnung auf Bananen. Vorteil der Ratte ist ihre Resistenz gegen beinahe alle Krankheiten, die sich Hunde in den Tropen einhandeln können, und die Tatsache, dass sie keine Bezugsperson braucht. Die Suche nach Landminen kann, über den Geruch vermittelt, auch mit Schweinen und Bienen erfolgreich durchgeführt werden.

### 3.3.3 Aromawert

Die in einem Lebensmittel vorkommenden Riechstoffe oder Aromastoffe tragen alle zusammen zu einem typischen Aromaeindruck bei. Jedoch ist nicht der Riechstoff mit der niedrigsten Geruchsschwelle derjenige, der das Aroma prägt, der also typisch für dieses Lebensmittel ist. Eine niedrige Geruchsschwelle ist zwar eine Voraussetzung dafür, dass der Stoff auffällt, ebenso wichtig ist aber die Konzentration, in der er vorliegt.

Erst der Vergleich von Konzentration (c) und Geruchsschwelle (a) eines Riechstoffes ermöglicht es, seinen Beitrag zum Aroma eines Lebensmittels abzuschätzen. Der Quotient aus beiden liefert den Aromawert (A) der Substanz X für ein spezielles Lebensmittel.

$$A_x = c_x / a_x$$

Der Aromawert stellt eine unbenannte oder dimensionslose Maßzahl dar, weil die Konzentrationen in den gleichen Maßeinheiten eingesetzt werden, meist in µg/kg. Die Berechnung des Aromawertes kann als Normierung auf die Geruchsschwelle interpretiert werden. Aromawerte können auch unter 1 liegen, was bedeutet, dass die entsprechenden Substanzen alleine keinen Beitrag zum Aroma leisten können.

Durch Bestimmung von Aromawerten lassen sich die meist großen Paletten von mehreren Hundert Stoffen auf die interessantesten einengen. Unter ihnen sind die für Lebensmittel typischen oder prägenden Aromastoffe zu finden. Solche Stoffe heißen 'Schlüsselaromastoffe', im Englischen sind es die 'character impact compounds'.

Rekombinate von Aromastoffen und Weglassversuche helfen die an der Bildung des Aromas beteiligen Substanzen weiter einzuengen oder zu bestätigen.

### 3.3.4 Geruchsnote und Konzentration

Zunächst scheint es unumstößlich, dass der Charakter eines Geruchs, der von einem Riechstoff ausgelöst wird, unabhängig von dessen Konzentration ist. Dies entspricht der Alltagserfahrung, da meist nur eine Konzentration vorliegt und Vergleiche fehlen. Andere Geruchsnoten schreibt man einer anderen Substanz zu. Doch bei genauem Analysieren entdeckte man immer mehr Riechstoffe, die mit Veränderung ihrer Konzentration eine andere Geruchsnote auslösen.

Diese Erscheinung ist begleitet und überlagert von der Tatsache, dass in einem Kollektiv die Testpersonen auf unterschiedliche Geruchsschwellen ansprechen. In der Regel liegt bei logarithmischer Konzentrationsachse eine Normalverteilung zu Grunde, wenn nicht bimodale Verteilungen gefunden werden oder Anosmien auftreten. Beispielsweise ist für die Isobuttersäure mit einer Häufigkeit von 2,5% eine geringere Empfindlichkeit ($^1/_{15}$) zu erwarten, was man als 'spezifische Hyposmie' bezeichnet. Für Blausäure besteht eine trimodale Verteilungsfunktion.

Etwa acht Prozent der gegenwärtig untersuchten Geruchs- und Aromastoffe zeigen Verschiebungen ihrer Geruchsqualität, wenn die angebotene Konzentration variiert wird.

Allen Parfümeuren sind die Änderungen in der Geruchsqualität von Skatol und Indol bekannt. Diese gehen von einem ekelerregenden Geruch nach Faeces aus und wechseln bei geringer Konzentration zu einer warm-animalischen Note, die körperliche Nähe fühlen lässt. Außerdem erinnert die Note an exotische Blumen und überreife Früchte. Die Substanzen sind tatsächlich im Geruch der Jasminblüte und des Flieders als natürliche Komponenten enthalten.

Sehr häufig beobachtet man, dass sich durch eine Verdünnung die Gerüche zu angenehmeren Noten verschieben. Ein gutes Beispiel hierfür stellt die Phenylessigsäure dar, die konzentriert nach verrottendem Pferdeharn stinkt, in starker Verdünnung aber nach Bienenwaben riecht. Das β-Ionon riecht in geringen Konzentrationen nach Veilchen, in höheren dagegen nach Zeder und das Cumarin, das in Verdünnung wie Waldmeister duftet, nimmt – wenn konzentrierter – eher unangenehm süße, krautige Noten an. Auch das Sotolon ändert mit steigender Konzentration seinen Geruch von karamellartig zu dem von Liebstöckel.

Ein solcher Wechsel der Geruchsempfindung lässt sich ziemlich schlecht mit der Erkennung von Riechstoffen durch einen einzigen Rezeptortyp in Einklang bringen. Legt man aber zu Grunde, dass ein Riechstoff von einem Set von Rezeptoren erkannt wird und auch ein Rezeptortyp mehrere Riechstoffe erkennen kann, bleibt nur der Schluss, dass Riechstoffe sich an Hand der ausgelösten neuronalen Erregungsmuster unterscheiden lassen. Änderungen der Konzentration verändern unmittelbar das Erregungsmuster und damit die Geruchsqualität.

### 3.3.5 Hedonischer Charakter

Während das Akzeptieren eines Geruches durch eine Entscheidung zu Stande kommt, ist die hedonische Beurteilung zwischen angenehm und unangenehm nicht von Überlegungen, sondern vom Gefühl und den Emotionen der Prüfer im Versuch abhängig.

Zur Erfassung des hedonischen Charakters eines Riechstoffes bei einer oder verschiedenen Konzentrationen stützt man sich auf die subjektive Einschätzung, ob ein Geruch als angenehm oder unangenehm empfunden wird. Zur Quantifizierung können mehrstufige beidseitige Skalen dienen. Die Messungen erfolgen nach einer VDI-Richtlinie (VDI 3882:1997, part 2; Determination of Hedonic Tone) (Verein Deutscher Ingenieure). Hierbei kommt es nicht auf eine eventuelle Änderung des Charakters eines Geruches an. Im allgemeinen gilt, dass mit steigender Konzentration die Gerüche unangenehmer empfunden werden.

In der Praxis ist die Belästigung seitens eines Geruches, aus welchen Quellen auch immer, von fünf Faktoren abhängig: der Häufigkeit, mit der ein Geruch auftritt, seiner Stärke und

Dauer, seiner Aggressivität und dem Ort seines Auftretens (FIDOL). Hierbei ist es unerheblich, ob der Geruch per se als angenehm oder unangenehm empfunden wird. So sind die köstlichsten Düfte nach Kaffee lästig, wenn sie im Umfeld einer Rösterei ganztägig auftreten. Ähnliches gilt für Emissionen von Konditoreien und Gastronomiebetrieben (vgl. 4.7.7). Besonders markant lässt sich an Essensgerüchen erkennen, wie diese von Hungrigen durchweg als appetitsteigernd, nach der Mahlzeit dagegen als lästig empfunden werden.

### 3.3.6 Wirksamkeit und Wirkungsstärke

Untersuchungen von rezeptorvermittelten Wirkungen, wie sie an isoliert exprimierten Rezeptoren heute durchgeführt werden können, ermöglichen es, die Bindung und nachfolgende Intensität eines ausgelösten Effektes in Abhängigkeit von der angebotenen Konzentration direkt messen zu können. An Hitze-, Kälte- und Geruchsrezeptoren, die in unterschiedlichen Neuronen vorkommen, lässt sich ermitteln, welche Substanzen stärker als andere wirken.

Trägt man die Versuchsdaten halblogarithmisch auf, so ergeben sich im Idealfall punktsymmetrische sigmoide Kurven, zu deren Charakterisierung zwei Kenngrößen ausreichend sind (Abb. 3.06). Zum einen ist die maximal erreichbare Änderung wichtig, die auch bei noch so hoher Konzentration des Wirkstoffes nicht mehr steigerbar ist. Dieses Niveau wird für diese Substanz als 100% Marke festgelegt und als 'maximale Wirkungsstärke' ($W_{max}$) bezeichnet. Im Englischen ist der Begriff 'efficacy' oder 'impact' gebräuchlich. Die 100%-Marke legt gleichzeitig das 50%-Niveau fest, auf dem in der Regel der Wendepunkt der sigmoiden Kurve liegt. Die Konzentration, welche zur Erreichung der 'halbmaximalen Wirkungsstärke' erforderlich ist, ist ein Maß für die Wirksamkeit einer Substanz, die mit EC50 (effective concentration 50%), im Englischen als 'potency' bezeichnet wird.

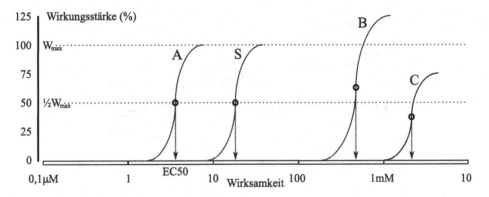

**Abb. 3.06**: Halblogarithmische Konzentrations-Wirkungskurven von drei hypothetischen Substanzen A, B, C im Vergleich zu einer Standardsubstanz S. Diese legt die maximale Wirkungsstärke fest ($W_{max}$). Der vom Wendepunkt der sigmoiden Kurve ausgehende Pfeil zeigt auf die Abszisse, auf der die EC50 als Maß für die Wirksamkeit abgelesen wird. Die Substanz A ist wirksamer als S und erreicht die gleiche Wirkungsstärke. Sie kann Vorteile bieten. Substanz B und C sind wesentlich weniger wirksam, wobei B eine größere Wirkungsstärke aufweist als der Standard, C aber weit unter ihm liegt und daher kaum einen Nutzen hat.

Sind an einem System verschiedene Substanzen untersucht worden, ergeben sich für die einzelnen in der Regel verschiedene EC50 aber nicht notwendigerweise auch verschiedene maximale Wirkungsstärken. Treten bei letzteren solche auf, so ist das meist ein Hinweis auf unterschiedliche Mechanismen der Aktivierung am Rezeptor. Zum Vergleich verschiedener Rezeptoragonisten müssen also immer beide Kenngrößen angegeben werden, die mit denjenigen einer bekannten Standardsubstanz ($W_{max}$ = 100%) zu vergleichen sind.

### 3.3.7 Messung der Geruchsintensität

Der Mensch 'dampft vor sich hin', wobei er eine Reihe von Riechstoffen an die Umgebung abgibt (Tab. 3.04), die andere Personen unter Umständen lästig, störend oder widerlich finden. Um die Abgabe dieser heterogenen Substanzen und solchen Geruchsstoffen, die aus Baumaterialien wie Holz oder Teppichboden ausdünsten, für technische Zwecke quantifizieren zu können, hat der dänische Ingenieur P.O. Fanger 1988 ein sensorisches Verfahren entwickelt. Hierbei wird nach einer festgelegten Verweildauer eines Menschen in einer geschlossenen Versuchskammer ein bestimmtes Volumen der darin befindlichen Luft durch ein Material gesaugt, das die Riechstoffe mittels Adsorption zurückhält. Im Anschluss daran wird von Testpersonen die Intensität des Geruchs quantifiziert, nicht jedoch dessen Geruchsqualität.

**Tab. 3.04**: Raumnutzer und Räume spezieller Funktion als Geruchsquellen für die Raumluft.

| Immission durch Raumnutzer | olf/Person |
|---|---|
| Erwachsene in sitzender Tätigkeit | |
|     Nichtraucher | 1 |
|     Raucher | 6 |
| Erwachsene mit erhöhter Aktivität | |
|     niedrig | 4 |
|     mittel | 10 |
|     hoch  (Sportler) | 20 |
| Kinder | |
|     Kindergarten     3- 6 Jahre | 1,2 |
|     Schule     12-14 Jahre | 1,3 |

| Immission durch Gebäude | olf/m² Fläche |
|---|---|
| Büro | 0,3 |
| Schulraum | 0,3 |
| Kindergarten | 0,4 |
| Versammlungsraum | 0,5 |

Mit diesem Verfahren kann man eine Standard-Geruchsintensität ermitteln, welche durch Bioeffluenzen eines Menschen von 1,8 m² Oberfläche, normal arbeitenden Drüsen bei leichter, sitzender Tätigkeit, täglich gewechselter Unterwäsche und im Mittel 0,7-maligem Duschen am Tag herrührt.

Nach der Definition besitzt ein solcher Mensch die Geruchsquellstärke 1 olf. Das Olf ist ein Maß für eine olfaktorische Verunreinigung, welche vom Raumnutzer an die Raumluft stetig abgegeben wird.

Nicht nur der Mensch stellt eine Quelle geruchlicher Verunreinigung dar, sondern auch die Materialien der Raumhülle, in denen er sich aufhält. Die Summe aller Immissionsquellen erzeugt also einen Geruchspegel, der durch Lüftung über einen Außenluftstrom auf einem angenehmen Niveau gehalten werden muss. Wie tolerabel oder angenehm der Geruchspegel ist, lässt sich am Prozentsatz derjenigen Nutzer erkennen, welche beim Betreten des betreffenden Raumes über die Luftqualität nicht (un)zufrieden sind. Als Maß für diese empfundene Luftqualität dient die Einheit dezipol (dp).

Während städtische Außenluft eine Luftqualität etwa 0,1 dezipol hat, herrscht gute Raumluftqualität bei 1 dezipol, ein Wert, der je nach Verschlechterung auf 10 oder mehr dezipol steigen kann. Die empfundene Luftqualität 1 dezipol liegt definitionsgemäß dann in einem Raum mit der Geruchsquelle 1 olf vor, wenn dieser konstant mit 10 L Luft pro sec durchströmt wird. Eine homogene Mischung wird dabei vorausgesetzt. Diese Definition basiert auf dem Gleichgewicht, das sich zwischen dem Eintrag von Geruchsstoffen und deren Abtransport durch den Lüftungsstrom einstellt, und ist deshalb von der Raumgröße unabhängig.

## 3.4 Komplexe Kenngrößen

In der Praxis sind komplexere Eigenschaften eines Riechstoffes von Bedeutung, welche mehrere vorgestellte Kenngrößen in sich vereinigen. So interessiert neben der Geruchsnote beispielsweise, ob ein Riechstoff schnell verfliegt oder über längere Zeit zu erkennen ist, ob er genügend stabil ist um in Seifen und Waschmitteln einsetzbar zu sein oder ob er auf Haut, Haaren, Fasern oder Fliesen gute Hafteigenschaften aufweist. Hierfür gibt es ein Bündel von Parametern.

### 3.4.1 Tenacity on Blotter

Die 'tenacity on blotter' stellt einen Parameter dar, bei dem die Dauerhaftigkeit des Sinneseindruckes eines Riechstoffs im Zentrum steht. Neben seiner Nase ist das wichtigste Arbeitsmittel des Parfümeurs der Löschblattstreifen, der zur abschätzenden Messung der 'tenacity on blotter' dient.

Nach dem kurzen Eintauchen in eine Lösung des Riechstoffs wird der Papierstreifen der Trocknung an der Luft ausgesetzt. In bestimmten Abständen prüft man die Intensität und den Charakter des Geruches. Die 'tenacity on blotter' ist dann diejenige Zeit, während der die Substanz in unveränderter Charakteristik riechbar ist. Für den Begriff findet man gelegentlich auch 'persistence'. Die Zeit bis zum Verschwinden des Geruchs ist eine Funktion der physikalischen, chemischen und sensorischen Eigenschaften eines Riechstoffs. Ein Geruch wird also durch seinen Charakter, seine Intensität und seine Verweildauer (tenacity) beschrieben.

Riechstoffgemische, wie Parfüme sie darstellen, werden ähnlich untersucht. Durch das rasche Abdampfen der leicht flüchtigen Fraktionen (Kopfnote) verschiebt sich der Geruchseindruck. Was nach einer Stunde noch nicht verschwunden ist, wird als 'dry down' bezeichnet. Schwer flüchtige Riechstoffe bleiben bis zuletzt erhalten, weswegen diese auch als Fixative Bedeutung haben. Riechstoffe aus der Kopfnote eines Parfüm können niemals haftfest sein.

Da die Verflüchtigung eines Stoffes einem exponentiellen Verlauf folgt, werden die Zeitspannen gerne in annähernd äquidistante logarithmische Stufen von 1 bis 9 eingeteilt. Dabei bedeuten 1 ≤1h, 2 ≤3h, 3 ≤10h, 4 ≤1d, 5 ≤3d, 6 ≤10d, 7 ≤ ein Monat, 8 ≤ 3 Monate und 9 > 3 Monate (Tab. 3.05).

**Tab. 3.05**: Tenacity on Blotter für verschiedene beispielhaft ausgewählte Riechstoffe. Zeitangaben: Stunden h, Tage d, Wochen W, Monate M. Rechte Spalte mit logarithmischer Stufeneinteilung.

| Riechstoff | CAS | tenacity on blotter | |
|---|---|---|---|
| Ethyl 2-methylbutanoat | 7452-79-1 | ½ h | 1 |
| Isopropyl 2-methylbutyrat | 66576-71-4 | 1 h | 1 |
| Limetol = 2-Ethenyl-2,6,6-trimethyltetrahydropyran | 7392-19-0 | 2 h | 2 |
| Melonal = 2,6-Dimethyl-5-heptenal | 106-72-9 | 4 h | 3 |
| Ethyl-3-methyl-3-phenylglycidat (Erdbeere) | 77-83-8 | 6 h | 3 |
| Linalylisobutyrat | 78-35-3 | 7 h | 3 |
| 4-Methylphenylethanal (Flieder) | 104-09-6 | 10 h | 3 |
| 1-Octen-3-ol | 3391-86-4 | 12 h | 4 |
| Folion = Methylheptincarbonat | 111-12-6 | 16 h | 4 |
| Aldehyd C10 = Decanal | 112-31-2 | 1 d | 4 |
| β-Ionon (Isomere) | 8013-90-9 | 2 d | 5 |
| Orcinyl 3 = 3-Methoxy-5-methylphenol | 3209-13-0 | 4 d | 6 |
| Pyralon = 6-(1-Methylpropyl)-chinolin | 65442-31-1 | 5 d | 6 |
| Aldehyd C12 = Dodecanal | 112-54-9 | 6 d | 6 |
| Bourgeonal = 3-(4-*tert*. Butylphenyl)-propanal | 18127-01-0 | 3 W | 7 |
| Nectaryl | 95962-14-4 | 3 W | 7 |
| Ambrettolid = Oxacycloheptadec-10-en-2-on | 28645-51-4 | 1 M | 7 |
| Aurantiol | 89-43-0 | 1 M + | 8 |
| Musk R1 = 11-Oxa-16-hexadecanolid | 3391-83-1 | 3 M | 8 |
| Karanal = Amber Dioxane | 117933-89-8 | 3 M + | 9 |

### 3.4.2 Substantivity

Der Begriff 'substantivity' dient vor allem in der Waschmittelindustrie zur Charakterisierung des Verhaltens eines Riechstoffes an textilen Fasern, wie es während und nach dem Waschen sowie bei der Behandlung mit Weichspülern und beim Trocknen auftritt. Die Haftfestigkeit an Gewebefasern (fibre substantivity) beschreibt die Fähigkeit eines Riechstoffes sich an eine Faser anzulagern und dort auch während des Spülens, der Trocknung, des Bügelns und der Lagerung zu verbleiben, um der Wäsche über längere Zeit einen angenehmen Geruch zu verleihen. Dies wird als wichtig erachtet, da beim Waschen langkettige Aldehyde entstehen, die mit fettig-schweißiger Note den typischen Geruch nach Bügelwäsche verbreiten.

Auch bei Stoffen, die der Färbung von Textilfasern dienen, spricht man von Substantivität und beschreibt damit die Stärke, mit der eine Anlagerung eines Moleküls an eine Faser zustande kommt, vermittelt durch physikalische Kräfte auf molekularer Ebene.

Riechstoffe lagern sich in der Regel durch Ausbildung von Wasserstoffbrücken an die Textilfasern an. In die komplexe Kenngröße 'substantivity' eines Riechstoffes gehen dessen Wasserlöslichkeit, Dampfdruck, Siedepunkt, Verteilungskoeffizient und die Geruchsschwelle ein. Zur schnelleren und kostengünstigen Voraussage benutzt man so weit wie möglich Parameter, die aus der Molekülstruktur errechnet sind (vgl. log P).

Die Haftfestigkeit von Riechstoffen braucht nicht nur an Kleiderstoffen geprüft zu werden, auch das Verhalten an anderen Materialien wie Haut, Haaren, Fliesen sind von Interesse und lassen sich prüfen. Als Maß für die Haftfestigkeit (substantivity, longevity) dient entweder ein Score oder eine Zeitangabe.

An dieser Stelle sollte ein Hinweis auf die Unterschiede der verschiedenen Fasern im Hinblick auf ihre Geruchsaufnahme nicht fehlen. Fasern verschiedenen chemischen Aufbaus unterscheiden sich sowohl in der Bindefestigkeit der Riechstoffe aus Schweiß und Haut, als auch in der Aufnahme von Feuchtigkeit.

Neben den Naturfasern Wolle, Baumwolle, Leinen und Seide sind für Textilien Fasern aus Polymeren, überwiegend aus Polyamid, Polyester und Polypropylen (Chemiefasern), im Einsatz. Den im Jahr 2011 weltweit verarbeiteten 53 Millionen Tonnen Chemiefasern stehen 27 Millionen Tonnen Baumwolle und nur eine Million Tonnen Wolle gegenüber.

Die Faser aus Schafwolle ist in der Lage bis zu 18% ihrer Masse an Feuchtigkeit aus der Luft aufzunehmen, ohne dass sie sich feucht anfühlt. Gleichzeitig bindet sie Gerüche aus dem Schweiß nur locker. Nach dem Tragen der Textilien reicht also Lüften, um wieder einen frischen Geruch zu erreichen. Baumwolle bindet nur 8 – 10% Feuchtigkeit, verhält sich aber gegenüber Wasser wie ein Schwamm. Sie saugt sich voll und trocknet nur langsam. Die Chemiefasern nehmen bedeutend weniger Feuchtigkeit auf als Naturfasern (Polyamid 4,5%, Polyacryl 2%, Polyester 0,4%), laden sich elektrisch auf, trocknen sehr rasch, binden aber Riechstoffe viel stärker als Naturfasern. Fasern aus Polypropylen sind als einzige leichter als Wasser (0,91 g/cm$^3$) und binden so gut wie keine Feuchtigkeit (0,05%). Daher eignen sich Gewebe aus Polypropylen als Material für Basisschichten in Textilien mit einem mehrschichtigen Aufbau zur Ableitung der Körperfeuchtigkeit.

## 3.5 Analytik

Verglichen mit anderen Verbindungen kommen flüchtige Moleküle wie Aromastoffe in der Matrix von organischen Geweben und in der umgebenden Luft nur in ziemlich geringen Konzentrationen vor. Daher steht in der Regel vor ihrer Analyse eine Probenvorbereitung, die auf einem Verfahren der Anreicherung oder Extraktion aufbaut. Daher werden zunächst einige dieser Techniken vorgestellt. Hierzu zählen auch Methoden der Gewinnung und Reinigung im technischen und präparativen Maßstab.

### 3.5.1 Anreicherung

Ein klassisches Verfahren der Anreicherung ist das im Labor häufig praktizierte Ausschütteln mit organischen Lösungsmitteln, die 'Flüssig-Flüssig Extraktion' (liquid-liquid extraction, LLE). Hinzu kommen verschiedene Arten der Destillation wie Vakuumdestillation und Wasserdampfdestillation. Diese dienen der Gewinnung, Konzentrierung und Reinigung von

Substanzen. Auf diese basalen Techniken stützen sich auch speziellere Verfahren wie die Soxhlet-Extraktion, die 'Simultane Destillation-Extraktion' (SDE) und die 'solvent-assisted flavor extraction/evaporation' (SAFE).

In der bereits 1881 von Franz v. Soxhlet zur Fettanalyse entwickelten Apparatur wird das extrahierende Lösungsmittel durch Destillation im Rückfluss auf das Untersuchungsmaterial aufgetropft. Dieses befindet sich in einer Extraktionshülse, in der sich das Lösungsmittel so lange sammelt, bis es durch eine einsetzende Heberwirkung in den Kolben zurückläuft. In der SDE-Technik (1977) kondensieren die aus dem Untersuchungsgut abdestillierten flüchtigen Substanzen und das aus einem separaten Kolben destillierende Extraktionsmittel in demselben Intensivkühler. Die beiden sich aus dem Kondensat bildenden Phasen werden in die jeweiligen Kolben zurückgeleitet, wobei sich die flüchtigen Substanzen in der organischen Phase anreichern. Die SAFE-Technik (1999) arbeitet nach Flüssig-Extraktion mit einer Destillation unter Hochvakuum und reduziert dadurch die thermische Belastung des Analyten, so dass weniger Artefakte entstehen als beispielsweise mit der SDE-Technik. Die Kondensation erfolgt an Kühlfallen mit flüssigem Stickstoff.

Bis hin zu großtechnischem Maßstab gibt es Dünnschichtverdampfer und Kurzwegdestillatoren, welche die thermische Belastung von Substanzen bei ihrer Anreicherung minimieren.


### 3.5.2  Probengewinnung

Stehen für die Analyse mäßig große Mengen an riechstoffhaltigem Material zur Verfügung, lässt sich die Festphasenextraktion (solid phase extraction, SPE) einsetzen, bei welcher der Analyt (hier Riechstoff) mit Hilfe eines Sorbens aus der Matrix entnommen und angereichert wird. Hierzu wird das adsorbierende Material in eine kleine Säule (Kartusche) gefüllt und mit der zu analysierenden gelösten Verbindung in Kontakt gebracht. Sorbierendes Material steht in verschiedenen Polaritäten und chemischen Modifikationen zur Verfügung. Sofern man größere Volumina durch die Säule schickt, kann je nach Kapazität eine deutliche Anreicherung des Analyten am Sorbens erreicht werden. Störende Begleitstoffe lassen sich später mit geeigneten Waschlösungen auswaschen, ohne den Analyten aus seinen Bindungen zu verdrängen. Abschließend wird durch ein geeignetes Elutionsmittel der Analyt selbst vom Sorbens abgelöst. Das Eluat dient der späteren Analyse.


*SPME*

Für Riechstoffe ist die Festphasenextraktion dann ungeeignet, wenn erhebliche Volumina einer Probe eingesetzt werden müssten, um eine genügende Anreicherung von Analyten zu erhalten. In solchen Fällen kann der Einsatz der miniaturisierten Variante der Festphasenmikroextraktion (SPME, solid phase micro extraction) zielführender sein. Auch hier wird das Prinzip der Adsorption angewandt. Allerdings befindet sich das Sorbens nicht im Inneren einer Säule, sondern als dünne Beschichtung auf der Oberfläche einer Faser aus Glas, Quarz oder einer Metall-Legierung. Der Vorteil der Technik ist die direkte und einfache Extraktion, die erfolgt, wenn die Faser mit dem zu untersuchenden Medium durch Eintauchen oder über den Dampfraum in Kontakt kommt.

Das Sorbens, mit dem die Faser beschichtet ist, kann dazu verwendet werden Moleküle direkt aus der Gasphase zu adsorbieren, was als 'headspace sampling' bekannt ist, und einen Vorteil für die Raumluftanalyse darstellt. Das Eintauchen in eine flüssige Matrix bezeichnet man als 'direct immersion sampling'. In beiden Fällen stellt sich nach einer bestimmten Zeit, abhängig von der Durchmischung, der Temperatur und dem Verteilungsquotienten, ein Gleichgewicht von adsorbierenden und desorbierenden Molekülen auf dem Sorbens ein. Die Probennahme ist dann beendet und das Material steht für die Analyse bereit.

Bei Verwendung eines Gaschromatographen lässt sich die mit Analyt beladene Sorbensfaser in dessen Injektor einbringen und durch Erhöhung der Temperatur setzt die Desorption der zu analysiernden Moleküle ein. Analog kann auch mit der HPLC gearbeitet werden, indem man den Analyten mit einem geeigneten Lösungsmittel von der Sorbensfaser ablöst. Desorbierte Sorbensfasern lassen sich in begrenztem Maße wieder verwenden.

## SBSE

Zur Gewinnung der Analyten durch Extraktion oder Anreicherung kann das adsorbierende Material auch auf der Oberfläche eines Magnetrührstabes abriebsicher aufgebracht sein, weswegen die Methode als 'stir bar sorptive extraction' (SBSE) bezeichnet wird. Der Rührstab verbleibt dazu längere Zeit in einer flüssigen oder gasförmigen Matrix. Während dessen lädt sich die Beschichtung aus Polydimethylsiloxan (PDMS) mit dem Riech- oder Aromastoff (Analyt) auf. Vorteile gegenüber der SPME ist die relative Unempfindlichkeit des Sammlers und die größere Menge an Sorbens, die zur Anreicherung von Analyten (Zielkomponenten) zur Verfügung steht, so dass hier niedrigere Nachweisgrenzen als bei der SPME möglich sind.

## Headspace Analyse (Dampfraumanalyse)

Bei dieser Technik kommen diejenigen flüchtigen Moleküle zur Analyse, welche sich gemäß ihres Dampfdruckes im Dampfraum eines fest verschlossenen kleineren Gefäßes oberhalb der Probe ansammeln. Die Entnahme der Gasproben kann mit einer gasdichten Spritze erfolgen, welche zum Transfer in den Injektor eines Gaschromatographen dient. Da sich hier die Gasprobe in einem statischen Gleichgewicht befindet, spricht man bei dieser Anwendung von der statischen Headspace-Injektion.

Im Gegensatz dazu leitet man bei der dynamischen Headspace-Extraktion ein inertes strip-Gas wie Helium oder Stickstoff durch den Dampfraum der Probe. Dieser Gasstrom entfernt die flüchtigen Bestandteile aus festen und flüssigen Proben nach und nach vollständig (purge-Schritt). Die so ausgetriebenen Komponenten lassen sich entweder durch Adsorption oder in einer Kühlfalle konzentrieren (trap-Schritt) und dann nach Ausheizen (Thermodesorption) einer gaschromatographischen Analyse unterziehen.

Anwendungsgebiete für Headspace Analysen sind unter anderen die Bestimmung des Alkohols im Blut, die Analytik von Aromen in der Lebensmittelchemie oder die Bestimmung von flüchtigen Chemikalien (VOC), die durch Ausgasen von Materialien in der Raumluft auftreten.

### 3.5.3 Gaschromatographie (GC)

Die Gaschromatographie ist eine sehr empfindliche Methode zur Analyse von Stoffgemischen. Diese lassen sich mit Hilfe des Verfahrens in einzelne Komponenten auftrennen. Eine Voraussetzung dabei ist, dass die Verbindungen bei den angewendeten Temperaturen unzersetzt verdampfbar sind. Wenn nicht, kann auch eine chemische Derivatisierung vorgenommen werden. Die Gaschromatographie ist eine Methode, welche Anfang der 1950er Jahre ins Leben gerufen und seitdem schrittweise ausgebaut und weiterentwickelt wurde.

Das der Gaschromatographie zur Trennung chemischer Verbindungen zu Grunde liegende Prinzip ist die wiederholte Einstellung des Verteilungsgleichgewichts dieser Substanzen zwischen einer mobilen Gasphase und einer stationären Oberfläche (stationäre Phase), die jeweils dem Raoultschen Gesetz gehorcht. Substanzen, welche sich vermehrt in der Gasphase aufhalten, werden mit ihr schneller weitertransportiert als solche, die einen geringeren Dampfdruck oder eine größere Affinität zur stationären Phase aufweisen. Finden diese Verteilungen in engen Säulen oder Kapillaren statt, wird mit abnehmendem Durchmesser die Trennung zwischen chemisch ähnlichen, aber nicht identischen Substanzen immer effektiver. Als Maß für die Trennleistung einer Säule berechnet man die Anzahl der theoretischen Böden (Trennstufenzahl). Eine Trennstufenzahl von beispielsweise 300 Tausend bedeutet, dass über die Länge hinweg rechnerisch 300 Tausend einzelne Verteilungsprozesse ablaufen. Aus ihr und der Länge der Säule lässt sich das Höhenäquivalent der theoretischen Böden ermitteln. Durch die Beschichtung der inneren Kapillaroberflächen kann man mit unterschiedlichen Belegematerialien die Trenneigenschaften an verschiedene Aufgabenstellungen anpassen.

Der Aufbau eines Gaschromatographen macht drei Komponenten erforderlich: den Injektor, die Trennsäule, welche in einem temperierbaren GC-Ofen liegt, und den Detektor. Hinzu kommt das inerte Trägergas (Stickstoff, Helium, Wasserstoff), welches konstant das System durchspült, und ein Gerät zur Aufzeichnung der Daten.

*Injektoren*

Die Injektoren dienen dazu das zu untersuchende Material in das System einzubringen. Meist werden flüssige Proben in einem Volumenbereich von Mikrolitern injiziert. Für die Analyse von Riechstoffen, welche zuvor aus Luft oder anderen Matrices angereichert wurden, lassen sich mit speziellen Aufgabesystemen auch Fasern aus der Festphasenmikroextraktion (SPME) und Material von der SBSE einbringen, die dann ausgeheizt werden, um die Analyten durch Thermodesorption freizusetzen.

*Trennsäulen*

Die heutigen Kapillartrennsäulen sind bei einem Innendurchmesser von 0,1 bis 0,5 mm zwischen 10 und 100 Meter lang. Für die Belegung der Säule wird eine Vielzahl von Materialien angeboten. Für besondere Fragestellungen lässt sich auch mit zwei Säulen verschiedener Trenneigenschaften eine Multidimensionale Gaschromatographie (MD-GC) aufbauen. Dabei werden an der ersten Säule schlecht getrennte oder co-eluierende Substanzen auf eine zweite mit anderen Trenneigenschaften umgelenkt, um sie dort zu trennen. Das ausschnittsweise Beladen der zweiten Säule mit den Proben des Interesses gelingt mit sogenannten switching devices, darunter das 'moving capillary stream switching' device (MCSS) oder der Deans Switch. Daneben hat sich auch die 'comprehensive 2D GC' eingebürgert (GC×GC), bei der die zweite kurze Trennsäule direkt an die erste angeschlossen ist. Vor dem Übertritt auf die zweite Säule wird z. B. mit Hilfe eines thermischen Modulators in festlegbaren Abständen eine Kryokonzentrierung zur Refokusierung der Probe vorgenommen. Das Verfahren liefert zu dem gesamten zeitlich fein unterteilten Elutionsprofil der ersten Säule jeweils vollständige Information von der zweiten Säule. Nach graphischer Darstellung der Daten ergeben sich zweidimensionale Kontur-Plots.

## Detektoren

Zunächst seien die zerstörungsfrei arbeitenden Detektoren genannt. Dazu gehören der Wärmeleitfähigkeits-Detektor (WLD, TCD) und der Elektroneneinfang-Detektor (Electron Capture Detector, ECD). Letzterer erfasst selektiv Moleküle mit elektronenziehenden Gruppen, weil angebotene Elektronen an partiell positiv geladenen Molekülbereichen eingefangen werden.

Nicht zerstörungsfrei arbeitet der Flammenionisations-Detektor (FID). Er spricht vorzugsweise auf oxidierbare C-H und C-C Bindungen an, während der Stickstoff-Phosphor-Detektor (NPD) nur diese beiden Elemente erkennt. Der Flammenphotometrische Detektor (FPD) ist selektiv für die Elemente Phosphor und Schwefel auf Grund der bei ihrer Verbrennung ausgesendeten charakteristischen Lichtwellenlängen. Unabhängig von der Elementzusammensetzung der Moleküle sind die universell einsetzbaren massenspektrometrischen Detektoren (MSD). Verschiedene Detektoren lassen sich auch hintereinander oder im Tandembetrieb einsetzen.

Nicht zu vergessen sind die biologischen Detektoren. Hierzu gehört die menschliche Nase. Sie ist empfindlich genug und mit dem diskriminierenden Verstand gekoppelt, so dass man sofort eine sensorische Beurteilung der fraglichen Fraktionen erhält. Zu diesem Zweck wird der mit dem Trägergas von der Trennsäule kommende Gasstrom aufgeteilt, einerseits über einen technischen Detektor geführt, andererseits wird über einen 'sniffing port' oder 'sniffer' das Material zum 'Abriechen' bereitgestellt. In dieser Anwendung spricht man von GC-Olfaktometrie (GC-O). Das Verfahren kann auch zur experimentellen Bestimmung des Aromawertes von Riechstoffen in Gemischen zur Aromaextrakt-Verdünnungsanalyse (AEVA, AEDA) ausgebaut werden.

Einen weiteren biologischen Detektor stellen die Antennen von Insekten dar. Diese sind so hoch spezialisiert für bestimmte pheromonartige Verbindungen, dass wenige Moleküle ausreichen, die zuständigen Rezeptoren zu erregen und sogar elektrisch messbare neurologische Signale zu erhalten. Für Arbeiten mit diesen Substanzen kann ein Gerät keinen Ersatz bieten. In Versuchen mit Antennen des schwarzen Kiefernprachtkäfers (*Melanophila acuminata*), der seine Eier in das Holz frisch verbrannter Kiefern legt, ließ sich der Nachweis führen, dass Guaiacol aus den Brandgasen dem Käfer zur Ortung der Bäume dient. Gaschromatographisch getrennte Brandgase wurden hierzu, parallel zu einer Registrierung mit einem

FID, auch über einem elektro-antenno-graphischen Detektor (EAD) geführt. An ihm konnte die elektrophysiologische Antwort auf chemische Komponenten gemessen werden.

### 3.5.4 Massenspektrometrie (MS)

Die Massenspektrometrie ist ein physikalisches Verfahren zur Bestimmung der Massen von Elementen, anorganischen und organischen Molekülen mit Hilfe der aus ihnen erzeugten Ionen. Die Entwicklung des Verfahrens nahm 1897 ihren Ausgang mit Versuchen des Physikers und späteren Nobelpreisträgers (1906) Joseph J. Thomson an Kathodenstrahlen.

Das beim Verfahren zu Grunde liegende Prinzip beruht auf der Erzeugung von Ionen in der Gasphase. Zur Ionisierung stehen thermische, chemische, elektrische Techniken zur Verfügung. Die durch einen Elektronenverlust meist einfach positiv geladenen Molekülionen ($M^+$) und deren mögliche Zerfallsprodukte werden im Vakuum mit Hilfe eines elektrischen Feldes beschleunigt. Sie durchlaufen danach zur Trennung nach Masse und Ladung statische oder dynamische magnetische und elektrische Felder und werden anschließend nach Masse sortiert ihrer Häufigkeit entsprechend in einem Detektor registriert. Ein Massenspektrometer besteht aus drei Baugruppen: der Ionenquelle, dem Analysator und dem Detektor. Alle Komponenten befinden sich in einem Vakuum, das von Hochvakuumpumpen ($<10^{-6}$ mbar = hPa) aufrecht erhalten wird. Besonders nach der Beschleunigung ist es erforderlich, dass die Ionen stoßfrei durch die Analysatoren bis zum Detektor gelangen können, denn sie dürfen nicht abgelenkt werden und auch nicht durch Kollisionen weiter fragmentieren.

### *Ionenquellen*

Ein klassisches und universell anwendbares Ionisierungsverfahren stellt die Elektronenstoß-Ionisation (Electron Impact Ionization, EI) dar. Hierbei treffen auf die gasförmig vorliegenden Moleküle Elektronen mit einer kinetischen Energie von üblicherweise 70 eV. Kleinere Primärelektronenenergien haben eine geringere Ionenausbeute zur Folge. Der initiale Stoß führt innerhalb von $10^{-16}$ sec zum Herausschlagen eines Elektrons und zur Entstehung eines Radikalkations ($M^+$, dem späteren Molpeak). Durch den Energieüberschuss zerfallen die Ionen in der Größenordnung von $10^{-12}$ sec bereits in der Ionenquelle zu kleineren Primärfragmenten. Wenig stabile Fragmente verschwinden, stabilere häufen sich an. Durch das angelegte elektrische Feld erfahren die bis dahin entstandenen Ionen eine Beschleunigung und beginnen den Flug durch die Analysatoren bis zur Registrierung im Detektor, der etwa $10^{-5}$ sec dauert.

Andere Ionisierungverfahren unterscheiden sich durch die Stärke ihres Energieeintrags in das zu ionisierende Molekül. Weniger hart als die Elektronenstoß-Ionisation sind die chemischen Ionisationen (CI), darunter auch die Atmospheric Pressure Chemical Ionization (APCI). Die Elektronen Spray Ionisation (ESI) und die Protonen-Transfer-Reaktion (PTR) zählen ebenfalls zu den sanften Techniken. Der Protonentransfer gelingt mit $H_3O^+$ und liefert $MH^+$-Ionen. Ähnlich arbeiten Ionisierungen mit $O_2^+$ und $NO^+$. Je nach Molekülgröße der zu untersuchenden Materialien (Elemente, Isotope, kleine Moleküle, Makromoleküle) lassen sich geeignete Ionisierungsverfahren auswählen.

## Analysatoren

Nach der Beschleunigung der ionisierten Moleküle im elektrischen Feld von bis zu 10 kV besitzen alle Ionen, gleich welcher Masse, die gleiche kinetische Energie ($E_{kin.} = \frac{1}{2} mv^2$). Das bedeutet auch, dass schwere Ionen eine kleinere Geschwindigkeit aufweisen und umgekehrt. Aufgabe der Analysatoren ist nun die Ionen nach ihrer Masse/Ladung (m/z) zu sortieren.

Nach der Passage eines E-Sektorfeldes der Feldstärke E gelingt es mittels Blenden einen Fluss von Ionen genau gleicher Energie zu erzeugen. Der Bahnradius ist direkt proportional zur kinetischen Energie ($r = mv^2/z \cdot E$). Nach einem feldfreien Übergangsstück lässt sich dieser Fluss in einem konstanten B-Sektorfeld der Feldstärke B in Abhängigkeit vom Impuls geometrisch auflösen, da jedem Impuls ein bestimmter Bahnradius zugeordnet ist. ($mv = B \cdot z \cdot r$ oder $m/z = r^2 \cdot B^2/2 \cdot U$). In dieser Anordnung braucht man allerdings in der Brennebene einen Flächendetektor, z. B. eine Vielkanalplatte, einen Kollektor oder eine Photoplatte. Wenn man dagegen bei gleichem Aufbau die Magnetfeldstärke B variiert um den Ablenkradius konstant zu halten, reicht ein Detektor zur Registrierung der Ionen ($m/z \sim B^2$). Ein solches System von Analysatoren stellt ein EB-Massenspektrometer dar.

Eine andere Möglichkeit bietet der Einsatz des von W. Paul 1953 entwickelten Quadrupol-Analysators. Er hat die Eigenschaft in Abhängigkeit vom Verhältnis Masse/Ladung (m/z) je nach den an die Quadrupole angelegten Gleich- und Wechselspannungen nur Ionen bestimmter Massen passieren zu lassen, alle anderen dagegen durch Kollision mit den Wänden herauszufiltern. Rastert man die anliegenden Spannungen ab, lässt sich das gesamte Massenspektrum an einem Detektor registrieren. Eine interessante Erweiterung in der Anwendung ergibt sich durch die Nutzung von drei Quadrupol-Einheiten in Reihe, dem 'triple Quad' (QqQ). Während der erste als Massenanalysator arbeitet, dient der zweite als Kollisionszelle, in der durch Kollision mit einem zugeführten Gas die Ionen aus der ersten Ionisierung erneut zur Fragmentierung gebracht werden. Die Bruchstücke analysiert man im dritten Quadrupol. Das Verfahren dient u.a. zur Absicherung der Interpretation von Massenspektren. Es ist unter der Bezeichnung MS/MS bekannt.

Auf Basis des Quadrupol-Analysators entwickelte W. Paul noch die Ionenfalle (ion trap, IT). Hier bestehen die Elektroden aus einem Ring und zwei Endkappen, die alle als Rotations-hyperboloide ausgebildet sind. In dem eingeschlossenen Raum der von den elektrischen Feldern durchdrungen ist, werden durch Elektronenstoß-Ionisation wie bereits beschrieben Ionen erzeugt. Diese bleiben im Zentrum der Falle auf torusartigen Bahnen gefangen bis sie durch Änderung der anliegenden Hochfrequenzspannung in Abhängigkeit ihrer Masse austreten können und den Detektor erreichen. In der Falle kann man also sortenrein bestimmte Ionen sammeln, sie erneut durch eine Elektronenstoß-Ionisation zur Fragmentierung bringen und wieder auf ihre Masse hin untersuchen. Weil das Verfahren mehrfach wiederholbar ist, ist die Bezeichnung $MS^n$ gebräuchlich, wobei n sinnvoll zwischen 2 und 5 liegt.

Das Prinzip der Ionenzyklotron-Resonanz (ICR) besteht darin, Molekülionen innerhalb einer Zyklotron-Zelle durch ein starkes Magnetfeld auf Kreisbahnen zu zwingen und so zu speichern. Die Umlauffrequenz eines Ions bestimmt dann die Zyklotronfrequenz, die von m/z und der Stärke des B-Feldes abhängt ($\omega_0 = v/r = z \cdot B/m$). Aus der charakteristischen Frequenz der Ionen lassen sich deren Massen bestimmen. Die aus der ICR weiterentwickelte 'Fourier

Transform Massenspektrometrie' (FT-ICR) regt alle vorhandenen Ionen auf ihren Bahnen gleichzeitig an und errechnet durch Fouriertransformation aus den überlagerten Frequenzkomponenten das Massenspektrum.

Die Flugzeitmassenspektroskopie (TOF-MS) nutz die Tatsache aus, dass Ionen nach ihrer Beschleunigung im elektrischen Feld (U = 20 kV) zwar die gleiche kinetische Energie, aber nicht die gleiche Geschwindigkeit haben. Voraussetzung für die Bestimmung der Flugzeit über eine bekannte Entfernung (Driftstrecke ca. 1 m) ist, dass alle Ionen zu derselben Zeit starten. Das setzt eine gepulste Ionisierung voraus. Unterschiedlich schwere Ionen treffen dann nacheinander auf den Detektor. Ihre Flugzeit ist der Wurzel aus m/z proportional ($v^2 = 2 \cdot z \cdot U/m$).

Ein Hinweis auf das Verfahren der PTR-TOF-MS soll hier nicht fehlen. Diese Technik hat sich gerade zur Überwachung von chemischen oder biologischen Prozessen bewährt, bei denen geringe Konzentrationen von Spurengasen oder Riechstoffen in Echtzeit zu beobachten sind. Die durch Protonentransfer auf ein Molekül (M) entstandenen $MH^+$-Ionen sind kaum einer Fragmentierung unterworfen und lassen sich direkt in einem Flugzeitmassenspektrometer mit hoher Sensitivität messen und identifizieren. Eine Kombination PTR-Quad-MS ist ebenso möglich.

Die vorgestellten Analysatoren lassen sich, wie teilweise bereits erwähnt, sinnvoll miteinander kombinieren. Je nach Anordnung kann man beispielsweise unterscheiden zwischen EB-, BE-, QqQ-, BEqQ-, BEtrap- oder EBE-TOF-MS. Massenspektrometer werden in der Regel nach ihren Analysatoren bezeichnet

*Detektoren*

Als letzter Schritt folgt schließlich die Registrierung der Ionen in einem Detektor. Hierzu stehen wiederum mehrere Techniken zur Verfügung. Die einfachste Methode ist das Auffangen der eintreffenden Ionen in einem kleinen Metallbecher (Faraday-Cup), der sich elektrisch auflädt, was gemessen werden kann. Richtet man den Ionenstrahl auf eine Konversionsdynode, so lassen sich die durch das Auftreffen herausgeschlagenen Elektronen mit einem Sekundärelektronenvervielfacher (SEV oder SEM) verstärken und messen. Nach einem ähnlichen Prinzip arbeitet das Channeltron. Die Microchannel Plate (MCP) wird gerne zur Erfassung größerer Raumwinkel bei TOF-MS eingesetzt und der Array-Detektor eignet sich zum gleichzeitigen Messen eines bestimmten Massenbereichs.

## Literaturauswahl

Engel W, Bahr W, Schieberle P: Solvent assisted flavour evaporation – a new and versatile technique for the careful and direct isolation of aroma compounds from complex food matrices. Eur. Food Res. Technol. 209: 237-241 (1999)

Fanger OP: Introduction of the Olf and the dezipol units to quantify air pollution perceived by humans indoors. Energy and Buildings. 12: 1-6 (1988)

Gross JH: Massenspektrometrie, ein Lehrbuch übersetzt von Beifuss, K. Springer Spektrum, Springer-Verlag, Berlin Heidelberg, 2013; XV, 802 S. ISBN 9783827429803

Moriguchi I, Hirono S, Liu Q, Nakagome I, Matsushita Y: Simple method of calculating octanol/water partition coefficient. Chem Pharm Bull 40(1): 127-130 (1992) doi: 10.1248/cpb.40.127

Neuhaus W: Wahrnehmungsschwellen und Erkennungsschwellen beim Riechen des Hundes im Vergleich zu den Riechwahrnehmungen des Menschen. Z vergl Physiol 39: 624-633 (1957)

# 4 Quellen für Riechstoffe

Alle Lebewesen sind auf Grund ihrer Stoffwechselvorgänge in der Lage flüchtige Stoffe zu bilden, welche olfaktorische Eigenschaften haben. In diesem Kapitel sind die wichtigsten Quellen für Riechstoffe angefangen vom Tier über den Menschen, Pflanzen bis zu Mikroorganismen und Elementen des Periodensystems zusammengestellt. Den Abschluss bildet ein Abschnitt mit einigen chemischen Reaktionen aus dem produzierenden Gewerbe.

## 4.1 Tiere als Quelle

Die gute Landluft kann zur Einstimmung in dieses Kapitel dienen. Tiere produzieren ihren typischen Geruch und die über die Landschaften ziehenden Geruchsfahnen wecken die Gegner der Massentierhaltung. Nicht nur bei der Aufzucht und Tiermast begleitet uns das Problem der Gerüche, auch die Nutzbarkeit des Fleisches ist eine Frage seines Geruchs. Besonders deutlich wird das am Schweinefleisch.

### 4.1.1 Eber

Mit einsetzender Geschlechtsreife ab einem Alter von fünf Monaten, etwa 90 kg Körpergewicht, entwickelt sich in männlichen Schweinen der typische Ebergeruch. Es handelt sich dabei um einen schweiß- und urinähnlichen Geruch, der vom Verbraucher des Fleisches sowohl bei der Zubereitung wie auch beim Verzehr erkannt und als abstoßend empfunden wird. Dieser Geruch geht auf das im Tier vorhandene Steroidhormon Androstenon (Abb. 4.01) zurück.

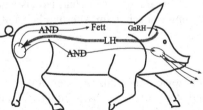

**Abb. 4.01**: Regulation, Synthese, Verteilung und Ausscheidung von Androstenon (AND) [18339-16-7] = 5α-Androst-16-en-3-on im Eber (vgl. Abb. 4.08). Gonadotropin-Releasing Hormon (GnRH) aus dem Hypothalamus stimuliert die Hypophyse zur Bildung von luteinisierendem Hormon (LH), das in den Hoden die Synthese der Androgene fördert. Einlagerung in Fleisch und Fett, Ausscheidung über die Speicheldrüsen zur Anlockung der rauschigen Sau und zur Auslösung ihres Duldungsreflexes.

Ein zusätzlicher, fäkalartiger Geruch ist auf Skatol (vgl. Abb. 4.10) zurückzuführen, das von Darmbakterien aus Tryptophan gebildet wird und sich nach Resorption im gesamten Körper des Schweins verteilt. Hier spielt das Geschlecht der Tiere im Vergleich zu Fütterungs- und Haltungsbedingungen nur eine untergeordnete Rolle, doch weisen männliche Tiere höhere Konzentrationen an Skatol auf, da dessen enzymatischer Abbau durch Androstenon gemindert ist. Für die geruchliche Qualität hat das ebenfalls vorkommende Indol einen geringeren Einfluss.

Androstenon wird beim männlichen Schwein als Steroidhormon zusammen mit Testosteron schon im Ferkelalter im Hoden gebildet, wobei ein großer Anstieg der Produktion im Alter zwischen sechs und acht Monaten liegt. Die lipophile Substanz verteilt sich im gesamten Organismus und wird im Fettgewebe gespeichert. Bei sexueller Erregung wird das Androstenon in den Speicheldrüsen ausgeschieden und als flüchtiger Lockstoff (Pheromon) für Sauen vertropft.

Bei der Zubereitung, beim Garen und Anschneiden des Fleisches tritt das flüchtige Androstenon aus. Allerdings kann sein Geruch nur von einem Teil der Bevölkerung gerochen werden, im Gegensatz zu dem fäkalartigen Geruch des Skatols. Deshalb hat die durch Skatol bedingte Geruchsabweichung die größere Bedeutung. Sie ist auch durch Haltung und Fütterung leichter beeinflussbar.

Die Bildung des Androstenon kann nur ausgeschaltet werden, indem man die männlichen Tiere frühzeitig kastriert. Als Ersatz für konventionelle Kastration eignet sich eine immunologische Kastration gegen das Gonadotropin Releasing Hormon (GnRH).

### 4.1.2 Moschustier

Das Moschustier (*Moschus*), auch als Moschushirsch bezeichnet, lebt als Einzelgänger in verschiedenen Hochgebirgsregionen Asiens. Es handelt sich um eine kleine geweihlose Hirschart. Eine Besonderheit der männlichen Tiere sind lange Eckzähne im Oberkiefer und die Moschusdrüse, welche vor dem Geschlechtsteil liegt. Hierin bildet sich eine braune, krümelige bis salbenartige, stark ammoniakalisch riechende Masse. Während der Brunstzeit verströmen die Böcke einen intensiven Geruch nach Moschus. Hauptduftstoff des Moschussekretes, von dem ein Tier etwa 30 Gramm Vorrat hat, ist das Muscon (Abb. 6.31). Die Nutzung des Sekrets zur Parfümierung war schon im Altertum bekannt.

### 4.1.3 Zibetkatze

Zibetkatzen leben als reviertreue Einzelgänger verbreitet in Afrika (*Civetticis civetta*) und Südasien (*Viverra zibetha*). In Analdrüsen bildet sich ein 'Zibet' genanntes Sekret, das den männlichen Tieren zur Territorialmarkierung dient. In Gefangenschaft kann man wöchentlich etwa 10 Gramm Sekret pro Tier gewinnen. Mehr als die Hälfte der salbenartigen Masse besteht aus Fettsäuren, darin enthalten ist als wesentlicher geruchsgebender Bestandteil das Zibeton (Civeton, Abb. 6.31) sowie Skatol und Indol.

### 4.1.4 Biber

Der Biber (*Castor fiber*) nutzt ein fetthaltiges Sekret, das bei männlichen und weiblichen Tieren in paarig vorhandenen Drüsensäcken (Castorbeutel) entsteht, zur Fellpflege und Territorialmarkierung. Die als Castoreum oder Bibergeil bezeichnete Substanz riecht nach Baldrian. Sie enthält das Castoramin und phenolische Substanzen wie 4-Ethylphenol, verschiedene Monoterpene, Salizylaldehyd, Ketone und aromatische Säuren nebst deren Estern (Abb. 4.02). Die teilweise aus der Nahrung stammenden Ausgangsstoffe unterliegen einem Sekundärmetabolismus.

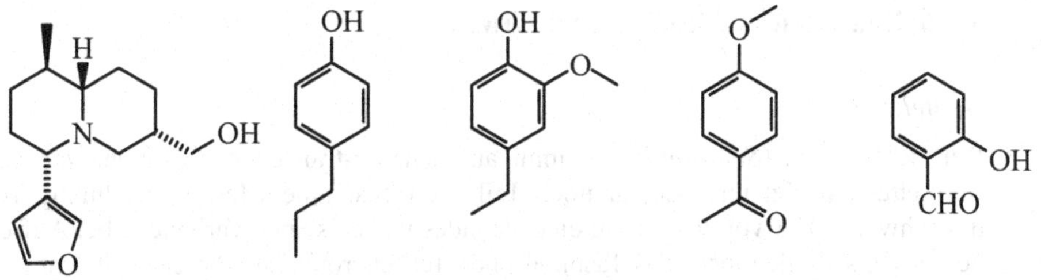

Castoramin       4-Propylphenol     4-Ethylguaiacol      p-Acetanisol     Salicylaldehyd

**Abb. 4.02**: Typische Inhaltsstoffe des Castoreum (Bibergeil) mit olfaktorischen Eigenschaften: Castoramin mit nikotinartiger Note, 4-Propylphenol [645-56-7] phenolisch, 4-Ethylguaiacol [2785-89-9] rauchig wie auch das 4-Ethylphenol, p-Acetanisol = 4-Methoxyacetophenon [100-06-1] angenehm süßlich, Salicylaldehyd [90-02-8] bittermandelartig.

### 4.1.5 Stinktier

Stinktiere oder Skunks bilden zur Verteidigung in ihren Analdrüsen ein Sekret, das sie weithin verspritzen können und damit ihrem Feind einen strengen und lästigen Geruch aufzwingen. Das Geruchsspektrum reicht in der Beschreibung der menschlichen Empfindung von Knoblauch über Schwefelkohlenstoff bis zu angebranntem Gummi. Das gestreifte Stinktier (*Mephitis mephitis*) hält von allen das größte chemische Repertoire an Substanzen im Analsekret bereit. Man unterscheidet drei chemische Gruppen. Zu den Thiolen gehören die am stärksten stinkenden Verbindungen (E)-2-Butenthiol und 3-Methylbutanthiol (Abb. 4.03). Für das 2-Chinolinmethanthiol sind die Geruchsrezeptoren der menschlichen Nase weniger empfindlich. Die zweite Gruppe umfasst die Thioacetate der genannten Verbindungen, die einen abgemilderten Geruch aufweisen, durch Hydrolyse aber ihre volle Kraft entfalten. In der dritten Gruppe findet man geringe Mengen von 2-Methylchinolin, das eine biosynthetische Vorstufe sein kann. Andere Stinktiere bilden aus den gegebenen Einzelsubstanzen gemischte oder symmetrische Disulfide in geringer Menge. Außerdem findet man Phenylmethanthiol und Phenylethanthiol. Heimische Tiere wie Nerz, Iltis und Dachs sondern Mustelan [55022-72-5] ab.

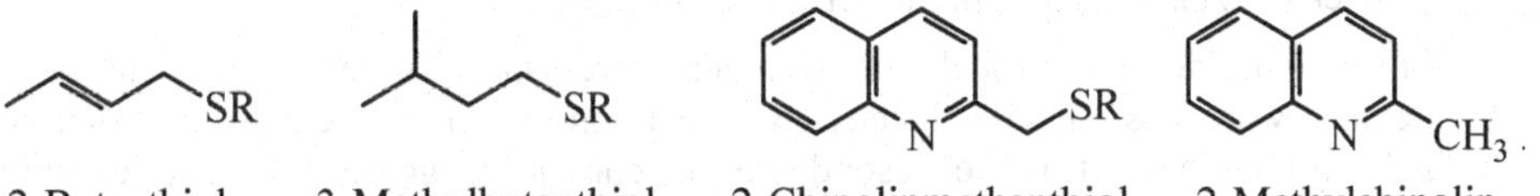

| 2-Butenthiol | 3-Methylbutanthiol | 2-Chinolinmethanthiol | 2-Methylchinolin |
| 40% *vs* 15% | 22% *vs* 2% | 7% *vs* 7% | 7% |

**Abb. 4.03**: Inhaltsstoffe des Analdrüsensekretes der Stinktiere (*Mephitis mephitis*). Die angegebenen Namen beziehen sich auf die Verbindung mit dem Rest R = -H. Für R = -COCH₃ handelt es sich um die entsprechenden Essigsäurethioester: 2-Butenylthioacetat, 3-Methylbutylthioacetat und 2-Chinolinmethylthioacetat. Unter den Namen ist links der prozentuale Anteile der Thiole, rechts derjenige der Thioester angegeben (Σ = 100%). Der Dampfdruck von (E)-2-Butenthiol [5954-72-3] beträgt 55 hPa, der von 3-Methylbutanthiol [541-31-1] ist 31 hPa.

### 4.1.6 Beutelteufel, Kakapo und Kiwi

*Beutelteufel*

Der Beutelteufel (*Sarcophilus*) kommt auf dem australischen Kontinent vor, sein heutiges Verbreitungsgebiet umfasst nur noch Teile von Tasmanien. Die Bezeichnung Teufel erhielt das schwarze Tier von der Größe eines Hundes wegen seines Verhaltens bei Aufregung. Hierbei färben sich die Ohren des Tasmanischen Teufels rot, sein Körper verströmt einen unangenehmen Geruch und sein lautes Geschrei ist weithin zu hören.

*Kakapo und Kiwi*

Einige Vogelarten in Neuseeland, darunter Kiwi-Arten und Kakapo, produzieren strenge Eigengerüche durch Substanzen, mit denen sie ihr Gefieder putzen. Die flugunfähigen Vögel werden auf Grund ihres Erkennungsduftes eine leichte Beute für Raubtiere, die aus anderen Kontinenten eingeschleppt wurden, und sind daher in ihrem Bestand bedroht. Der starke Geruch des Kakapo (*Strigops*, Eulenpapagei, night parrot) wird als modrig beschrieben, es sollen aber auch angenehm blumige, nach Honig duftende Komponenten vorkommen. Der Geruch des Kiwi (Schnepfenstrauß), mit dem er auch seine Reviergrenzen markiert, ist pilzig und ammoniakalisch.

### 4.1.7 Wasserbock

In weiten Teilen Afrikas ist der Wasserbock heimisch, eine Antilopenart, die in zwei Varietäten auftritt, dem Defassa- und dem Ellipsen-Wasserbock (*Kobus ellipsiprymnus*). Das Tier ist bemerkenswert, insofern es als Landbewohner wasserreiche Gegenden bevorzugt, im Vergleich zu anderen Antilopenarten viel trinkt und sich gerne, bis auf die Nüstern untergetaucht, im Wasser aufhält. Diesem Verhalten verdankt es seinen kapholländischen Namen Waterbok und den englischen Waterbuck.

Der intensive Wasserkontakt macht eine Fettung des Felles erforderlich, die über Talgdrüsen in der Haut, besonders an den Flanken, gewährleistet ist. Gleichzeitig verbreitet diese Pflege einen intensiven, abweisenden Gestank, welcher der Spezies einen beinahe völligen Schutz gegenüber Feinden verleiht. Angeblich lassen deshalb sogar Krokodile und Löwen vom Wasserbock ab, zumal auch sein Fleisch schlecht schmeckt.

Soweit wäre der Wasserbock eine weniger interessante Spezies, wenn nicht gleichzeitig aufgefallen wäre, dass sich die Tsetsefliege nicht von seinem Blut ernährt und sich in seiner Umgebung nicht aufhält. Diese Besonderheit ist ganz im Gegensatz zu dem der Nutztiere, meist nicht einheimische Arten, deren Urin und Ausscheidungen gerade Tsetsefliegen (*Glossina*-Spezies) anlocken, zu ihrem eigenen Schaden und zu dem des Menschen.

Sofern Tsetsefliegen selbst mit Trypanosomen infiziert sind, können sie diese beim Stich auf den Wirt übertragen. An einem solchen Wirt infizieren sich wiederum gesunde Fliegen. Von den über 30 verschiedenen Arten der Fliege ist *Glossina palpalis* die Überträgerin der Schlafkrankheit (HAT) (*Trypanosoma brucei ssp.*) beim Menschen und *Glossina morsitans* diejenige der Naganaseuche bei Nutztieren (*Trypanosoma brucei ssp.* und *T. vivax*), die im sogenannten Tsetsegürtel Afrikas auftritt. Im Jahr sterben etwa drei Millionen Rinder an der Seuche, was einen enormen wirtschaftlichen Schaden ausmacht.

Untersuchungen am Schweißgeruch des Wasserbocks ergaben, dass er über ein Duzend Substanzen enthält, welche als Abwehrkomponenten gegen die Fliege in Frage kommen, da Rinder diese Substanzen nicht produzieren. Hierzu zählen *trans*-2-Octenal, *trans*-2-Decenal, δ-Octalacton, Guaiacol, 3-Isopropyl-6-methylphenol und eine Reihe von Metylketonen der Kettenlänge C8 bis C13 (Abb. 4.04).

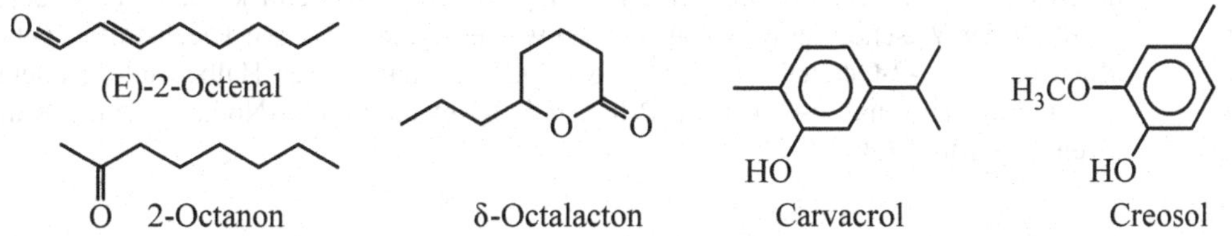

**Abb. 4.04**: (E)-2-Octenal, *trans*-2-Octenal [2548-87-0], δ-Octalacton [698-76-0], Carvacrol, 3-Isopropyl-6-methylphenol [499-75-2]. Creosol, 2-Methoxy-4-methylphenol [93-51-6] ist ein künstliches Repellent gegen Tsetsefliegen.

Manche der genannten Substanzen sind in der Lage bereits in der Ferne die Orientierung der Tsetsefliege durch eine Blockade ihrer Sensoren auszuschalten. Die übrigen Verbindungen vertreiben die Fliegen aus der Nähe. Der Wasserbock ist so durch einen doppelten Abwehrschirm vor Angriffen geschützt.

Seit geraumer Zeit stattet man Rinder in einigen Regionen Kenias mit Halsbändern aus, welche ein aus fünf essentiellen Abwehrkomponenten des Wasserbocks bestehendes Duftgemisch enthalten. Es handelt sich um das im ICIPE, International Centre of Insect Physiology and Ecology in Nairobi, Kenia, entwickelte 'Waterbuck Repellent Blend' (WRP). Diese Maßnahme wird begleitet durch das Aufstellen von Fliegenfallen, die mit Rinderurin und blauem Stoff die Tsetsefliegen anlocken und in einer Falle sammeln. Das Verfahren wird wegen der abstoßenden und anziehenden Wirkung als push-pull Strategie in der Schädlingsbekämpfung bezeichnet.

Ein analoges Vorgehen ist ebenfalls vom ICIPE für die Bekämpfung des Afrikanischen Stängelbohrers entwickelt worden. Zwischen die Reihen der Maispflanzen werden Pflanzen der Fabacee *Desmodium uncinata* gesetzt. Diese vertreiben die Larven des Stängelbohrers, die von am Feldrand wachsendem Napiergras (*Pennisetum purpureum*) angelockt werden, aber in diesem Wirt zu 90% absterben. Durch diese Anbauweise liegen die Erträge zwei bis dreimal so hoch wie in der Monokultur von Mais.

## 4.1.8 Stinkwanzen und Marienkäfer

*Stinkwanzen*

Neben der in Europa vorkommenden Grünen Stinkwanze (*Palomena prasina*, Pentatomidae) haben zwei ursprünglich aus Afrika und Asien stammende Baumwanzen die Eigenschaft, bei drohender Gefahr ein faulig unangenehm stinkendes Sekret abzugeben. Die afrikanische Art (*Nezara viridula L.*) hat sich nach Südeuropa ausgebreitet, während die von China bis Japan heimische Art (*Hyalomorpha Halys*), 1998 in die USA eingeschleppt, in manchen Bundesstaaten regelrechte Stinkwanzenplagen auslöst (brown marmorated stink bug). In Europa ist diese Art bisher nur in der Umgebung von Zürich aufgetreten.

Das Sekret der Tiere, das sie vor Fressfeinden schützen soll, wird häufig schon beim Versuch sie zu bewegen abgegeben. Es enthält eine Mischung verschiedener Aldehyde und Ketone, deren Geruch in der vorliegenden Mischung auch als stechend korianderartig beschrieben wird. Durch Waschen lässt er sich nur schwer entfernen. Zu den Riechstoffen gehören vor allem das *trans*-2-Octenal und das *trans*-2-Decenal, auch deren Halbacetale. Daneben kommen *trans*-2-Hexenal, 4-Oxo-*trans*-2-hexenal, 3-Hexanon und 2-Nonanon vor. Für die Strukturen vgl. Abb. 4.04.

## Marienkäfer

Vom weltweit verbreiteten Marienkäfer gibt es mehrere hundert Arten und Unterarten. Ihnen werden heute nicht mehr in jedem Falle verschiedene wissenschaftliche Namen zugeordnet. Auf den Kontinenten haben sich stärker unterscheidbare Arten entwickelt. So gibt es einen australischen (*Rodolia cardinalis*), europäischen (*Coccinella septempunctata*) und asiatischen (*Harmonia axyridis*) Marienkäfer. Vor allem Schild- und Blattläuse dienen Marienkäfern als Nahrungsquelle, weswegen letztere als Nützlinge angesehen werden.

Dieser bereits lang bekannte Zusammenhang brachte schon 1889 kalifornische Citrusbauern auf die Idee, gegen eine aus Australien eingeschleppte Schildlaus deren natürlichen Fressfeind, nämlich den australischen Marienkäfer zu importieren. Damit war das Prinzip einer biologischen Schädlingsbekämpfung erfunden. Weitere Transfers von Marienkäfern gab es von Europa nach Nordamerika um 1970 und von Asien nach Nordamerika 1916 und nach Europa ab 1995. Der asiatische Marienkäfer gilt seit 2002 in Europa als etabliert.

Abgesehen von dem Verdrängungswettbewerb zwischen den einheimischen und exozoischen Arten stellt der asiatische Marienkäfer neuerdings für die Weinwirtschaft eine Herausforderung dar. Werden die Nächte kühler, beginnt der Käfer einen geschützten Unterschlupf zu suchen, den er an sonnenerwärmten Gebäudepartien in Städten findet. Das knapper werdende Angebot an Blattläusen lässt ihn an reifem Obst oder Weintrauben Nahrung suchen. Werden die Trauben geerntet, gelangen die Käfer zwangsläufig in die Maische. Die Hämolymphe der Käfer verdirbt je nach Stärke des Befalls den Geschmack des Weines. Die Aromafehler reichen von Erdnuss, Paprika, Spargel bis zu erdig und krautig. Der Geschmacksfehler ist als 'ladybug taint' bekannt. Für die Qualitätseinbuße verantwortlich ist das 2-Isopropyl-3-methoxypyrazin (Abb. 4.05) als Hauptkomponente unter den Pyrazinen in der Hämolymphe. Die charakteristischen Aromen von Weinen der Rebsorten Cabernet, Sauvignon Blanc, Chardonnay, Merlot und Gewürztraminer werden vorzugsweise durch 2-Isobutyl-3-methoxypyrazin hervorgerufen.

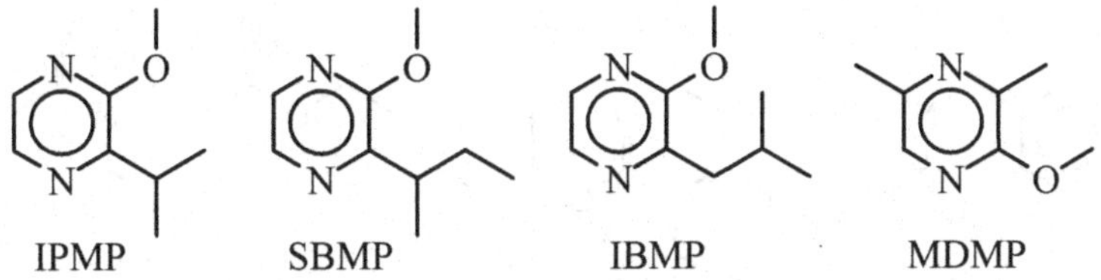

IPMP        SBMP        IBMP        MDMP

**Abb. 4.05**: Pyrazine, welche in der Hämolymphe der Marienkäfer und in Weinen verschiedener Rebsorten vorkommen: IPMP = 2-Isopropyl-3-methoxypyrazin [25773-40-4], SBMP = 2-*sec*.-Butyl-3-methoxypyrazin = 2-Methoxy-3-(1-methylpropyl) pyrazin [24168-70-5], IBMP = 2-Isobutyl-3-methoxypyrazin [24683-00-9]. Der Geruchsschwellenwert dieser drei Pyrazine liegt zwischen 1–2 ng/L in Weißwein. Das MDMP = 2-Methoxy-3,5-dimethylpyrazin [92508-08-2] riecht schimmelig, modrig und kommt in Kork vor. Das MDMP sollte nicht mit dem nicht abgebildeten stellungsisomeren DMMP = 2,5-Dimethyl-3-methoxypyrazin [19846-22-1] verwechselt werden.

## 4.1.9 Repellents und Attractants

Dem Menschen dienen Repellentien oder Schreckstoffe dazu, Schädlinge verschiedener Art zu vertreiben. Bedeutung haben solche Stoffe, die vor allem gegen stechende Insekten wirken.

Normalerweise sind die Insekten in der Lage, von Säugetieren abgegebene Riechstoffe zu erkennen und deren Herkunft bis zum Emittenten zurückzuverfolgen. Solche lockenden Bestandteile (attractants) der Ausdünstungen stellen Kohlendioxid, Ammoniak, Buttersäure, Milchsäure und weitere Riechstoffe aus dem Schweiß dar. Man nimmt an, dass Repellentien die positive Information der Lockstoffe bei der Beurteilung aushebeln, so dass die Insekten keine Anstrengungen mehr unternehmen, das geortete Ziel anzufliegen.

Eines der ersten künstlich hergestellten Repellentien ist das 1946 am USDA in Orlando entwickelte Diethyltoluamid (DEET). Im Handel seit 1965 ist diese Substanz bei uns als Autan bekannt (Abb. 4.06). Die Verbindung 'vertreibt' ziemlich verlässlich für eine gewisse Zeit Stechmücken, Bremsen, Kriebelmücken, Fliegen und auch Zecken. Die Wirkungsdauer der Substanz ist von der applizierten Menge abhängig. In Tests gegenüber den beiden Arten Stechmücke (*Culex pipiens*) und Gelbfiebermücke (*Stegomyia* oder *Aedes aegypti*) wird diejenige Konzentration ermittelt, welche zum Erreichen einer mittleren festgelegten Schutzdauer erforderlich ist.

Icaridin (Picaridin) ist wie DEET ein tropentaugliches Repellent, das weniger stark als dieses dermal resorbiert wird. Das Ethyl-butylacetylaminopropionat (EBAAP) ist auch gegen Wespen, Bienen und Sandmücken wirksam, lässt sich aber wegen seiner geringeren Schutzdauer nur in den gemäßigten Breiten anwenden.

Neben den künstlichen Repellentien gibt es einige natürliche. Zu erwähnen ist das aus einer Eukalyptusart (*Corymbia citriodora*) durch Destillation isolierbare p-Menthan-3,8-diol (PMD, Citriodiol), das leicht auch synthetisch zugänglich ist.

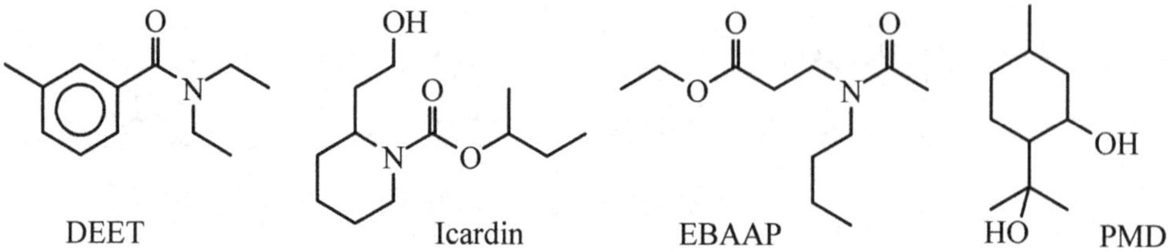

**Abb. 4.06**: Die wichtigsten Repellentien gegen Insekten. DEET, Diethyltoluamid, N,N-Diethyl-3-me-thylbenzamid, Autan® [134-62-3], Icardin (Picardin), 1-(1-Methylpropylcarbonyl)-2-(2-hydroxyethyl)-piperidin, Bayrepel® [119515-38-7], EBAAP, IR3535, 3-[N-Butyl-N-acetyl]-aminopropionsäureethyl-ester, Ethyl-butylacetylaminopropionat [52304-36-6], PMD, p-Menthan-3,8-diol, Citriodiol, (Citridiol) [42822-86-6] (vgl. Abb. 2.11 Kühlreizstoffe). Für Dimethylphthalat, DMP [131-11-3] siehe 4.6.2.

Die Katzenminze (*Nepeta cataria, Lamiaceae*) enthält das Nepetalacton [490-10-8], welches Stechmücken, Fliegen und Kakerlaken vertreibt. Gegenüber den meisten Hauskatzen und anderen Katzenartigen wirkt das Nepetalacton aber als Lockstoff und aktiviert bei ihnen artspezifische Verhaltenselemente.

Lockstoffe bewirken das Gegenteil der Schreckstoffe. Jedes von einem Lebewesen abgegebene Molekül kann von einem anderen Individuum einer gleichen oder anderen Art dazu genutzt werden den Emittenten zu finden. Dies kann zu beiderseitigem Nutzen führen (Partnersuche, Fortpflanzung) oder zum Nutzen des einen und Schaden des anderen (Nahrungs- und Beutesuche). Lockstoffe im weiteren Sinne werden prinzipiell von jedem Lebewesen erzeugt und können jede chemische Struktur haben.

Einige Beispiele seien angeführt: Vertreter aus den pflanzlichen Familien der Aracee, Aristolochiaceen, Orchidaceen und Apocynaceen beherrschen verschiedene Arten von chemischem Mimikry (4.3). Dazu gehört die geruchliche Imitation von Aas, Kadavern und den Faeces von Carni- und Omnivoren. Die charakteristischen Substanzen sind neben Heptanal und Octanal eine Reihe von Oligosulfiden. Sogar der Mensch bedient sich dieses Mimikry zu Forschungszwecken, indem er in künstlich angelockten Aasfliegen die enthaltene Fremd-DNA analysiert, um in schlecht zugänglichen Habitaten nach bisher unbekannten Tierspezies zu suchen. Mit p-Cresol gelingt es den Pflanzen den Faecesgeruch der Herbivoren nachzuahmen, mit n-Hexansäure (Capronsäure [142-62-1]) den Geruch von Urin.

Weibliche Insekten finden per Geruchsinn den Wirt, dessen Blut ihnen als Eiweißquelle zur Entwicklung ihrer Eier dient. So reagiert die Anopheles-Mücke sehr sensibel auf p-Cresol (4-Methylphenol) aus dem menschlichen Schweiß.

Bei diesen Vorgängen handelt es sich allgemein um eine Kommunikation auf chemischer Basis. Je nach Fachrichtung, beteiligten Spezies und genutzten chemischen Verbindungen trifft man auf eine Fülle von Begriffen, welche Teilaspekte der in der Natur vorkommenden chemischen Kommunikation beschreiben, darunter Botenstoff, Mediator, Signalstoff, Elicitor. Semiochemikalien oder Infochemikalien unterteilt man in Pheromone, die intraspezifisch wirken, und Allelochemikalien, letztere wiederum in Allomone, Kairmone, und Synomone.

## 4.2 Mensch als Quelle

Die Gerüche des eigenen Körpers spielen in der subjektiven Erfahrung eine wichtige Rolle. In der gesellschaftlichen Interaktion dagegen werden physiologische Gerüche weitgehend unterdrückt und frühzeitig ausgeschaltet. Da es viele Möglichkeiten gibt, sie für die menschliche Nase wenigstens zu überdecken, entsteht der Eindruck, der Mensch wäre geruchsarm.

### 4.2.1 Schweiß und Haut

*Merokrine Schweißdrüsen*

Die Haut stellt die äußere Barriere des Organismus dar. Gleichzeitig dient sie auch der Wärmeregulation durch kontrollierte Verdunstung von Wasser aus den merokrinen Schweißdrüsen, die als kleine Knäuldrüsen an der Grenze zwischen Haut und Unterhaut liegen. Auf Grund ihrer großen Zahl von etwa 4 Millionen machen sie zusammen etwa ein Viertel der rund 2 m² umfassenden Hautoberfläche aus. Jedoch sind sie nicht homogen verteilt. Höchsten Dichten begegnet man an den Fußsohlen (600/cm²), Handflächen und Stirn, geringsten an den Oberschenkeln (100/cm²). Die merokrinen Schweißdrüsen arbeiten wie Mini-Nieren, so dass Schweiß auch harnpflichtige Stoffe enthält. Nach der Filtration wird Salz teilweise rückresorbiert, wodurch der zuerst isotone Schweiß hypoton wird. Er besteht zu 99% aus Wasser, darin gelöst sind Kochsalz, Harnstoff, Immunoglobuline (IgA, IgG), flüchtige Fettsäuren und Cholesterol.

Je nach körperlicher Arbeit und Umgebungstemperatur verliert der Mensch durch Schwitzen bis zu acht Liter Wasser am Tag (*perspiratio sensibilis*). Die unmerkliche Feuchtigkeitsabgabe des Körpers über Lunge und Schleimhäute, die *perspiratio insensibilis*, beträgt etwa einen Liter pro Tag. Sie führt, im Gegensatz zum Schwitzen, zu keinem Elektrolytverlust.

Trotz großer abgegebener Mengen tritt Schweiß normalerweise nicht als Flüssigkeit auf, sondern macht sich bei guter Regulation nur als leichtes Glitzern der Haut bemerkbar (stehender Schweiß). Zurück bleiben die nicht verdunstenden Bestandteile. Dieser Schweiß hat keinen oder höchstens einen leicht säuerlichen Geruch, da er primär bakterienfrei ist. Erst durch bakterielle Umwandlung der Inhaltsstoffe durch Hautkeime entstehen geruchsaktive Verbindungen, am bekanntesten die unangenehm riechende Buttersäure, daneben die ebenfalls flüchtige Propion- und Essigsäure.

Die übermäßige Besiedlung der Haut durch Bakterien hält ein antibiotisches Peptid in Grenzen, dessen Vorläuferprotein nur in merokrinen Schweißdrüsen exprimiert wird. Eine proteolytische Abspaltung verschieden langer Abschnitte aus dem C-Terminus des Peptids legt die Hauptform Dermicidin (DCD-1) mit 47 Aminosäuren frei. Den mit dem Schweiß über die Haut verteilten Peptiden ist in einer Konzentration um 3 µg/ml ein breites Wirkspektrum gegen grampositive und gramnegative Bakterien (*Staphlococcus aureus*, *E. coli*) und gegen Pilze (*Candida albicans*) eigen. Das Dermicidin verleiht der Haut einen angeborenen antibiotischen Schutz, der durch übertriebenes Waschen geschädigt werden kann.

*Apokrine Schweißdrüsen*

Während der Pubertät entwickeln sich die apokrinen Schweißdrüsen oder Duftdrüsen. Ihre großen Drüsenkörper sind im Unterhautgewebe lokalisiert und münden in die Ausführungsgänge der assoziierten Haarfollikel. Das Vorkommen bleibt auf wenige Körperregionen begrenzt, nämlich auf Achselhöhle, Warzenhof, Schritt (genital und zirkumanal) und äußeren Gehörgang. Die Sekretion der Drüsen wird vor allem durch emotionale Anstrengungen (Wut, Schmerz, Angst, sexuelle Erregung) ausgelöst. Der Schweiß apokriner Schweißdrüsen enthält neben Lipiden, Steroiden, Androgenen und Cholesterol über 300 verschiedene Substanzen, die unter dem Einfluss von Corynebakterien, einem typischen Hautkeim, in unterschiedlichem Ausmaß für den schweißbedingten Körpergeruch verantwortlich sind.

Vergleicht man die Anzahl apokriner Schweißdrüsen bei Menschen verschiedener ethnischer Herkunft, so haben Koreaner die wenigsten, gefolgt von Chinesen, Japanern und Kaukasiern, während Schwarzafrikaner die meisten besitzen.

Mit dieser Beobachtung steht im Einklang, dass viele Asiaten nur einen leicht säuerlichen Schweißgeruch entwickeln, denn außerdem sind sie Träger einer Defektmutante eines Transportproteins (ABCC11), so dass die Sekretion von Vorstufen der geruchsbildenden Bestandteile aus den apokrinen Drüsen in den Schweiß ausbleibt. Das Gen ABCC11 kodiert eine Efflux-Pumpe, die bei Asiaten einen single-nucleotide Polymorphismus (SNP an 538G→A) aufweist, der in der Bevölkerung stellenweise mit über 95%iger Häufigkeit vertreten ist. Übrigens gehören die Träger dieser Mutante alle zum trockenen Typ des Ohrenschmalzes, während die axilläre Osmidrosis mit dem feuchten Typ gemeinsam vorkommt, wie man schon seit den 1940er Jahren weiß.

Verschiedene Hautkeime lassen verschiedene Duftnoten entstehen. Mikrokokken erzeugen vorwiegend bei Frauen einen leicht säuerlichen Geruch, während bei Männern Diphtheroiden eher stechende Gerüche produzieren.

Besondere Beachtung verdient die Geruchsnote, welche durch die Abkömmlinge von Steroidhormonen zustande kommt. Generell liegen bei Männern und Frauen ähnliche Verhältnisse vor, jedoch unterscheiden sich die Konzentrationen bestimmter Hormone deutlich.

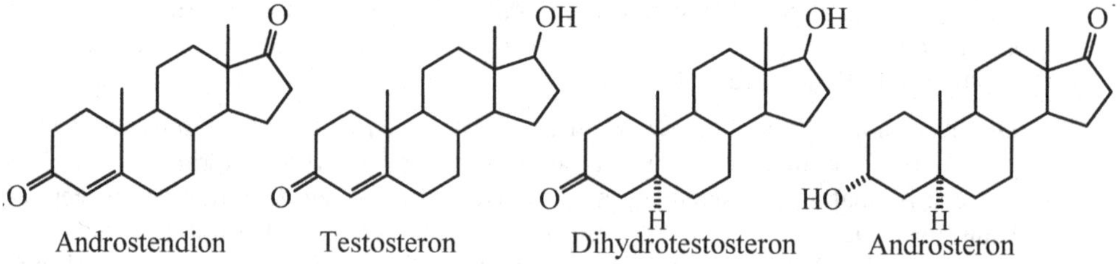

Androstendion          Testosteron          Dihydrotestosteron          Androsteron

**Abb. 4.07**: Androstendion ist Vorstufe für das Testosteron, das im Hoden gebildet wird. Seine Reduktion läuft in den Zielorganen ab und stellt eine Inaktivierung dar. Dihydrotestosteron (DHT) = Androstanolon [521-18-6], Androsteron (ADT) [53-41-8].

Das in den Hoden aus dem Androstendion (Abb. 4.07) gebildete Testosteron unterliegt in den Erfolgsorganen durch Reduktion einer Aktivierung zum Dihydrotestosteron, aus dem durch nochmalige Reduktion das inaktivere Androsteron entsteht, welches als Konjugat renal eliminiert wird.

Ein anderes körpereigenes Umwandlungsprodukt des fast geruchlosen Testosterons ist das Androstadienon, dem keinerlei androgene oder anabolische Wirkung eigen ist (Abb. 4.08). Es kommt im Blut des Mannes in einer Konzentration von 1 µg/L vor, ebenso im Fettgewebe und erscheint im Speichel und im Schweiß apokriner Schweißdrüsen. Über das scharf riechende Androstenon wird es in das nach Moschus und Sandelholz riechende Androstenol umgewandelt. In frischem Achselsekret ist kein Androstenon enthalten, seine Bildung und geruchliche Modifikation erfolgt durch bakteriellen Einfluss aus der Vorstufe Androstadienon.

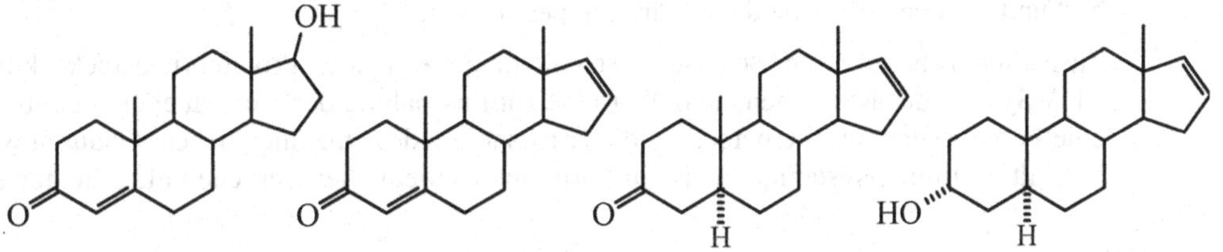

| Testosteron | Androstadienon | Androstenon | Androstenol |

**Abb. 4.08**: Aus Testosteron entstehen riechende Metabolite ohne Hormonwirkung. Androstadienon = Androsta-4,16-dien-3-on [4075-07-4]. Seine zweimalige Reduktion führt über 5α-Androst-16-en-3-on = Androstenon (AND) [18339-16-7] mit einem Geruch nach gebrauchten Nachttöpfen zu Androstenol [1153-51-1], das nach Sandelholz und Moschus riecht und daher auch Moschussteroid heißt.

Androgene Steroide lösen bei verschiedenen Menschen (auch in Abhängigkeit von der Konzentration) unterschiedliche Empfindungen aus. Es ist bekannt, dass neben der unangenehmen Note, die als schweißig oder urinartig beschrieben wird, ihn andere als angenehm holzartig, süß und blumig wahrnehmen. Wieder andere sind gar nicht in der Lage ihn zu riechen. Diese Variationen hängen mit der Ausstattung an Riechrezeptorgenen für androgene Steroide (OR7D4) zusammen: Menschen mit zwei nicht mutierten Genen bzw. hochaffinen Rezeptoren, die sogenannten 'supersmellers', empfinden es unangenehm, solche mit einer Kombination von beiden angenehm, die restlichen riechen es schlecht bis gar nicht.

In der Pubertät verschiebt sich bei Männern die Geruchsschwelle für Androstenon und dessen Vorläufer zu höheren Konzentrationen, oder es entwickelt sich sogar eine Anosmie. Bei Frauen steigt die Sensitivität für Androstenon dagegen nach der Pubertät.

Übrigens kommen Androstenon und Androstenol auch in Trüffeln und im Sellerie vor, an dem man die Variabilität des Geruchseindrucks selbst prüfen kann. Hier sei noch die frühere Sitte erwähnt, dass ein Mann seiner Verlobten ein Taschentuch zukommen ließ, welches er eine Weile lang unter der Achsel getragen hatte. Über Pheromone und Vomeropherine siehe Abschnitt 2.5.

*Haut*

Zelloberflächen sind Träger von Proteinen des HLA-Systems (humanes Leukozyten Antigen), also von Gewebeantigenen. Die HLA-Moleküle stellen Glykoproteine dar, die durch eine Gruppe von Genen kodiert werden, welche im Bereich der MHC-Region (Major Histocompatibility Complex) auf dem Chromosom 6 liegen. Der individuell einmalige Körpergeruch kann durch den Zerfall dieser Oberflächenproteine bedingt sein, die eigentlich zur Markierung eigener Körperzellen gebildet werden, und für den Normalmenschen nur bei Transplantationen eine merkbare Bedeutung haben.

Mäusen dienen ähnliche Proteinbruchstücke, die den Gewebeantigenen verwandt sind und im Urin ausgeschieden werden dazu, nah verwandte Individuen am Geruch des Urins zu erkennen. Die sogenannten MUPs (Major Urinary Protein) helfen auch bei der Paarung möglichst anders riechende, also fremde Partner zu finden. Die Geruchsstoffe sind relativ dauerhaft und werden nicht von der Ernährung beeinflusst.

Zusätzlich zum direkten Beitrag unterschiedlich riechender Proteinbruchstücke könnte das HLA-System des Menschen auch über eine Einflussnahme der individuellen Keimbesiedlung eine Fernwirkung auf die persönliche Geruchsnote jedes einzelnen haben. Dadurch würde die Vielfalt im Immunsystem teilweise in Form unterschiedlicher Gerüche in Erscheinung treten.

*Aging Odor*

Mit ziemlicher Sicherheit hat das Alter der Haut einen Einfluss auf deren Geruch. Aus Fettsäuren werden im Alter durch Lipidperoxidation ungesättigte Aldehyde wie Hexenal, Octenal und Nonenal verstärkt gebildet. Sie verursachen einen unangenehmen Geruch (aging odour). Aus Palmitoleinsäure entsteht über deren *cis*-8-Hydroperoxid das *cis*-2-Nonenal (Abb. 4.09).

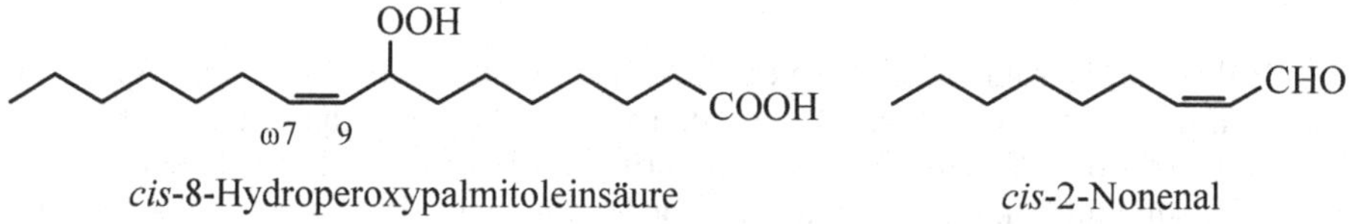

*cis*-8-Hydroperoxypalmitoleinsäure                     *cis*-2-Nonenal

**Abb. 4.09**: Die einfach ungesättigte Palmitoleinsäure [16:1(9)] trägt ihre Doppelbindung an C9 oder an ω7. Sie wird an C8 durch Lipidperoxidation zu einem Hydroperoxid, aus welchem das *cis*-2-Nonenal, (Z)-2-Nonenal, freigesetzt wird. Es riecht fettig, wachsig. Zu Linolsäure vgl. Abb. 5.02.

## 4.2.2 Darmgase, Kot

Die Resorption von verdauter Nahrung im Dünndarm ist nicht vollständig, was besonders für die bereitstehenden Aminosäuren zutrifft. Hierbei handelt es sich aber keineswegs um eine Malabsorption. Andererseits sind in der Nahrung auch Substanzen enthalten, die schlecht oder gar nicht resorbierbar sind, wie manche Zucker.

Diese Bestandteile bleiben im Darmlumen und bilden die Ernährungsgrundlage für Darmbakterien. Deren wichtigste Vertreter sind *Escherichia coli, Bacteroides vulgatus* und *Methanobrevibacter smithii*. Ihre Aktivitäten lassen neben nichtflüchtigen Stoffwechselprodukten Wasserstoff, Methan und Schwefelverbindungen entstehen.

Unter den Zuckern sind das Monosaccharid Rhamnose als Baustein des Pektins und das Tetrasaccharid Stachyose erwähnenswert. Sie kommen in einer Reihe von Gemüsepflanzen vor, darunter Zwiebeln, Sellerie, Kohl und Hülsenfrüchten. Im Dickdarm werden die Zucker bakteriell zersetzt, was zu einer verstärkten Gasproduktion während der Verdauung führt und riechende Verbindungen freisetzt. Sofern das Volumen der entstehenden Gase diejenige Menge überschreitet, die durch Diffusion in das Blut gelangen kann und nachfolgend in der Lunge abgeatmet wird, kommt es zur Flatulenz. Von den am Tag gebildeten sechs Litern Methan verlässt etwa ein Liter den Körper über den Darm.

Unter den Aminosäuren ist der bakterielle Abbau des nicht resorbierten Tryptophans interessant (Abb. 4.10). Die aromatische Aminosäure unterliegt einer oxidativen Desaminierung und einer nachfolgenden Decarboxylierung zum Aldehyd. Die durch Oxidation entstehende Indolessigsäure liefert nach einer weiteren Decarboxylierung das fäkalartig riechende Skatol.

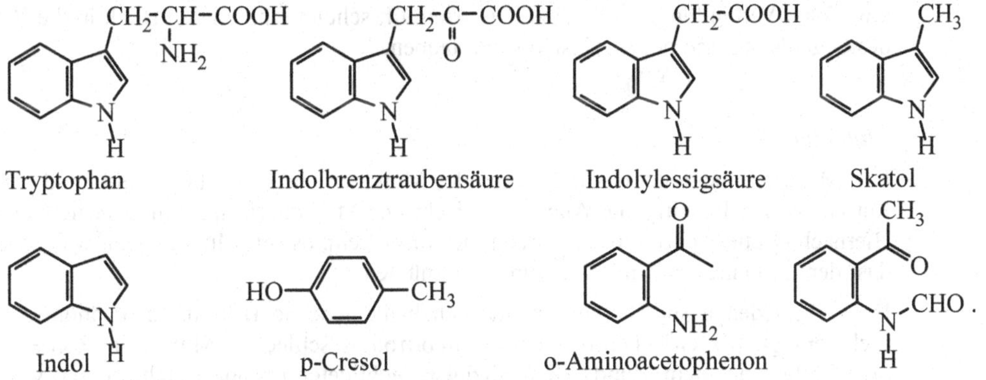

**Abb. 4.10**: Bakterieller Abbau von Tryptophan über Indolpyruvat und Indolacetat zu Skatol [83-34-1] = 3-Methylindol. Das p-Cresol [106-44-5] mit einem Geruch nach Schwein entsteht analog aus der Aminosäure Tyrosin. Oxidativ erhält man aus Skatol über das gezeigte Intermediat (u. re.) das o-Aminoacetophenon [551-93-9], das auch als untypische Altersnote im Wein vorkommt. Indol [120-72-9].

Unterliegt das Tryptophan einer Abspaltung von Alanin durch die Tryptophanase, so entsteht Indol als ein Endprodukt der Eiweißfäulnis. Indol hat einen stechenden, blumigen, mottenkugelähnlichen Geruch mit einem fäkalen und animalischen Charakter. Eine oxidative Spaltung des Skatols mit anschließender Decarboxylierung führt zum animalisch riechenden o-Aminoacetophenon.

Skatol und Indol sind Verursacher des typischen Kotgeruchs. Beide Substanzen sind in Darmgasen enthalten und sind neben Schwefelwasserstoff und anderen Schwefelverbindungen für deren Geruch verantwortlich.

Da fleischfressende Tiere ein höheres Angebot an Tryptophan haben, weisen sie generell einen strenger riechenden Kot auf. Skatol, Indol und p-Cresol treten als diffusible Substanzen auch in den Blutkreislauf über und verteilen sich im Organismus in Muskeln und im Fettgewebe. Bei der Schweinezucht ist das von besonderer Bedeutung.

Auffällig ist die Bildung von Skatol und Indol in Garnelen und Fischen (Hering, Steinbutt) bei unterschiedlichen Lagerungsbedingungen, so dass deren Genusstauglichkeit leicht verloren geht. Auch eine Unterbrechung der Kühlkette lässt bei Meerestieren durch die Aktivität von *E. Coli* und *Proteus morganii* schnell Skatol entstehen.

Doch nicht nur Ekel löst das Auftreten von Skatol aus, denkt man an sein Vorkommen im würzigen Aroma von Emmentaler-Käse, und das Indol erfreut in reichlicher Verdünnung den Nutzer manchen Parfüms.

### 4.2.3 Atem

Schon Linus Pauling (1901-1994) dokumentierte, dass im menschlichen Atem mindestens 200 flüchtige Substanzen enthalten sind. Heute kann man mit einem Gaschromatographen etwa 3000 Verbindungen erkennen. Die Atemluft scheint einen tiefen Blick in die Biochemie des Organismus und dessen Zustand zu erlauben.

*Mundgeruch*

Den Menschen begleitet das Phänomen des Mundgeruchs schon lange und Ovid gibt bereits Ratschläge zur Beseitigung. Auch die griechische Mythologie spart dieses Thema nicht aus. Hiernach strafte Aphrodite alle Frauen der Insel Lemnos mit Mundgeruch, was dazu führte, dass deren Männer sich mit Sklavinnen vergnügten.

Die verschiedenen Sprachen und Kulturen haben eigene Begriffe für das Phänomen Mundgeruch geprägt: Die Griechen nannten es κακοστομία, 'schlechter Mund', die Römer *foetor ex ore*, 'Gestank aus dem Mund', die medizinisch gebildeten Europäer Halitose, das vom lateinischen *halitus*, 'Atem' abstammt.

Der Mundgeruch rührt von flüchtigen Verbindungen her, die in der Mund- und Rachenhöhle durch anaerobe Bakterien gebildet werden, die in der normalen Mundflora vorkommen. Hierzu gehören spindelförmige Fusobakterien (gramnegativ) und Actinomyceten (grampositiv). Sie leben in sauerstoffarmen Bereichen, wie sie Zungenpapillen, Zahnfleischtaschen, Interdentalräume und Defekte an Zähnen und am Zahnfleisch bieten. Speisereste, abgestoßene Schleimhautzellen oder totes Gewebematerial dienen ihnen als Substrat. Eine Proteinquelle stellt auch Zahnfleischbluten dar.

Durch den Abbau von Proteinen bilden die Bakterien Stoffwechselprodukte. Verursacher des unangenehmen Geruchs sind vor allem flüchtige schwefelhaltige Verbindungen (VSC), darunter Schwefelwasserstoff, Methylmercaptan, Dimethylsulfid, Propionsäure und Buttersäure, die zusammen einen strengen, faulig-ranzigen Geruch komponieren. Auch Schweiß- und Verwesungsgeruch durch Cadaverin kann auftreten.

Mit Hilfe eines Halimeters gelingt es relativ einfach zumindest die Konzentration der geruchlich dominierenden Schwefelverbindungen zu messen und die Beurteilung zu objektivieren. Eine Konzentration von 75 ppb in der Atemluft bildet etwa die Schwelle zwischen frischem Atem und bestehendem Mundgeruch.

## Pulmonale Exkretion

Während der Mundgeruch nur im obersten Teil der Atemwege entsteht, lassen sich auch Substanzen in der Atemluft erkennen, die durch Resorption von Nahrungsbestandteilen in den Körper gelangten. Es dreht sich hierbei nicht nur um die berühmte Fahne, welche die Einnahme von Alkohol verrät. Der Genuss einer Reihe von Nahrungsmitteln führt zur Abatmung charakteristischer flüchtiger Stoffe. So lässt sich der Verzehr von Knoblauch, Zwiebeln und Gewürzen leicht riechen.

Doch nicht nur die Nahrung ändert den Geruch der ausgeatmeten Luft. Eine Reihe von Arzneistoffen haben bereits vor der Einnahme einen charakteristischen Eigengeruch. Andere führen nach Einnahme zur Ausscheidung von geruchsintensiven Metaboliten im Urin oder der Atemluft. Als Arzneistoffe, die mit typischen Geruchsnoten in Verbindung gebracht werden, sind die Penicilline, darunter das Amoxicillin, N-Acetylcystein, Dimethylsulfoxid, Disulfiram, Nitrite und Vitamin B6 zu erwähnen (Abb. 4.11).

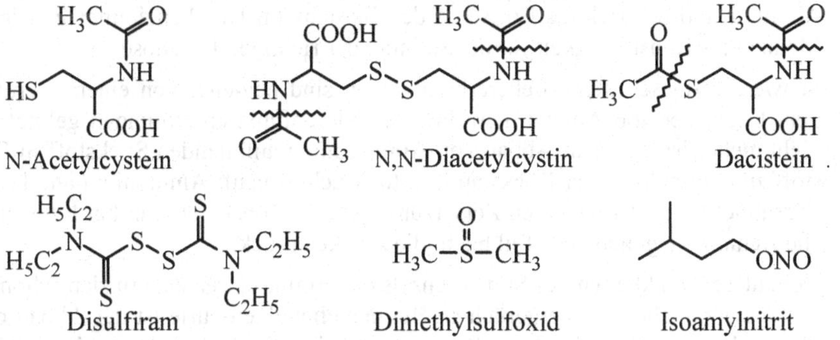

**Abb. 4.11**: N-Acetylcystein [616-91-1] hat durch die Begleitstoffe N,N-Diacetylcystin [5545-17-5] und Dacistein = N,S-Diacetylcystein [18725-37-6] einen Geruch nach Schwefel. Die Grenzen zu den Acetylgruppen sind durch Wellenlinien markiert. Disulfiram [97-77-8] = Antabus löst nach Einnahme einen Geruch nach faulen Eiern und Knoblauch aus. Dimethylsulfoxid = DMSO [67-68-5] wird zu Dimethylsulfid = DMS reduziert und mit fauligem Geruch abgeatmet. Die Nitrite sind sehr flüchtig, riechen fruchtig und bilden leicht explosive Gemische mit Luft.

Dimethylsulfoxid wird über die Haut aufgenommen und zu flüchtigem Dimethylsulfid biotransformiert, das dem Atem einen fauligen, kohligen Geruch verleiht. Angewendet wird es, weil es bei gleichzeitiger Applikation die kutane Resorption von Xenobiotika bis zu einer molaren Masse von ca. 3000 begünstigen und beschleunigen kann.

Disulfiram dient seit Jahrzehnten zur medikamentösen Unterstützung der Alkohol-Entwöhnung. Nach seiner Einnahme tritt ein fauliger, knoblauchartiger Geruch in der Atemluft auf und ein metallischer Nachgeschmack.

Der schleimlösende Wirkstoff N-Acetylcystein hat einen schwefeligen Eigengeruch, der auf zwei Begleitsubstanzen zurückgeht, welche sich bei längerer Lagerung verstärkt bilden können. Die Nitrite wie das Amyl-, Isoamyl-, n-Butyl- oder *tert.*-Butylnitrit verbreiten durchdringend fruchtige, teilweise auch angenehme Gerüche.

## Krankheiten, nosogene Gerüche

Auch Krankheiten führen zur Präsenz bestimmter Stoffe in der Atemluft oder verändern ihr Muster. Es handelt sich dann um einen systemisch bedingten Geruch, der einen Einblick in fehlgeleitete biochemische Stoffwechselwege des Körpers zulässt. Diese Substanzen zu erkennen, bedient man sich entweder der menschlichen, der elektronischen oder der tierischen Nase.

• menschliche Nase

Ein noch nicht erkannter oder schlecht therapierter Diabetes mellitus kann ebenso wie langes Fasten oder Hungern an einem fruchtig süßlichen Geruch nach Aceton festgestellt werden. Die unter diesen Bedingungen im Organismus gebildeten Ketonkörper erscheinen in der Atemluft und das richtige Erkennen des Geruchs im Krankenzimmer galt in der klinischen Medizin als Kunstfertigkeit für die Stellung der richtigen Diagnose.

Schwere fortgeschrittene Lebererkrankungen sind begleitet von einem Geruch nach stockigem Fisch, der von Aminen herrührt. Bei Nierenfunktionsstörungen gelingt es dem Körper nicht mehr, den aus dem Abbau von Aminosäuren anfallenden Stickstoff in Form von Harnstoff zu eliminieren. Der Rückstau im Stoffwechsel häuft Ammonium an, das als Ammoniak abgeatmet wird. Permanenten Zersetzungsgeruch beobachtet man bei Lungenabszessen. Solche Kenntnisse gehen zum Teil bis in die Antike zurück.

Hereditäre Krankheiten des Stoffwechsels der Aminosäuren äußern sich schon im Kindesalter in ungewöhnlichen Körpergerüchen. Bei der Phenylketonurie ist der Abbau der Aminosäure Phenylalanin gestört, was deren Konzentration im Blut steigen lässt mit negativen Folgeschäden für das Gehirn. Ohne Behandlung entwickelt sich ein stechender Mäusegeruch, der auf Phenylessigsäure zurückgeht, die im Urin und Schweiß ausgeschieden wird.

Die Ahornsirup-Krankheit, die rasch zum Tode führt, betrifft den Stoffwechsel von Aminosäuren mit verzweigten Ketten. Für den karamellartigen Uringeruch, der erst am sechsten Lebenstag auftritt, ist ein Polymerisationsprodukt der β-Methyl-α-oxovaleriansäure verantwortlich. Sotolon aus dem Intermediärstoffwechsel des Leucins ist im Urin ebenfalls nachweisbar.

Die Isovaleriatämie ist Folge einer Störung des Leucinabbaus. Das im Blut sich anhäufende Isovaleriat verursacht einen stechenden käseartigen Geruch in Schweiß und Urin. Liegt eine Resorptionsstörung des Methionins im Darm vor, metabolisieren es die Darmbakterien zu α-Hydroxybuttersäure, was zu einem Geruch des Urins nach Ziegenstall führt.

Die Trimethylaminurie entsteht auf Grund des Defektes einer flavinhaltigen Monooxygenase, die das in der Nahrung enthaltene Trimethylamin zu Trimethylaminoxid oxidiert. Die Anhäufung des nach Fisch stinkenden Trimethylamin im Körper bewirkt seine Ausscheidung über Schweiß, Urin und Atem.

- elektronische Nase (Gaschromatographie)

Neuerdings werden Ideen verfolgt, das Spektrum der über Gerüche erkennbaren Erkrankungen zu erweitern. Hierfür ist die Fähigkeit der menschlichen Nase zu schwach unter den eingangs erwähnten mehreren tausend Verbindungen in der Atemluft verräterische Substanzen für sichere Diagnosen zu finden.

Ausgangspunkt der Überlegung ist die Tatsache, dass unter oxidativem Stress der Zellen, in Folge der Anwesenheit von reaktiven Sauerstoffradikalen, aus den Bestandteilen von zellulären Membranen eine Reihe von charakteristischen Verbindungen entstehen. Es handelt sich um verschieden lange Alkane, die als Bruchstücke des Angriffs von Radikalen auf ungesättigte Fettsäuren der Membranen anfallen. Sie sind reaktionsträge, so dass sie keinem weiteren Stoffwechsel unterliegen und über das Blut in die Atemluft gelangen.

Nach Analyse in einem Gaschromatographen wird deren Muster sichtbar. Es ändert sich mit zunehmenden Alter und zeigt Unterschiede je nach dem welches Organ dem oxidativen Stress ausgesetzt ist. Wenn dabei unterschiedliche Erkrankungen auch unterschiedliche Alkanmuster hervorriefen, wäre dies ein gewaltiger Vorteil für das Erkennen von Erkrankungen.

Relativ aufwendig ist die Analyse selbst, denn die geringen Konzentrationen flüchtiger Alkane müssen aus der Atemluft gewonnen werden. Dazu wird der Atem eines Patienten für zwei Minuten durch ein Aktivkohlefilter gesaugt, welches die Substanzen adsorbiert. Zur Kontrolle dient ein gleiches Filter, durch welches lediglich Raumluft gesaugt wurde. Vor der Analyse löst man die adsorbierten Moleküle durch thermische Desorption vom Träger ab und konzentriert sie dabei, so dass sie gaschromatographisch analysierbar werden (e-Nase).

- Hundenase

So exakt und empfindlich die gaschromatographischen Verfahren auch sind, die Leistungen der Hundenase sind noch nicht durch Geräte zu erreichen. Dies führen Experimente mit Hunden deutlich vor Augen, bei denen sie an Atemluftproben von Menschen eindeutig erkennen, je nachdem worauf sie trainiert wurden, ob eine Krebserkrankung der Lunge oder der Brust vorliegt oder der Mensch gesund ist. Es ist derzeit unbekannt, welche Stoffe den Tieren als Anhaltspunkte dienen, da herkömmliche analytische Verfahren versagen.

### Ozäna

Eine seltene Krankheit stellt die Stinknase dar, die *Rhinitis atrophicans cum foetore* oder Ozäna. Sie beruht auf einem Schwund der Nasenschleimhaut und ist von starker Borkenbildung und der Absonderung eines übelriechenden Sekretes begleitet. Der starke Geruch nach

Aas führt zur sozialen Isolation. Die Atrophie der Schleimhaut schädigt später die sensiblen Nervenfasern, so dass sich eine Beeinträchtigung des Geruchssinnes bis hin zur Anosmie entwickelt und die Betroffenen nichts riechen. Die Ursache der primären Ozäna, an der vornehmlich weibliche Patienten nach der Pubertät erkranken, ist unklar.

### 4.2.4 Fäulnis

Für organische Substanzen gibt es zwei Wege wieder in den Naturkreislauf zurückzukehren: durch Verwesung in Anwesenheit von Sauerstoff und durch Fäulnisprozesse in seiner Abwesenheit. Als Endprodukte der Verwesung entstehen Wasser, Kohlendioxid und Harnstoff. Die Fäulnisprozesse, die Mikroorganismen (*Clostridium*, *Proteus*) unter Sauerstoffmangel auslösen, liefern eine Reihe organischer, zum Teil flüchtiger Verbindungen mit unangenehmen Geruch. Hierzu gehören Essigsäure, Propionsäure, Buttersäure. Aus Proteinen und Aminosäuren werden Ammoniak und Schwefelwasserstoff gebildet, daneben auch die als Leichengifte bezeichneten relativ wenig toxischen Diamine Cadaverin und Putrescin (Abb. 4.12), welche den Leichengeruch ausmachen.

Das Putrescin wird enzymatisch durch Decarboxylierung aus der Aminosäure Ornithin gebildet. Es hat einen stark piperidinartigen Geruch. Bereits im Frischfleisch setzt diese Reaktion durch Autolyse ein, so dass die Konzentration an Putrescin ein Parameter für die Bewertung der Frische ist. Durch autolytische Prozesse entstehen aus Aminosäuren weit mehr Amine, darunter Histamin, Tyramin, Tryptamin, Colamin. Cadaverin entsteht analog zu Putrescin aus der Aminosäure Lysin und verbreitet einen aminartigen Geruch.

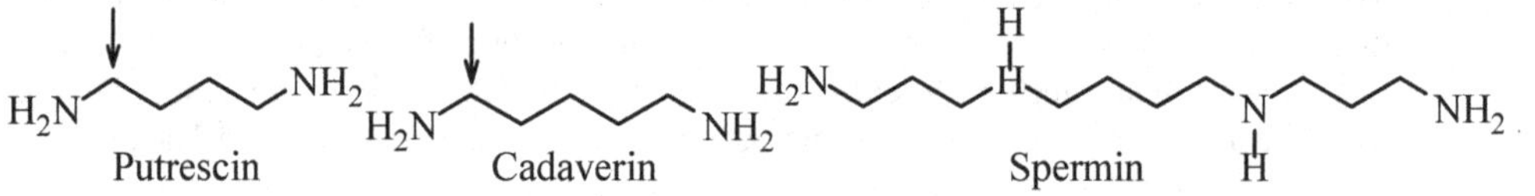

**Abb. 4.12**: Putrescin (1,4-Diaminobutan) [110-60-1] und Cadaverin (1,5-Diaminopentan) [462-94-2]. Die beiden Pfeile markieren die Position der abgetrennten Carboxylgruppe. Spermin [71-44-3] wird biochemisch aus Putrescin über Spermidin (Monoaminopropylputrescin) gebildet.

Spermin und seine biochemische Vorstufe Spermidin kommen in allen Körpergeweben vor, am häufigsten in Zellen, die in Wachstum und Regeneration begriffen sind. Ihre Funktion besteht in der Stabilisierung der DNA, weshalb das Sperma besonders hohe Konzentrationen enthält. Spermin verleiht der Samenflüssigkeit auch ihren charakteristischen Geruch und Geschmack.

## 4.3 Pflanzen als Quelle

Es gibt eine ganze Reihe von Pflanzen und Pilzen, welche durch einen aasartigen Geruch zur Bestäubung oder Sporenverbreitung Insekten anlocken. Einige pflanzliche Vertreter gehören in die Familie der Aronstabgewächse, so die Eidechsenwurz (*Sauromatum guttatum*), auch als Voodoolilie bekannt. Ähnliche Strategien gibt es bei Pilzen wie beispielsweise bei der Stinkmorchel (*Phallus impudicus*).

Das von beiden Organismen gebildete Riechstoffgemisch weist manche Gemeinsamkeiten auf. Die geruchsprägende Komponente besteht aus methylierten Schwefelverbindungen, darunter Dimethyldisulfid und Dimethyltrisulfid, Substanzen, welche auch die eigentlichen Lockstoffe für Fliegen und Käfer darstellen. Aus der Reihe der Terpene findet man 3-Caren in beiden, während *trans*-Ocimen nur in der Stinkmorchel vorkommt. Bei ihr werden auch größere Mengen von Phenylethanol, Phenylacetaldehyd und Phenylessigsäure gefunden. Auf letztere geht der widerlich süßliche Geruch des reifen Pilzes zurück.

Die Blütenstände der Aronstabgewächse (*Araceae*) bilden Kolben, an deren Grund sich ein großes, oft deutlich gefärbtes Hüllblatt (Spatha) befindet. Einer der eigentümlichsten Vertreter ist *Helicodiceros muscivorus*, der 'Totes-Pferd-Aronstab' (Dead Horse Aron), der auf wenigen Mittelmeerinseln heimisch ist. Die Pflanze entwickelt einen großen stinkenden Blütenstand. In ihrem Geruch nach fauligem Fleisch finden sich drei Oligosulfide, Dimethylsulfid, Dimethyldisulfid und Dimethyltrisulfid, welche Fleischfliegen zur Befruchtung der Pflanze anlocken. Das Insekt ist nicht in der Lage den Geruch von dem des echten verwesenden Fleisches zu unterscheiden. Man nennt diese Art der Nachahmung auch 'chemisches Mimikry'.

Zu derselben Familie gehört die Titanenwurz (*Amorphophallus titanum*). In einem Abstand von mehreren Jahren entwickelt sie eine einzige riesige Blüte, die mit Aasgeruch Insekten zur Bestäubung anlockt. Der Geruch geht auf Dimethyldisulfid, Dimethyltrisulfid, Putrescin und Cadaverin zurück.

Auch *Stapelia* (*Asklepiadaceae*), eine südafrikanische Kakteenart, bringt schöne aber nach Aas stinkende Blüten hervor. Die gewöhnliche Haselwurz (*Asarum europaeum*) entwickelt unscheinbare Blüten, die durch einen Geruch nach Pfeffer Ameisen zur Bestäubung anlocken.

Beheimatet in Ostasien sind einige hundert Vertreter aus der Familie der Bombacaceen und Moraceen (Maulbeerbaumgewächse), welche als Bäume sehr große, bis zu mehrere Kilogramm schwere von Mensch und Tier begehrte Früchte ausbilden. Beginnend mit der Seefahrt hat der Mensch diese Arten über weite Teile der Tropen verbreitet, da ihre Früchte nahrhaft sind und eine gute Grundlage zur Ernährung darstellen.

Beispielhaft sollen hier drei Arten genannt sein, deren Früchte auch durch den Ferntourismus relativ gut bekannt sind: *Artocarpus orodatissimus*, der Brotfruchtbaum aus Borneo, *Artocarpus heterophyllus*, der Jakkfruchtbaum, und *Durio zibethinus*, der Zibetbaum, welcher die Lieblingsfrüchte des Orang-Utans wachsen lässt.

Den Früchten ist gemeinsam, dass sie mit beginnender Reife einen intensiven, von menschlichen Nasen als unangenehm empfundenen, teilweise abweisenden Geruch ausströmen. Er wird unterschiedlich beschrieben, lauchartig, nach fauligen, verrotteten Zwiebeln, nach fauligen Eiern und Terpentin. Auch die Namensgebung der wissenschaftlichen Namen gibt deutliche Hinweise auf die Art dieser Gerüche. Die Tatsache, dass der Transport von Früchten dieser Arten in Fluglinien unter Strafe verboten ist, kann als Maß für die Widerlichkeit des Geruches in engen Räumen dienen. Mit seiner Hilfe können in der freien Natur die Früchte über weite Distanzen hinweg auf sich aufmerksam machen. Werden sie entdeckt und gefressen, ist die Verbreitung ihrer Samen sichergestellt.

Allerdings entschädigt der Inhalt der Früchte durch ein angenehmes Aroma, das bei der Jakkfrucht der von Ananas und Banane ähnelt. Die Fruchtmassen sind auf Grund von Stärke nahrhaft und bestechen durch eine Fülle von geschmacklichen Eindrücken. Die Frucht des Zibetbaumes 'Durian' kann je nach Sorte an Mokka, Walnuss, Marzipan, Vanille oder Kakao erinnern oder auch Fruchtaromen bereithalten.

Die Durian-Frucht, auch 'the king of fruits' genannt, enthält neben einer Fülle von Alkoholen, Ketonen und Estern auch viele schwefelhaltige flüchtige Verbindungen. Vertreter einiger typischer chemischer Klassen sind in Abbildung 4.13 gezeigt.

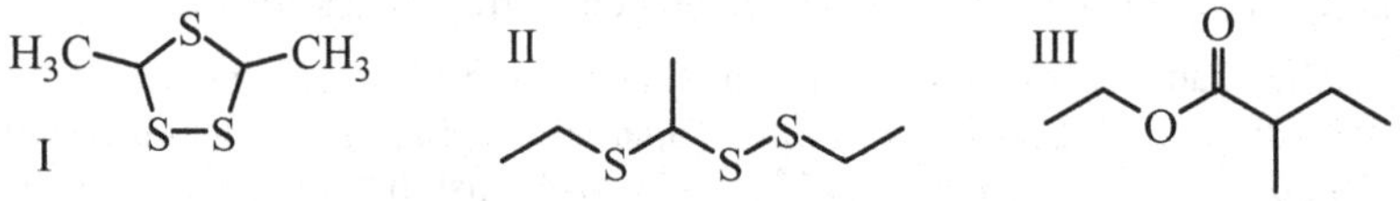

**Abb. 4.13**: Das *cis/trans*-3,5-Dimethyl-1,2,4-trithiolan [23654-92-4] (I) und das 5-Methyl-3,4,6-trithiaoctan = Ethyl-1-(ethylthio)ethyldisulfid [94944-48-6] (II) prägen die lauchartigen Gerüche der Durian-Frucht, während der 2-Methylbuttersäureethylester [7452-79-1] (III) die stärkste aromatische Komponente darstellt.

Erwähnenswert ist noch die hühnereigroße Frucht von *Morinda citrifolia* (Rubiaceen), die unter dem Namen Noni-Frucht bekannt ist. Die Pflanze stammt ursprünglich aus Australien und wurde überwiegend durch die Seefahrt nach Polynesien, Hawaii und Mittelamerika verbreitet. Ihre reifen Früchte riechen unangenehm faulig und nach ranzigem Käse, weswegen sie auch 'rotted cheese fruit' heißen. Das Aroma stammt von freien Fettsäuren wie Capronsäure (n-Hexansäure), Caprylsäure (n-Octansäure) und n-Dekansäure, die je nach Reifezustand auch als Ethylester vorliegen.

## 4.4 Mikroorganismen als Quelle

Wer kennt nicht den modrigen Geruch beim Hinabsteigen in ein altes Kellergewölbe? Was in dieser Umgebung eine beinahe unabdingbare Komponente der gesamten Sinneswahrnehmung ist, stellt für Mieter oder Hausbesitzer in Wohnungen einen nicht akzeptablen Zustand dar. In Gebäuden können Moder-, Schimmel- und Pilzgeruch unser Leben stark beeinträchtigen und geben meist Hinweise auf ungesunde Wohnverhältnisse.

Die von Mikroorganismen gebildeten flüchtigen, oft sehr geruchsintensiven Verbindungen, die wir meist als unangenehm einstufen, fasst man unter der Abkürzung MVOC (microbial volatile organic compounds) zusammen. Es handelt sich im weiteren Sinn um flüchtige Stoffwechselprodukte von verschiedenen Schimmelpilzen und eventuell vergesellschafteten Bakterien. Je nach Wachstumsstadium werden auch Sporen in die Raumluft freigesetzt, die gesundheitliche Schäden auslösen können.

Viele in der Luft nachweisbare Sporen haben eine Indikatorfunktion für Feuchteschäden. Sollten sie von pathogenen und mykotoxinbildenden Arten aus einem Innenraum stammen, sind dort die Quellen unbedingt aufzuspüren.

In der Raumluft lässt sich ein ganzes Bündel von flüchtigen Verbindungen nachweisen, die mit Schimmelwachstum zu tun haben können. Insofern kann die Analyse der Raumluft dazu dienen, Hinweise auf einen Schimmelbefall zu geben. Manche Verbindungen sind allerdings weniger beweiskräftig, da sie wie einige Ketone und Alkohole auch aus Lösungsmitteln freigesetzt werden. Von Schimmelpilzen gebildetes Limonen, α-Pinen, β-Pinen und Isolongifolen kann auch aus Naturharzfarben oder Klebstoffen stammen, weshalb diese Moleküle diagnostisch wertlos sind. Gleiches gilt für Xylen und Toluen aus mikrobiologischen Quellen, da es vom Straßenverkehr oder aus Wohnungseinrichtungen kommen kann.

Der typische Schimmelgeruch geht auf Geosmin, 1-Octen-3-ol oder 3-Methylfuran zurück (Abb. 4.14). Weitere nachweisbare flüchtige Verbindungen sind Vertreter von Alkoholen (2-Methyl-1-propanol, 2-Methyl-1-butanol, 3-Methyl-1-butanol, 3-Methyl-2-butanol, 1-Pentanol, 2-Pentanol), Estern, Aldehyden und Ketonen (2-Hexanon, 2-Heptanon, 3-Heptanon, 3-Octanon). Übrigens ist das von den Schimmelpilzen emittierte Spektrum an Substanzen von deren Wachstumsstatus abhängig und die Höhe der Luftfeuchtigkeit in Räumen hat einen starken Einfluss auf das Entstehen von 3-Methyl-1-butanol, 2-Hexanon, 3-Heptanon und Dimethyldisulfid.

Gegenwärtig gelten vor allem Dimethylsulfid, Dimethyldisulfid, 2-Methyl-1-butanol, 3-Methyl-1-butanol, 2-Pentylfuran, 3-Methylfuran und 1-Octen-3-ol als Indikatoren für Schimmelwachstum. Doch auch deren Auftreten in der Raumluft ist noch kein zwingender Beweis für einen Schimmelpilzbefall. So lassen sich nämlich 2-Methylfuran und 3-Methylfuran in Raucherwohnungen finden, obwohl sie schimmelfrei sind, und Dimethyldisulfid wird auch von Bakterien in Abwasserleitungen gebildet, so dass generell neben Schimmel immer auch andere Quellen in Betracht zu ziehen sind.

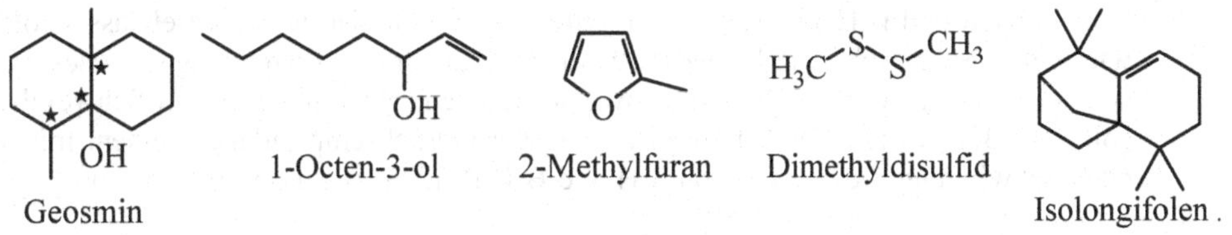

Geosmin        1-Octen-3-ol        2-Methylfuran        Dimethyldisulfid        Isolongifolen .

**Abb. 4.14**: Auswahl einiger von Schimmelpilzen in die Raumluft abgegebener Riechstoffe. Geosmin [5173-69-3] riecht erdig, modrig, 1-Octen-3-ol [3391-86-4], auch Champignol genannt, erdig, pilzig, 2-Methylfuran [534-22-5] etherisch, Dimethyldisulfid [624-92-0] unangenehm schweflig, lauchig und zwieblig. Geosmin ist auch verantwortlich für den Geruch von Regen nach einer langen Trockenperiode und für das erdige Aroma von Roten Rüben. Isolongifolen [1135-66-6] hat einen holzigen Geruch.

Besonders durch Feuchteschäden können aus Materialien, welche Di(2-ethylhexyl)phthalat DEHP [117-81-7] und Dibutylphthalat DBP [84-74-2] als Weichmacher enthalten, unter alkalischem Bedingungen die entsprechenden Alkohole freigesetzt werden. Dies erklärt oft das Auftreten von 2-Ethyl-1-hexanol und *n*-Butanol in der Raumluft.

## 4.5 Elemente als Riechstoffe

Nur wenige chemische Elemente besitzen für uns einen Geruch. Lediglich Phosphor, Arsen, Sauerstoff, Schwefel, Selen, Tellur, Fluor, Chlor, Brom, Iod und Osmium zählen im weiteren Sinne zu diesem Kreis, denn manche von ihnen erreichen erst nach Oxidation, Hydrierung oder Methylierung eine olfaktorische Wechselwirkung mit der menschlichen Nase.

Der Dampfdruck der Elemente kann als ein Maß für ihr Übertreten in die Luft dienen. Die Elemente Fluor und Chlor überkompensieren den Atmosphärendruck, so dass diese beiden unter Normalbedingungen als Gase vorliegen. Das unter denselben Bedingungen flüssige Brom hat einen Dampfdruck von 22000 Pa, das feste Iod von nur 35 Pa und Phosphor, je nach Modifikation, einen zwischen 3900 und 3300 Pa. Diese Elemente erfüllen wegen der Abgabe von Atomen, bzw. Molekülen in die Luft eine wichtige Voraussetzung zur Geruchsauslösung.

### 4.5.1 Metalle

Osmium, das einzige Metall der obigen Reihe, erhielt wegen seines rettichartigen Geruchs diesen Namen, der sich vom griechischen οσμή = der Geruch ableitet. Das riechende Agens ist nicht das Element selbst, sondern Osmiumtetroxid ($OsO_4$), das in geringen Mengen immer dem Metall anhaftet. Es ist stark schleimhautreizend, färbt biologisches Gewebe schwarz und löst zudem eine Anosmie aus. In der Elektronenmikroskopie dient Osmiumtetroxid der Kontrastierung. Der Geruch, den andere Metalle besonders nach deren Anfassen auslösen, basiert auf der Reaktion mit organischen Verbindungen aus der Haut (Abschnitt 4.5.4).

### 4.5.2 Erdmetalle III

Borane ($BH_3$ und $B_2H_6$) haben einen repulsiven Geruch, der an Schwefelwasserstoff erinnert, wie Alfred Stock schon 1912 berichtet. Er hatte die ersten Verbindungen dieses Typs hergestellt. Die Tatsache, dass Borane schwefelig riechen, obwohl sie keinen Schwefel enthalten, soll, wie Befürworter der Vibrationstheorie der Geruchsempfindung meinen, mit den ähnlichen Schwingungsfrequenzen von S-H und B-H Bindungen zusammenhängen.

### 4.5.3 Tattogene IV

Die von Vertretern der vierten Hauptgruppe gebildeten Wasserstoffverbindungen stellen Analoge der Alkane dar. Die dem Methan entsprechenden Moleküle bezeichnet man als Mono-Verbindungen. Meistens handelt es sich um hochentzündliche Gase, die mit Luft explosive

Gemische bilden. Brände lassen sich teilweise nicht löschen. Wegen ihrer Gefährlichkeit und Toxizität sind Angaben zum Geruch der Stoffe relativ schwierig zu gewinnen, da aus Sicherheitsgründen Atemmasken vorgeschrieben sind. Es stellt sich hier die Frage, ob Konzentrationen im Bereich der Riechschwelle bereits toxische Wirkungen auslösen können. Weil die Stoffe meist auch hydrolyseempfindlich sind, ist ihre Lebensdauer nicht ausreichend genug für physiologische Untersuchungen. Soweit bekannt, ist allen Substanzen ein unangenehmer, teilweise repulsiver Geruch gemeinsam, der oft mit dem von Knoblauch in Verbindung gebracht wird (Tab. 4.01).

**Tab. 4.01**: Geruchsbeschreibung einfacher Wasserstoffverbindungen der nichtmetallischen Tattogene. Zum Vergleich sind einige analoge bzw. substituierte Verbindungen aufgenommen. Neben Methan, Silan, Disilan und German sind Ammoniak und Phosphan als Vertreter der 5. Hauptgruppe gezeigt.

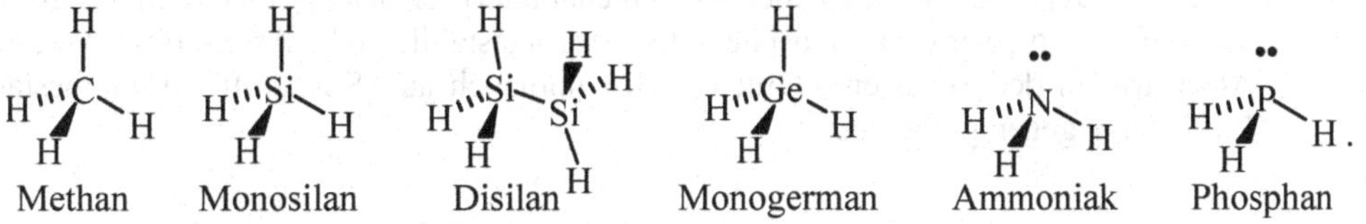

Methan   Monosilan   Disilan   Monogerman   Ammoniak   Phosphan

| Verbindung | Formel | CAS | Geruch |
|---|---|---|---|
| Methan | $CH_4$ | 74-82-8 | geruchlos |
| Ethan | $C_2H_6$ | 74-84-0 | geruchlos |
| Ethin (Acetylen) | $C_2H_2$ | 74-86-2 | etherisch; technisch: knoblauchartig |
| (Mono-)Silan | $SiH_4$ | 7803-62-5 | unangenehm, repulsiv |
| Disilan | $Si_2H_6$ | 1590-87-0 | unangenehm |
| (Mono-)German | $GeH_4$ | 7782-65-2 | charakteristisch unangenehm |
| Tetrafluorgerman | $GeF_4$ | 7783-58-6 | nach Knoblauch |
| Tetrachlorgerman | $GeCl_4$ | 10038-98-9 | stechend (durch Salzsäure) |
| Tetramethylzinn | $SnMe_4$ | 594-27-4 | unangenehm |

Kohlenstoff lässt sich in Verbindungen teilweise durch Silizium austauschen. Hierdurch gelingt es Sila-Analoge herzustellen. So entspricht dem *tert.*-Butanol das Trimethylsilanol (Abb. 4.15). Auch kleinere Silikone wie Hexamethyldisiloxan können als Sila-Di-*tert.*-butylether aufgefasst werden. Dabei verschieben sich die Geruchsnoten.

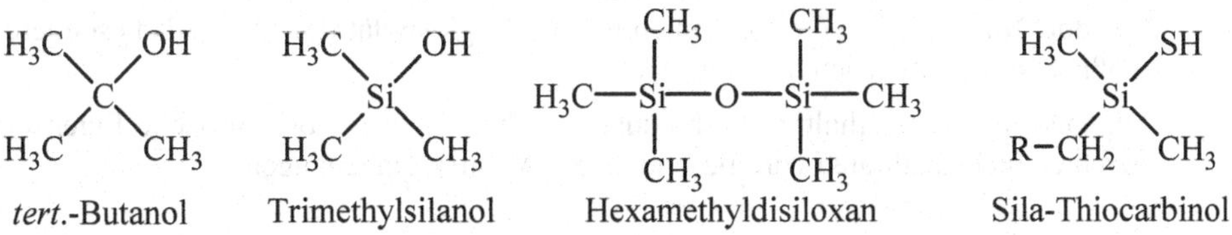

*tert.*-Butanol   Trimethylsilanol   Hexamethyldisiloxan   Sila-Thiocarbinol

**Abb. 4.15**: *tert.*-Butanol [75-65-0] riecht campherartig, Trimethylsilanol = TMS [1066-40-6] gast aus Silikonmaterial aus. Beide weisen eine Wirkung im ZNS auf. Hexamethyldisiloxan [107-46-0] riecht angenehm frisch, wenn absolut sauber, sonst unangenehm. Sila-Thiocarbinole (R = Phenyl- oder Benzyl-) riechen unangenehmer als die Kohlenstoffanalogen.

Die bereits schlecht riechenden Thiocarbinole werden nach dem Austausch des zentralen Kohlenstoffs durch Silizium noch unangenehmer eingestuft.

Derivate des Sila-Carbinols, des zugehörigen Methylethers und des symmetrischen Ethers wurden von Wannagat und Mitarbeitern auch mit des Elementen Germanium und Zinn hergestellt (1993). Die Geruchsqualitäten der Analoge mit identischer Struktur weisen zum Teil erhebliche Geruchsunterschiede auf, wenn man die Reihe C – Si – Ge – Sn vergleicht. Besondere Geruchsqualitäten ergeben sich bei Germanium-Analogen.

### 4.5.4 Pnikogene V

In der fünften Hauptgruppe *Pnikogene* (*Pniktogene)* finden sich Stickstoff, Phosphor und Arsen. Letztere weisen als Elemente einen charakteristischen Geruch auf. Dies gilt besonders für weißen Phosphor (Tetraphosphor) und das metastabile gelbe Arsen. Beim Verbrennen von Arsen tritt in der Regel ein Geruch nach Knoblauch auf. Stickstoff – Hauptbestandteil der Luft – ist dagegen geruchlos.

*Stickstoff*

Die technische Darstellung von Ammoniak aus den Elementen Wasserstoff und Stickstoff, das zu den einfachsten und wichtigsten Molekülen der Chemie gehört, gelingt seit 1910 nach dem Haber-Bosch-Verfahren. In endlosen, zermürbenden Versuchsreihen variierte man die Reaktionsbedingungen, die Temperatur, den verwendeten Katalysator und den Druck, der recht hoch gewählt werden musste, um das Prinzip von Le Chatelier auszunutzen. Anekdotisch wird berichtet, dass man sich während der Versuche das meist lange Warten durch Kaffeepausen vertrieb. Bis plötzlich alle Beteiligten in der Runde aufschreckten, weil der Geruch nach Ammoniak den Kaffeeduft übertönte; man hatte vergessen den Druck zu kontrollieren. Er war ungeplant auf über zweihundert Atmosphären gestiegen und die Apparatur hatte ihn ausgehalten.

Nitrose Gase ($NO/NO_2$) haben einen stark stechenden Geruch, der teilweise an den von Chlor erinnert. Wegen der leichten Reaktion der Gase mit der Feuchtigkeit auf den oberen Atemwegen kommt es dort zur Säurebildung und den Reizungen der Schleimhaut und des N. trigeminus. Die Gase weisen eine hohe Toxizität für die Lunge auf. Bei der langsamen Zersetzung der bis 1951 üblichen Nitrofilme (Zelluloid, Zellhorn), die heute in Archiven lagern, entstehen dort Nitrose Gase, die zusammen mit der Explosivität des Materials besondere Vorsichtsmaßnahmen erforderlich machen.

Organische stickstoffhaltige Verbindungen haben intensive olfaktorische Eigenschaften. Auf deren Geruchsqualitäten wird besonders bei Aromen eingegangen.

*Phosphor*

Wesentlich intensiver als der elementare Phosphor riechen Phosphane, wobei absolut reines Monophosphan (Phosphin, $PH_3$, Phosphorwasserstoff) keinen Geruch aufweist, aber extrem toxisch ist. Es lässt sich zur Ausräucherung von Schädlingen (Nager und Kornkäfer) einsetzen, da keine Rückstände zurückbleiben. Substituierte Verbindungen verleihen dem Phosphan dagegen einen widerlichen Geruch, der dem von verdorbenem Fisch und Knoblauch ähnelt. Mit kurzen Alkylketten substituierte Phosphane, wie Trimethylphosphan ($PR_3$) oder ebensolche Diphosphane ($P_2R_4$), sind allesamt unangenehm riechende Flüssigkeiten hoher Toxizität.

In technischem Acetylen (Ethin), wie es aus Calciumcarbid mit Wasser entsteht, ist Monophosphan zu etwa 0,04% enthalten. Es stammt aus verunreinigendem Calciumphosphid. In geringerer Menge kommen im Acetylen auch Schwefelwasserstoff und Arsenwasserstoff vor.

Während Phenylphosphan [638-21-1] in Analogie zum Anilin noch einen unangenehmen Geruch aufweist, haben Triarylphosphane keinen Eigengeruch, sondern nur noch den der sie verunreinigenden Verbindungen.

## Eisengeruch, technisch

Dieser tritt besonders in Hüttenwerken auf und beim Auflösen von Stahl oder Guss in Säure. In diesen Fällen erzeugen die im Metall enthaltenen Verunreinigungen an Phosphor die geruchsaktiven Verbindungen. Es handelt sich dabei hauptsächlich um knoblauchartig riechende Gase von verschieden substituierten Phosphanen, die sich aus Monophosphan und Acetylen bilden, das aus dem im Stahl vorhandenen Kohlenstoff entsteht (Abb. 4.16). Neben dem technischen Eisengeruch gibt es beim Eisen, anderen Metallen oder Legierungen noch eine auf biochemischen Reaktionen fußende Geruchsbildung.

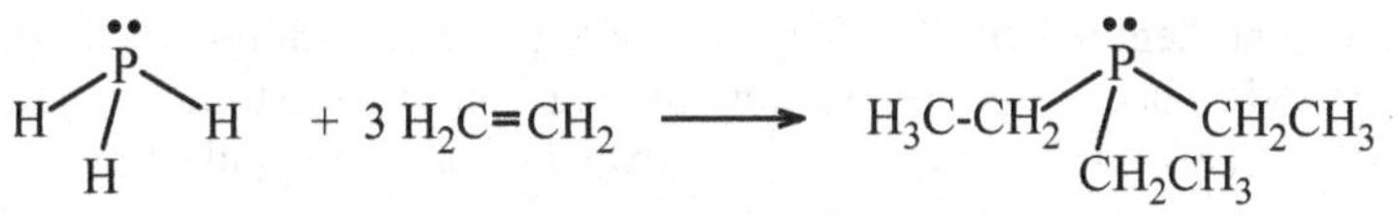

$$H-\overset{\overset{\displaystyle ..}{P}}{\underset{H}{|}}-H \quad + \ 3\ H_2C{=}CH_2 \quad \longrightarrow \quad H_3C\text{-}CH_2-\overset{\overset{\displaystyle ..}{P}}{\underset{CH_2CH_3}{|}}-CH_2CH_3$$

**Abb. 4.16**: Beispiel für eine Hydrophosphorylierung von Monophosphan mit ungesättigten Alkanen, hier Ethen unter Bildung von Triethylphosphan [554-70-1], eines tertiären Phosphans.

## Eisengeruch, biologisch

Lange rätselte man, wie der unverkennbare metallische Geruch nach dem Anfassen von Gegenständen aus Eisen, Stahl, Kupfer oder Messing zustande kommt. Dass sich Atome aus der Metalloberfläche als Gas herauslösen, ist unwahrscheinlich. Da der Geruch aber nur auftritt, wenn die Metalloberfläche mit Haut oder Schweiß in Berührung gekommen war, lag die Vermutung nahe, dass die genannten Metalle die Bildung des ihnen zugeschriebenen Geruchs unmittelbar nach Kontakt mit biologischem Material auslösen. Besonders wichtig sind hierbei Hautfette, die chemisch zersetzt werden.

Kommt eine Eisenoberfläche mit der Haut in Kontakt, lösen sich einerseits bedingt durch den sauren Schweiß Eisen(II)-Ionen heraus. Andererseits gelangen mit den Hautfetten Lipidperoxide auf die Oberfläche. Die Eisenionen katalysieren den Zerfall dieser Lipidperoxide zu einer Reihe kleinerer Bruchstücke, den Trägern des als metallisch empfundenen Geruchs. Es handelt sich vor allem um flüchtige Aldehyde und Ketone. Den größten Anteil in diesem Geruchsbündel macht zu etwa einem Drittel das 1-Octen-3-on aus (Abb. 5.02). Eisen erzeugt also aus organischen Substanzen (Fetten) einen Geruch, den wir dem Eisen zuschreiben. Analoge Reaktionen treten mit Kupferionen auf, die von Oberflächen kupferhaltiger Legierungen abgegeben werden können.

Stark verrostete Gegenstände senden nach Angreifen keinen metallischen Geruch aus, wie die Alltagserfahrung lehrt. In Übereinstimmung hiermit steht die Beobachtung, dass die Zersetzung der Lipidperoxide nicht durch Eisen(III)-Ionen katalysiert wird.

Bekanntermaßen hat auch Blut einen typischen metallischen Geruch, wenn es mit der Haut in Kontakt kommt. Da im Blutfarbstoff Hämoglogin Eisen(II)-Ionen enthalten sind, führen die beschriebenen Reaktionen hier ebenfalls zur Bildung der Geruchsstoffe. Möglicherweise ist das Riechen von Blut über größere Entfernungen für Tiere von Vorteil, so dass sich die Entwicklung einer Sensitivität des Riechens für die nach Eisenkontakt gebildeten organischen Bruchmoleküle ausgezahlt hat.

*Arsen*

Im Arsenwasserstoff (Monoarsan, $AsH_3$, Arsin) steht dem Arsen eigentlich eine geruchlose Verbindung zur Seite, die aber bedingt durch Verunreinigungen unangenehm knoblauchartig riecht. Die Geruchswahrnehmung beginnt ab einer Konzentration von 0,5 ppm, ist allerdings wegen der Abhängigkeit von Verunreinigungen und individueller Schwankungen recht unzuverlässig und liegt höher als die technische Richtkonzentration von 0,005 ppm. Arsan seinerseits entsteht überall dort als Verunreinigung von Wasserstoff, wo bereits die verwendeten Metalle oder Säuren von Natur aus mit Arsen kontaminiert sind.

Die Wasserstoffe im Arsan lassen sich schrittweise durch bis zu drei organische Reste ersetzen. Durch Substitution mit Methylgruppen kommt man formal zu den Kakodyl-Verbindungen. Diese entstehen in der Reaktion von Arsenoxid mit Kaliumacetat und waren bereits seit 1760 von dem französischen Chemiker und Apotheker Louis Claude Cadet hergestellt worden. Sie sind in der nach ihm benannten Cadet'schen rauchenden Flüssigkeit (liqueur fumante de Cadet) enthalten.

Robert Bunsen widmete sich in Kassel und Marburg (1837-1843) intensiv der Erforschung dieser Moleküle, die als die ersten synthetischen metallorganischen Verbindungen gelten, und sammelte wichtige Erkenntnisse über das Methylradikal. Er schrieb über die Stoffe, ihr Gestank löse unmittelbar ein Zittern von Händen und Füßen aus und sogar Schwindel und Gefühllosigkeit. Nach einer Exposition verfärbe sich die Zunge mit einer schwarzen Schicht, auch wenn sonst keine bösen Wirkungen bemerkbar seien.

Dem Kakodyl (Dimethylarsin) ist ein widerlich und abhorrierend knoblauchartiger Gestank eigen. Ebenso gräßlich stinken dessen Dimeres Tetramethyldiarsin sowie das Kakodyloxid (Abb. 4.17). Der aversive Geruch kann sogar Übelkeit und Brechreiz auslösen. Bei allen Verbindungen handelt es sich um extrem toxische, relativ leicht verdampfende Substanzen.

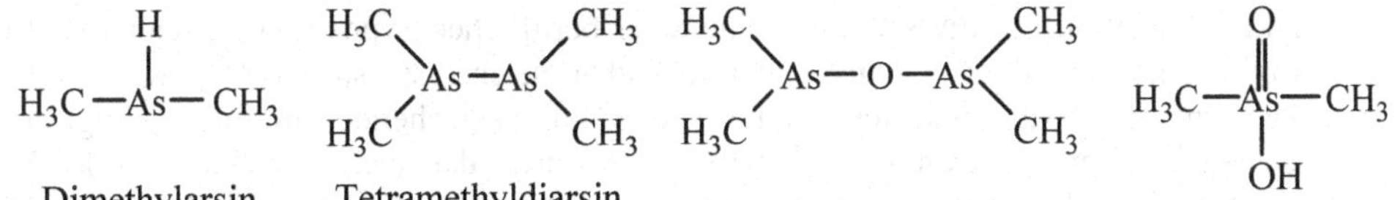

Dimethylarsin   Tetramethyldiarsin
Dimethylarsan   Tetrametyldiarsan   Oxybis-dimethylarsin   Dimetylarsinsäure
Kakodyl         Dikakodyl           Kakodyloxid            Kakodylsäure

**Abb. 4.17**: Methylderivate des Arsen. Dimethylarsan [593-57-7], im Falle von drei Methylsubstituenten Trimethylarsan [593-88-4]. Tetramethyldiarsan [471-35-2], Kakodyloxid [503-80-0] und Kakodylsäure [75-60-5] (Agent Blue) bzw. ihr Na-Salz [124-65-2].

Die Dimethylarsinsäure weist einen unangenehmen Geruch auf. Sie dient in den Vereinigten Staaten in großem Maßstab in Form ihres Natriumsalzes als nichtselektives Herbizid. Das Natrium-Kakodylat wird auch zur Entlaubung von Baumwollplantagen zur Erntevorbereitung ausgebracht (Silvisar®).

## Antimon

Der Antimonwasserstoff, $H_3Sb$ [7803-52-3], auch als Antimonhydrid, Stiban oder Stibin bezeichnet, hat einen unangenehm fauligen Geruch.

## 4.5.5 Chalkogene VI

Die Chalkogene beginnen im Periodensystem mit Sauerstoff, von dessen Geruchlosigkeit man sich bei jedem Atemzug überzeugen kann. Elektrische Entladungen jedoch führen leicht zur Entstehung von Ozon ($O_3$), dem ein typischer Geruch zukommt, welchen man gerne mit Elektrizität assoziiert.

Schwefel als Element hat eine deutliche Geruchsnote, riecht aber ziemlich schwach. Die Verbindung mit Wasserstoff, das Sulfan, wird generell Schwefelwasserstoff ($H_2S$) genannt. Daneben gibt es auch die Bezeichnung Faulgas, was auf seine Entstehung durch Fäulnis von proteinhaltigem Material hinweist. Schwefelwasserstoff [7783-06-4] ist ein extrem toxisches Gas mit einer niedrigen Geruchsschwelle, die bereits vor dem Auftreten gefährlicher Konzentrationen genügend warnt. Hohe Konzentrationen in der Luft lähmen allerdings die Geruchsnerven, was zu kritischen Fehleinschätzungen der Situation führen kann.

Schwefel als Heteroatom in organischen Molekülen verleiht diesen meist intensive olfaktorische Eigenschaften, die selten als angenehm empfunden werden.

## Selen

Selen wurde 1817 von Berzelius im roten Schlamm der Bleikammern einer schwedischen Schwefelsäurefabrik entdeckt. Bei der Lötrohrprobe des aufbereiteten Materials stellte er beim Verbrennen einen Geruch nach Rettich fest. Die Geruchsnote soll verrottendem Meerrettich ähneln.

Akute Vergiftungen mit Selen in Folge einer beruflicher Exposition erfolgen meist durch Intoxikationen mit dem unangenehm riechenden Selenwasserstoff (H$_2$Se; MAK 0,05 ml/m$^3$). Die Betroffenen atmen später eine knoblauchähnlich riechende Luft aus, bedingt durch deren Gehalt an Dimethylselenid (Se(CH$_3$)$_2$). Der Geruch, der auch dem Schweiß des Vergifteten eigen ist, verschwindet etwa zwei Wochen nach Abbruch der Exposition. Im Urin findet man Trimethylselenonium als Hauptmetaboliten (Se$^+$(CH$_3$)$_3$). Selenwasserstoff selbst schaltet während der Exposition durch neuronale Vergiftung das Riechvermögen aus, wie auch vom Schwefelwasserstoff bekannt.

Selen kann Schwefel in Mercaptanen ersetzen, wodurch sich deren übler Geruch nochmals verschlechtert. Als Beispiel sei das Butylselenomercaptan [16645-08-2] genannt, eine flüssige Substanz mit Geruch nach faulendem Kohl.

*Tellur*

Tellur ist interessant, weil nach Aufnahme seiner Verbindungen (Salze oder Tellurwasserstoff) in den Organismus die Atemluft der Vergifteten durch eliminiertes (Te(CH$_3$)$_2$) Dimethyltellurid auffällig knoblauchartig riecht, obwohl nur ein verschwindend geringer Anteil exhaliert wird. Der Metabolit erscheint auch in Schweiß und Harn und verleiht diesen eventuell über Monate hinweg dieselbe Geruchsnote. Tellurwasserstoff (H$_2$Te) selbst riecht aggressiv knoblauchartig.

### 4.5.6 Halogene VII

Die Halogene Fluor, Chlor, Brom und Jod haben alle in elementarer Form einen charakteristischen Geruch. Währen Jod und Chlor ihren Namen von der Farbe des Gases bekommen haben (χλορός – grün; ιοειδής – veilchenfarbig), erhielt Brom wegen seines Geruchs den Namen (βρόμος – Gestank). Seine Geruchsschwelle liegt bei < 0,01 ppm, was als warnendes Signal ausreicht.

## 4.6 Organische Chemikalien

Viele Chemikalien, die für technische Zwecke und als Ausgangsstoffe für chemische Synthesen verwendet werden, haben Gerüche und machen damit auf sich aufmerksam. Wie die Informationen aus Datensammlungen von Gefahrstoffen zu erkennen geben, gibt es zu etwa einem Drittel der Stoffe Angaben über einen Geruch.

Innerhalb dieser Gruppe findet man die folgenden Geruchsbeschreibungen ziemlich häufig: aromatisch (14%), stechend (12%), charakteristisch (10%), sauer (7%), unangenehm (6%). Die Nennungen von scharf, säuerlich, kohlig, beißend, süß, ekelerregend, knoblauchartig, mercaptanartig, faulig oder alarmierend kommen zusammengefasst nur zu zwei Prozent vor. In den meisten Fällen wird die Geruchsnote nicht weiter beschrieben. Die Betrachtung zeigt, dass nur die allerwenigsten Gefahrstoffe durch ein markantes oder gar schlechtes Geruchsprädikat warnen.

### 4.6.1 Augenreizstoffe, Tränengase

Eines der ältesten Tränengase entsteht schon bei Unachtsamkeit im Labor, sofern man versucht Aceton als Reinigungsmittel für mit Brom verunreinigte Glasgeräte zu verwenden. Momentan bildet sich das stechend riechende und augenreizende Bromaceton (Abb. 4.18). Zu Tränengaseinsätzen wird es heute nicht mehr verwendet, stattdessen eher das 2-Chloracetophenon, das einen scharfen, alarmierenden Geruch aufweist. Gleiche Wirkung hat auch das 2-Bromacetophenon. Verschiedene Ester der Bromessigsäure (Methyl-, Ethyl- und Butylester) werden als stechend bis unangenehm riechend charakterisiert.

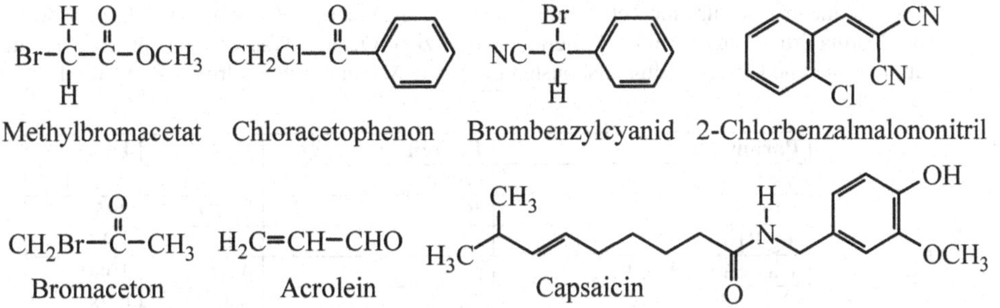

**Abb. 4.18**: Augenreizende Stoffe: Bromaceton [598-31-2], Methylbromacetat oder Bromessigsäuremethylester [598-31-2], daneben auch Ethyl- und Butylester. 2-Chloracetophenon oder ω-Chloracetophenon (CN) [532-27-4], Brombenzylcyanid oder α-Bromphenylacetonitril [5798-79-8], 2-Chlorbenzalmalononitril (CS) [2698-41-1]. Neben Capsaicin [404-86-4] sind im Pfeffer-Spray enthalten Dihydro-Capsaicin (DHC) (gesättigte Seitenkette) und Nordihydro-Capsaicin (NDHC) (mit um ein CH₂ verkürzter Seitenkette) im Verhältnis 69/22/7. Acrolein [107-02-8] entsteht aus Glycerol durch Abspaltung von Wasser.

Sehr stark augenreizend ist das fruchtartig riechende Brombenzylcyanid, das am Ende des I. Weltkriegs noch zum Einsatz kam. Im Jahre 1928 wurde das 2-Chlorbenzylidenmalonsäuredinitril erfunden, das einen pfefferähnlichen Geruch hat und ab 4 mg/m³ reizend wirkt. In der Bezeichnung Pfefferspray wiederholt sich der Jahrhunderte alte Fehler der Engländer, die Chili-Schoten als 'spanischen Pfeffer' bezeichneten. Das Spray riecht keineswegs nach Pfeffer, sondern das in ihm enthaltene Capsaicin löst einen Hitze- oder Schärfereiz auf den Schleimhäuten des Besprühten aus. Hierbei handelt es sich um eine Reaktion des Nervus trigeminus. Die Wirkung an den Augen kann man nachvollziehen, wenn man als Koch mit Capsaicin-kontaminierten Händen seine Augen reibt. Abschließend sei noch das ebenfalls in der Küche durch Überhitzung von Fett entstehende, stechend riechende Acrolein erwähnt, das schon im I. Weltkrieg Verwendung als Kampfgas fand.

### 4.6.2 Weichmacher

Aus der Gruppe der Dialkylphthalate, zu der viele Weichmacher zählen, sollen die beiden besprochen werden, die in der Kosmetik und Galenik noch als Hilfsstoffe zugelassen sind. Es sind dies Dimethylphthalat und Diethylphthalat. Beide gehören auf Grund ihres hohen Siedepunktes zu den weniger gut flüchtigen Verbindungen (SVOC). Einige physikalische Kenngrößen sind in der Tabelle 4.02 zusammengestellt.

Dimethylphthalat wird in der Kosmetik als Repellent gegen Insekten (DMP) eingesetzt (vgl. Abschnitt 4.1.9) und muss auf der Verpackung der Kosmetika deklariert sein. Es ist eine fast geruchlose Flüssigkeit mit leicht aromatischer Note. Über einen Arbeitstag von 8 Stunden darf die über die Zeit gemittelte Konzentration 5 mg/m³ Raumluft betragen. In anderen Bereichen wird es selten eingesetzt oder als Weichmacher genutzt.

**Tab. 4.02**: Physikalische Kenngrößen von Dimethylphthalat [131-11-3] und Diethylphthalat [84-66-2]. Die Parameter sind für eine Temperatur von 25°C angegeben. MM = molare Masse, Spd. = Siedepunkt bei Normaldruck, log P (ow) = Verteilungskoeffizient Octanol/Wasser, atmospheric OH rate constant = atmosphärische Geschwindigkeitskonstante für den Abbau durch Hydroxyl-Radikale, E = Exponent zur Basis 10.

| Parameter | Einheit | DMP | DEP |
|---|---|---|---|
| MM | g/mol | 194,19 | 222,24 |
| Sdp. | °C | 283,7 | 295 |
| log P (ow) | - | 1,6 | 2,42 |
| Wasserlöslichkeit $c_W$ | mg/L | 4000 | 1080 |
| Dampfdruck | Pa | 0,41 | 0,28 |
| Henry Konstante $K_H$ | atm × m³/mol | 1.97E-7 | 6.10E-7 |
| 'atmosph. OH rate constant' | cm³/Moleküle × sec | 5.74E-13 | 3.47E-12 |

Diethylphthalat stellt eine leicht aromatisch riechende Flüssigkeit geringer Flüchtigkeit dar. Es dient als Vergällungsmittel von Ethanol besonders für kosmetische Zwecke, ferner als Lösungsmittel und als Trägerstoff für Duftstoffe und andere Bestandteile. Da DEP leicht Filme bildet, kann es in der Herstellung von oralen Darreichungsformen von Arzneimitteln zur Einstellung einer gesteuerten Wirkstoffabgabe verwendet werden. In Kosmetikprodukten nutzt man gerne seine filmbildenden, weichmachenden und haarkonditionierenden Eigenschaften.

### 4.6.3 Knoblauchartiger Geruch

Verschiedene Disulfide verleihen dem Knoblauch seinen unverkennbaren Geruch, der in der Regel auf Ablehnung stößt. Die Geruchsnote 'knoblauchartig' oder 'mercaptanartig' findet man häufig bei organischen Chemikalien, welche Schwefel, Phosphor oder beide Elemente in sich vereinigen. S-Lost und 1-Pentanthiol enthalten beispielsweise nur Schwefel. Schwefel und Phosphor sind in einigen Organophosphaten wie Demeton, Mercaptophos, Malathion, Omethoat, Parathion und Sulfotep vertreten (Abb. 4.19). Das Pestizid Captan riecht mercaptanartig. Daneben gibt es auch kleinere ungesättigte Moleküle, welche ohne die beiden Heteroatome knoblauchartig riechen wie das 1-Butin oder das Allylchlorid (3-Chlorpropen).

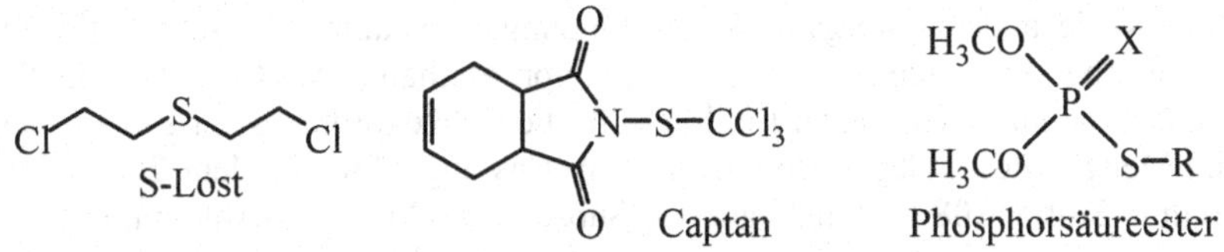

S-Lost   Captan   Phosphorsäureester

**Abb. 4.19**: Knoblauchartig riechende Verbindungen: S-Lost [505-60-2]. Captan [133-06-2] riecht mercaptanartig. Die im Text genannten in der Regel als Biozide eingesetzten Organophosphate folgen der gezeigten Grundstruktur der Phosphorsäureester (Schrader-Formel) mit verschiedenen Substituenten (X steht für O oder S).

## 4.7 Produzierendes Gewerbe als Quelle

Viele Wirtschaftsbereiche tragen mit chemischen Prozessen zu Geruchsemissionen bei. Hier ist es zunächst unerheblich, ob natürliche Stoffe emittiert werden, wie dies in den Bereichen Nahrungsmittel, Landwirtschaft und Abfallwirtschaft häufig der Fall ist, oder ob es sich um technische Sparten von Betrieben handelt, bei deren Emissionen es sich häufig um Moleküle handelt, die im Produktionsprozess entstehen und entweichen (Tab. 4.03). In beiden Fällen tragen die Emissionen zu einer Geruchsbelästigung über die Luft und über das Abwasser bei. Eine Tabelle stellt verschiedene Gewerbebereiche zusammen und gibt einige Beispiele.

**Tab. 4.03**: Verschiedene Sparten des produzierenden Gewerbes zum Teil mit Geruchsemissionen aus chemischen Prozessen.

| Gewerbe | Beispiele mit besonderen Emissionen |
|---|---|
| Abfallwirtschaft | Kläranlagen, Deponien, Kompostieranlagen, Biogasanlagen, Altölaufbereitung, Mechanisch-Biologische Abfallbehandlung |
| Landwirtschaft, Tierkörperverwertung | Tierhaltungen, Gülleausbringung, Schlachthöfe, Fettschmelzen, Knochenverarbeitung |
| Nahrungs-, Genussmittel-industrie | Brauereien, Röstereien (Kaffee, Kakao), Tabakfabriken, Hersteller von Aromen, Schnitzelrübentrocknung, Fischverarbeitung |
| Chemische Industrie | Agrarchemie, Fettchemie, Petrochemie, Ölraffinerien, Kunststoffchemie, Pharmazeutische Chemie |
| Kohle-, Stahlindustrie | Kokereien, Kohleveredlung, Gießereien, Lackierereien |
| Gummi-, Papierindustrie | Vulkanisierbetriebe, Reifenherstellung, Viskoseherstellung, Papierfabriken |

### 4.7.1 Chemische Industrie

Für die chemische Industrie bestehen generell Richtlinien bezüglich der Emission luftfremder Stoffe, ohne dass dabei deren olfaktorische Eigenschaft von Wichtigkeit ist. Zu luftfremden Stoffen zählen anorganische Gase wie Kohlenmonoxid, Schwefeldioxid, Stickoxide, Ammoniak sowie andere anorganische Verbindungen, Stäube, Schwermetalle und leichtflüchtige organische Verbindungen mit Ausnahme von Methan (NMVOC = Non-methan Volatile Organic Compounds). Um einen Eindruck für die Größenordnung der Emissionen zu geben, seien die Mengen des weltgrößten Chemiekonzerns angeführt. Im Jahr 2009 wurden 31300 t luftfremde Stoffe, 108 t ozonabbauende Substanzen (Montréal-Abkommen) und 4 t Schwermetalle emittiert.

### 4.7.2 Kanalsystem

Die im kommunalen Abwasser enthaltenen Schwefelfrachten stammen aus Proteinen oder Aminosäuren entsorgter Nahrung und anderen schwefelhaltigen Verbindungen aus bereits verdauter Nahrung, die in Form von Kot und Urin eingeleitet werden. Waschmittel stellen mit Sulfat und Tensiden eine bedeutende Quelle für Schwefel dar. Unter flüssigen Medien weisen Rinder- und Schweinegülle besonders hohe organische Schwefelgehalte auf. Zunächst ist das Abwasser weitgehend geruchlos, durch biochemische Reaktionen können jedoch Riechstoffe entstehen, sog. sekundäre Osmogene.

Sofern im Abwasser anaerobe Bedingungen herrschen ($< 0,1$ mg $O_2$/L), kommt es nach der Einleitung in das Kanalsystem durch Mikroorganismen zur Bildung flüchtiger Schwefelverbindungen. Zum größten Teil bestehen sie aus Schwefelwasserstoff neben verschiedenen Mercaptanen und Thioethern. Schwefelwasserstoff wird entweder durch Fäulnisprozesse aus Aminosäuren über Polysulfide oder aus Sulfat durch Reduktion gebildet. Höhere Konzentrationen des stark riechenden Gases geben rasch zu Geruchsbelästigung Anlass, da seine Geruchsschwelle bei nur 0,13 ppm (0,18 mg/m$^3$) liegt.

Für die Bildung von Schwefelwasserstoff durch Reduktion sind desulfurizierende Bakterien verantwortlich (*Desulfovibrio vulgaris*). Sulfat dient diesen Bakterien als Akzeptor für Reduktionsäquivalente, die aus dem Abbau von organischem Substrat gewonnen werden. Der als Endprodukt anfallende Schwefelwasserstoff tritt unter anaeroben Bedingungen aus dem Wasser in den Gasraum des Kanals über. Die Reaktion der *Desulfurikation* oder Sulfatatmung lässt sich wie folgt bilanzieren:

$$SO_4^{2-} + 8\,H + 2\,H^+ \rightarrow 4\,H_2O + H_2S$$

Für das Substrat Milchsäure (Lactat) kann die Reaktion so formuliert werden:

$$2\,CH_3\text{–}CH(OH)\text{–}COOH + SO_4^{2-} \rightarrow 2\,CH_3\text{–}COOH + 2\,CO_2 + S^{2-} + 2\,H_2O$$

Die acht zur Reduktion des Sulfats zum Sulfid erforderlichen Reduktionsäquivalente stammen aus den Kohlenstoffatomen des Lactat, das zu Acetat oxidativ decarboxyliert wird.

Den anaeroben Abbau von organischen Schwefelverbindungen durch Fäulnisbakterien wie *Escherichia coli* oder *Bacillus subtilis* bezeichnet man als *Desulfuration*. Substrate für diese

Reaktion sind die Aminosäuren Cystein und Methionin und schwefelhaltige Detergentien. Hierbei entsteht in der Regel Schwefelwasserstoff, aus den Aminosäuren zusätzlich Ammoniak, wie die Bilanzgleichung zeigt. Im Falle von Methionin wird Dimethylsulfid freigesetzt.

$$\text{Cystein} + H_2O \rightarrow \text{Brenztraubensäure} + NH_3 + H_2S$$

Die Ausgasung von Schwefelwasserstoff in die Kanalatmosphäre zieht eine Reihe weiterer chemischer Reaktionen nach sich, die hier unter aeroben Bedingungen ablaufen. Nach Kondensation an der feuchten Sielhaut (Biofilm in Kanalrohren) im Gasraum des Kanals, steht der Schwefelwasserstoff und daraus teilweise durch Luftoxidation entstehender elementarer Schwefel den hier lebenden Thiobakterien (*Thiobacillus*, *Acidithiobacillus*) als Elektronendonator und damit als Energiequelle zur Verfügung. In gleicher Weise können Metallsulfide, Polysulfide, Thiosulfat, Polythionate ($S_xO_6^{2-}$) und Sulfit genutzt werden oder intermediär entstehen (Abb. 4.20).

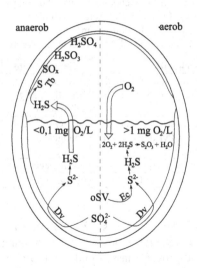

**Abb. 4.20**: Stoffwechsel von Schwefel in einer Freispiegelleitung für Abwasser wie er im Abwasser und der Sielhaut oberhalb und unterhalb der Wasserlinie auftritt. Linke Seite anaerobe, rechte Seite aerobe Bedingungen.

Sulfat unterliegt generell in der submersen Sielhaut der bakteriellen Desulfurikation (*Dv*) zu Sulfid, das als $H_2S$ in den Gasraum abgegeben wird. Organische Schwefelverbindungen (oSV) werden desulfuriert (*Ec*), wodurch ebenfalls Sulfid entsteht. Während unter aeroben Bedingungen eine Sulfidoxidation folgt und wenig Schwefelwasserstoff vorhanden ist, bleibt dieser unter anaeroben Bedingungen erhalten und gast aus. An der feuchten Sielhaut des Gasraumes kommt eine bakterielle Schwefeloxidaton in Gang (*Tb*), an deren Ende Schwefelsäure steht, welche Urheber der biogenen Schwefelsäurekorrosion (BSK) ist.

Durch den Stoffwechsel der Thiobakterien wird Schwefelsäure gebildet, was mit einem Absinken des pH-Wertes verbunden ist. Hierdurch werden Wachstumsbedingungen für andere Thiobakterien *T. neapolitanus*, *T. intermedia* geschaffen, die den Boden bereiten für *A. thiooxidans*, der zwischen pH 2 und pH 3 optimale Lebensbedingungen findet.

Durch die Schwefelsäurebildung lösen die Thiobakterien unmittelbar die biogene Schwefelsäurekorrosion (BKS) aus. Auf Grund des korrosiven Angriffs werden Stahl und Stahlbeton stark geschädigt. Auffällig und charakteristisch und sind gelb-weiß gefärbte Flächen in Freispiegelkanälen oberhalb der Wasserlinie. Dort wird die Oberfläche uneben und porös, erhält ein Aussehen wie Waschbeton und das Bauteil wird statisch geschwächt.

### 4.7.3 Kompostierung

Die Kompostierung von organischem Material, wie es als Abfall aus Küchen oder Gärten auftritt, lässt sich in industriellen Anlagen und im Garten durchführen. In allen Fällen entweichen je nach Fortschritt des Rotteprozesses Riechstoffe, die eventuell in der Umgebung zu Geruchsbelästigungen führen.

Im gesamten Prozess unterscheidet man fünf Rottephasen: Start, Selbsterwärmung, Hochtemperatur, Abkühlung und Reife (Tab. 4.04). In den jeweiligen Phasen entstehen Gruppen typischer Riechstoffe für den Geruchseindruck.

**Tab. 4.04**: Entwicklung von Riechstoffen während der Kompostierung beim Durchlaufen der Rottephasen. Bis etwa 45°C werden die Prozesse von mesophilen Bakterien in Gang gehalten. Die entstehenden Carbonsäuren sind im wesentlichen Ameisensäure, Essigsäure, Propionsäure, Buttersäure und Valeriansäure. Als Alkohole treten auf Ethanol, 2-Propanol, 2-Butanol, 2-Methylpropanol, als Aldehyde Acetaldehyd, 3-Methylbutanal, als Ketone Aceton, 2-Butanon, 2-Pentanon, als Ester Methylacetat und Ethylacetat. Unter den Terpenen findet man Limonen, Mycren, α-Pinen, β-Pinen und α-Thujon. Zu den schwefelhaltigen Verbindungen gehören Schwefelkohlenstoff, Dimethylsulfid und Dimethyldisulfid. HDMF = HD3F = 4-Hydroxy-2,5-dimethyl-3(2H)-furanon = Furaneol. Pyrazine und Pyridine bilden sich durch Proteinhydrolyse. Die größte Geruchsbelastung von ca. 30 000 GE/m³ tritt in der Phase der Selbsterwärmung auf. Sie sinkt von da an bis zur Reife auf unter 500 GE/m³ ab. (Nach B. Kehres 2010).

| Rottephase | T °C | Riechstoffe | Geruchsnote |
|---|---|---|---|
| Start (mesophil) | 15-45 | Carbonsäuren, Alkohole, Aldehyde, | alkoholisch- |
| Selbsterwärmung (thermophil) | 45-65 | Ketone, Ester, Terpene; Schwefelverbindungen | fruchtig, käsig-schweißartig |
| Hochtemperatur | > 65 | Ketone, Schwefelverbindungen, Terpene, Pyrazine, Pyridine, HDMF; Ammoniak, Amine | süßlich-pilzig, unangenehm-muffig |
| Abkühlung | 65-45 | Sulfide, Ammoniak, Terpene | muffig stechend |
| Reife | < 45 | Huminstoffe, Lachgas (N$_2$O) | pilzig, erdig |

Die Startphase wird durch mesophile Bakterien eingeleitet, indem sie Zucker und Eiweiß abbauen und dabei Wärme erzeugen. Tritt die Rottemasse durch weitere Selbsterwärmung in die Hochtemperaturphase ein, was nur bei ausreichend großen Massen und guter Durchlüftung der Fall ist, bilden die mesophilen Bakterien Überlebenssporen und thermophile Bakterien, Pilze und Aktinomyceten übernehmen schrittweise den Abbau von Gerüst- und Strukturmaterial der Pflanzen. Eine Erhitzung auf weit über 65°C führt zum Absterben der meisten Rottemikroben und ist zu vermeiden. In der Abkühlungs- und Reifephase (mesophil) kommt es zur Bildung von Huminstoffen und zum Einwandern des Kompostwurmes und anderer Bodentierchen.

Mit größerem technischen Aufwand kann man die Kompostierung auch in Richtung der Biogaserzeugung lenken. Dann werden die in der Acidogenese gebildeten kurzkettigen Carbonsäuren und Alkohole in der sich anschließenden Acetogenese zu Essigsäure und Wasserstoff abgebaut. Hierbei schaffen die Bakterien ein anaerobes Milieu, welches für die methanbildenden Bakterien der abschließenden Methanogenese erforderlich ist.

### 4.7.4 Viskose-Herstellung

Aus Cellulose Rohmaterial lässt sich eine künstliche Cellulosefaser herstellen, die den Namen Viskose trägt. Diese ähnelt in ihrer Eigenschaft natürlichen Baumwollfasern. In dem Verfahren, das 1910 patentiert wurde, wird das Ausgangsmaterial Zellstoff mit geringem Ligningehalt in 20%iger wässriger Natronlauge gequollen und zu Natroncellulose umgesetzt. Nach dem Abpressen depolymerisiert während einer Lagerzeit von 36 Stunden die Alkalicellulose zu kleineren Bruchstücken. Eine Behandlung mit Schwefelkohlenstoff ($CS_2$) lässt innerhalb von drei Stunden Natrium-Xanthogenat (Abb. 4.21) entstehen, eine gelbe viskose Masse, die in 7%iger Natronlauge zur Spinnlösung aufgelöst wird. Sie wird dann durch feine Düsen in ein Fällbad aus Schwefelsäure und Natriumsulfat mit Zusätzen von Zinksulfat gepresst, wodurch die Viskosefaser aus reiner Cellulose entsteht. Als Hauptprodukt dieser Reaktion wird, neben Schwefelwasserstoff und Schwefel, Schwefelkohlenstoff frei. Hierdurch ergeben sich produktionstypische Gerüche.

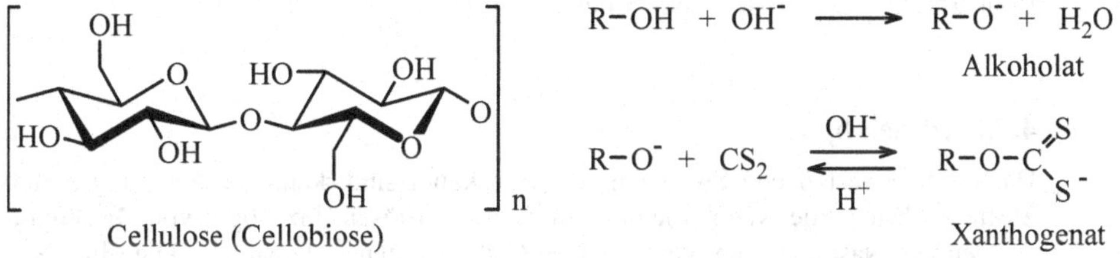

Cellulose (Cellobiose)

$$R{-}OH + OH^- \longrightarrow R{-}O^- + H_2O$$

Alkoholat

$$R{-}O^- + CS_2 \underset{H^+}{\overset{OH^-}{\rightleftharpoons}} R{-}O{-}C\overset{S}{\underset{S^-}{}}$$

Xanthogenat

**Abb. 4.21**: Chemische Reaktionen bei der Herstellung von Viskose. Cellulose, dargestellt als Cellobiose-Grundeinheit, wird durch NaOH in Alkoholate überführt. Diese reagieren mit Schwefelkohlenstoff (Kohlenstoffdisulfid) [75-15-0] im Alkalischen zu Xanthogenaten (engl. xanthate), welche im Sauren (Fällungsbad) wieder zerfallen. Die Xanthogenat-Bildung erfolgt im Mittel an einer der sechs Alkoholfunktionen der Cellobiose.

Bei der Gewinnung von Edelmetallen dient das Natriumethylxanthat (Sodium ethyl xanthate, SEX [140-90-9]) als Flotationsmittel. Im Kontakt mit Wasser setzt es deutlich Schwefelkohlenstoff frei, der für den stechenden Geruch und die Toxizität der Verbindung verantwortlich ist. Natriumethylxanthat wird auch zur Stabilisierung von Gummi gegenüber Sauerstoff und Ozon genutzt.

### 4.7.5 Papier-Herstellung

Zur Herstellung von Papier benötigt man Zellstoff, der aus cellulosehaltigen Materialien wie Holz oder Stroh gewonnen werden kann. Holz enthält 50% Cellulose und etwa 30% Lignin, das entfernt werden muss. Beide Bestandteile sind über Wasserstoffbrücken und Etherbrücken miteinander verbunden. Zum Lösen derselben stehen saure und basische Verfahren des Holzaufschlusses zur Verfügung. In allen Fällen bildet sich unter Druck und hoher Temperatur Ligninsulfonsäure, die sich auswaschen lässt, wodurch das Holz delignifiziert wird.

Der größte Teil des Zellstoffes wird weltweit nach dem Sulfatverfahren (Kraft-Aufschluss) gewonnen, bei dem Holzschnitzel in Anwesenheit von NaOH, $Na_2S$, $Na_2CO_3$ und $Na_2SO_4$ vier Stunden lang unter Druck bei 170°C aufgeschlossen werden. Das Eindampfen der Lauge und das Verbrennen der Ligninsulfonsäure verursacht Geruchsbelästigungen durch Schwefelwasserstoff, Mercaptane und Schwefeldioxid, Stoffe, welche bei diesem Verfahren ins Abwasser gelangen.

Auch das Papier selbst kann Gerüche entwickeln. Holzhaltiges altes Papier riecht durch den langsamen Abbau von Lignin häufig nach Vanillin. Jedes Buch erzeugt insgesamt ein eigenes Duftbouquet, aus dem man Aussagen über den Zustand des Papieres und den Fortgang seiner Zersetzung machen kann. Dies ist besonders bei historisch bedeutenden Werken von Interesse, da eine Geruchsanalyse zerstörungsfrei durchführbar ist. Essigsäure und Furfural weisen auf einen hohen Säuregehalt des Papiers und die erhöhte Gefahr einer Zersetzung hin.

Um auch die moderne Errungenschaft der e-books für traditionelle Buchleser attraktiv zu machen, werden Gerüche von neuen und alten Büchern als Spray angeboten, darunter 'New Book Smell' und 'Classic Musty Smell'.

### 4.7.6 Dieselabgase

Da bisher etwa tausend Stoffe im Abgas bekannt sind, kann die Nennung einiger weniger Stoffe höchstens die Neugierde an dem Thema auslösen. Im Abgas von Dieselmotoren ist es der geübten Nase möglich, verschiedene Geruchsnoten festzustellen. Die ölige Note geht auf Alkylbenzole, Naphthalinderivate, Indan, Inden und Tetraline zurück. Die rauchartigen und verbrannten Noten stammen von oxygenierten Produkten der Verbrennung. Hydroxyindanone, Methoxyindanone, Methylphenole und Methoxyphenole werden rauchartig eingestuft, während Furane und Alkylbenzaldehyde verbrannt riechen.

Formaldehyd, Acetaldehyd und Acrolein sind die wichtigsten Vertreter der Aldehyde, von denen auch höhere Aldehyde bis zum Octanal und o-Anisaldehyd zu finden sind. Aliphatische Säuren bis zur Nonansäure und verschiedene Schwefelverbindungen wie das Trimethylthiophen, das faulig riecht, sind nachgewiesen worden.

Am gesamten Dieselabgas machen die flüchtigen organischen Verbindungen nur einen verschwindend geringen Anteil aus. Kohlenwasserstoffe sind mit 0,0007% und Aldehyde mit 0,0014% im Abgas vertreten.

### 4.7.7 Hersteller von Aromen

Hersteller von Aromen sehen sich häufiger von Seiten der in ihrem Umkreis wohnenden Bevölkerung Anfeindungen und Kritik ausgesetzt. Die Menschen beschweren sich über belästigende Geruchsemissionen, welche aus den Produktionsstätten freigesetzt werden, obwohl es sich bekanntlich um nicht-toxische, ja sogar zum Verzehr in Lebensmitteln geeignete Substanzen handelt. Zweifellos besteht eine Dissonanz der Empfindung, wenn es zu jeder Zeit entweder nach Gebratenem, Erbsensuppe, Kaffee oder nach Vanille riecht und man diesem Geruch nicht ausweichen kann. Dies sind Fälle chronischer Geruchsbelästigungen.

Als besonders prägnantes Beispiel einer akuten Geruchsbelästigung durch einen Aromahersteller sei an die Freisetzung von Sotolon (vgl. Abb. 5.19) in der Nacht zum 11. Juni 2013 in einem Betrieb in Neuss erinnert.

Die Rekonstruktion der Ereignisse liefert folgenden Ablauf:

Im Betrieb war geplant über Nacht im Vakuum einer Öldrehschieberpumpe die Destillation von 8 kg Sotolon vorzunehmen. An dem die Energie zur Verdampfung liefernden Heizpilz fiel gegen 2:30 Uhr die Temperaturregulation aus, so dass seine Temperatur auf 400°C stieg. Das hierdurch vermehrt verdampfende Sotolon wurde in einer Menge von etwa 4 kg, durch einen Abluftschlauch über einen 120 m hohen Schornstein abgeführt. Da der Abluftschlauch jedoch abrutschte, kam es in der Folge zu einem Kontakt organischen Materials mit den heißen Flächen der Apparaturen. Die dadurch bedingte Qualmentwicklung löste schließlich um 3:15 Uhr die betriebseigene Löschanlage aus.

Der aus nördlicher Richtung wehende Wind trieb im Laufe der Nacht das in die Luft abgegebene Sotolon nach Süden über die Stadt Köln, die in der Frühe unter einer Duftglocke von Liebstöckel lag (Maggi). Erste Anrufe besorgter Bürger gingen bei verschiedenen Ämtern ab 7 Uhr ein. Im Laufe des Tages kamen aus entfernteren Orten hunderte von Meldungen hinzu. Gegen 14 Uhr war bekannt, dass der Geruch nach Maggi von der gesundheitlich unbedenklichen Substanz Sotolon stammte. Aus der geographischen Lage der Orte (Köln Stinkekarte) lässt sich seine Verteilung über eine Fläche von ca. 1000 km² abschätzen. Nimmt man eine Durchmischung bis in eine Höhe von 500 m an, könnten sich die etwa 30 Mol Sotolon in einem Volumen von 500 km³ verteilt haben.

## 4.7.8 E-Zigarette

Wegen Belästigung oder Gesundheitsgefährdung wurde in vielen Ländern der Welt das Rauchen von Tabakprodukten in öffentlichen Gebäuden, Gaststätten und teilweise sogar in der Öffentlichkeit eingeschränkt oder verboten. Dies war der Anlass sich an das Patent des Amerikaners H.A. Gilbert von 1963 zu erinnern. Seine Konstruktion ermöglichte es, ohne Verbrennung von Tabak den Inhaltsstoff Nikotin mit Hilfe von elektrischem Strom durch Vernebeln in eine inhalierbare Form zu bringen. Die Vorstellung dieses Gerätes traf zur damaligen Zeit höchstens auf Verwunderung, blieb aber insgesamt lange Zeit unbeachtet.

Im Jahre 2003 entwickelte der chinesische Apotheker Hon Lik eine optimierte und miniaturisierte Technik des Verneblers, die er als e-Zigarette kurze Zeit später auf den Markt brachte. Da sein Vater an Lungenkrebs gestorben war, lag sein ursprüngliches Interesse darin, eine verglichen zum Tabakrauchen weniger gesundheitsschädliche Form der Nikotinaufnahme zu entwickeln.

Während beim konventionellen Rauchen die Verbrennung des Tabaks die Energie zum Verdampfen des Nikotin liefert und gleichzeitig ein Bündel von 5000 teilweise toxischer Begleitprodukte entstehen lässt, liegt der Vorteil des elektrischen Verfahrens im schonenden Verdampfen des Nikotin als einziger Substanz. Das Verfahren hat subjektive Nachteile. Der Zufuhr des Nikotin auf diese sterile Weise, bei der weder Rauch noch Gerüche entstehen, fehlt der Beitrag zu Genuss und dem rauchertypischen Feeling. Diesem Mangel wird auf verschiedenen Ebenen begegnet.

Der Rauch des Tabaks wird in der E-Zigarette durch einen Nebel ersetzt, welcher sich aus bei 300°C verdampftem Propylenglykol und der Luftfeuchtigkeit beim Abkühlen bildet. Diese Technik ist ursprünglich für die Erzeugung von Nebel in Filmaufnahmen entwickelt und 1985 mit dem 'Scientific and Engeneering Award', einer Oscar-Plakette (Class II) in Hollywood geehrt worden. Bekannt ist der Einsatz der Nebelmaschinen im Film, auf Theaterbühnen und in Diskotheken.

Als Lösungsmittel zur Aufnahme des Nikotin dient eine Mischung aus gleichen Teilen Propylenglykol (1,2-Propandiol) und Glycerin, die in Fachkreisen 'base' (Grundlage) genannt wird. Diese Flüssigkeit enthält das Nikotin in Endkonzentrationen von meist 6, 9, 12 oder 18 mg/ml gelöst, was maximal einer Konzentration von 1,8% Nikotin entspricht. Die Stufen werden von manchen Herstellern lediglich grob mit 'medium' und 'high' deklariert. Daneben gibt es zu Raucherentwöhnung nikotinfreie 'none'-Varianten.

Zur sensorischen Aufbesserung der Grundlage sind dieser Aromen in einer Endkonzentration von 1 bis 5% zugesetzt. Die sich daraus ergebende Mischung trägt die Bezeichnung 'liquid'.

Wie die Hersteller betonen erfüllen die Bestandteile Propylenglykol und Glycerin solcher Zubereitungen die Zulassungen für Lebensmittelzusatzstoffe nach den Richtlinien der EU, die angebotenen Aromen entsprechen einer Zulassungsverordnung über Aromen zur Verwendung in und auf Lebensmitteln.

Diese Aussagen sind zwar richtig, aber insofern irreführend, als alle Lebensmittelzusätze nur im Hinblick auf eine orale Aufnahme als sicher betrachtet werden können, nicht jedoch zwangsläufig nach pulmonaler oder inhalativer Aufnahme. Daran ändert auch die Tatsache nichts, dass viele Aromastoffe in der FEMA-Positivliste mit dem Status 'generally recognized as safe' (GRAS) geführt werden. Zwischen Inhalation und Riechen besteht vor allem ein qualitativer Unterschied. Ob die verfügbaren Aromen zur Inhalation risikolos einsetzbar sind, ist gegenwärtig ein kontrovers diskutiertes Thema. Eine zusätzliche Gefahr besteht darin, dass eine unüberschaubare Anzahl von Aromen in unterschiedlichsten Konzentrationen auf dem Markt verfügbar ist und Laien sich nach eigenen Wünschen und Geschmack, ohne genügende Fachkenntnisse, verschieden konzentrierte Mischungen individuell zusammenstellen können.

## Literaturauswahl

Frey M: Untersuchungen zur Sulfidbildung und zur Effizienz der Geruchsminimierung durch Zugabe von Additiven in Abwasserkanalisationen. Band 28 von Wasser – Abwasser – Umwelt. kassel university press GmbH, 2008; 294 S. ISBN 9783899584533

Glindemann D, Dietrich A, Staerk HJ, Kuschk P: The two odors of iron when touched or pickled: (skin) carbonyl compounds and organophosphines. Angewandte Chemie 45(42): 7006-7009 (2006) doi:10.1002/anie.200602100, doi:10.1002/ange.200602100

Horvath I, de Jongste JC: European Respiratory Monograph 49: Exhaled Biomarkers. ERS – European Respiratory Society, 2010; 249 S. ISBN 1849840040

Kehres B: Betrieb von Kompostierungsanlagen mit geringen Emissionen klimarelevanter Gase. Bundesgütegemeinschaft Kompost e.V. 1. Auflage November 2010; 43 S.

Lundström J N, Hummel T, Olsson MJ: Individual differences in sensitivity to the odor of 4,16-androstadien-3-one: Chem Senses 28(7): 643-650 (2003) doi:10.1093/chemse/bjg057

Nakano M, Miwa N, Hirano A, Yoshiura K, Niikawa N: A strong association of axillary osmidrosis with the wet earwax type determined by genotyping of the ABCC11 gene. BMC Genetics 10: 42 (2009) doi:10.1186/1471-2156-10-42

Schittek B, Hipfel R, Sauer B, Bauer J, Kalbacher H, Stevanovic S, Schirle M, Schroeder K, Blin N, Meier F, Rassner G, Garbe C: Dermcidin: a novel human antibiotic peptide secreted by sweat glands. Nat Immunol 2(12): 1133-1137 (2001) doi:10.1038/ni732

Wannagat U, Damrath V, Huch V, Veith M, Harder U: Sila-Riechstoffe und Riechstoffisostere XII. Geruchsvergleiche homologer Organoelementverbindungen der vierten Hauptgruppe (C, Si, Ge, Sn). J Organometallic Chem 443: 153-165 (1993)

# 5 Aromastoffe in Lebensmitteln

Aromastoffe in Lebensmitteln ergeben erst den Unterschied zwischen purer Nahrungszufuhr und einer appetitlichen Ernährung. Dass die Zubereitung von Nahrungsmitteln durch Hitze oder fermentative Prozesse viele Lebensmittel erst wohlschmeckend macht, ist eine frühe Erfahrung des Menschen und mit einer ganz besonderen Kunst verbunden, die über Jahrtausende entstanden ist. Die naturwissenschaftlich geprägte Neuzeit hat große Beiträge geleistet, die ablaufenden Prozesse bei der Nahrungsmittelzubereitung zu verstehen und in gewissem Rahmen zu lenken. Durch dieses Wissen ist manches Risiko für die Gesundheit reduziert oder ausgeschaltet und die Qualität der Nahrung wesentlich verbessert worden. Hierzu haben besonders die Lebensmittelchemie und die Mikrobiologie erhebliche Kenntnisse beigesteuert.

## Entstehung von Aromastoffen

Jeder kennt die saure Weintraube oder rohe Kartoffel, die nicht unbedingt zum Verzehr einladen. Fehlt für die Reifung der Früchte die Sonneneinstrahlung, kommen normalerweise einsetzende enzymatische Reifungsprozesse nicht in Gang, die Süße, Säure und ihr typisches Aroma entstehen lassen. Nicht ganz reif geerntetes Obst hat allerdings die Fähigkeit dank enzymatischer Reaktionen nachzureifen. Fehlt jedoch bei der Kartoffel die Hitze, bleibt sie hart, beginnt nicht zu duften und entwickelt auch keine einladende Bräunung. Hier mangelt es also eindeutig an physikalischer Energie chemische Reaktionen zu starten. Um zwischen den beiden Entstehungsarten der Aromen zu unterscheiden lassen sich Trennungslinien zwischen enzymatischer und nicht-enzymatischer Bildung ziehen oder zwischen konstitutiven bzw. nativen und prozessiven Aromastoffen.

## 5.1 Konstitutive Aromastoffe

Die Besprechung der konstitutiven Aromastoffe umfasst im wesentlichen diejenigen Verbindungen, die in Obst, Gemüse, Kräutern, Gewürzen durch den Stoffwechsel von Pflanzen gebildet werden oder im Zuge ihrer Ernte, Lagerung, Trocknung oder Zerkleinerung entstehen. Auch an eine Beteiligung von Mikroorganismen bei der Bildung von teilweise untypischen Aromen (Aromafehler) ist zu denken.

### 5.1.1 Aldehyde, Ketone

Carbonylverbindungen können sich nach Autoxidation von ungesättigten Fettsäuren unter Beteiligung der Lipoxygenasen und Hydroperoxid-Lyasen enzymatisch bilden. So entstehen in Obst und Gemüse aus Öl-, Linol- oder Linolensäure unzählige Aldehyde mit oft niedriger Geruchsschwelle (Tab. 5.01). Die Vielzahl der Möglichkeiten ist bedingt durch die verschiedenen Hydroperoxide der Fettsäuren, denen jeweils mehrere Wege zur Spaltung offen stehen.

Häufig kommt erst nach Zerkleinerung der Lebensmittel, die einen offenen Zutritt von Sauerstoff erlaubt, die Bildung der Carbonylverbindungen verstärkt in Gang, was die Entstehung des Aromas deutlich und meist günstig beeinflusst. Oberhalb einer bestimmten Konzentration werden die Carbonylverbindungen allerdings oft als ranzig, fischig, metallisch, kartonartig bewertet und verursachen insgesamt einen Altgeschmack (vgl. Fehlgeschmack; off-flavour).

**Tab. 5.01**: Vorkommen einiger auf Aldehyde zurückgehende Geruchsnoten in Gemüse und Früchten.

| Verbindung | Geruchsnote | Vorkommen |
|---|---|---|
| Ethanal =Acetaldehyd | fruchtig, stechend | Orange |
| Hexanal | talgig, grünes Blatt | Apfel, Birne, Pfirsich, Kirsche |
| (E)-2-Hexenal | Apfel | Apfel, Pfirsich, Kirsche, Pflaume |
| (Z)-3-Hexenal | grünes Blatt | Apfel, Birne, Orange, Erdbeere |
| (E)-2-Nonenal | talgig, Gurke | Gurke |
| (Z)-2-Nonenal | fettig, grünes Blatt | Apfel, Birne, Gurke |
| (Z)-3-Nonenal | Gurke | Gurke |
| (E,E)-2,4-Nonadienal | fettig, ölig | Gurke |
| (E,Z)-2,6-Nonadienal | Gurke | Kirsche, Gurke |
| (Z,Z)-3,6-Nonadienal | fettig, grün | Gurke |
| Decanal | Orangenschale | Orange |
| (E,E)-2,4-Decadienal | Frittieraroma | erhitzte Erdbeere |

Acetaldehyd, der als einziger Aldehyd aus Kohlenhydraten entsteht, ist vor allem in Orangensaft für die Frischenote von Bedeutung. Lagerung oder Erwärmen vermindert seinen Anteil und schadet dem Aroma. Die kurzkettigen Aldehyde, die aus ungesättigten Fettsäuren gebildet werden, sind in Obst und Gemüse für die grüne Note verantwortlich, vor allem das aus der Linolensäure entstammende (Z)-3-Hexenal (Abb. 5.01).

Wie leicht diese Aldehyde teilweise zerstört werden können, macht die Veränderung mancher Aromen durch Erwärmen deutlich. Bei Erdbeeren ändert sich das Aroma durch Verminderung des instabilen (Z)-3-Hexenal und gleichzeitiger Zunahme von (E,E)-2,4-Decadienal mit einem eher fruchtuntypischen Frittieraroma. Während der Herstellung von Tomatenmark geht ein Großteil des (Z)-3-Hexenal und anderer Aldehyde durch das Erhitzen verloren.

Da die meisten frischen und grünen Noten ziemlich unbeständig sind, ist eine künstliche Aufbesserung dieses Aromas oft wünschenswert. Hierzu kann das 2-Isobutylthiazol Verwendung finden, das mit einer Geruchsschwelle von 2 ppb für Frische sorgt. Die Substanz stammt aus dem Kraut der Tomatenpflanze und hat ein Aroma nach Brechbohnen und Geranienblättern.

(Z)-3-Hexenal          (E)-2-Hexenal          (Z)-3-Hexenol          2-Isobutylthiazol

**Abb. 5.01**: (Z)-3-Hexenal = cis-3-Hexenal [6789-80-6] ist instabil und isomerisiert zu (E)-2-Hexenal = trans-2-Hexenal [6728-26-3] (vgl. Abb. 6.06). Nach der Food and Drug Administration (FDA) Part 172 kann das 2-Isobutylthiazol [18640-74-9] zu Nahrungsmitteln, die dem menschlichen Verzehr dienen, zugefügt werden.

Von seiner Bildung her gesehen zählt auch das 1-Octen-3-ol zur Gruppe der konstitutiven Aromastoffe. Es entsteht aus Linolsäure und ist für den typischen Pilzgeruch der Champignons, Pfifferlinge und des Camembert verantwortlich (Abb. 5.02). Die teilweise Oxidation zum 1-Octen-3-on intensiviert das Aroma zusätzlich durch eine Absenkung der Geruchsschwelle.

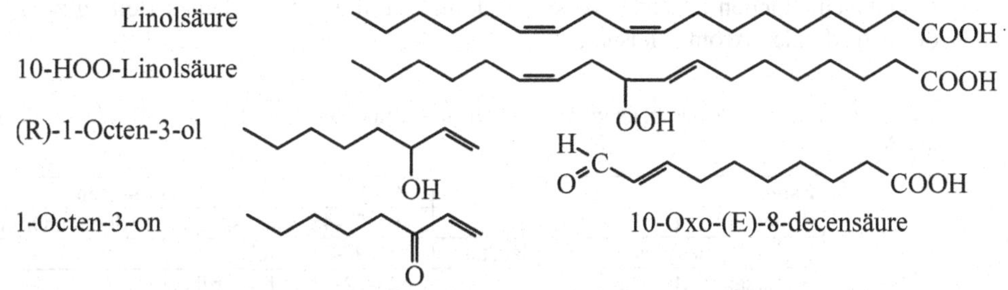

**Abb. 5.02**: Linolsäure als Quelle für Aromastoffe. Gezeigt sind die Spaltprodukte 1-Octen-3-ol und 10-Oxo-(E)-8-decensäure, die aus 10-Hydroperoxy-Linolsäure durch eine Lyase des Pilzes entstehen. Im Produkt überwiegt das (R)-1-Octen-3-ol (ee >90%) [3391-86-4] mit einer Geruchsschwelle von 1 ppb. Durch Oxidation an der Luft bilden sich geringe Mengen an 1-Octen-3-on [4312-99-6], gleichfalls mit pilzartiger und metallischer Note, jedoch mit einer Geruchsschwelle von nur 0,05 ppb.

## 5.1.2 Ester

In jedem Anfängerpraktikum der organischen Chemie steht die Synthese eines Fruchtesters auf dem Programm. Sie bilden sich relativ leicht aus organischen Säuren und Alkoholen unter saurer Katalyse und stellen beliebte Präparate dar, die nur abzudestillieren sind.

Bei vielen Obstarten gehören Fruchtester zu den geruchsprägenden Aromastoffen. In der Pflanze erfolgt die Synthese zellulär aus aktivierten Acylen (Acyl-CoA) und verschiedenen Alkoholen. Die Geruchsschwellen der Ester (Abb. 5.03) liegen nicht besonders tief und zusätzlich sind die Verbindungen hydrolyseempfindlich. Bei der Saftherstellung verändert sich das Aroma durch die Aktivität freigesetzter Hydrolasen deutlich.

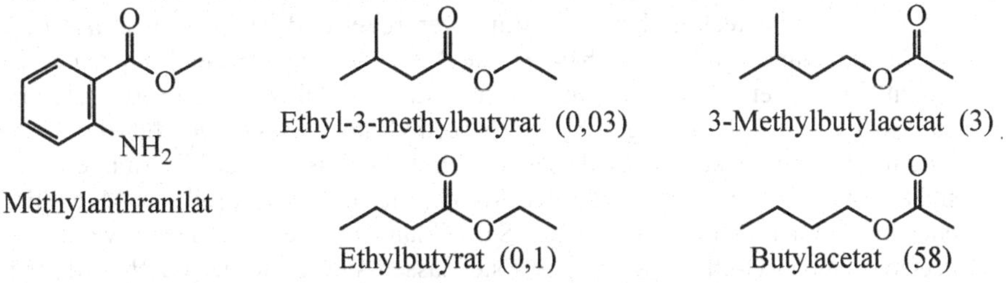

Methylanthranilat

Ethyl-3-methylbutyrat (0,03)     3-Methylbutylacetat (3)

Ethylbutyrat (0,1)     Butylacetat (58)

**Abb. 5.03**: Einige interessante Fruchtester. Methylanthranilat [134-20-3] = 2-Aminobenzoesäuremethylester erzeugt die blumig fruchtige Note amerikanischer Trauben. Die übrigen Formeln beleuchten die Abhängigkeit der Geruchsschwelle (Angaben in μg/kg Wasser) von der Struktur. Ethylbutyrat = Buttersäureethylester = Ethylbutanoat; Butylacetat = Essigsäurebutylester = Butylethanoat.

Die niedrigsten Geruchsschwellen werden für Ester mit verzweigten C5-Einheiten gefunden, also für Isomere des Methylbutans (vgl. Isopren). Dabei ist es nicht unerheblich, ob das Methylbutan als Struktur im Säure- oder Alkoholteil des Esters vorkommt. Im Säureteil enthalten, sinken die Geruchsschwellen nochmals deutlich (Abb. 5.03).

Die folgende Tabelle (Tab. 5.02) gibt eine kurze Zusammenstellung der wichtigsten Ester, die in unterschiedlichen Früchten vorkommen und darin einen deutlichen Beitrag zum Charakter des betreffenden Aromas leisten.

**Tab. 5.02**: Fruchtester aus bekannten Früchten und Zubereitungen. EE und ME stehen für Ethylester und Methylester.

| Ester | CAS | Vorkommen |
|---|---|---|
| Buttersäure EE = Ethylbutanoat | 105-54-4 | Ananas, Apfel, Erdbeere, Orange |
| Essigsäurehexylester = Hexylacetat | 142-92-7 | Apfel |
| Buttersäure ME | 623-42-7 | Apfel, Erdbeere |
| Isobutylacetat | 110-19-0 | Banane |
| Isopentylacetat | 123-92-2 | Banane |
| Isoamylbutyrat | 106-27-4 | Birne |
| (Z)-4-Decensäure EE | 7367-84-2 | Birne |
| (E)-2-Octensäure EE | 7367-82-0 | Birne |
| (E,Z)-2,4-Decadiensäure EE | 3025-30-7 | Birne |
| (S)-2-Methylbuttersäure EE | 7452-79-1 | Orange, Ananas |
| Hexylhexanoat | 6378-65-0 | Passionsfrucht |
| Essigsäurebenzylester = Benzylacetat | 140-11-4 | Pflaume |
| Zimtsäure ME = Methylcinnamat | 103-26-4 | Pflaume |
| Ethylformiat | 109-94-4 | Rum, Arrak |
| Methylanthranilat | 134-20-3 | amerikan. Weintraube |

*Anmerkung*: Die Nomenklatur der Ester sieht vor, dass dem zuerst genannten Alkohol-Rest der Name des Säure-Restes folgt, der das Suffix '-oat' trägt (Butyl propanoat). Voll veresterte Säuren werden genauso benannt wie Neutralsalze dieser Säuren. Die Alkyl- oder Aryl-Reste ersetzen dabei die Namen der Kationen (Natrium propanoat). Dieses Nomenklatursystem war bereits früher im technischen Schrifttum verbreitet und ist in Namen wie Ethylacetat noch wiederzuerkennen. Im Deutschen ist die Methode beliebt, die Namen der Ester mit dem vollen Namen der Säure zu beginnen, dann mit dem Alkohol-Rest fortzufahren und an diesen das Suffix -ester anzuhängen (Essigsäureethylester). Besonders für die Bezeichnung von Estern einfacher Alkohole ist dieses Verfahren praktisch, weil die sinngebende Säure vorne steht (Zimtsäuremethylester). Ist der Alkohol der komplexe Teil des Moleküls, wendet man eher die Nomenklatur nach Art der Salzbildung in alter oder neuer Version an (Isopentylacetat = Isopentyl-ethanoat). Innere Ester lassen sich entweder durch Anfügen des Suffixes '-lacton' an den Stamm der Säure und Angabe der Ringgröße durch griechische Buchstaben (γ-Butyrolacton), oder durch Anhängen des Suffixes '-olid' an den Namen des Alkans entsprechend der Anzahl der C-Atome im Ring (Butanolid), oder als Heterozyklen benennen. Zur Nomenklatur 'innerer Ester' siehe Lactone Abschnitt 5.1.3 und Phthalide Abschnitt 5.1.5.

### 5.1.3 Lactone

Lactone sind chemisch gesehen innere Ester von Hydroxyfettsäuren. Als Ausgangsmaterial für deren Bildung dienen Öl- und Linolsäure, die selektiv an bekannten Stellen oxidiert und in Hydroxysäuren umgewandelt werden. Nach der Verkürzung der Fettsäuren durch die reguläre β-Oxidation kommt es zur Zyklisierung. Hierbei bilden sich je nach Ringgröße entweder γ- oder δ-Lactone.

Verbreitet sind Lactone in fetthaltigen Lebensmitteln und in verschiedenen Obstarten, denen sie durchweg angenehme Aromen verleihen. Das δ-Decalacton ist ein Schlüsselaromastoff im Milchfett und damit der Butter, welcher es eine süße Note gibt. Das γ-Decalacton ist in Ananas, Aprikose, Erdbeere, Maracuja, Mango und Pfirsich zu finden, denen dadurch eine cremig, fruchtige Pfirsichnote zukommt. In Aprikosen, Nektarinen und im Pfirsich selbst ist ein Bündel von γ-Lactonen $C_6$-$C_{12}$ und δ-Lactonen $C_8$-$C_{12}$ vertreten, die das Aroma bestimmen (Abb. 5.04). Lactone mit Kohlenstoffketten von 8 oder 9 C-Atomen zeigen meist einen kokosartigen, solche mit 10 oder 11 C-Atomen einen fruchtig, pfirsichartigen und solche ab 12 C-Atomen einen fruchtig-fettigen Geruch. δ-Lactone haben in der Regel eine etwas weichere und sahnigere Note verglichen mit den γ-Lactonen.

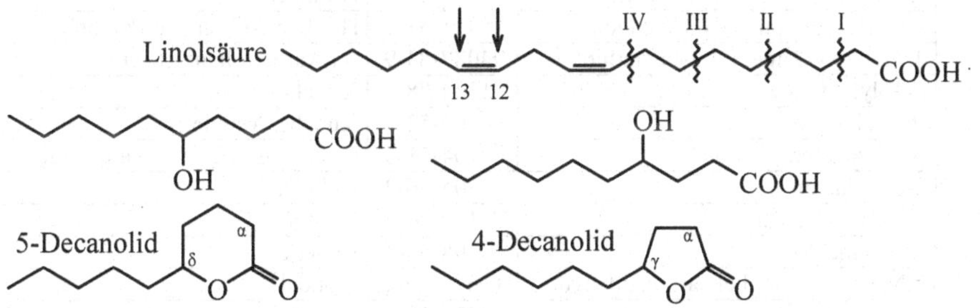

**Abb. 5.04**: Bildung von Lactonen aus Linolsäure. Nach Einführung einer Sauerstoff-Funktion an Position 12 oder 13 und Verkürzung der Kohlenstoffkette durch β-Oxidation (I – IV) entstehen zwei Hydroxycarbonsäuren, die zum 5-Decanolid (δ-Decalacton) oder 4-Decanolid (γ-Decalacton) zylkisieren. Das 4-Decanolid wird zuweilen auch 1,4-Decanolid genannt, da die Esterbindung zwischen den Atomen 1 und 4 der zugehörigen Säure zu liegen kommt. Eine andere Möglichkeit ist die Bezeichnung 5-Hexyl-oxolan-2-on. Im Falle des 5-Decanolid = 1,5-Decanolid ergibt sich 6-Pentyl-tetrahydro-α-pyron.

In Früchten kommen zwar viele Substanzen der bisher besprochenen Klassen der Aldehyde, Ketone, Ester und Lactone vor. Jedoch stellen diese nicht immer die Schlüsselaromastoffe dar, also diejenigen Aromastoffe, die das Charakteristische im Geruchseindruck einer Frucht oder eines Lebensmittels ausmachen. Wie die Tabelle 5.03 am Beispiel einiger Fruchtsorten zeigt, können auch Stoffe mit anderen chemischen Strukturen diese Rolle übernehmen.

Schlüsselaromastoffe oder 'character impact compounds' zeichnen sich in der Regel durch einen hohen Aromawert aus. Für diese lebensmittelspezifische Kenngröße wird die Konzentration eines Riechstoffes im Lebensmittel zu seiner Geruchsschwellenkonzentration in Beziehung gesetzt (vgl. Abschnitt 3.3.3).

**Tab. 5.03**: Aromastoffe verschiedener Früchte, die deren Gesamtaroma charakteristisch prägen. In der rechten Spalte wird auf den Absatz (X.Y.Z) mit weiteren Informationen oder die Nummer einer Abbildung (X.yz) mit der Strukturformel verwiesen. * künstlicher Aromastoff.

| Aromastoff | CAS | Vorkommen in | |
|---|---|---|---|
| Allyl-3-cyclohexylpropionat | 2705-87-5 | Ananas | 5.1.2 |
| Ethyl-3-(methylthio)propionat | 13327-56-5 | Ananas | 5.1.2 |
| Allylcaproat = Allylhexanoat * | 123-68-2 | Ananas | 5.1.2 |
| β-Damascenon | 23696-85-7 | Apfel | 3.04 |
| Ethyl-2-methylbutyrat | 7452-79-1 | Apfel | 5.1.2 |
| iso-Amylacetat | 123-92-2 | Banane | 5.1.2 |
| Ethyl-(E,Z)-2,4-decadienoat | 3025-30-7 | Birne | 5.1.2 |
| Ethylheptanoat | 106-30-9 | Cognac | 5.1.2 |
| Ethyl-3-methyl-3-phenylglycidat * | 77-83-8 | Erdbeere (Aldehyd C16, 'Erdbeeraldehyd') | 5.1.2 |
| Furaneol = HD3F | 3658-77-3 | Erdbeere; Muskat | 5.12 |
| Mesifuran | 4077-47-8 | Erdbeere; Sherry | 6.08 |
| (R)-1-p-Menthen-8-thiol | 71159-90-5 | Grapefruit | 5.08 |
| Nootkaton | 4674-50-4 | Grapefruit | |
| iso-Butyl-2-butenoat | 589-66-2 | Heidelbeere | 5.1.2 |
| (R)-(+)-(E)-α- oder  trans-α-Ionon | 127-41-3 | Himbeere | 8.01 |
| 1-(p-Hydroxyphenyl)-3-butanon | 5471-51-2 | Himbeere ('Himbeer-Keton') | 6.08 |
| 4-Methoxy-2-methyl-2-butanthiol | 94087-83-9 | schwarze Johannisbeere | 5.08 |
| p-Tolylaldehyd | 1334-78-7 | Kirsche | |
| Benzaldehyd | 100-52-7 | Kirsche, Mandel | |
| γ-Nonalacton | 104-61-0 | Kokosnuss ('Coconut aldehyde') | 5.1.2 |
| δ-Decalacton | 705-86-2 | Kokosnuss | 5.1.2 |
| Citronellylacetat | 150-84-5 | Kumquat | 5.1.2 |
| α-Terpineol | 98-55-5 | Limette | |
| 5-Methyl-2-thiophencarboxaldehyd | 13679-70-4 | Mandel | 5.1.1 |
| (Z)-6-Nonenal | 2277-19-2 | Melone | 5.1.1 |
| 2,6-Dimethyl-5-heptenal | 106-72-9 | Melone | 5.1.1 |
| Thymol | 89-83-8 | Orange, Mandarine | |
| Methyl-N-methylanthranilat | 85-91-6 | Orange, Mandarine | 5.1.2 |
| 2-Methyl-4-propyl-1,3-oxathian | 67715-80-4 | Passionsfrucht | |
| 3-Methylthio-1-hexanol | 5155-66-9 | Passionsfrucht | |
| 6-Pentyl-2(2H)-pyranon | 27593-23-3 | Pfirsich | 5.1.3 |
| γ-Undecalacton | 104-67-6 | Pfirsich | 5.1.3 |
| Ethyl-3-mercaptopropionat | 546 6-06-8 | Traube Concord | |
| Methylanthranilat | 134-20-3 | Traube Concord, (Honig) | 5.03 |
| Linalool | 78-70-6 | Traube Muskateller | 6.11 |
| 4-Mercapto-4-methyl-2-pentanon | 19872-52-7 | Traube Sauvignon, Scheurebe; Grapefruit | 5.08 |
| (Z,Z)-3,6-Nonadienol | 53046-97-2 | Wassermelone | 5.1.1 |
| Citral (Neral + Geranial) | 5392-40-5 | Zitrone, Limette | 6.02 |

### 5.1.4 Schwefelverbindungen

Besonders die Aromen von Gemüse ordnet man schnell schwefelhaltigen Verbindungen zu, die nicht in jedem Fall als angenehm empfunden werden.

Viele Vertreter von Schwefelverbindungen entstammen aus der Gruppe der Glucosinolate, die in Brassicaceen und Capparaceen vorkommen. Als Nutzpflanzen haben aus diesen benachbarten Familien große Bedeutung alle Kohlarten (*Brassica oleracea, Brassica pekinensis*), Kohlrübe (*Brassica napus*), Rettich (*Raphanus sativus*), Meerrettich (*Amoracia rusticana*), schwarzer Senf (*Brassica nigra*) und weißer Senf (*Sinapis alba*).

Die Glucosinolate oder Senfölglucoside werden beim Zerkleinern durch die dabei freigesetzte Myrosinase enzymatisch in Glucose und ein instabiles Aglykon gespalten, das sich intramolekular umwandelt und eine Reihe von Senfölen entstehen lässt (Abb. 5.05). Manche von ihnen werden des scharfen Geschmacks wegen geschätzt, andere sind Urheber der Düfte und Gerüche, welche beim Kochen entstehen.

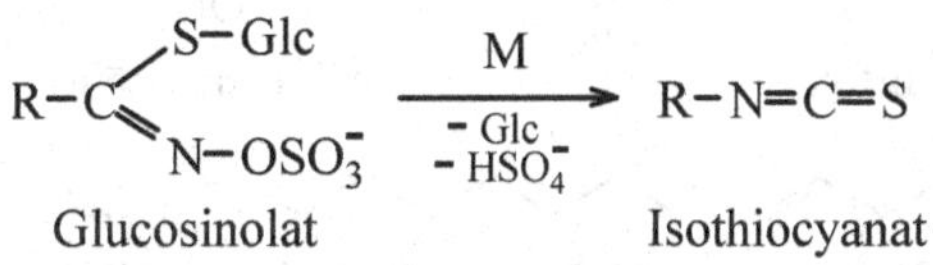

$$R-C \begin{array}{c} S-Glc \\ \\ N-OSO_3^- \end{array} \xrightarrow[\substack{- Glc \\ - HSO_4^-}]{M} R-N{=}C{=}S$$

Glucosinolat                                 Isothiocyanat

**Abb. 5.05**: Die Bildung von Isothiocyanaten (ITC) wird enzymatisch durch die Myrosinase (M) eingeleitet. Glc = Glucose. Als Glucosinolate kommen vor: Glucocapparin, Sinalbin, Gluconapin, Glucotropäolin. Sinigrin ist Vorläufer für Allylisothiocyanat, Gluconasturiin für 2-Phenylethylisothiocyanat (vgl. Abb. 2.13). Neben Isothiocyanaten werden auch Thiocyanate (R-SCN, Rhodanide) und Nitrile (R-CN) gebildet.

In Rot-, Weiß- und Rosenkohl treten beim Kochen unter den flüchtigen Substanzen Allyl-, 2-Phenylethyl-, 3-Methylthiopropyl-isothiocyanat und 2-Phenylethylnitril auf. Während Isothiocyanate angenehm und appetitanregend riechen, erzeugen Nitrile eher einen knoblauchartigen Geruch. Einfrieren, Kochen oder Blanchieren und deren Kombinationen verschieben teilweise durch Ausschaltung von Enzymen die Abbauwege zwischen Isothiocyanaten und Nitrilen, so dass man unterschiedliche Geruchsnoten feststellt. Dies lässt sich besonders bei Rosenkohl beobachten.

Geruchlich intensiv verhält sich Blumenkohl, bei dem 3-Methylthiopropyl-isothiocyanat und das entsprechende Nitril dominant sind. Broccoli zeichnet sich durch das Vorkommen von 4-Methylthiobutyl-isothiocyanat und 2-Phenylethyl-isothiocyanat sowie den beiden zugehörigen Nitrilen aus. Außerdem enthält es das Sulforaphan (4-Methylsulfinylbutyl-isothiocyanat), dem eine antioxidative Wirkung zugeschrieben wird.

Zu erwähnen ist der Rettich in seinen Variationen, dessen scharfe Note durch das 4-Methylthio-*trans*-3-butenyl-isothiocyanat hervorgerufen wird. Die Substanz weist eine starke trigeminale Wirkungskomponente auf.

Brunnenkresse enthält ebenfalls das weit verbreitete 2-Phenylethyl-isothiocyanat, daneben noch verschiedene Nitrile mit teilweise längeren Ketten wie das 8-Methylthio-octano-nitril.

In der Küche sind unter den Gemüsen und Gewürzen einige Liliaceen mit charakteristischen Schwefelverbindungen zu finden: Lauch (*Allium ampeloprasum*), die Küchenzwiebel (*Allium cepa*) und Knoblauch (*Allium sativum*).

Am Schwefel substituierte L-Cysteinsulfoxide stellen die Ausgangsverbindungen für die stark riechenden Aromen von Zwiebel, Lauch und Knoblauch dar. Die wichtigsten Substanzen sind das Allyl-L-Cysteinsulfoxid neben Methyl-, 1-Propenyl- und Propyl-L-Cysteinsulfoxid.

Wird beim Zerstören des Zellverbandes das Enzym Alliinase freigesetzt, entsteht im Knoblauch über Allylsulfensäure das Diallylthiosulfinat (Allicin) und Diallyldisulfid. Beide sind stark aromabestimmend (Abb. 5.06). Daneben findet man auch gemischte Disulfide wie das Allylmethyldisulfid oder Allylpropyldisulfid. Nach Knoblauchverzehr erscheint Allylmethyldisulfid in hohen Konzentrationen in der Atemluft.

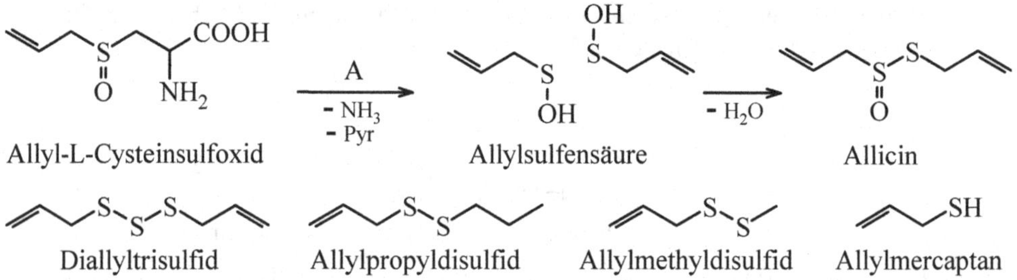

**Abb. 5.06**: Allyl-L-Cysteinsulfoxid (Alliin) [556-27-4] des Knoblauchs wird durch Alliinase (A) zu Allylsulfensäure gespalten, die zu Allicin (Diallylthiosulfinat) mit knoblaucharichem Geruch kondensiert (Pyr = Pyruvat). Im Aroma zu finden sind vorwiegend ungesättigte, gemischte oder reine Di- und Trisulfide. Das Allylmethyldisulfid wird abgeatmet. Zur Disproportionierung siehe Abb. 5.15.

In anderen Laucharten und der Küchenzwiebel ist das Alliin im wesentlichen durch das Isoalliin und andere Alkyl-L-Cysteinsulfoxide ersetzt, so dass sich durch die Einwirkung der Alliinase ein anderes Spektrum von geruchsaktiven Substanzen bildet. Aus Isoalliin (*trans*-(+)-S-(1-Propenyl)-L-cysteinsulfoxid) wird durch die Alliinase 1-Propensulfensäure frei, die sich sofort zum tränenreizenden (Z)-Propanthial-S-oxid umlagert (Abb. 5.07). Für das Aroma der rohen Zwiebel sind die aus den Methyl-, Propyl- und 1-Propenyl-thiosulfinaten gebildeten jeweiligen Alkylthiosulfonate wichtig.

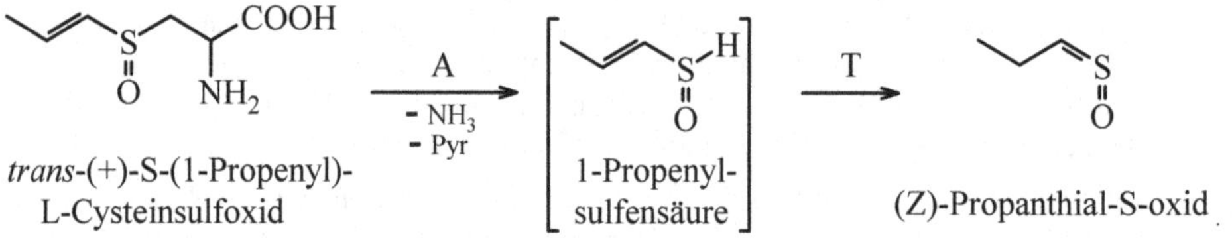

**Abb. 5.07**: Isoalliin = *trans*-(+)-S-(1-Propenyl)-L-cysteinsulfoxid der Küchenzwiebel wird durch Alliinase (A) gespalten (Pyr = Pyruvat). Die 1-Propenylsulfensäure tautomerisiert (T) sofort zum lacrimotorischen (Z)-Propanthial-S-oxid.

In der gekochten Zwiebel liegt das Schwergewicht auf gemischten aber gesättigten Disulfiden und Trisulfiden, die gegenüber den Allylverbindungen weniger scharfe, sondern süßere Noten aufweisen. Als Substituenten treten Methyl- und Propylreste auf.

Erwähnenswert ist das Vorkommen von verschiedenen Dimethylthiophenen in der rohen und gerösteten Zwiebel mit zum Teil niedrigen Geruchsschwellen. In jüngster Zeit wurden zwei Mercaptane mit lauchartiger Note beschrieben, das 3-Mercapto-2-methyl-1-pentanol und dessen entsprechender Aldehyd mit Geruchsschwellen von 0,2 und 1 μg/kg (ppb).

Tertiäre Thiole treten über botanisch-systematische Grenzen hinweg in verschiedenen Lebensmitteln auf. Sie sind Vertreter von Aromastoffen mit sehr niedrigen Geruchsschwellen. Ihr Vorkommen in minimalen Konzentrationen verleiht fruchtige Noten. In höherer Konzentration riechen sie dagegen unangenehm, oft mit dem Geruch nach Katzenurin verglichen, was dem prominentesten Vertreter, dem 4-Mercapto-4-methyl-2-pentanon, im Englischen den Namen 'Cat Ketone' einbrachte (Abb. 5.08). In geringeren Konzentrationen sorgt dieses Keton dagegen für angenehme Noten von Basilikum, Sauvignon-Trauben, Scheurebe und Grapefruit. Seine Geruchsschwelle liegt bei 0,1 ng/kg Wasser.

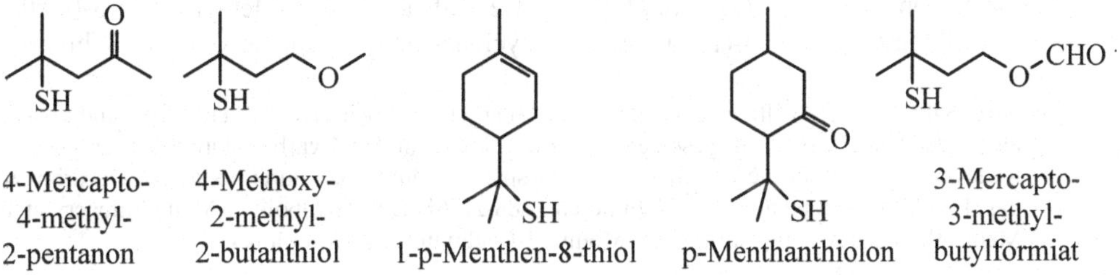

| 4-Mercapto-4-methyl-2-pentanon | 4-Methoxy-2-methyl-2-butanthiol | 1-p-Menthen-8-thiol | p-Menthanthiolon | 3-Mercapto-3-methyl-butylformiat |

**Abb. 5.08**: Tertiäre Thiole als Schlüsselaromastoffe. v.l.n.r. [19872-52-7], [94087-83-9], [71159-90-5]. Vom p-Menthanthiolon = p-Menthan-8-thiol-3-on [38462-22-5] gibt es vier Enantiomere mit den Geruchsnoten Buchublattöl, Gummi, Passionsfrucht, Zwiebel. Ähnlich verhält sich dessen S-Acetat. Das 3-Mercapto-3-methyl-butylformiat [50746-10-6] ist im Aroma gerösteten Kaffees enthalten.

In der Schwarzen Johannisbeere (black currant) wird das Schlüsselaroma durch 4-Methoxy-2-methyl-2-butanthiol hervorgerufen. Dieses ist auch für die fruchtige Komponente im Geruch des Olivenöls verantwortlich. Die Geruchsschwelle liegt bei 0,02 ng/kg Wasser.

Die Grapefruit enthält den typischen Aromastoff 1-p-Menthen-8-thiol, das Grapefruit-Mercaptan. In hohen Konzentrationen riecht die Substanz schweflig, nach Gummi und Mercaptanen und erst mit zunehmender Verdünnung offenbart sich die Grapefruitnote, die dann bei weiterer Verdünnung stabil bleibt. Die Geruchsschwelle liegt bei 0,02 ng/kg Wasser. Nicht zu vergessen ist, dass diese Eigenschaft nur dem R-konfigurierten Molekül eigen ist, während die (S)-konfigurierte nur schwach und nicht charakteristisch riecht.

Buchublattöl (*Agathosma betulina*) enthält ebenfalls ein tertiäres Thiol, das p-Menthanthiolon, als geruchstragenden Bestandteil, daneben auch das schwefelfreie Monoterpen Diosphenol. Die Verbindungen werden zur Verstärkung des Cassis-Aromas eingesetzt. Das p-Menthanthiolon ist ein markanter Bestandteil im Aroma des Ale-Bieres, in anderen Bieren wird sein Auftreten jedoch als Fehlaroma eingestuft.

Spargeln entwickeln beim Kochen ein charakteristisches Aroma. Hierin dominieren schwefel-haltige Verbindungen, darunter 1,2-Dithiolan-4-carbonsäuremethylester und dessen freie Säu-re (Asparagussäure), die im weißen Spargel in größeren Mengen vorkommt, sowie deren oxi-datives Decarboxylierungsprodukt 1,2-Dithiacyclopenten, das der Träger des angenehmen Spargelaromas ist (Abb. 5.09).

Der nach dem Verzehr von Spargel nur bei etwa der Hälfte der Menschen auftretende typische Geruch des Urins ist auf Abbauprodukte der oben genannten Verbindungen zurückzuführen. Neben Methanthiol und Dimethyldisulfid, die den Hauptgeruch ausmachen, findet man auch S-Methyl-thioacrylat und S-Methyl-3-(methylthio)-thiopropionat.

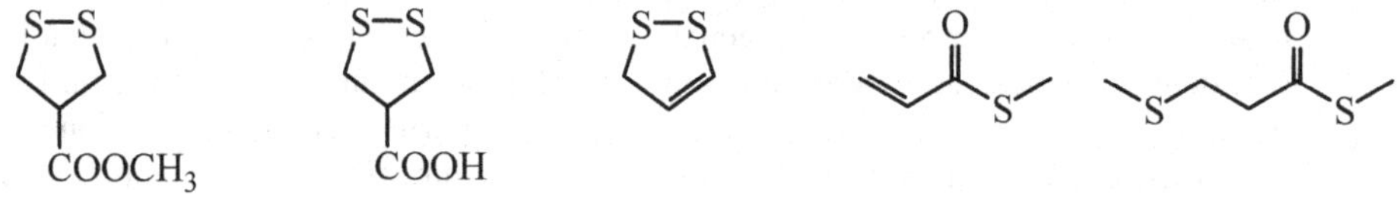

|  |  |  |  | S-Methyl- |
| 1,2-Dithiolan- |  |  |  | 3-(methylthio)- |
| 4-carbonsäure- | 1,2-Dithiolan- | 1,2-Dithia- | S-Methyl- | thiopropionat |
| methylester | 4-carbonsäure | cyclopenten | thioacrylat |  |

**Abb. 5.09**: Schwefelhaltige Aromastoffe aus Spargeln, die beim Kochen entstehen und als Metaboliten nach dem Verzehr renal ausgeschieden werden. 1,2-Dithiolan-4-carbonsäure = Asparagussäure. Durch Reduktion geht sie in die geöffnete Dihydroasparagussäure über, durch oxidative Decarboxylierung in das 1,2-Dithiacyclopenten = 1,2-Dithiolen [288-26-6]. Der Metabolit S-Methylthioacrylat bildet mit Methanthiol das Additionsprodukt S-Methyl-3-(methylthio)-thiopropionat.

## 5.1.5 Pyrazine

In einigen Pflanzen finden sich konstitutiv Pyrazine. Gemüsepaprika (*Capsicum annuum*) und Chili (*Capsicum frutescens*) enthalten das 2-Isobutyl-3-methoxypyrazin. In Weinen aus Sau-vignon-Trauben erzeugt dieses Pyrazin deren charakteristische grüne Note. Das 2-*sec*-Butyl-3-methoxypyrazin spielt in Karotten die Rolle eines Schlüsselaromas. Auch als Stoffwechsel-produkte von Bakterien kennt man Pyrazine, deren Auftreten ungewünschte Aromafehler ver-ursachen. Außerdem entstehen Pyrazine beim Erhitzen von Lebensmitteln. Die Tabelle 5.04 zeigt einige Vertreter von Pyrazinen als Schlüsselaromen.

---

*Anmerkung*: Die seltenere Pflanze *Physalis philadelphica* oder Tomatillo (Tab. 5.04) gehört zu den Blasenkirschen, einer Gattung der Nachtschattengewächse, zu der auch die Judenkir-sche oder Lampionblume (*Physalis alkekengi*) zählt.

Im Sellerie sind zwei aromabestimmende Phthalide bekannt. Es handelt sich bei dieser chemi-schen Klasse um innere Ester der 2-Hydroxymethylbenzoesäure, die auch als γ-Lactone auf-zufassen sind. Phthalid [87-41-2] selbst hat einen Geruch nach Cumarin. Alkylphthalide kom-men besonders in Apiaceen (Umbelliferen) vor und sind für deren charakteristischen Maggi-Geruch verantwortlich (*Angelica, Apium, Levisticum*).

**Tab. 5.04**: Charakteristische Aromastoffe in gängigen Gemüsen. Die rechte Spalte verweist auf einen Abschnitt mit Informationen (X.Y.Z) oder auf eine Abbildung (X.yz) mit der Strukturformel.

| Aromastoff | CAS | Vorkommen in | |
|---|---|---|---|
| 3-Methylthiopropylisothiocyanat | 505-79-3 | Blumenkohl | 5.1.4 |
| 4-Methylthiobutylisothiocyanat | 4430-36-8 | Broccoli | 5.1.4 |
| 2-Isopropyl-3-methoxypyrazin = IPMP | 25773-40-4 | Erbsen roh, Kartoffel erdig | 4.05 |
| 2,5-Dimethylpyrazin | 123-32-0 | Erdnuss | 5.1.5 |
| 2-Isobutyl-3-methoxypyrazin = IBMP | 24683-00-9 | Gemüsepaprika, Cabernet Sauvignon | 4.05 |
| (E)-2-Nonenal | 2463-53-8 | Gurke | 5.1.1 |
| (E,Z)-2,6-Nonadienal | 557-48-2 | Gurke | 5.1.1 |
| 2-Methylthiopyrazin | 21948-70-9 | Haselnuss | 5.1.5 |
| 2-sec-Butyl-3-methoxypyrazin =SBMP | 24168-70-5 | Karotten roh | 4.05 |
| 2-Ethyl-6-vinylpyrazin | 32736-90-6 | Kartoffel gebraten | 5.1.5 |
| 3-Methylthiopropanal | 3268-49-3 | Kartoffel gekocht | |
| 2-Acetyl-2-thiazolin | 29926-41-8 | Mais frisch | 5.6. |
| p-Mentha-1,3,8-trien | 18368-95-1 | Petersilie | |
| (E,E)-2,4-Decadienal | 25152-84-5 | Physalis | 5.1.1 |
| (Z)-3-Hexenal | 6789-80-6 | Physalis, Tomate frisch | 5.1.1 |
| 1-Octen-3-on | 4312-99-6 | Pilze | 5.1.1 |
| 1-Octen-3-ol | 3391-86-4 | Pilze | 5.1.1 |
| Geosmin | 19700-21-1 | Rote Rübe | 4.14 |
| Methylmethanthiosulfinat | 13882-12-7 | Sauerkraut | |
| (Z)-3-Hexenylpyruvat | 68133-76-6 | Sellerie | |
| Sedanolid = 3-Butyl-4,5-dihydrophthalid | 6415-59-4 | Sellerie | 5.1.5 |
| 3-n-Butylphthalid | 6066-49-5 | Sellerie | 5.1.5 |
| 1,2-Dithiacyclopenten | 288-26-6 | Spargel, gekocht | 5.09 |
| Dimethylsulfid | 75-18-3 | Spargel, Kohl, Mais | 5.2.2 |
| 2-Isobutylthiazol | 18640-74-9 | Tomate frisch | 5.1.1 |

## 5.1.6 Terpene

Terpene stellen physiologische Produkte des Pflanzenstoffwechsels dar, die in Obst, Gemüse, Gewürzen vorkommen. Sie werden in der Zelle aus Isopren-Einheiten aufgebaut, C5-Körper, die selbst aus drei Acetat-Einheiten über Mevalonsäure (C6) entstanden sind. Je nach Anzahl der zusammengefügten Einheiten unterscheidet man Hemi- (C5), Mono- (C10) und Sesqui-terpene (C15) (vgl. Abb. 1.01). Monoterpene leisten einen bedeutenden Beitrag zur Bildung von Aromen und stellen häufig Schlüsselaromastoffe dar. Terpene, welche Sauerstoff oder Schwefel als Heteroatom enthalten und damit keine reinen Kohlenwasserstoffe sind, zählt man zu den Terpenoiden. Insgesamt sind etwa 40000 Verbindungen bekannt. Monoterpene und Sesquiterpene lassen sich weiterhin in azyklische, monozyklische und bizyklische unterteilen.

## 5.1.7 Phenylpropanoide

Derivate des Phenylpropans entstehen aus C4- und C3-Komponenten des Pflanzenstoffwech-sels über die Shikimisäure. Nach nochmaliger Vergrößerung der zunächst gebildeten Cyclohexancarbonsäuren mit einer weiteren C3-Komponente liefert eine Decarboxylierung die Phenylpropankörper des Aufbaus C6+C3. Die Produkte sind sowohl Grundlage für Aminosäuren, wie für viele sekundäre Pflanzeninhaltsstoffe, darunter Lignin und ätherische Öle, in denen Terpene und Phenylpropanoide (Tab. 5.05) als Produkte der gleichen Drüsenzellen nebeneinander vorkommen.

Wichtige und bekannte Aromastoffe sind Zimtaldehyd, Anethol, Estragol = Methylchavicol, Eugenol, Cumarin, Myristicin und Apiol. Aus der Vorstufe der Cyclohexancarbonsäuren leiten sich Vanillin, Salicylsäure und Benzoesäure ab, sowie deren häufig vorkommende Ester.

**Tab. 5.05**: Charakteristische Aromastoffe in Kräutern und Gewürzen. Zu Verweisen mit Ziffern siehe Tab. 5.04. PP = Phenylpropankörper, Mz/Mb = Monoterpen (zykl./bizykl.), S = Sesquiterpen.

| Aromastoff | CAS | Vorkommen in | |
|---|---|---|---|
| *trans*-p-Anethol | 4180-23-8 | Anis | PP |
| Methylchavicol = Estragol | 140-67-0 | Basilikum | PP |
| Sotolon = HD2F | 28664-35-9 | Bockshornklee | 5.19 |
| *ar*-Turmeron (*ar* ≙ Aromat) | 532-65-0 | Curcuma | S |
| 3,9-Epoxy-p-menth-1-en = Dillether | 74410-10-9 | Dill | Mz |
| (S)-α-Phellandren | 99-83-2 | Dill | Mz |
| 1,8-Cineol = Eucalyptol | 470-82-6 | Eukalyptus | Mz |
| Benzenmethanthiol | 100-53-8 | Gartenkresse | PP |
| Eugenylacetat | 93-28-7 | Gewürznelke | PP |
| Eugenol | 97-53-0 | Gewürznelke | PP |
| (R)-(−)-Carvon | 6485-40-1 | Grüne Minze (spearmint) | Mz |
| Methylsalicylat | 119-36-8 | Immergrün (wintergreen) | PP |
| Diallylthiosulfinat = Allicin | 539-86-6 | Knoblauch | 5.06 |
| Diallyldisulfid | 2179-57-9 | Knoblauch | 5.1.4 |
| *trans*-2-Dodecenal | 20407-84-5 | Koriander | |
| d-Linalool | 78-70-6 | Koriander | M |
| 1,3-p-Menthadien-7-al = α-Terpinen-7-al | 1197-15-5 | Kreuzkümmel | Mz |
| Cuminaldehyd = 4-Isopropyl-benzaldehyd | 12 2-03-2 | Kreuzkümmel | Mz |
| (S)-(+)-Carvon | 2244-16-8 | Kümmel | Mz |
| 4-Pentenylisothiocyanat | 18060-79-2 | Meerrettich | 5.1.4 |
| Pent-1-en-3-on = Ethylvinylketon | 1629-58-9 | Meerrettich | |
| Carvacrol | 499-75-2 | Origanum | Mz |
| (E)-α-Bergamoten | 6895-56-3 | Pfeffer schwarzer | S |
| Menthol | 89-78-1 | Pfefferminz | Mz |
| (E)-4-Methylthio-3-butenylisothiocyanat | 13028-50-7 | Rettich | 5.1.4 |
| Verbenon | 80-57-9 | Rosmarin | 5.26 |
| Safranal | 116-26-7 | Safran | Mz |
| Allylisothiocyanat | 5 7-06-7 | Senf | 5.1.4 |
| Thymol | 89-83-8 | Thymian | Mz |
| *trans*-Zimtaldehyd | 104-55-2 | Zimt | PP |
| Allylpropyldisulfid | 2179-59-1 | Zwiebel gekocht | 5.06 |
| 2-(Propyldithio)-3,4-dimethylthiophen | 126876-33-3 | Zwiebel geröstet | 5.6. |
| 3-Mercapto-2-methyl-1-pentanol | 227456-30-6 | Zwiebel roh | |
| Propylpropanthiosulfonat | 1113-13-9 | Zwiebel roh | |

## 5.2 Prozess-Aromen

Erwärmen, Erhitzen, Kochen, Backen, Rösten, Grillen und Frittieren sind die gängigsten Methoden zum Garen von Lebensmittel. Je nach herrschenden Reaktionsbedingungen und vorhandenen Materialien ergeben sich eine Fülle von neuen chemischen Verbindungen, die als Prozessaromen bezeichnet werden. Ihr Beitrag zu einem Aroma ist unterschiedlich, er ist abhängig von ihrer Konzentration und ihrer Geruchsschwelle.

Im Zentrum dieser Prozesse beim Garen stehen die Maillard-Reaktionen, eine nach dem französischen Chemiker L.C. Maillard (1878-1936) benannte Gruppe von chemischen Umsetzungen. Den Ausgangspunkt bilden Aminosäuren und reduzierende Zucker, vorwiegend Glucose, Fructose, Maltose und Lactose, wie sie in Lebensmitteln vorkommen und unter dem Einfluss von Hitze miteinander reagieren. Die Reaktionen führen sowohl zur Bildung von Aromen als auch zur Bräunung durch Melanoidine und liefern integrale Bestandteile der menschlichen Nahrung von hohem Nutzen. Schon bei Raumtemperatur läuft die Maillard-Reaktion langsam ab, was die Farbvertiefung von überlagertem Milchpulver zeigt (RGT-Regel).

### 5.2.1 Maillard-Reaktionen

Am Anfang eines langen und vielfach verzweigten Baumes von chemischen Reaktionen steht die Reaktion einer Aminogruppe mit der Carbonylgruppe eines Zuckers und nachfolgender Bildung eines Imins (Schiffsche Base). Eine solche Reaktion kommt zwischen 120°C und 140°C rasch in Gang. Es folgt eine Umlagerung zum 1,2-Enaminol, die im Falle einer Aldose weiter zur 1-Amino-1-desoxy-2-ketose, einer Amadori-Verbindung führt. Ist dagegen eine Ketose der Reaktionspartner, bildet sich eine 2-Amino-2-desoxyaldose, eine Heyns-Verbindung. Die zu Grunde liegende Umlagerungsreaktion wurde von dem italienischen Chemiker Mario Amadori (1886–1941) untersucht und ihm zu Ehren benannt.

*Phasen der Maillard-Reaktion*

Die initiale Phase der Maillard-Reaktion reicht bis zu den Amadori- bzw. Heyns-Verbindungen. Wie Abb. 5.10 zeigt gehen die Amadori-Verbindungen durch Enolisierung in das 2,3-Enaminol über, dem zwei Eliminierungswege offen stehen, entweder zum 1-Desoxyoson unter Freisetzung des Amins oder unter Abgabe von Wasser zum 4-Desoxyoson. Ein dritter Weg führt über das 1,2-Enaminol unter Eliminierung des Amins zum 3-Desoxyoson. Die in allen Fällen entstehenden Desoxyosone stellen reaktive $\alpha$-Dicarbonyle dar.

In der Hauptphase der Maillard-Reaktion können die verschiedenen Desoxyosone entweder intramolekular weiter reagieren oder mit zusätzlichen, meist stickstoffhaltigen Molekülen Verbindungen eingehen. In dieser Phase entsteht eine Fülle von Aromastoffen. Beispielhaft werden einige Reaktionen, die zu bekannten Maillard-Produkten führen, vorgestellt. Während die zum Teil instabilen und reaktionsfreudigen Zwischenprodukte Maillard-Produkte genannt werden, heißen die stabilen Endprodukte 'advanced glycation end-products' (AGE).

Die Bildung von gelb bis braun gefärbten Melanoidinen stellt die Abschlussphase der Maillard-Reaktionen dar. Die hierbei erzeugten Substanzen bewirken die Bräunung von Lebensmitteln beim Backen, Rösten und Grillen.

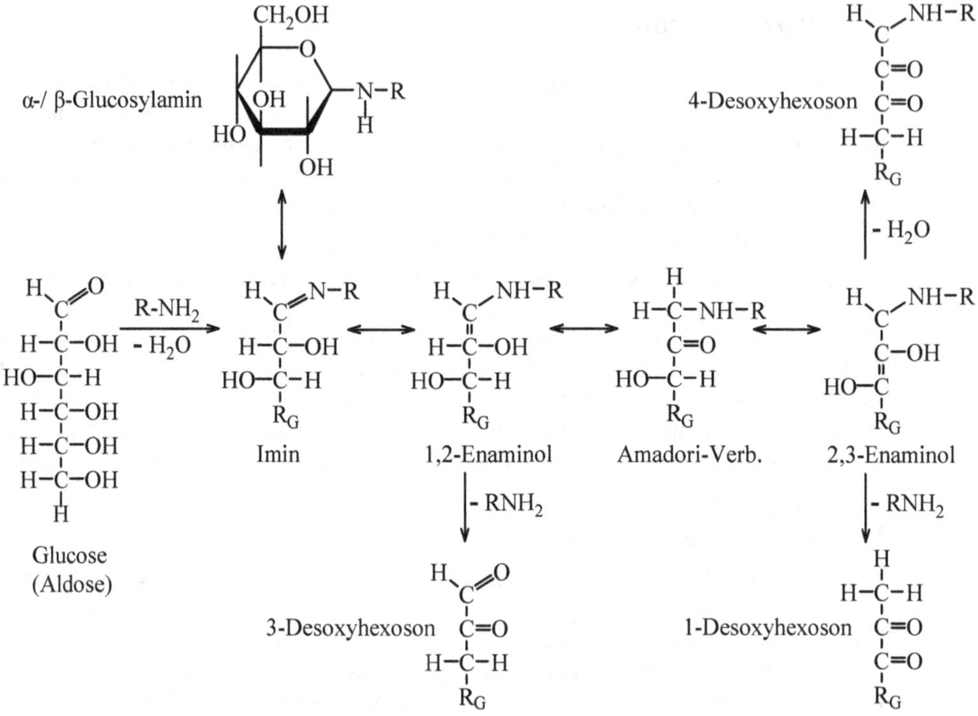

CH$_2$OH

α-/ β-Glucosylamin

HO OH N–R H OH

H C NH–R
C=O
4-Desoxyhexoson  C=O
H–C–H
R$_G$

– H$_2$O

H C O
H–C–OH
HO–C–H
H–C–OH
H–C–OH
H–C–OH
H

Glucose
(Aldose)

R-NH$_2$
– H$_2$O

H C=N–R
H–C–OH
HO–C–H
R$_G$
Imin

H C NH–R
C–OH
HO–C–H
R$_G$
1,2-Enaminol

H
H–C–NH–R
C=O
HO–C–H
R$_G$
Amadori-Verb.

H C NH–R
C–OH
HO–C
R$_G$
2,3-Enaminol

– RNH$_2$

H C O
3-Desoxyhexoson  C=O
H–C–H
R$_G$

– RNH$_2$

H
H–C–H
1-Desoxyhexoson  C=O
C=O
R$_G$

**Abb. 5.10**: Maillard-Reaktion ausgehend von der Reaktion einer Glucose mit einer Aminogruppe (Amin oder Aminosäure) zum Imin (Schiffsche Base), das mit α- und β-Glucosylamin im Gleichgewicht steht. Die Amadori-Verbindung steht mit dem 1,2- und 2,3-Enaminol im Gleichgewicht (Keto-Enol-Tautomerie). Unter sauren Bedingungen entsteht vorwiegend ein 3-Desoxyhexoson, sonst ein 1-Desoxyhexoson. Die Aminosäure wird im Falle der Bildung von 3- und 1-Desoxyhexosonen wieder freigesetzt und kann erneut in die Reaktion eintreten (Aminosäurekatalyse). Bei der Reaktion zum 4-Desoxyhexoson verbleibt sie im Molekül. R$_G$ steht für -C$_3$H$_7$O$_3$.

*Reaktionen der 3-Desoxy-osone*

Aus den 3-Desoxyhexosonen (= 3-Desoxyosone) entsteht über die Zwischenstufe eines 3,4-Didesoxyoson das 5-Hydroxymethylfurfural (HMF) aus Hexosen, und Furfural aus Pentosen. Sind Ammoniak, primäre Amine oder Aminosäuren anwesend, bilden sich bevorzugt 2-Formyl-5-hydroxymethylpyrrol (Abb. 5.11) nebst N-alkylierten Verbindungen oder auch analoge Pyridinderivate. Besonders häufig reagiert die ε-Aminogruppe des Lysins zu einem Pyrrol, das als Pyrralin bekannt ist und eines der vielen Endprodukte der exogenen Glykation darstellt. Besonders in sehr stark erhitzten Lebensmitteln (Weißbrotkruste und Gebäck) werden hohe Konzentrationen an Pyrralin gefunden.

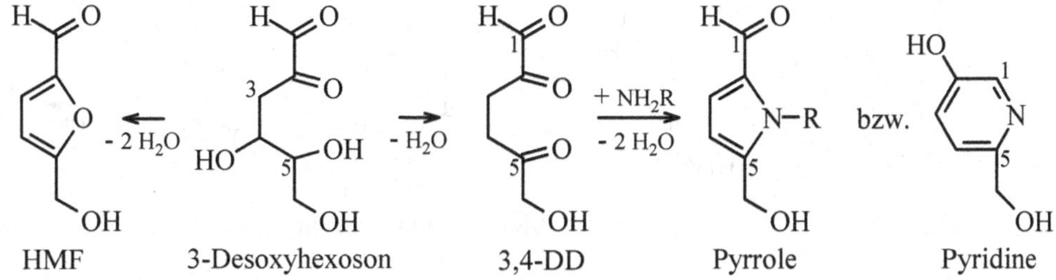

HMF      3-Desoxyhexoson     3,4-DD     Pyrrole     Pyridine

**Abb. 5.11**: Aus dem 3-Desoxyhexoson entsteht formal durch Verlust von 2 Mol Wasser das 5-Hydroxy-methylfurfural = HMF [67-47-0]. Über das 3,4-Didesoxyhexoson ('3,4-DD') werden mit primären Aminen Abkömmlinge des 2-Formyl-5-hydroxymethylpyrrols gebildet, sofern der Ringschluss über Position 2 und 5 erfolgt. Wird die Aldehydfunktion an Position 1 genutzt, entstehen Pyridinderivate. Die Zählung der Atome in der Abbildung korrespondiert mit derjenigen der Glucose.

## Reaktionen der 1-Desoxy-osone

Die 1-Desoxyhexosone reagieren zu Furanonen, Pyranonen und anderen Folgeprodukten weiter, indem sie Wasser abspalten oder Formaldehyd eliminieren.

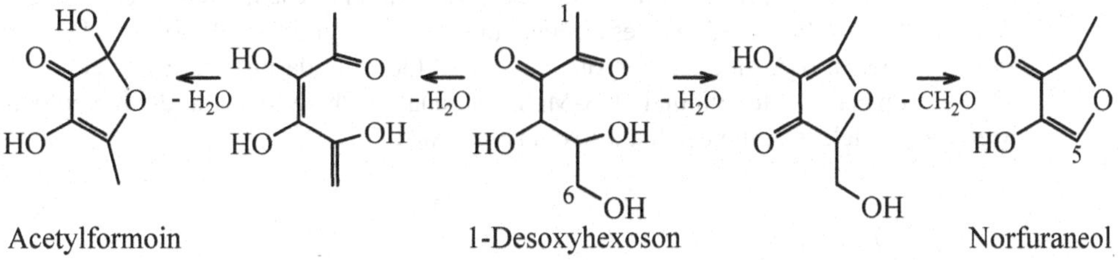

Acetylformoin          1-Desoxyhexoson          Norfuraneol

**Abb. 5.12**: In der Mitte das 1-Desoxyhexoson aus Glucose, welches nach links durch zweimalige Abspaltung von Wasser über ein Redukton zu dem reaktiven Acetylformoin [10153-61-4] reagiert. Dessen abgebildete zyklische Form ist geruchlos, während die offene nach Karamell riecht. Vom 1-Desoxyhexoson nach rechts liefert die Elimination von Wasser und Formaldehyd Norfuraneol [19322-27-1], das karamellartig riecht und als Toffee Furanon oder Chicorée Furanon bekannt ist. Trägt die Position 5 eine weitere Methylgruppe liegt das 4-Hydroxy-2,5-dimethyl-3(2H)-furanon = Furaneol = HD3F vor.

Reagiert anstelle von Glucose als Zucker die Rhamnose, eine 6-Methyl-Pentose, so entsteht das Furaneol, welches im Vergleich zum Norfuraneol eine weitere Methylgruppe an Position 5 trägt (Abb. 5.12). Furaneol wird in Früchten wie Ananas und Erdbeeren auf enzymatischem Weg gebildet. Geht man von Disacchariden wie Maltose oder Lactose aus, ist im jeweiligen 1-Desoxyhexoson die Position 4 durch Galactose oder Glucose besetzt. Dies bewirkt, dass aus Maltose (Glc-Glc) über eine pyranoide Zwischenstufe das Maltol entsteht, während sich mit Lactose (Glc-Gal) über ein furanoides Intermediat Isomaltol bildet (Abb. 5.13).

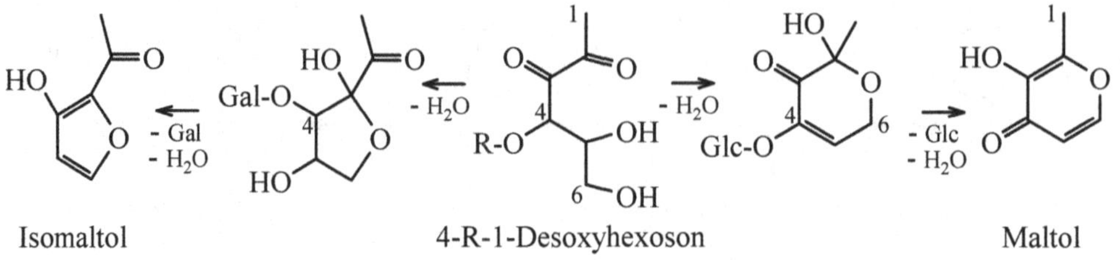

Isomaltol                           4-R-1-Desoxyhexoson                            Maltol

**Abb. 5.13**: In der Mitte das in Position 4 mit Galactose (links) oder Glucose (rechts) substituierte 1-Desoxyhexoson. Isomaltol [3420-59-5] kann als Süßungsmittel verwendet werden, Maltol = E636 [118-71-8] riecht süß-karamellartig.

Im Falle der 4-Desoxyosone (Abb. 5.10) verbleibt als Aminosäure häufig Lysin im Reaktionsprodukt und liefert Furosin. Aus 2-Hydroxyacetylfuran entsteht mit Ammoniak das 2-(2-Furoyl)-5-(2-furyl)-1H-imidazol (FFI). Beide Substanzen sind Indikatoren für eine vorausgegangene Hitzebelastung von Lebensmitteln und lassen sich durch Fluoreszenz nachweisen.

### 5.2.2  Strecker-Reaktionen

Die genannten Desoxyosone und andere reaktive α-Dicarbonyle können mit Aminosäuren reagieren. Hierbei läuft die von A. Strecker (1822-1871) beschriebene Reaktion ab, bei welcher die Aminosäure oxidativ desaminiert und decarboxyliert wird (Abb 5.14). Als Produkte entstehen neben α-Aminoketonen die Strecker-Aldehyde, darunter Formaldehyd, Ethanal, 2-Methylpropanal, 2-Methylbutanal, 3-Methylbutanal, 2-Phenylethanal, 2-Mercaptoethanal und Methional. Viele zeichnen sich als Aromastoffe aus.

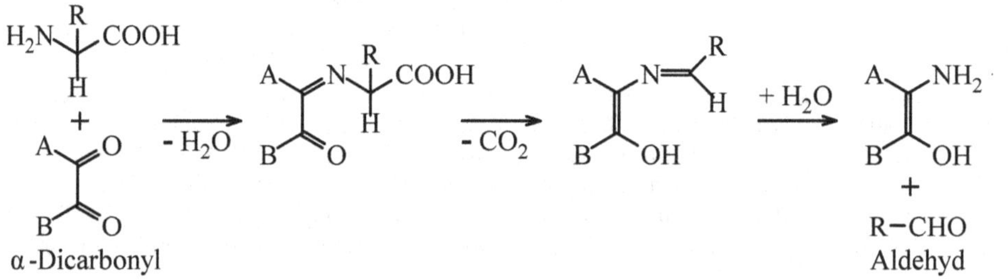

α-Dicarbonyl                                                                        Aldehyd

**Abb. 5.14**: Strecker-Reaktion einer Aminosäure mit einem α-Dicarbonyl zum Strecker-Aldehyd als Produkt. A und B stellen die verschiedenen Reste der α-Dicarbonyle dar. Die ebenfalls entstehenden Aminoenole stehen im Gleichgewicht mit α-Aminoketonen, die weitere Reaktionen eingehen.

Aus den Aminosäuren Cystein und Methionin bilden sich schwefelhaltige Produkte. Der Abbau von Cystein nach Strecker liefert 2-Mercaptoethanal und $H_2S$, das an α-Diketone addieren kann. Methionin liefert Methional, Methanthiol und durch Oxidation desselben das Dimethyl-disulfid (Abb. 5.15). Dimethyldisulfid geht durch Disproportionierung in Dimethyltrisulfid und Dimethylsulfid über. Alle Verbindungen sind stark an der Aromabildung beteiligt.

$$H_3C-S-CH_2-CH_2-CHO \;\longrightarrow\; H_3C-SH \;+\; H_2C=CH-CHO$$

Methional                       Methanthiol        Acrolein

$$2\; H_3C-SH \;\xrightarrow{Ox.}\; H_3C-SS-CH_3$$

Methanthiol

$$2\; H_3C-SS-CH_3 \;\xrightarrow{Dis.}\; H_3C-S-S-S-CH_3 \;+\; H_3C-S-CH_3$$

Dimethyldisulfid        Dimethyltrisulfid        Dimethylsulfid

**Abb. 5.15**: Reaktionsprodukte aus dem Strecker-Abbau von Methionin. Der Strecker-Aldehyd Methio-nal zerfällt in Acrolein und Methanthiol. Ox. = Oxidation, Dis. = Disproportionierung.

Verschiedene oder gleiche α-Aminoketone können kondensieren und das intermediär gebilde-te Dihydropyrazin hat die Möglichkeit zur Reaktion mit Acetaldehyd, so dass hierdurch ein zusätzlicher Substituent am Pyrazin auftritt (Abb. 5.16). Die Pyrazine sind flüchtig und haben zum Teil niedrige Geruchsschwellen mit überwiegend erdig, röstigen Geruchsnoten. Sie sind in Aromen zu finden, die nach Backen (Brotkruste), Rösten (Kaffee, Nüsse), Grillen (Fleisch, Fisch) und Frittieren (Kartoffel) auftreten.

Nicht alle als Aromastoffe bekannten Pyrazine entstehen jedoch auf diesem Wege. Es gibt Vertreter, die im Stoffwechsel von Pflanzen, Insekten und Mikroorganismen gebildet werden (vgl. Abb. 4.05).

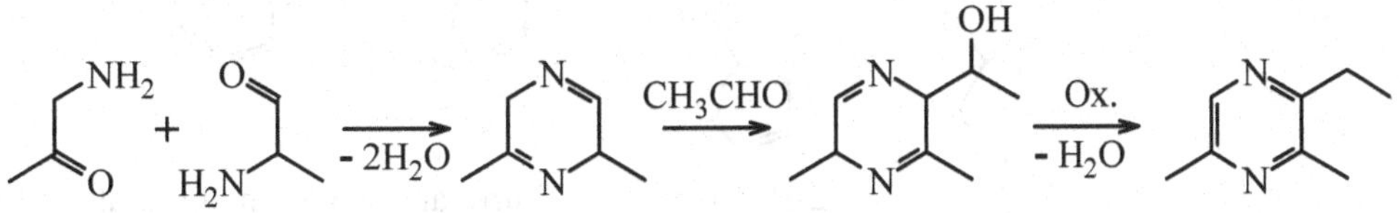

Aminoaceton +                       + Acetaldehyd                       2-Ethyl-3,5-dimethyl-
2-Aminopropanal                                                                       pyrazin

**Abb. 5.16**: Bildung von Pyrazinen aus Aminoketonen, welche aus einer Strecker-Reaktion hervorge-gangen sind. Im obigen Falle war 2-Oxopropanal das α-Dicarbonyl und Alanin die Aminosäure, welche in einer Strecker-Reaktion die drei beteiligten Edukte bilden. Die Geruchsschwelle für das oben gezeig-te 2-Ethyl-3,5-dimethylpyrazin [27043-05-6] (nussig) liegt bei 0,04 μg/kg Wasser.

Die röstigen Aromen gehen auch auf Pyrrole und Pyridine zurück. Beide haben eine gemein-same Vorstufe, nämlich das 1-Pyrrolin, das aus dem Strecker-Abbau der beiden Aminosäuren Prolin oder Ornithin resultiert (Abb. 5.17). Die Produkte 2-Acetylpyridin und 2-Acetyltetra-hydropyridin bzw. 2-Acetyl-1-pyrrolin kommen im Aroma der Weißbrotkruste vor. Das 2-Propionyl-1-pyrrolin ist ein Aroma in Popcorn und erhitztem Fleisch bzw. Fisch.

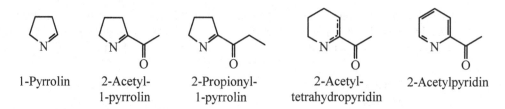

1-Pyrrolin     2-Acetyl-      2-Propionyl-      2-Acetyl-        2-Acetylpyridin
               1-pyrrolin     1-pyrrolin        tetrahydropyridin

**Abb. 5.17**: Abkömmlinge von 1-Pyrrolin [5724-81-2], einem Produkt des Strecker-Abbaus von Prolin oder Ornithin. 2-Acetyl-1-pyrrolin [99583-29-6 / 85213-22-5] riecht nach erhitztem Mais und 2-Propionyl-1-pyrrolin [133447-37-7] nach gebratenem Fisch. Eine Ringvergrößerung führt zu den den Isomeren des 2-Acetyl-tetrahydropyridins [27300-27-2] (karamellartig, nach Brot, Braten) oder [25343-57-1] (karamellartig) und zu 2-Acetylpyridin [1122-62-9] (Popcorn, nussig).

### 5.2.3 Karamellisierung

Das Erhitzen von Monosacchariden führt unter sauren Bedingungen zur Bildung von Furan- und Pyranderivaten. In der Praxis tritt dies beim Pasteurisieren von Fruchtsäften und beim Backen auf. Die wichtigsten Vertreter sind das 5-Hydroxymethylfurfural, 2-Hydroxyacetylfuran, Furfural und 5-Methylfurfural (Abb. 5.18). Diese Reaktionen laufen über eine Enolisierung der Zucker, im Falle der Glucose über das 1,2-Endiol, im Falle der Fructose auch über das 2,3-Endiol, aus denen drei Mol Wasser eliminiert werden.

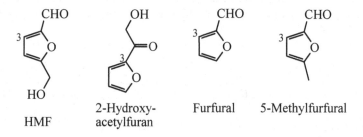

HMF          2-Hydroxy-        Furfural     5-Methylfurfural
             acetylfuran

**Abb. 5.18**: Durch Dehydratisierung im Sauren entstehen aus Glucose das 5-Hydroxymethylfurfural (HMF) [67-47-0] (fettig, karamellartig, muffig), aus Fructose das 2-Hydroxyacetylfuran, aus Pentosen das Furfural [98-01-1] (süß, karamellartig, nach Mandeln und Brot) und aus Rhamnose das 5-Methylfurfural [620-02-0] (karamellartig, brandig, süß, kandisartig). In den Strukturen ist jeweils die dritte Position bezeichnet.

Häufig werden in der Praxis Zucker im Alkalischen erhitzt wie bei der Zuckergewinnung aus Zuckerrüben oder beim Herstellen von Laugengebäck. Diese Bedingungen lassen andere Aromastoffe entstehen. Vielfach kommt es zum Kettenbruch der Kohlenhydrate, in deren Verlauf C3-Fragmente wie Glycerinaldehyd, Dihydroxyaceton, 2-Oxopropanal und Monohydroxyaceton bzw. 2-Hydroxypropanon auftreten. Das 2-Oxopropanal kann auch in eine Strecker-Reaktion eintreten. An C4-Fragmenten entstehen das 2,3-Butandion (Diacetyl), Hydroxy-2-

butanon und 2-Oxobutanal. Parallel hierzu bilden sich komplementäre C2-Fragmente, darunter Glykolaldehyd und Essigsäure.

Durch Aldoladditionen verschiedener oben genannter Fragmente bauen sich neue geruchsaktive Verbindungen auf. Zu erwähnen sind Derivate des Cyclopentenolons, ebenso Furaneol, Ethylfuraneol und Sotolon (Abb. 5.19). Zusätzlich treten Aromastoffe mit den Grundgerüsten von Cyclohexenolon und Pyranon auf.

|     Cycloten     |     Ethylfuraneol     |     Sotolon     |

**Abb. 5.19**: Cycloten = Maple Lactone = 2-Hydroxy-3-methyl-2-cyclopenten-1-on [80-71-7] (karamellartig, Ahornsirup), Ethylfuraneol [27538-10-9] (süß, karamellarig, kandisartig) und Sotolon [28664-35-9] (vgl. Abb. 5.21). Cycloten entsteht aus C3+C3, Ethylfuraneol aus C4+C3 und Sotolon aus C4+C2-Fragmenten.

Die Karamellisierung führt andererseits auch zu einer Farbbildung. Besonders in Anwesenheit der Reaktionsbeschleuniger Ammoniak und Schwefelsäure lassen sich stark gefärbte polymere Produkte von guter Löslichkeit gewinnen, die als Zuckercouleur im Einsatz sind. Je nach Herstellungsmethode tragen die Produkte die E-Nummern E 150 a-d, wobei E 150 (a) ohne Zusätze hergestellt ist.

### 5.2.4 Schlüsselaromastoffe

Ist das charakteristische Aroma eines Lebensmittels allein durch einen Aromastoff getragen, hat man es mit einem 'Schlüsselaromastoff' (character impact compound) zu tun. Gleichzeitig bedeutet die Aussage, dass es in einem Produkt niemals zwei oder mehrere Schlüsselaromastoffe geben kann. Eine so strenge Definition des Begriffs wird nur selten durch einen Aromastoff und gegenüber der menschlichen Geruchsempfindung erfüllt (z. B. Himbeerketon). In der Praxis ist es daher hilfreich – so weit bekannt – einige herausragende Aromastoffe zu nennen, welche eine wichtige Rolle für die Bildung des Gesamtaromas eines Produktes spielen. Nach dieser weniger strengen Definition lassen sich dann für ein Produkt mehrere 'charakteristische und prägende Aromastoffe' angeben. Als nützliches Kriterium zur Erkennung solcher Aromastoffe kann ein hoher Aromawert dienen.

Während die Tabellen 5.03 bis 5.05 (modifiziert nach McGorrin, 2007) die charakteristischen oder prägenden Aromastoffe naturbelassener Lebensmittel wie Früchte, Gemüse, Kräuter und Gewürze erfassen, sind die folgenden drei Tabellen 5.06 bis 5.08 denjenigen typischen Aromastoffen gewidmet, die in gegarten oder prozessierten Lebensmitteln wie Fleisch, Fisch, Milchprodukten und als Maillard-Produkte vorkommen.

**Tab. 5.06**: Charakteristische Aromastoffe aus Fleisch und Fisch, vornehmlich nach Garung (nach McGorrin, 2007). Die rechte Spalte verweist auf einen Abschnitt (X.Y.Z) oder eine Abbildung (X.yz).

| Aromastoff | CAS | Vorkommen in | |
|---|---|---|---|
| 4-Methyl-5-(2-hydroxyethyl)thiazol | 137-00-8 | Fleisch gebraten | |
| 2-Methyl-3-furanthiol = MFT | 28588-74-1 | Fleisch, Thunfisch | 5.22 |
| 2-Methyltetrahydrofuran-3-thiol | 57124-87-5 | Fleischbrühe | 5.21 |
| (E,Z)-2,6-Nonadienal | 557-48-2 | Forelle gekocht | 5.1.1 |
| Bis-(2-methyl-3-furyl)-disulfid | 28588-75-2 | Hochrippe abgehangen | 5.22 |
| 2,5-Dimethyl-1,4-dithian-2,5-diol | 55704-78-4 | Hühnerbrühe (2-Mercaptopropanon) | 5.23 |
| (E,E)-2,4-Decadienal | 25152-84-5 | Hühnerfett | 5.23 |
| 5,8,11-Tetradecatrien-2-on | 85421-52-9 | Krabben gekocht | |
| 2,4,6-Tribromophenol | 118-79-6 | Krabben, Meeresfische | |
| Pyrrolidino-2,4-dimethyl-1,3,5-dithiazin | 116505-60-3 | Krebse | 5.6. |
| (Z)-1,5-Octadien-3-on | 65767-22-8 | Lachs, Kabeljau | |
| 2-Pentylpyridin | 2294-76-0 | Lammfleisch | 5.6. |
| 4-Methyloctansäure | 54947-74-9 | Lammfleisch | 5.23 |
| 4-Methylnonansäure | 45019-28-1 | Lammfleisch, | 5.23 |
| Dimethylsulfid | 75-18-3 | Muscheln, Austern | 5.2.2 |
| 2,3-Diethyl-5-methylpyrazin | 18138-04-0 | Rindfleisch gebraten | 5.16 |
| 2-Ethyl-3,5-dimethylpyrazin | 13925-07-0 | Rindfleisch gebraten | 5.16 |
| 2-Acetyl-2-thiazolin | 22926-41-8 | Rindfleisch gebraten | 5.6. |
| 12-Methyltridecanal | 75853-49-5 | Rindfleisch gedämpft | |
| 2-Methyl-3-(methylthio)furan | 63012-97-5 | Roastbeef | |
| 2-Pyrazin-ethanthiol | 35250-53-4 | Schweinefleisch | 5.23 |

**Tab. 5.07**: Charakteristische Aromastoffe aus verschiedenen Milchprodukten (nach McGorrin, 2007).

| Aromastoff | CAS | Vorkommen in | |
|---|---|---|---|
| 2-Heptanon | 110-43-0 | Blauschimmelkäse | |
| δ-Decalacton | 705-86-2 | Butter | 5.04 |
| 2,3-Butandion | 4 31-03-8 | Butter | |
| 6-Dodecen-γ-lacton | 156318-46-6 | Butter, Cheddarkäse | |
| 1-Octen-3-ol | 3391-86-4 | Camembert | 5.02 |
| Tetramethylpyrazin | 1 124-11-4 | Cheddarkäse | 5.16 |
| Buttersäure | 107-92-6 | Cheddarkäse | |
| 2-Acetyl-2-thiazolin | 22926-41-8 | Hartkäse | 5.6. |
| 2-Acetyl-1-pyrrolin | 85213-22-5 | Hartkäse, Milchpulver | 5.17 |
| 1-Nonen-3-on | 24415-26-7 | Joghurt, Milch | |
| Skatol | 83-34-1 | Käse | 4.10 |
| Furaneol | 3658-77-3 | Magermilchpulver, erhitzte Butter | 5.12 |
| Methional | 3268-49-3 | Parmesan, Hartkäse | 5.15 |
| 2,6-Dimethylpyrazin | 108-50-9 | Parmesan, Molke | 5.16 |
| (E,E)-2,4-Nonadienal | 5910-87-2 | Sahne | 5.1.1 |
| (Z)-4-Heptenal | 6728-31-0 | Sahne, Käse | 5.1.1 |
| Propionsäure | 7 9-09-4 | Schweizerkäse | |
| Homofuraneol | 110516-60-4 | Schweizerkäse | |
| 4-Methyloctansäure | 54947-74-9 | Ziegenkäse | 5.23 |
| 4-Ethyloctansäure | 16493-80-4 | Ziegenkäse | 5.23 |

**Tab. 5.08**: Charakteristische und prägende Aromastoffe vornehmlich aus Maillard-Reaktionen (nach McGorrin, 2007). Die rechte Spalte verweist auf den Abschnitt (X.Y.Z) mit weiteren Informationen oder die Nummer einer Abbildung (X.yz) mit der Strukturformel.

| Aromastoff | CAS | Vorkommen in | |
|---|---|---|---|
| 2-Hydroxy-3-methyl-2-cyclopenten-1-on | 80-71-7 | Ahornsirup ('Maple Lactone') | 5.2.3 |
| Sotolon = HD2F | 28664-35-9 | brauner Zucker | 5.19 |
| Furaneol = HD3F | 3658-77-3 | fruchtig, karamellisierter Zucker | 5.12 |
| (Z)-2-propenyl-3,5-dimethylpyrazin | 55138-74-4 | gebratene Kartoffel | 5.1.5 |
| 2-Vinylpyrazin | 4177-16-6 | gebratene Kartoffel | 5.1.5 |
| (E,E,Z)-2,4,6-Nonatrienal | 100113-52-8 | Haferflocken | |
| Phenylacetaldehyd = Phenylethanal | 122-78-1 | Honig | |
| Furfurylmethyldisulfid | 57500-00-2 | Kaffee Mokka | |
| 2-Furfurylthiol = 2-Furfurylmercaptan | 9 8-02-2 | Kaffee, Wein fassgereift | |
| Ethylmaltol | 49 40-11-8 | Karamell, süß | 5.20 |
| 2,3-Diethyl-5-methylpyrazin | 18138-04-0 | Kartoffelchips | 5.1.5 |
| 2-Ethyl-3,5-dimethylpyrazin | 13925-07-0 | Kartoffelchips | 5.1.5 |
| 3-Methylbutanal | 590-86-3 | Malz | 5.2.2 |
| 2-Acetylpyrazin | 22047-25-2 | Popcorn | 5.1.5 |
| 2-Propionyl-1-pyrrolin | 133447-37-7 | Popcorn | 5.2.2 |
| 2-Acetyl-1,4,5,6-tetrahydropyridin | 25343-57-1 | Popcorn, Kekse | 5.17 |
| 2-Acetyl-1-pyrrolin | 85213-22-5 | Popcorn, Weißbrotkruste, Basmati | 5.17 |
| 4-Vinylguaiacol | 7786-61-0 | rauchig (Räucherrauch) | 5.3.3 |
| Guaiacol | 9 0-05-1 | rauchig (Räucherrauch) | 5.24 |
| 2-Acetyl-2-thiazolin | 22926-41-8 | röstig, Popcorn | 5.6. |
| 3-Thiazolidin-ethanthiol | 317803-03-5 | röstig, Popcorn | 5.6. |
| 5-Acetyl-2,3-dihydro-1,4-thiazin | 164524-93-0 | röstig, Popcorn | 5.6. |
| iso-Amylphenylacetat | 102-19-2 | Schokolade | |
| 2-Methoxy-5-methylpyrazin | 2882-22-6 | Schokolade | 5.1.5 |
| 5-Methyl-2-phenyl-2-hexenal | 21834-92-4 | Schokolade | |
| 2-Methyl-3-furanthiol = MFT | 28588-74-1 | Wein fassgereift | 5.22 |
| Maltol | 118-71-8 | Zuckerwatte | 5.13 |

### 5.2.5 Fehlaromen - Aromafehler

Weist ein Lebensmittel ein anderes Aroma auf als man es normalerweise erwartet, schmeckt also ein ein Steak nach Leber oder riecht Milch nach Bier, so liegt ein Aromafehler vor (engl. off-flavour). In der Praxis gibt es viele Gründe für solche Aromafehler. Lange Lagerung kann zu einem Verlust an Schlüsselaromen und charakteristisch prägenden Aromastoffen führen, so dass andere Noten in den Vordergrund treten (Tab. 5.09).

Meist sind jedoch die Bildung oder der Eintrag von Fehlaromen die Ursache. In der Praxis können durch falsche Fermentation oder zu hohe thermische Belastung während der Herstellung von Lebensmitteln Aromastoffe gebildet werden, die normalerweise nicht auftreten. Bei der Lagerung kann ein mikrobieller Befall oder eine Oxidation Auslöser für Aromafehler sein. Auch das schützende Verpackungsmaterial kann sich als Quelle für Fehlaromen erweisen genauso wie ein Desinfektionsmittel während der Herstellung.

**Tab. 5.09**: Fehlaromen (off-flavours) und deren Auftreten in verschiedenen Nahrungsmitteln und Getränken (nach McGorrin, 2007). Alphabetisch sortiert in der rechten Spalte.

| Aromastoff | CAS | Note | Auftreten in |
|---|---|---|---|
| 3-Methyl-2-buten-1-thiol | 5287-45-6 | Lichtgeschmack | Bier (Photolyse) |
| (E)-2-Nonenal | 2463-53-8 | Pappe, abgestanden | Bier, Butter |
| 1-Octen-3-on | 4312-99-6 | metallisch, pilzig | Butterfett |
| (E,Z)-2,6-Nonadienol | 7786-44-9 | metallisch | Buttermilch |
| Sotolon = HD2F | 28664-35-9 | verbrannt, würzig | Citrusgetränke |
| 5α-Androst-16-en-3-on | 18339-16-7 | urinartig | Eberfleisch |
| Skatol | 83-34-1 | fäkalartig | Eberfleisch; Kartoffelchips |
| (Z)-1,5-Octadien-3-on | 65767-22-8 | heuartig | Erbsen tiefgefroren |
| 2-Isopropyl-3-methoxypyrazin | 25773-40-4 | erbsig | Kaffee, Kakaobohnen |
| 2,4,6-Trichloranisol | 87-40-1 | muffig, schimmelig | Kaffee, Weinkorken |
| 2-Methylisoborneol | 2371-42-8 | erdig, muffig | Kaffee, Wels, Bohnen |
| Methional | 3268-49-3 | Lichtgeschmack | Milch (Photolyse) |
| Benzothiazol | 95-16-9 | Gummi, aromatisch | Milch gekocht |
| 2,6-Dimethylpyrazin | 108-50-9 | gekochte Milch | Milch ultrahocherhitzt (UHT) |
| 2-Ethyl-3-methylpyrazin | 15707-23-0 | gekochte Milch | Milch ultrahocherhitzt (UHT) |
| (Z)-1,5-Octadien-3-on | 65767-22-8 | metallisch | Milchfett |
| Phenylethanal / Phenylethanol | 122-78-1 | malzig | Milchprodukte |
| Nootkaton | 4674-50-4 | Grapefruitnote | Orangensaft |
| 4-Methyl-2-isopropylthiazol | 15679-13-7 | kohlig, Vitamin B2 | Orangensaft |
| (S)-(+)-Carvon | 2244-16-8 | holzig, Terpennote | Orangensaft |
| 4-Vinylguaiacol | 7786-61-0 | verdorbene Früchte | Orangensaft, Apfelsaft, Bier |
| 8-Nonenal | 39770-04-2 | rauchig, plastik-artig | Polyethylen Verpackung |
| Skatol | 83-34-1 | medizinisch | Rindfleisch |
| Hexanal | 66-25-1 | ranzig | Rindfleisch aufgewärmt |
| (E)-4,5-Epoxy-(E)-2-decenal | 134454-31-2 | metallisch | Rindfleisch aufgewärmt |
| 2,3-Diethyl-5-methylpyrazin | 18138-04-0 | geröstet, erdig | Soja-Lecithin |
| Hexanal | 66-25-1 | grün, grasig | Soja-Öl ranzig |
| Bis-(2-methyl-3-furyl)-disulfid | 28588-75-2 | Vitamin B1 Geruch | Thiamin-Abbau |
| 2-Aminoacetophenon | 551-93-9 | leimig | Trockenmilch, Casein |
| 6-Nonenal | 6728-35-4 | bohnig | Trockenmilch, gehärt. Sojaöl |
| 4,4,6-Trimethyl-1,3-dioxan | 112 3-07-5 | muffig | Verpackungsfolie |
| 2-Aminoacetophenon | 551-93-9 | untypische Alterung | Weißwein |
| Methional | 3268-49-3 | gekochtes Gemüse | Weißwein, Bier (alkoholfrei) |
| Geosmin | 19700-21-1 | muffig, erdig | Weizen, Wasser, Wels |

# 5.3 Additive Aromen

In diesem Abschnitt wird unter dem Begriff 'Additive Aromen' jede chemische Substanz verstanden, die einem Lebensmittel zum Zwecke der Aromatisierung zugesetzt werden kann. Die Erlaubnis zum Hinzufügen von Aromen zu Lebensmitteln ist Gegenstand gesetzlicher Regelungen. Für die Länder der Europäischen Union gilt die EG-Aromenverordnung.

---

Die Anlage 1 der AromenVO vom 2. Mai 2006 enthielt folgende Begriffsbestimmungen für verschiedene Quellen von Aromastoffen:

*Natürliche Aromastoffe* (1)
Chemisch definierte Stoffe mit Aromaeigenschaften, gewonnen durch geeignete physikalische Verfahren .......... , durch enzymatische oder mikrobiologische Verfahren aus Ausgangsstoffen pflanzlicher oder tierischer Herkunft, die als solche verwendet oder mittels herkömmlicher Lebensmittelzubereitungsverfahren .......... für den menschlichen Verzehr aufbereitet werden.

*Naturidentische Aromastoffe* (2)
Chemisch definierte Stoffe mit Aromaeigenschaften, die durch chemische Synthese oder durch Isolierung mit chemischen Verfahren gewonnen werden und mit einem Stoff chemisch gleich sind, der in einem Ausgangsstoff pflanzlicher oder tierischer Herkunft (im Sinne der Nummer 1) natürlich vorkommt.

*Künstliche Aromastoffe* (3)
Chemisch definierte Stoffe mit Aromaeigenschaften, die durch chemische Synthese gewonnen werden, aber nicht mit einem Stoff chemisch gleich sind, der in einem Ausgangsstoff pflanzlicher oder tierischer Herkunft (im Sinne der Nummer 1) natürlich vorkommt.

*Aromaextrakte* (4)
Konzentrierte und nicht konzentrierte Erzeugnisse mit Aromaeigenschaften, gewonnen ...... sonst wie (1).

*Reaktionsaromen* (5)
Erzeugnisse, hergestellt unter Beachtung der nach redlichem Herstellerbrauch üblichen Verfahren durch Erhitzen einer Mischung von Ausgangserzeugnissen, von denen mindestens eines Stickstoff (Aminogruppe) enthält und ein anderes ein reduzierender Zucker ist, während einer Zeit von höchstens 15 Minuten auf nicht mehr als 180 °C.

*Raucharomen* (6)
Zubereitung aus Rauch, der bei den herkömmlichen Verfahren zum Räuchern von Lebensmitteln verwendet wird.

---

Gemäß der EG-Aromenverordnung, die ab dem 20. Januar 2011 verbindlich ist, traten einige Änderungen in Kraft.

Der Begriffsbestimmung nach ist ein Aroma ein Erzeugnis, welches einem Lebensmittel zugesetzt wird um dessen Geruch und Geschmack zu ändern.

Ein Aroma kann aus Komponenten folgender Kategorien bestehen oder zusammengesetzt werden:

> Aromastoffe, Aromaextrakte, thermisch gewonnene Reaktionsaromen, Rauch-
> aromen, Aromavorstufen und sonstige Aromen oder deren Mischungen.

Die Buchstaben der folgenden Zusammenstellung beziehen sich auf die im Gesetzestext Artikel 3, Satz 2 verwendete Gliederung, die Ziffern auf die Anlage 1 der AromenVO von 2006.

*Aromastoffe* (b)
sind chemisch definierte Stoffe mit Aromaeigenschaften. Durch diese Definition gibt es keine Unterscheidung mehr zwischen *naturidentischen* (2) und *künstlichen Aromastoffen* (3).

*Natürliche Aromastoffe* (c) $\triangleq$ (1)
sind Stoffe, die natürlich vorkommen und in der Natur nachgewiesen wurden. Sie werden durch geeignete physikalische, enzymatische oder mikrobiologische Verfahren aus pflanzlichen, tierischen oder mikrobiologischen Ausgangsstoffen gewonnen.

*Aromaextrakte* (d) $\triangleq$ (4)
sind Erzeugnisse, die keine Aromastoffe sind, und gewonnen werden aus Lebensmitteln und/oder aus Stoffen pflanzlichen, tierischen oder mikrobiologischen Ursprungs, die keine Lebensmittel sind.

*Thermisch gewonnene Reaktionsaromen* (e) $\triangleq$ *Reaktionsaromen* (5)
sind Erzeugnisse, die durch Erhitzen einer Mischung aus verschiedenen Zutaten gewonnen werden, die nicht unbedingt selbst Aromaeigenschaften besitzen. Die eine Zutat enthält eine Aminogruppe, die andere ist ein reduzierender Zucker.

*Raucharomen* (f) $\triangleq$ (6)
sind Erzeugnisse, die durch Fraktionierung und Reinigung von kondensiertem Rauch gewonnen werden.

*Aromavorstufen* (g) $\triangleq$ (7)
sind Erzeugnisse, die nicht unbedingt selbst Aromaeigenschaften besitzen und die Lebensmitteln zugesetzt werden um diese durch Abbau oder durch Reaktion mit Bestandteilen während der Lebensmittelverarbeitung zu aromatisieren.

*Sonstige Aromen* (h)
Hierzu zählen Erzeugnisse, welche in keine der oben genannten Kategorien fallen.

---

Dem Verbraucher ist es wichtig zu wissen, ob Lebensmittel natürliche Aromastoffe enthalten. Aus einer entsprechenden Kennzeichnung des Produktes geht diese Information hervor. Die Verwendung des Attributs 'natürliche Aromastoffe' setzt voraus, dass ausschließlich natürliche Aromastoffe aus der namengebenden Quelle, hier der fiktiven Frucht 'Zyx', ohne andere Zusätze enthalten sind. Dies entspricht relativ genau der in den USA verwendeten Kennzeichnung 'From The Named Fruit' (FTNF), wenn nur Aromen aus der genannten Frucht vorliegen.

Werden zur Abrundung des natürlichen Aromas aus der namengebenden Quelle Zusätze von Aromen aus anderen natürlichen Quellen vorgenommen, unterscheidet man, ob mehr oder weniger als 95% (m/m) des Aromas aus der namengebenden Quelle stammt. Im ersten Fall lautet in der Zutatenliste die Kennzeichnung 'natürliches Zyx-Aroma', im zweiten 'natürliches

Zyx-Aroma mit anderen natürlichen Aromen'. Bis auf die Fallunterscheidung entspricht diese Regelung der in den USA vorgeschriebenen Deklaration 'With Other Natural Flavors' (WONF), sofern andere natürliche, aber fruchtfremde Aromen hinzugefügt wurden.

## 5.3.1 Künstliche Aromastoffe

Für künstliche Aromastoffe ist eine eigene Zulassung erforderlich. In diesem Falle sind sie begrenzt zur Verwendung in Lebensmitteln zugelassen. Gemäß der Anlage 5 der AromenVO gelten die maximal zulässigen Konzentrationen im Endprodukt (Tab. 5.10).

Die in der Anlage genannten künstlichen Aromastoffe dürfen zur Aromatisierung von künstlichen Getränken, Cremespeisen, Speiseeis, Backwaren (Teigmassen und deren Füllungen), Zuckerwaren, Füllungen für Schokoladenwaren und Kaugummi verwendet werden (Anl. 6).

**Tab. 5.10**: Liste aller derzeit zugelassenen künstlichen Aromastoffe. Angegeben ist die maximal zulässige Konzentration im Endprodukt. * auch als Diethylacetal oder Dimethylacetal, berechnet als Hydroxycitronellal. Ethylmaltol wird zur Geschmacksbeeinflussung zugesetzt.

| Substanz | CAS | mg/kg | Aroma |
|---|---|---|---|
| Allylphenoxyacetat | 7493-74-5 | 2 | Honig, Ananas |
| α-Amylzimtaldehyd | 122-40-7 | 1 | Jasmin, Lilien |
| Anisylaceton | 104-20-1 | 25 | fruchtig, Himbeere |
| Ethylvanillin (Bourbonal) | 121-32-4 | 250 | Vanille, süß |
| Hydroxycitronellal * | 107-75-5 | 25 | süß, blumig, nach Lilien |
| 6-Methylcumarin | 92-48-8 | 30 | trocken, krautig |
| Methylheptincarbonat | 111-12-6 | 4 | grün, Gemüse |
| β-Naphthylmethylketon | 93-08-3 | 5 | blumig, süß |
| 2-Phenylpropionaldehyd | 93-53-8 | 1 | frisch, krautig |
| Piperonylisobutyrat | 5461-08-5 | 3 | süß, fruchtig, Beerenobst |
| Propenylguaethol | 94-86-0 | 25 | vanilleartig |
| Resorcindimethylether | 151-10-0 | 5 | fruchtig, Muskat |
| Vanillinacetat | 881-68-5 | 25 | Vanille, süß |
| Ethylmaltol | 4 940-11-8 | 50 | karamellartig |

Im Falle von künstlichen Aromastoffen (Abb. 5.20) tritt häufiger die Frage auf, ob es sich wirklich um einen in der Natur nicht vorkommenden Stoff handelt. Den Nachweis zu erbringen ist oft ein analytisches Problem und zum andern stark vom Zufall abhängig.

Für Allylhexanoat ist diese Frage gegenwärtig nicht entschieden und wird kontrovers diskutiert. Allylhexanoat, ein Stoff mit starkem Ananasgeruch, wird als industriell erzeugter natürlicher und naturidentischer Aromastoff angeboten. Der eindeutige Nachweis, dass Allylhexanoat auch nur in Spuren in der Natur vorkommt, steht noch aus.

Als Riechstoff in Kosmetika ist es unter der Bezeichnung Allylcaproat (INCI) geführt. Es unterliegt einer Beschränkung bezüglich der Konzentration freien Allylalkohols (0,1%), dem ein verzögertes Irritationspotential eigen ist (Cosmetic Restriction III/1,140).

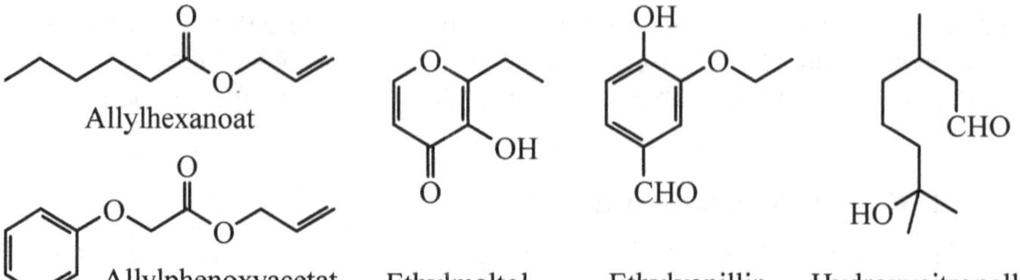

Allylhexanoat

Allylphenoxyacetat   Ethylmaltol   Ethylvanillin   Hydroxycitronellal

**Abb. 5.20**: Auswahl von Strukturen künstlicher Aromastoffe. Das Allylhexanoat = Allylcaproat [123-68-2] hat strukturelle Ähnlichkeit mit Allylphenoxyacetat [7493-74-5]. Ethylmaltol [4940-11-8] ist sechsmal intensiver als Maltol (patentiert 1968, Pfizer). Ethylvanillin [121-32-4] ist 2 bis 4 mal ergiebiger als Vanillin. Hydroxycitronellal [107-75-5] entsteht durch Hydratisierung von Citronellal.

### 5.3.2  Reaktionsaromen

Reaktionsaromen entstehen indem man geeignete Ausgangsstoffe miteinander erhitzt, so dass sich Aromen bilden, die sonst beim Garen in einem kompletten Lebensmittel auftreten. Der Aromenverordnung entsprechend lässt man zu diesem Zweck stickstoffhaltige Komponenten und reduzierende Zucker für 15 Minuten bei 180°C reagieren. Die Reaktionsaromen finden als Lebensmittelzusatzstoffe zur herzhaften, pikanten Aufbesserung von Fertiggerichten, Suppen, Saucen und Snacks Verwendung.

Als preiswerte Stickstoffquelle dient meist ein Proteinhydrolysat. Typische Fleischaromen erzeugt man durch Zugabe von Hefeautolysat, wogegen tierartspezifische Richtungen der Aromen durch die gezielte Auswahl von Fetten und Ölen über die entstehenden Carbonylverbindungen gelingen.

Aus pflanzlichen eiweißhaltigen Materialien, darunter Soja, Mais, Weizen, Reis, Palmkerne, Erdnüsse und Hefe lassen sich durch Hydrolyse Würzen erzeugen, die fleischähnlich und bouillonartig riechen. Die Zubereitungen sind auch als 'Hydrolysierte vegetabile Proteine' (HVP) bekannt. In den Würzen ist 2-Hydroxy-3-methyl-4-ethyl-2-buten-1,4-olid als ein typischer Aromastoff vertreten (Abb. 5.21). Dominant sind auch 5-(2-Hydroxyethyl)-4-methyl-thiazol (Sulphurol) und 2-Methyltetrahydrofuran-3-thiol.

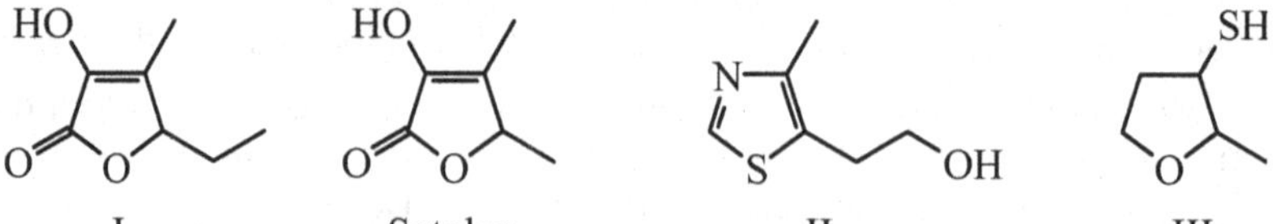

I                     Sotolon                  II                     III

**Abb. 5.21**: Aromastoffe aus Würzen. I = 2-Hydroxy-3-methyl-4-ethyl-2-buten-1,4-olid. Diese Verbindung ist das Ethylanaloge von Sotolon, dem 3-Hydroxy-4,5-dimethyl-2(5H)-furanon (HD2F) oder 2-Hydroxy-3-methyl-2-penten-4-olid [28664-35-9]. II = 5-(2-Hydroxyethyl)-4-methyl-thiazol (Sulphurol) [137-00-8], III = 2-Methyltetrahydrofuran-3-thiol [57124-87-5].

Schlüsselaromen für Rindfleisch sind 2-Methylfuran-3-thiol (MFT) und dessen Derivate. In den Maillardprodukten kommen das 3-Mercapto-2-butanon und das 3-Mercapto-2-pentanon vor, welches sich beim Erhitzen aus Cystein und Ribose bildet (Abb. 5.22).

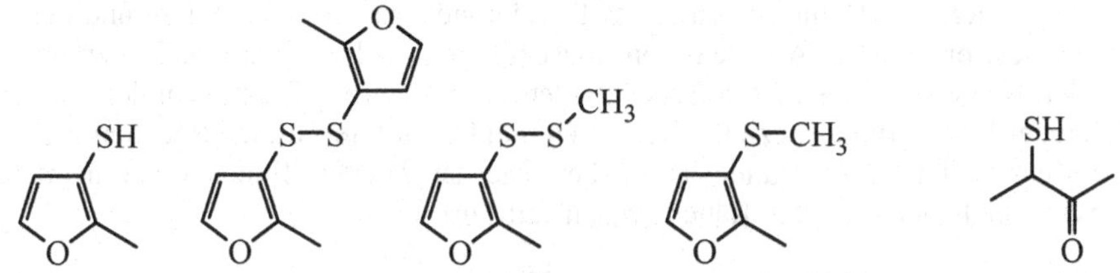

MFT  MFT-Dimer  gem. Disulfid  MFT-Thioether  3-Mercapto-2-butanon

**Abb. 5.22**: 2-Methylfuran-3-thiol (MFT) [28588-74-1], MFT-Dimer = Bis-(2-methyl-3-furyl)-disulfid (MFT-MFT) [28588-75-2]. Das gemischte Disulfid ist das 2-Methyl-3-methyl-disulfanyl-furan [65505-17-1]. Der MFT-Thioether ist 2-Methyl-3-methyl-sulfanyl-furan [63012-97-5]. 3-Mercapto-2-butanon [40789-98-8] riecht nach gerösteter Zwiebel. Alle Aromen sind koscher.

Pyrazinethanthiol hat ein hervorragendes Aroma nach Schweinefleisch, sein natürliches Vorkommen ist aber noch nicht bestätigt. Dagegen kennt man das Vinylpyrazin, aus dem durch Addition von $H_2S$ an die Vinylgruppe Pyrazinethanthiol gebildet werden kann, in Schweinefleisch gut (Abb 5.23).

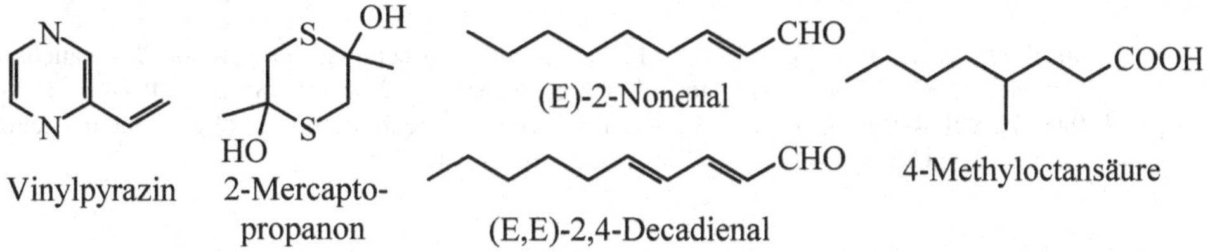

(E)-2-Nonenal

4-Methyloctansäure

Vinylpyrazin  2-Mercapto-propanon  (E,E)-2,4-Decadienal

**Abb. 5.23**: Vinylpyrazin [4177-16-6], aus dem durch Addition von $H_2S$ das 2-Pyrazinethanthiol [35250-53-4] entstehen kann. 2-Mercaptopropanon bezeichnet hier sein Dimer 2,5-Dimethyl-1,4-dithian-2,5-diol [55704-78-4]. (E,E)-2,4-Decadienal [25152-84-5] und (E)-2-Nonenal [2463-53-8] vgl. hierzu Tab. 5.01. Die 4-Methyloctansäure oder 4-Methylcaprylsäure und die 4-Methylnonansäure oder 4-Methylpelargonsäure haben einen unangenehm ranzigen Geruch, vgl. Tab. 5.06.

Aroma von Lammfleisch ist mit dem Auftreten von 4-Methyloctansäure und 4-Methylnonansäure verbunden. Im Hühnerfleisch bildet sich beim Garen das Dimer von Mercaptopropanon und das (E,E)-2,4-Decadienal, das nach Hühnerfett riecht (Geruchsschwelle 0,07 ppb). Eine allgemein fettige Note verbreitet (E)-2-Nonenal.

### 5.3.3 Raucharomen

Raucharoma wird aus kondensiertem Rauch gewonnen, wie er beim traditionellen Räuchern (Heiß- oder Kalträuchern unter Verwendung von Hartholzspänen) von Lebensmitteln direkt auf das Räuchergut einwirkt. Das zunächst gewonnene Kondensat wird in drei Komponenten getrennt. Hierbei entsteht ein wässriges Rauchkondensat, eine Teerphase und eine ölige Phase, die verworfen wird. Aus dem von toxischen polyzyklischen aromatischen Kohlenwasserstoffen weitgehend gereinigten Rauchkondensat und einigen Fraktionen der Teerphase lassen sich unter Verwendung spezieller Verfahren und Hilfsstoffe flüssige Raucharomen zubereiten. Zur Kennzeichnung im Handel muss die Liste der Zutaten 'Raucharoma' nennen, während konventionell Geräuchertes 'Räucherrauch' aufführt.

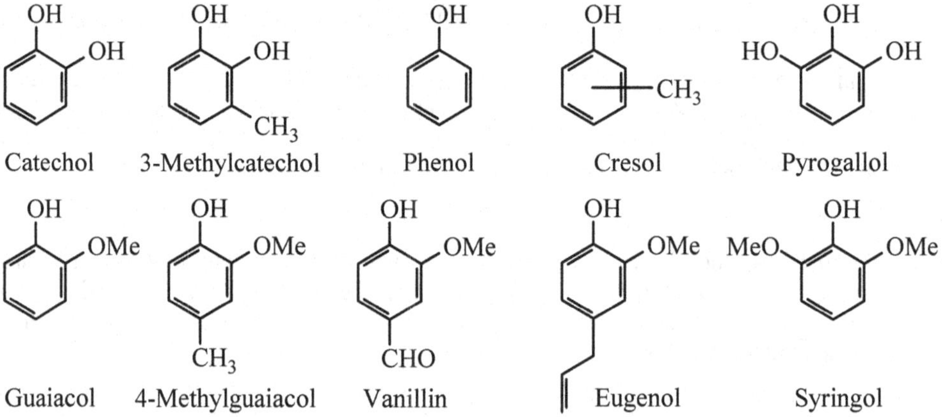

| Catechol | 3-Methylcatechol | Phenol | Cresol | Pyrogallol |
| Guaiacol | 4-Methylguaiacol | Vanillin | Eugenol | Syringol |

**Abb. 5.24**: Wesentliche Vertreter von Phenolen aus der phenolischen Fraktion des Rauchkondensates. Me = Methyl. Catechol = Pyrocatechol = Brenzcatechin [120-80-9], Syringol [91-10-1] und Guaiacol [90-05-1], vgl. 4-Vinylguaiacol. Mit Ausnahme von Pyrogallol sind die abgebildeten Phenole olfaktorisch wirksam. Cresol kommt als o-, m- und p-Cresol vor.

Die phenolische Fraktion des Rauchkondensates, die typisch nach Geräuchertem riecht, enthält neben großen Anteilen an Syringol, Guaiacol und Pyrocatechol, geringere Mengen an Phenol, Cresol, 4-Methylguaiacol, 3-Methylpyrocatechol, Eugenol, Vanillin und Pyrogallol. Die genannten Phenole entstehen beim thermischen Abbau von Lignin und stammen damit von Phenylpropanoiden ab.

### 5.3.4 Toxische Verbindungen in Aromen

Eine Reihe von Stoffen, die Lebensmitteln zur Aromatisierung zugesetzt werden, enthalten toxische Verbindungen. Um gesundheitliche Schäden zu vermeiden sind für diese per Gesetz Beschränkungen in ihrer Endkonzentration in verzehrfertigen Lebensmitteln (Höchstmengen) eingeführt worden. Die AromenVO legt in Anlage 4 die jeweiligen Grenzwerte in mg/kg fest. Die dort tabellierten Riechstoffe werden wie folgt vorgestellt (Abb. 5.25).

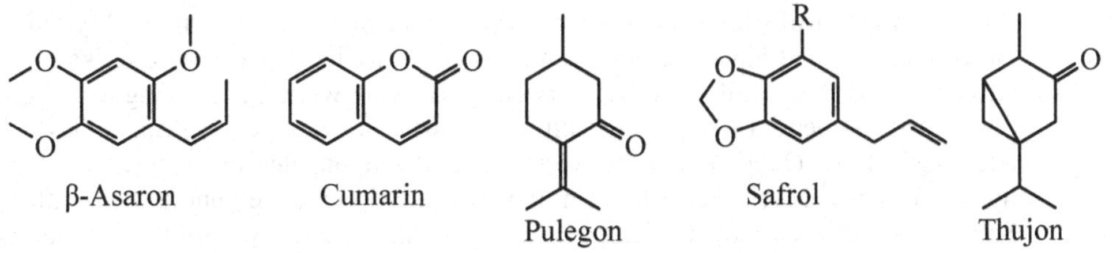

β-Asaron    Cumarin

Pulegon

R

Safrol

Thujon

**Abb. 5.25**: Riechstoffe mit toxischem Potential nach Aromen VO Anlage 4. Der überwiegende Anteil des Asarons kommt als β-Asaron = *cis*-Asaron [5273-86-9] vor, nur ein Zehntel als α-Asaron = *trans*-Asaron. Cumarin = 1,2-Benzopyron = Chromen-2-on [91-64-5] ist ein o-Hydroxyzimtsäurelacton. Pulegon [15932-80-6]. Safrol = 4-Allyl-1,2-methylendioxybenzen [94-59-7] und Isosoafrol = 3,4-Methylendioxyphenyl-1-propen [120-58-1] (R=H) unterscheiden sich in der Lage der Doppelbindung. Liegt als Rest eine weitere Methoxygruppe vor, handelt es sich um Myristicin [607-91-0]. Elemicin [487-11-6] trägt drei Methoxygruppen. α-Thujon = (-)-Thujon = (1S,4R,5R)-4-methyl-1-propan-2-yl-bicyclo[3.1.0]hexan-3-on [546-80-5], β-Thujon = Absinthon [1125-12-8].

Asaron gehört wie auch Safrol und Cumarin zur chemischen Klasse der Phenylpropankörper (C6+C3). Es ist als charakteristischer Bestandteil im ätherischen Öl des Kalmusrhizom (*Rhizoma Calami*) mit etwa 73% enthalten. Das Rhizom wird als 'Aromaticum amarum' in Spirituosen und Würzen verwendet. Auf Grund der Doppelbindung in der Seitenkette kommt Asaron in einer *cis*- und *trans*-Form vor, die als β- und α-Asaron bezeichnet werden. α-Asaron ist ein Inhibitor der 3-Hydroxy-3-Methylglutaryl-Coenzym-A Reduktase (HMG-CoA Reduktase), β-Asaron hemmt die Acetylcholinesterase.

Beide Asarone sollen nicht als Gewürze verwendet werden und β-Asaron darf in verzehrfertigen Lebensmitteln eine Konzentration von 0,01% nicht überschreiten. In alkoholischen Getränken und Würzen sind maximal 0,1% erlaubt.

Cumarin ist eine typisch riechende Komponente in Steinklee, Waldmeister und trocknendem Gras, wobei es aus einer glykosidischen Bindung beim Welken enzymatisch freigesetzt wird. In freier Form liegt es in Tonkabohnen und Zimt vor, ebenso in den ätherischen Ölen von Lavendel und Pfefferminz. Es ist ein beliebter Riechstoff und Fixativ in Parfümen und Seifen.

In verzehrfertigen Lebensmitteln ist Cumarin in einer Konzentration von bis zu 2 mg/kg erlaubt. Ausnahmen bestehen für Karamell-Süßwaren (10 mg/kg), alkoholische Getränke (10 mg/kg) und Kaugummi (50 mg/kg). Wegen der möglichen Auslösung von Leberfunktionsstörungen ist die Anwendung als Arzneimittel gegen Venenentzündungen aufgegeben worden.

Pulegon ist eine angenehm minzig riechende Flüssigkeit, die im ätherischen Öl von Lamiaceen (*Mentha pulegium* L.) vorkommt. Pulegon ist ein Monoterpen (C10), das bis zu einer Konzentration von 350 mg/kg in mit Minze aromatisierten Süßwaren vorkommen darf.

Auch das ätherische Öl der Buccoblätter eines in Südafrika beheimateten Strauches *Barosma betulina* aus der Familie der Rutaceen enthält Pulegon. Der Name Barosma (βαρύς οσμή, d.h. schwerer Geruch) weist auf einen intensiven Geruch hin, der als stark aromatisch, minzenartig, durchdringend gewürzhaft beschrieben wird.

Safrol und Isosafrol sind in ätherischen Ölen verschiedener Lauraceen und Myristicaceen enthalten. Isosafrol hat einen Geruch nach Anis oder Lakritz. Es war in Amerika lange Zeit als Aroma im 'root beer' enthalten. Safrol riecht süß, warm, würzig und holzig nach Sassafras. Im Sassafras-Holz beträgt der Safrolgehalt bis zu 80%. In *Myristica fragrans* mit Muskatnüssen und Muskatblüte (Macis) sind die wesentlichen Komponenten des ätherischen Öls die Phenylpropankörper Myristicin, Elemicin und Safrol. Bei Getränken und Lebensmitteln ist 1 mg Safrol/kg erlaubt. Sofern die Lebensmittel Muskatnuss oder Muskatblüte enthalten, sind es bis zu 15 mg/kg.

In Ratten ließ sich die Bildung von zwei karzinogenen Metaboliten des Safrol nachweisen, die jedoch beim Menschen nicht entstehen. Diese Tatsache erschwert die Beurteilung der Gefährlichkeit für den Menschen.

In kosmetische Produkte darf Safrol nur über natürliche Essenzen eingebracht werden und seine Endkonzentration im Produkt muss unter 100 ppm bleiben. Für Produkte der Mundhygiene sind nur 50 ppm erlaubt, in ausgesprochenen Kinderzahnpasten darf es nicht enthalten sein. Isosafrol kann als Edukt zur Herstellung von designer drugs dienen und unterliegt daher Handelsbeschränkungen.

Thujon hat einen mentholartigen Geruch. Es ist enthalten in ätherischen Ölen von Thuja, Thymian, Wermut, Rainfarn, Rosmarin, Beifuß und Salbei. Thujon ist ein Nervengift, indem es die neuronale Reizschwelle senkt und durch eine zentrale Erregung Konvulsionen auslöst. Zu Vergiftungen kam es früher nach missbräuchlicher Anwendung als Abortivum. Im 19. Jahrhundert trat der smaragdgrüne Absinth-Likör als 'Grüne Fee' seinen Siegeszug an. In Künstlerkreisen schätzte man seine inspirierende (psychedelische) Wirkung. Ernest Hemingway, Vincent van Gogh und Ernest Dawson sind wohl die bekanntesten Konsumenten von Absinth. Bis zum Beginn des I. Weltkrieges verboten die meisten westlichen Länder Absinth-Likör wegen neurotoxischer Wirkungen. Heute ist in Speisen und Getränken ein Gehalt an Thujon bis 0,5 mg/kg erlaubt. In alkoholischen Getränken je nach Alkoholgehalt bis 10 mg/kg, in Lebensmitteln mit Salbeizubereitungen bis 25 mg/kg und in Bitterspirituosen 35 mg/kg. Die früheren Verbote sind aufgehoben.

Abschließend soll noch das früher therapeutisch verwendete Ascaridol Erwähnung finden. Ascaridol ist ein natürlich vorkommendes Peroxid von α-Terpinen (Abb. 5.26). Es ist vermicid und wurde deshalb in Form des Chenopodiumöls als Wurmmittel eingesetzt. Oral eingenommen sind wenige Gramm tödlich, sofern sie nicht rechtzeitig mit Laxantien abgeführt werden.

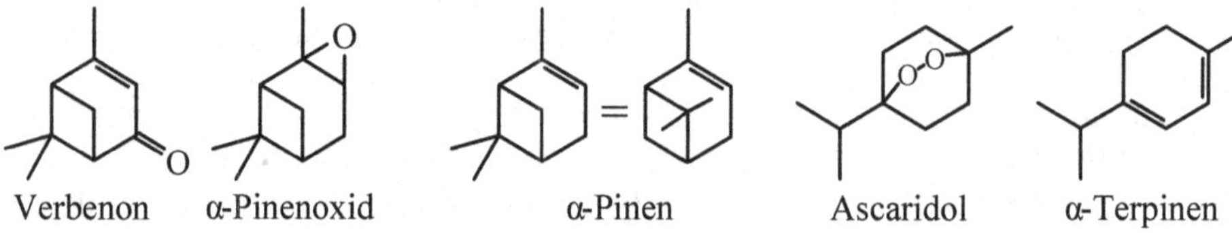

Verbenon    α-Pinenoxid              α-Pinen        Ascaridol    α-Terpinen

**Abb. 5.26**: α-Pinen (mitte) und verschiedene Oxidationsprodukte: α-Pinenoxid und Verbenon (links) werden als Riechstoffe verwendet, Verbenon auch als Repellent gegen Borkenkäfer. Aus α-Terpinen und α-Pinen kann das Peroxid Ascaridol entstehen, welches giftig ist.

In der mexikanischen Küche dient allerdings der Ascaridol-haltige 'Wohlriechende Gänsefuß' zum Würzen und Haltbarmachen von Speisen. Kontaktallergien von ätherischen Ölen können durch Ascaridol ausgelöst werden, das aus α-Pinen nach wenigen Tagen in Folge einer Autoxidation entsteht. Das antimikrobiell wirkende Teebaumöl ist wegen seines hohen Gehaltes an α-Terpinen (20%) und Pinen kritisch zu bewerten. Dies gilt auch für alle anderen ätherischen Öle mit diesen Vorstufen.

## 5.4 Aromaräder

In der Praxis der Begutachtung von Lebensmittelaromen hat die Erfassung aller Gerüche, wie sie in der Geruchskarte (Abb. 2.17) auftreten, in der Regel keinen Sinn. Von Interesse ist meistens nur, ob die für ein Lebensmittel typischen sensorischen Komponenten alle genügend und ausgewogen repräsentiert sind und keine Fehlaromen auftreten. Als Hilfsmittel verwendet man daher Aromaräder (Flavour-Wheels). Sie stellen eine Liste sensorischer Eigenschaften dar, die im Zuge der Begutachtung eines Lebensmittels überprüft werden müssen.

Es gibt eine ganze Palette von solchen Aromarädern für beinahe alle Lebens- und Genussmittel wie Wein, Bier, Whiskey, Roast Beef, Milchprodukte, Schokolade, Kaffee oder Tee. Sie dienen der Objektivierung von sensorischen Begutachtungen und Überprüfungen und haben sich in der Lebensmittelindustrie als wichtige standardisierte Hilfsmittel bewährt. Um einen optischen Eindruck eines Prüfergebnisses zu erhalten, werden die skalierten Daten häufig in der Form von Netzdiagrammen (Spider-Diagramm) dargestellt (Abb. 5.27). Nicht der Norm entsprechendes Verhalten fällt dadurch schnell auf.

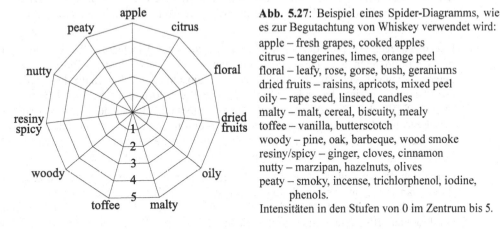

**Abb. 5.27**: Beispiel eines Spider-Diagramms, wie es zur Begutachtung von Whiskey verwendet wird:
apple – fresh grapes, cooked apples
citrus – tangerines, limes, orange peel
floral – leafy, rose, gorse, bush, geraniums
dried fruits – raisins, apricots, mixed peel
oily – rape seed, linseed, candles
malty – malt, cereal, biscuity, mealy
toffee – vanilla, butterscotch
woody – pine, oak, barbeque, wood smoke
resiny/spicy – ginger, cloves, cinnamon
nutty – marzipan, hazelnuts, olives
peaty – smoky, incense, trichlorphenol, iodine, phenols.
Intensitäten in den Stufen von 0 im Zentrum bis 5.

Der Beginn der Anordnung von sensorischen Eigenschaften in Form von Rädern liegt Anfang der 1980er Jahre. 1984 stellte Ann C. Noble, Professorin für Önologie an der University of California, Davis, ein 'Aroma Wheel' als Hilfsmittel zur Verkostung von Wein vor. Seit 1995 gibt es vom Deutschen Weininstitut (DWI) spezielle Aromaräder für die sensorische Bewertung deutscher Weiß- und Rotweine. Eine erweiterte Version erfasst auch die Fehlaromen des Weins (L. Kollmann). Die Welt der Parfüme wurde 1983 von M. Edards ebenfalls in einem 'Frangrance Wheel' zusammengefasst. Ein traditionelles Aromarad für Lebensmittel umfasst 16 verschiedene Aromarichtungen. Im Bereich Lebensmittel gibt es auch 'Tasting Wheels' und 'Nosing Wheels'.

Der Aufbau aller verwendeten Räder ähnelt auf den ersten Blick demjenigen der Normfarbtafel, die in der Physiologie und Technik verwendet wird, um Farbmischungen eindeutig darstellen zu können. Durch die meist vorgenommene Hinterlegung der Aromaräder mit den Spektralfarben wird dieser Eindruck zusätzlich verstärkt. Allerdings hat das Farbdreieck der Normfarbtafel, das eine Schnittebene durch einen von drei linear unabhängigen Vektoren (Rot, Gelb, Blau) aufgespannten Tetraeder darstellt, wenig mit dem hochdimensionalen Raum der Gerüche zu tun. Dieser kann näherungsweise mit der torusförmigen Geruchskarte dargestellt werden, nicht jedoch durch kreisförmige Anordnungen von linearen Listen, auch wenn diese in der Praxis äußerst hilfreich sind.

## 5.5 Geruchskarte

Die in Abb. 5.28 abgebildete Geruchskarte dient dazu einen Überblick über das nachbarschaftliche Auftreten der bisher vorgestellten Geruchseindrücke zu gewinnen. Hierzu ist die in Abb. 2.17 gezeigte Geruchskarte, welche die gesamte Torusoberfläche nahezu als Quadrat darstellt, über die Ränder hinweg erweitert und gleichzeitig in eine neue Position verschoben. Durch hinterlegte Linien ist die Größe der Gesamtfläche des Torus markiert. Die erweiterte Darstellung bedingt, dass Randblöcke mehrfach vorkommen, dafür aber ungeteilt zu sehen sind.

Der überwiegende Anteil der im Kapitel 4 besprochenen Riechstoffe löst unangenehme Geruchsempfindungen aus. Diese Geruchsnoten sind im Bereich der Ellipse A versammelt, gerade diejenigen von Zwiebel und Knoblauch einschließend. Innerhalb des Gebietes liegen zwei Blöcke mit einer besonderen Häufung von Riechstoffen, die Schwefel (Block 12) oder Stickstoff (Blöcke 32 und 1) als Heteroatom enthalten. Meist sind Aminosäuren Vorläufer dieser Stoffe. Manche der Verbindungen treten erst nach deutlichem Zerfall der eiweißhaltigen Matrix auf und entfalten je nach Aastoleranz der Lebewesen eine Warnwirkung. In der Ellipse C liegen Kühl-Reizstoffe, die in Abschnitt 2.4 vorgestellt wurden.

Geruchseindrücke von Aromastoffen, die durch Garen von Lebensmitteln erzeugt werden, findet man vorzugsweise innerhalb der Ellipse B. Hier liegen die Geruchsnoten vieler Maillard-Produkte versammelt. Außerhalb der markierten Bereiche trifft man auf Geruchsnoten von Früchten, Blüten und Gewürzen, welche im folgenden Kapitel zentrale Bedeutung haben.

**Abb. 5.28**: Geruchskarte mit den markierten Bereichen der Geruchseindrücke von Maillard-Produkten, sowie unangenehmer und vorwiegend trigeminal ausgelöster Geruchsempfindungen. Das hinterlegte Rechteck gibt die Größe der gesamten Torusfläche an. Die außerhalb liegenden Blöcke sind zum Teil mehrfach dargestellt. Erläuterungen im Text.

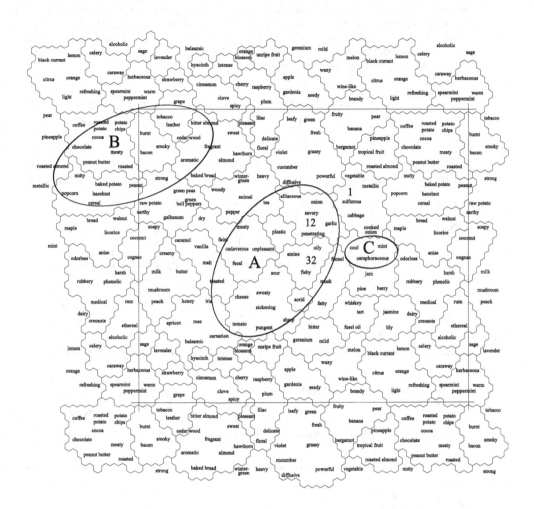

## 5.6  Nomenklatur einfacher Heterozyklen

**Tab. 5.11**: Der obere Teil fasst die Nomenklatur 5- und 6-gliedriger Ringe mit Stickstoff als Heteroatom zusammen. Die Endungen für maximal ungesättigte 5er-Ringe sind **-ol** (linke Spalte), für teilweise ungesättigte **-olin** (mittlere Spalten) und für gesättigte **-olidin** (rechte Spalte). Bei den teilweise ungesättigten gibt es je nach Lage der Doppelbindung unterschiedliche Isomere. Sechsgliedrige Ringe mit einem oder zwei Stickstoffen ganz rechts. Der untere Teil zeigt häufiger vorkommende 5- und 6-gliedrige Heterozyklen und deren chemische Bezeichnungen.

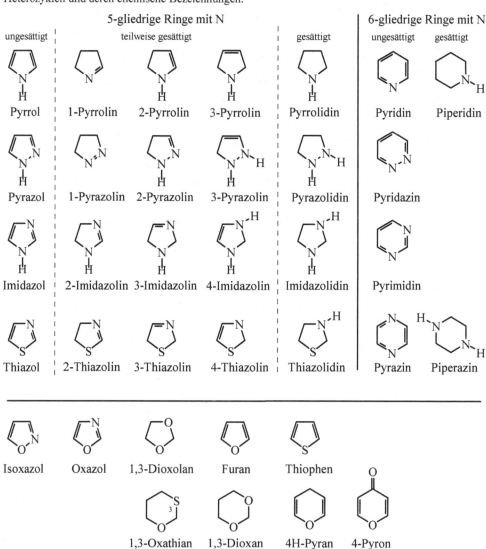

## Literaturauswahl

Baltes W, Matissek R: Lebensmittelchemie, 7. Aufl., Springer-Verlag, Berlin Heidelberg, 2011; 613 S. ISBN 9783642165399

Belitz HD, Grosch W, Schieberle P: Lehrbuch der Lebensmittelchemie, 6. Aufl., Springer-Verlag, Berlin Heidelberg, 2008; 1059 S.

Berger RG (Edt.): Flavours and fragrances: chemistry, bioprocessing and sustainability; Springer Verlag, Berlin Heidelberg New York, 2007; 648 S. doi:10.1007/978-3-540-49339-6

Breitmaier E: Terpene: Aromen, Düfte, Pharmaka, Pheromone. 2 Aufl., Verlag Wiley-VCH 2008; 210 S. doi:10.1002/9783527623693

De Rovira D: Dictionary of Flavors, 2nd Edition, Verlag Wiley-Blackwell, 2008; 736 S. ISBN: 9780813821351

Kirk-Othmer, Food and Feed Technology, Vol. 1 (Teil der Encyclopedia of Chemical Technology), Wiley-Interscience, 2008; 1760 S.

McGorrin RJ: Character-impact Flavor Compounds. In: Sensory-Directed Flavor Analysis. Marsili R (Edt.), Taylor & Francis/CRC Press, Boca Raton, FL, 2007; 223-267

Priefert H, Rabenhorst J, Steinbüchel A: Biotechnological production of vanillin. Appl Microbiol Biotechnol. 56(3-4): 296-314 (2001)

Rowe DJ (Edt.): Chemistry and Technology of Flavors and Fragrances: John Wiley & Sons - Blackwell Publishing, Oxford, 2004; 352 S.

# 6 Riechstoffe der Parfümerie

Kosmetische Mittel sind nach dem Gesetz lediglich dazu bestimmt äußerlich am Körper des Menschen und in seiner Mundhöhle angewendet zu werden. Sie dienen der Reinigung, dem Schutz, der Bewahrung eines guten Zustandes, der Parfümierung, der Änderung des Aussehens und der Beeinflussung des Körpergeruchs. Kosmetische Mittel dienen einer topischen Anwendung am Körper.

## 6.1 Die Parfümerie

Parfümerie stellt einen Teil der Kulturgeschichte der Gerüche und ihrer Anwendung dar. In Europa beginnt sie im heutigen Sinne etwa in der Mitte des 17. Jhdt. und kam am Hofe Ludwigs XIV. zu einer Blüte. Mangelnde Körperhygiene ließ schlechte Körpergerüche entstehen, die man durch Parfüm zu überdecken suchte. Besonders langanhaltend riechende Produkte, sog. schwere Parfüme waren gefragt. Da auch gegerbtes Leder einen unangenehmen Geruch aufweist, hatten sich die Handschuhhersteller schon mit der Überdeckung dieses Geruchs durch Parfüme befasst und so verwundert es nicht, dass die ersten Parfümhersteller aus dieser Berufsgruppe kamen. Mit Ambra parfümierte Handschuhe behielten diesen Geruch über Jahre. Handelsnamen wurden diesen Produkten noch keine gegeben. Mit Verbesserung der Hygiene änderten sich zwar die Anforderungen an das Parfüm, es blieb aber weiterhin ein Luxusartikel.

Die Kenntnis und Kunst der Parfümherstellung wurde von den Herstellern gehütet. Nach dem Ende des 30-jährigen Krieges und der letzten Pestseuche 1667 zogen viele ausländische Geschäftsleute und Händler in die entvölkerten Landstriche und Städte. So gründete Johann Baptist Farina aus dem Piemont in Norditalien (1685-1766) in Köln 1709 einen Handel für 'Französisch Kram' (i.e. Luxusartikel). Sein Bruder Johann Maria Farina trat 1714 in dieses Geschäft ein und bürgte mit seinem Namen und Siegel für die Güte der von ihm hergestellten Geruchswässer, dessen eines 'Farina aqua mirabilis' hieß. Von ihm schwärmte der Parfümeur 'ich habe einen Duft gefunden, der mich an einen italienischen Frühlingsmorgen erinnert, an Bergnarzissen, Orangenblüten kurz nach dem Regen. Er erfrischt mich, stärkt meine Sinne und Phantasie.' Diese einzigartige Duftkomposition wurde zu Farinas Eau de Cologne und machte seinen Namen und den Kölns weltberühmt. Die Firma existiert noch heute unter dem Namen 'Farina gegenüber dem Jülichs-Platz', kurz 'Farina Gegenüber' und ist der älteste Parfümhersteller der Welt. Auch das originale Eau de Cologne wird heute noch unverändert hergestellt.

Im Jahre 1804 kaufte Wilhelm Mülhens eine Namenslizenz von einem Pseudo Farina und löste durch Verkauf von Namensrechten eine Lawine von Neugründungen und Rechtsstreitigkeiten aus. Erst 1881 wurde seiner Firma der Gebrauch des Namens Farina generell untersagt. Daraufhin nutzte er die aus der napoleonischen Zeit stammende Hausnummer 4711 des Betriebes. Großen Erfolg hatte das Produkt Echt Kölnisch Wasser von 4711 bis weit nach dem II. Weltkrieg. Die Firma ging in neuerer Zeit auf Wella und 2004 auf Procter & Gamble über.

Ein anderer renommierter Parfümhersteller war Jean-François Houbigant (1752-1807) aus dem südfranzösischen Grasse, dem Zentrum der Parfümerie. In der Pariser Rue du Faubourg

St.-Honoré gründete er 1775 ein Geschäft für Handschuhe, Parfüms und Brautsträuße. Den Ladeneingang schmückte ein handgemaltes Schild eines mit Blumen gefüllten Korbes, der sein Markenzeichen wurde: 'A la corbeille de fleurs'. Seine Parfüms wurden am Hofe sehr beliebt und er kreierte Düfte für die Königsfamilie. Einer Legende nach soll Marie Antoinette 1791 auf der Flucht der königlichen Familie aus Paris, trotz Verkleidung, allein wegen des Parfümduftes im Fluchtgefährt als Mitglied des Königshauses erkannt und festgenommen worden worden sein. Houbigants Sohn war später Hofparfümeur Napoleons und belieferte Adels- und Königshäuser in ganz Europa, darunter das englische Königshaus und den russischen Zaren. Im 19. Jhdt. stellte Houbigant auch Parfümeure ein, darunter Paul Parquet und Robert Bienaimé, die zum Teil eigene Firmen gründeten. Nach verschiedenen nicht erfolgreichen Neugründungen in jüngster Zeit werden die renommierten Produkte von Houbigant durch eine andere Firma unter dem alten Namen verkauft.

## *Ätherische Öle*

Einen besonders wichtigen Anteil in Parfümen bilden die ätherischen Öle, für deren Gewinnung im Laufe der Zeit eine Reihe von Verfahren entwickelt wurden. Zuerst zu nennen ist das Auspressen von Pflanzen mit ätherischem Ölgehalt. Das anschließende Zentrifugieren erhöht die Ausbeute. Bei Zitrusfrüchten können durch Perforation der Schale die Ölbehälter aufgebrochen werden, was die Gewinnung erleichtert. Wegen der geringen Temperatur ist das Verfahren sehr schonend.

Ein mildes Verfahren stellt auch die Wasserdampfdestillation dar, die schon in Arabien zur Reife gebracht wurde. Das zu extrahierende pflanzliche Material wird in Wasser gekocht und das im Wasserdampf übergehende ätherische Öl trennt sich nach Kondensation weitgehend von alleine vom Wasser und liefert die *huiles essentielles*.

Ein altes und für Duftstoffe aus Blütenblättern unentbehrliches Verfahren stellt die *enfleurage froid* dar. Dabei werden die Blütenblätter auf eine dünne Schicht geruchsarmes Fett (Schweine- und Rinderschmalz, 2:1) aufgestreut. Nach geraumer Zeit gehen die Duftstoffe in das Fett über und man ersetzt die extrahierten Blütenblätter durch neue. Dieses Verfahren ist arbeits- und zeitaufwendig und wird heute nur noch zur Gewinnung von Duftstoffen aus Jasmin und Tuberosen (Nachthyazinthe) verwendet. Das nach der *enfleurage froid* anfallende Fett wird in einem weiteren Schritt mit Ethanol extrahiert (*lavage*), was zu einem ethanolischen Blütenöl führt, das die Bezeichnung *absolue d' enfleurage* trägt.

Führt man das beschriebene Verfahren unter erhöhter Temperatur zwischen 50°C und 70°C durch, spricht man von der *enfleurage chaud*. Die Prozedur ist im wesentlichen wie bei der *enfleurage froid*, die Blüten werden jedoch abgesiebt.

Die Extraktion erfolgt durch Anwendung von Lösungsmittel, welche das pflanzliche Material durchströmen. Im Anschluss destilliert man das Lösungsmittel ab und erhält *l'essence concrète*, eine auf Grund von Wachsanteilen feste Masse. Eine Behandlung mit Ethanol entfernt das Wachs und man gelangt zur *essence absolue*.

Die Weiterentwicklung der Extraktion führte zur Verwendung von komprimierten Gasen wie Butan (Butaflore®), die dann bei normaler Temperatur als Flüssigkeit die Riechstoffe aus dem Material extrahieren und leicht abtrennbar sind. Nach dem gleichen Prinzip arbeitet die Extraktion mit überkritischem Kohlendioxid (200 bar), die als 'sanfte Extraktion' oder 'Softact®' bezeichnet wird.

Viele Begriffe und Techniken aus der Parfümherstellung, an deren Entwicklung französische Fachleute seit dem 17. Jahrhundert einen maßgeblichen Anteil haben, sind französischen Ursprungs.

## 6.2  Das Parfüm

Was allgemein als Parfüm bezeichnet wird, lässt sich als eine Lösung von Duft- und Riechstoffen in hochprozentigem Ethanol (ca. 80%) verstehen. Während zu Duftstoffen nur angenehm riechende Stoffe zählen, umfasst der Begriff Riechstoff angenehme und unangenehme Geruchsnoten. Als Quellen für Riechstoffe können gleichermaßen Pflanzen, Tiere und die chemische Synthese in Betracht kommen. Mischungen von ätherischen Ölen und solche mit tierischen oder synthetischen Riechstoffen liefern endlich die Parfüm-Öle als Grundlage für verschiedene Endprodukte.

Je nach der Höhe des Anteils an Parfüm-Ölen in der alkoholischen Lösung werden folgende marktübliche Verdünnungen unterschieden: 'Eau de Solide' (EdS) enthält nur einen Anteil von 1 bis 3% an Parfüm-Ölen, während ihr Anteil im 'Eau de Cologne' (EdC) 3 bis 5% und im Eau de Toilette (EdT) 4 bis 8%, maximal bis 10%, beträgt. Im Eau de Parfum (EdP) liegt der Anteil zwischen 8 und 15%. Schließlich folgt die als 'Parfum' oder 'Extrait' bezeichnete Zubereitung mit einem noch höheren Anteil zwischen 15 und 30%.

Zum Vergleich mit diesen Zubereitungen liegt der Anteil von Riechstoffen in parfümierten Produkten wie Waschmitteln, Reinigungsmitteln und Kosmetika zwischen 0,1 und 3%.

Gleichgültig welches die Endkonzentration der Riechstoffe in einer Zubereitung ist, sie enthält in der Regel zwischen 30 bis 100 einzelne Riechstoffe, die von erfahrenen Parfümeuren zu den Parfüm-Ölen gemischt werden. Zur Ausarbeitung der Duftstoff-Rezeptur greifen sie auf etwa 3000 gebräuchliche Riechstoffe zurück, die etwa nur ein Zehntel der heute bekannten Riechstoffe ausmachen. Das fertige Produkt stellt eine Komposition aus Duftbausteinen dar.

### 6.2.1  Aufbau eines Parfüms

Da die verschiedenen Riechstoffe unterschiedliche Flüchtigkeiten aufweisen, verändert sich der Geruchseindruck eines Parfüms während der Anwendung. Um diese Erscheinung besser beschreiben zu können, spricht man von der Kopf-, Herz- und Basisnote, der sog. Dreifaltigkeit eines Parfüms.

Die Kopfnote ist diejenige, die schon beim Öffnen des Flacons und kurz nach dem Auftragen eines Parfüms wahrnehmbar ist. Sie ist von leichtflüchtigen Komponenten geprägt und beeinflusst wesentlich die Kaufentscheidung. Hat sich die Kopfnote nach einigen Minuten (15 min) verflüchtigt, tritt die Herznote in den Vordergrund. Diese ist für den Anwender eigentlich die entscheidende, denn sie hält Stunden an und trägt die Mittelnote oder das Bouquet des Parfüms. Die Basisnote, oft der Fond genannt, wird aus lange haftenden Riechstoffen gespeist und bildet die letzte Phase des Duftablaufs, die sich sogar über einen Tag hinaus erstrecken kann. Die wegen ihrer geringeren Flüchtigkeit hierzu verwendbaren Duftstoffe werden auch als Fixative bezeichnet.

Eine gute Komposition besteht aus Komponenten, die alle drei Phasen bedienen. Der Charakter, die Stärke und die Haftfestigkeit der zusammengestellten Gerüche müssen in einem Parfüm aufeinander abgestimmt sein.

### 6.2.2 Bekannte Parfüme

Die Rezeptur von einigen bekannten Parfümen aus verschiedenen Zeiten und Modeströmungen kann beispielhaft den Aufbau einer Komposition erläutern.

Eau de Cologne (1709) von Farina Gegenüber (Johann Maria Farina). Duftnoten: Bergamotte, Grapefruit, Kräuter, Limette, Mandarine, Orange, Zeder, Zitrone.

Echt Kölnisch Wasser (1792) von Wilhelm Mülhens, 4711. Kopfnote: Bergamotte, Orange, Zitrone. Herznote: Lavendel, Rosmarin. Basisnote: Neroli.

Fougère Royale (1882) von Houbigant (Paul Parquet). Kopfnote: Lavendel, Bergamotte, Römischer Salbei (Clary Sage). Herznote: Geranium, Heliotrop, Rose, Orchidee, Nelke (Carnation). Basisnote: Eichenmoos, Tonkabohne, Moschus, Vanille, synthetisches Cumarin ca. 10% im Parfümöl.

Quelques Fleurs (1912) von Houbigant (Robert Bienaimé). Kopfnote: Bergamotte, Estragon, grüne Noten, Orangenblüte, Zitrone. Herznote: Flieder, Heliotrop, Iriswurzel, Jasmin, Maiglöckchen, Nelke, Orchidee, Rose, Tuberose, Ylang-Ylang. Basisnote: Amber, Eichenmoos, Moschus, Sandelholz, Tonkabohne, Zibet.

Chypre de Coty (1917) von François Coty. Kopfnote: Bergamotte, Salbei, Zibet. Herznote: Iriswurzel, Jasmin, Rose. Basisnote: Eichenmoos und Labdanum.

No. 5 (1921) von Chanel. Kopfnote: Aldehyde, Bergamotte, Neroli, Zitrone. Herznote: Iris, Jasmin, Maiglöckchen, Rose. Basisnote: Amber, Sandelholz, Vanille, Vetiver.

Cuir de Russie (1924) von Chanel. Kopfnote: Bergamotte, Mandarine, Muskatellersalbei, Orangenblüte, Zitrone. Herznote: Iris, Jasmin, Nelke, Rose, Vetiver, Ylang-Ylang, Zeder. Basisnote: Amber, Heliotrop, Leder, Vanille.

Bois des Îles (1926) von Chanel. Kopfnote: Aldehyde, Bergamotte, Koriander, Neroli, Pfirsich. Herznote: Flieder, Iris, Iriswurzel, Jasmin, Maiglöckchen, Rose, Ylang-Ylang. Basisnote: Amber, Benzoe, Moschus, Opopanax, Sandelholz, Tonkabohne, Vetiver.

Aquawoman (2002) von Rochas. Kopfnote: Bergamotte, Meerwasser. Herznote: Lilie, Rose. Basisnote: Amber, Mango, Moschus.

# 6.3 Duftfamilien

Um die Unzahl der Geruchseindrücke einigermaßen systematisch zu fassen, bedient man sich in der Parfümerie sogenannter Geruchsrichtungen, die das bekannte Spektrum der Düfte von derzeit über 3000 in der Parfümerie verwendeten Duftstoffen abdecken. Je nach Epoche, Kenntnisstand und bestimmender Mode werden bis auf den heutigen Tag neue Bezeichnungen ausgedacht und unterschiedliche Einteilungen bevorzugt. Der Zuwachs an Riechstoffen durch Synthese und verbesserte Analytik findet ihren Niederschlag in detaillierteren Bezeichnungen zur Charakterisierung der Gerüche.

Vor über hundert Jahren legte man eine Einteilung nach sieben Gruppen zu Grunde mit den französischen Bezeichnungen: single florale - solifleur, florale bouquet, orientale ou ambrée, boisée, cuir, chypre, fougère. Diese Klassifizierung für Parfüme ist noch heute leicht modifiziert im Einsatz unter den folgenden deutschen Bezeichnungen: ambriert oder orientalisch, blumig, chypre, fougère (Farn), holzig, Leder/Juchten, Zitrusnoten (Agrumen/Hesperiden). Eine jüngere Einteilung fügt 'gourmande' und 'tropique' hinzu und kommt auf neun Kategorien. Auch die moderneren Noten grün, aquatisch (marin, oceanic, ozonic) und fruchtig werden in manche Systeme zur Charakterisierung aufgenommen.

Eine Fülle verschiedener Einteilungen von Herstellern und Parfümeuren beruht weitgehend auf subjektiven Empfindungen und Entscheidung der Autoren und erschwert die Übersicht. Während frühere Systeme mit weniger als zehn Gruppen komplett schienen, sind heute auch solche mit 17 Geruchsnoten für Parfüme im Einsatz in folgenden Kategorien: animalisch, aquatisch, blumig, chypre, erdig, fougère, frisch, fruchtig, gourmand, grün, holzig, ledrig, orientalisch, pudrig, süß, synthetisch und würzig. Andere fügen zu dieser Liste noch herb, puristisch und rauchig hinzu.

Von der Société Française des Parfumeurs wird das eingangs erwähnte System mit sieben Hauptgruppen propagiert, die weiter unterteilte Geruchsrichtungen beinhalten (Tab. 6.01).

**Tab. 6.01**: Einteilung der Parfümnoten nach der Société Française des Parfumeurs (SFP). Alle Angaben in Französisch. Im Code ist die Anzahl der Untergruppen angegeben.

| Hauptgruppe | Code | Duftrichtungen der Untergruppen |
|---|---|---|
| Hesperidée | A6 | bergamote, citron, orange, mandarine |
| Florale | B9 | jasmin, rose, muguet, violette, tubéreuse, narcisse |
| Fougère | C6 | notes lavandées, boisées, mousse de chêne, coumarine, bergamote, géranium |
| Chypre | D7 | mousse de chêne, ciste-labdanum, patchouly, bergamote |
| Boisée | E8 | santal et le patchouly, notes parfois sèches comme le cèdre et le vétyver |
| Ambrée | F6 | notes douces, poudrées, vanillées, ciste-labdanum, animales, très marquées |
| Cuir | G3 | fumée, bois brûlé, bouleau, tabac |

Die von vielen als unzulänglich und verwirrend empfundenen Einteilungen der Geruchsnoten von meist tabellarischer Art wurde erstmals 1983 von M. Edwards in einer praktischeren Zusammenstellung als 'Fragrance Wheel' vorgenommen (Abb. 6.01). Im Deutschen bezeichnet man diesen Aufbau als Duft-Spirale oder Duftrad (vgl. Aromarad, Abschnitt 5.4).

Das System geht von fünf Hauptgruppen aus, nach denen sich Parfüme klassifizieren lassen: fougère, floral, oriental, woody und fresh. Die im Zentrum stehende Duftfamilie fougère ist von den übrigen vier kreisförmig umgeben. Sie vereinigt in sich die Duftnoten von Citrus (fresh), Lavendel (floral), Cumarin (oriental) und Eichenmoos (woody). Die außen angeordneten Familien sind jeweils weiter in Untergruppen aufgeteilt und haben fließende Übergänge miteinander.

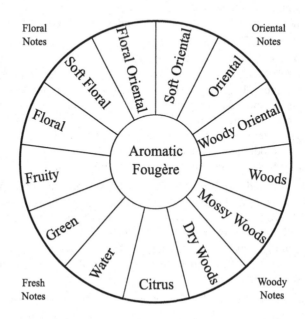

**Abb. 6.01**: Duftrad (Fragrance Wheel) von Edwards (2008) mit englischen Bezeichnungen. Im Vergleich zur ersten Version (1983) ist es durch zwei zusätzliche Untergruppen (Fruity, Woods) erweitert und besteht danach aus 13 um das Zentrum, den von Parquet geprägten Duftakkord Aromatic Fougère, angeordneten Duftfamilien. Von den vier Hauptgruppen ist diejenige der 'Fresh Notes' die jüngste.

Zu den im Duftrad angegebenen Duftfamilien werden im folgenden wichtige und typische Vertreter vorgestellt und einige Informationen zur Geschichte und Chemie gegeben.

### 6.3.1 Fougère

Aromatic Fougère: 1882 führte Paul Parquet, der Parfumeur und Teilhaber von JF Houbigant, das Parfüm 'Fougère Royale' ein, nach dem die Duftfamilie Fougère (Farn) benannt wurde. Obwohl Farne eigentlich keinen Duft aufweisen, war P. Parquet der Meinung, wenn sie röchen, dann so wie seine Kreation aus Lavendel, Holz, Eichenmoos, Bergamotte und Cumarin. In der Produktion betrat Parquet durch Verwendung von synthetisch hergestelltem Cumarin als Riechstoff Neuland. Hierin wird gerne der Beginn der modernen Parfümerie gesehen.

### 6.3.2 Frische Noten

*Citrus*

Citrus, Agrumen, Hesperiden ist die älteste relativ klar umrissene Duftfamilie. Sie umfasst die in den ätherischen Ölen vorkommenden Substanzen (Terpene) von verschiedenen Citrus-früchten, zu denen Orange, Zitrone, Mandarine, Grapefruit, Limone, Bergamotte, Bitterorange und andere zählen. Die Hauptkomponente dieser ätherischen Öle, die sich durch Auspres-sen der Fruchtschalen leicht gewinnen lassen, ist das Limonen. Eine Ausnahme hiervon macht lediglich das Bergamotte-Öl, in dem Linalool und Linalylacetat den größeren Anteil stellen (Abb. 6.02). Die markante Frische des Geruchs der ätherischen Öle geht allerdings auf das α-Sinensal zurück, das eine Geruchsschwelle von nur 0,05 ppb hat.

Die Bitterorange oder Pomeranze ist auch unter den Bezeichnungen Sevilla-Orange oder Saure Orange bekannt. Sie liefert drei verschiedene ätherische Öle. Aus ihren Blättern wird das Petitgrainöl gewonnen, aus ihren Blüten das Neroliöl und aus den Fruchtschalen das Bitterorangenöl.

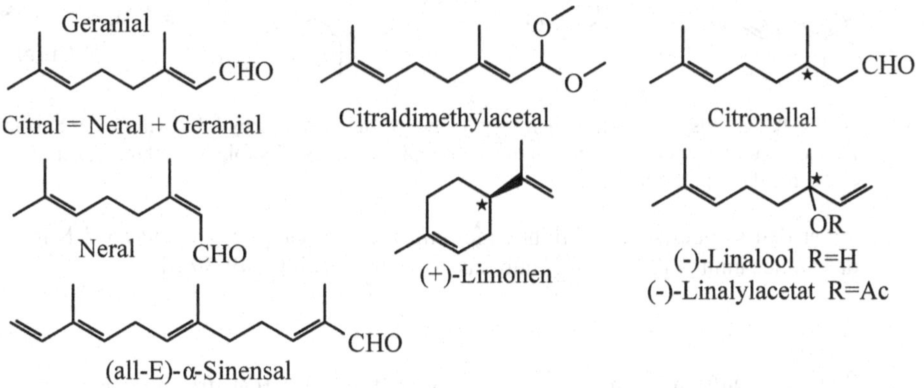

**Abb. 6.02**: Substanzen aus der Duftfamilie 'Citrus'. Es handelt sich um zyklische oder lineare Monoter-pene (C10-Körper) oder um ein Sesquiterpen (C15) im Falle des α-Sinensals [17909-77-2]. Citral [5392-40-5], Citraldimethylacetal [7549-37-3], Citronellal [5949-05-3], (-)-Linalool [78-70-6], (-)-Linalylace-tat [115-95-7]. * bedeutet chirales C.

Der charakteristische Geruch der Zitrone ist durch etwa 5% des Aldehyds Citral hervorgeru-fen, neben 65% Limonen. Weitere aliphatische Aldehyde mit Ketten zwischen 7 und 13 Kohlenstoffen kommen im Zitronenöl hinzu. Citral findet man ferner in Lemongras (60%), Ingwer, Melisse und der Limone. In Melisse ist noch das Citronellal enthalten mit einem klaren Geruch nach Citrus. Um die großen Mengen an Citral bereitzustellen, die zur Nach-ahmung frischer, citrusartiger Geruchsnoten und als Ausgangsstoff für die Vitamin A-Syn-these gebraucht werden, gibt es viele Hersteller. So betreibt die BASF seit 1981 eine kontinu-ierliche Produktion. Im Jahre 2004 nahm eine neu geschaffene Anlage mit einer Kapazität von zehntausend Jahrestonnen ihren Betrieb auf und steigerte die Menge mittlerweile auf das Vierfache. Unter Citral (3,7-dimethylocta-2,6-dienal) ist generell ein Isomerengemisch zu verstehen. Die Abb. 6.03 zeigt Einzelheiten der Citralsynthese. Im Produkt 'Citral FG' sind zwischen 30-40% Neral und 60-70% Geranial enthalten, zusammen mehr als 98%. Citral hat eine geringe Stabilität an Luft und Licht und ist empfindlich gegenüber alkalischen Medien. Durch die Bildung eines Acetals ist es möglich, die Stabilität zu erhöhen. Das Citraldimethylacetal weist auch im Vergleich zu Citral einen milderen, natürlicheren Geruch auf.

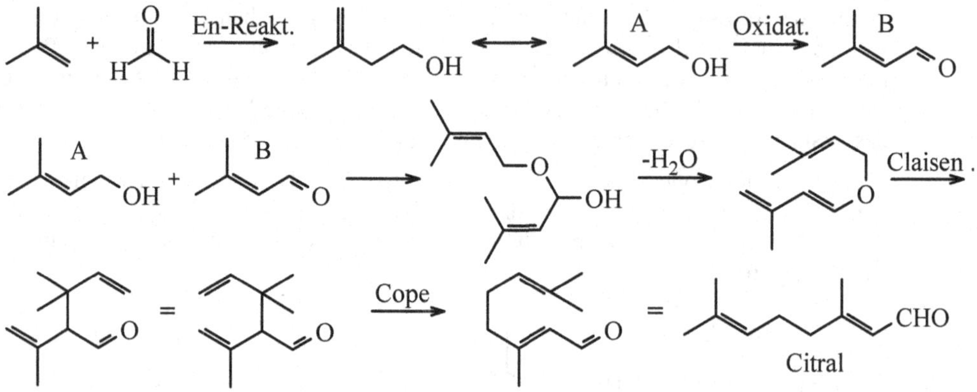

**Abb. 6.03**: Citralsynthese ausgehend von Isobuten und Formaldehyd. Die Hälfte der Substanz A wird zu B oxidiert und wieder zur Reaktion mit Substanz A gebracht. Es folgen Umlagerungen nach Claisen und Cope, die das Citral liefern.

Unter den synthetischen Verbindungen mit Geruch nach Citrus sind zwei Nitrile zu nennen, das Dodecannitril [2437-25-4] und das Grapefruitnitril [7549-39-0].

*Water*

Water als Duftfamilie hat sich erst um 1990 für ozonartige, frische und marine Noten etabliert. Häufiger wird auch die Note Ozon hierzu gezählt und die Familie auch als frisch und marin bezeichnet. Im Englischen sind die Verbindungen als 'clean molecules' bekannt.

Die Geschichte hierzu begann 1966 als Chemiker der Fa. Pfizer ein Molekül zum Patent anmeldeten, das wie etwas bisher noch nicht dagewesenes roch, am ehesten nach Melone. Parfümeure der zuvor von Pfizer übernommenen Fa. Camilli Albert Laloue in Grasse reihten den Geruch in ihre Sammlung ein, schufen für die Substanz, die auch unter dem Namen 'Watermelon Ketone' bekannt ist, den Handelsnamen Calone 1951 (Abb. 6.04) und warteten auf seine Entdeckung. Erst seit 1989 erfreut sich der ungewöhnliche Geruch nach Seebrise und Ozon mit leicht blumigen Zusatznoten in Parfümen des marinen Trends größter Beliebtheit. Die Substanz leitet sich von einer Gruppe von Verbindungen ab, die in Braunalgen als Pheromone gebildet werden. Sie verströmen einen frischen Meeresgeruch. Chemisch gesehen sind es meist alizyklische C11-Kohlenwasserstoffe. Aus der Braunalge *Ectocarpus siliculosus* wurde das Ectocarpen und dessen Vorstufen isoliert, das an den Geruch von Tomatenblättern erinnert.

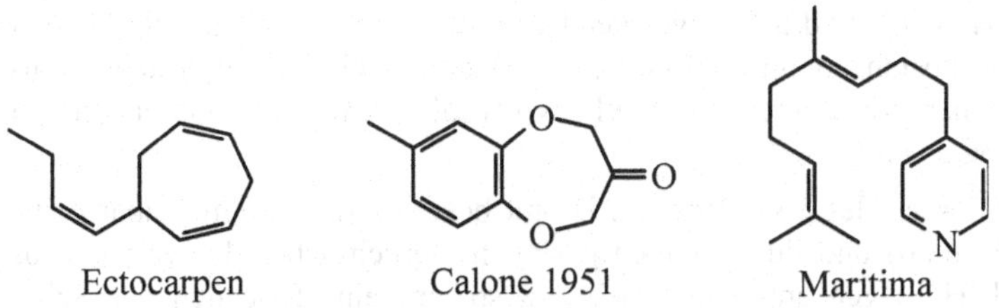

Ectocarpen                 Calone 1951                 Maritima

**Abb. 6.04**: Vertreter der Duftfamilie Water. Ectocarpen (Alkatrien aus Dictyopteren D) ein Pheromon von Braunalgen ist Vorlage verschiedener künstlicher Riechstoffe, darunter Calone 1951® [28940-11-6]. Dieses 7-Methylbenzodioxepinon ist ein Vertreter zahlreicher Benzodioxepinone, darunter Azurone, ein Captiv: 7-(3-Methylbutyl)-2H-1,5-benzodioxepin-3(4H)-on. Ein anderer Bauplan liegt dem 4-(4,8-Dimethyl-3,7-nonadienyl)-pyridin zu Grunde. Maritima® IFF [38462-23-6] (marine pyridine) erinnert mit der Note sauber, feucht, frisch, an Ozeanbrise. Weitere 4-n-Alkylpyridine mit Alkylketten von $C_8$ bis $C_{12}$ sind als marine Riechstoffe mit Beinoten Ozon, Seetang und Algen von Symrise patentiert.

Eine Verlängerung der für die marine Geruchsnote essentiellen Alkylkette an Position 7 des Calone intensiviert diese Note. Das Entfernen der CO-Gruppe rückt aldehydische, süße und floral-fruchtige Noten in den Vordergrund, während der marine Geruch schwindet.

## Green

Grüne Noten werden in Parfümen verwendet um Blütendüfte aufzufrischen. Das bekannteste Hilfsmittel ist das Galbanumöl. Es lässt sich aus dem Gummi von Ferula-Arten aus Persien und Afghanistan durch Wasserdampfdestillation gewinnen (Abb. 6.05).

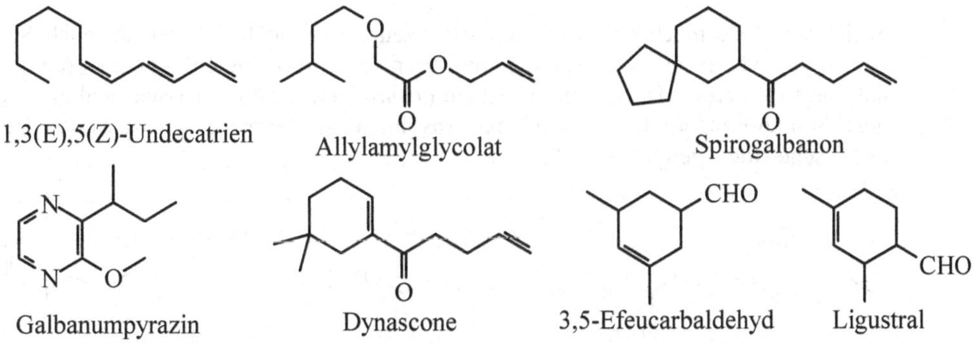

1,3(E),5(Z)-Undecatrien      Allylamylglycolat            Spirogalbanon

Galbanumpyrazin        Dynascone        3,5-Efeucarbaldehyd    Ligustral

**Abb. 6.05**: Substanzen der Duftnote Galbanum und Grün. In der Natur kommen 1,3(E),5(Z)-Undeca trien = Galbanolen [16356-11-9] und Galbanumpyrazin = 2-*sec*-Butyl-3-methoxypyrazin [24683-00-9] vor. Sie dienten als Vorlagen für die Entwicklung von Allylamylglycolat [67634-00-8], Galbanum Keton = Dynascone® oder Galbascone® [56973-85-4] und Spirogalbanon [224031-70-3]. Unten rechts stehen das 3,5-Efeucarbaldehyd (ivy carbaldehyde) [68039-48-5] und sein 2,4-Stellungsisomer Ligustral [68039-49-6], die mit streng grasartigen Noten aufwarten.

Galbanumöl wird als Träger der Duftnote 'grün' geschätzt. Die für den Geruch verantwortlichen Substanzen sind das Galbanolen und das Galbanumpyrazin. Künstliche Substanzen mit ähnlicher Note sind das Allylamylglycolat sowie das Galbanumketon oder das ähnliche Spirogalbanon.

Der Geruch des *cis*-3-Hexenal ist gut bekannt, da er unmittelbar beim Rasenmähen entsteht (Abb. 6.06) und durch seinen geringen Geruchsschwellenwert von 0,25 ppb sofort präsent wird. Hingegen entwickelt sich erst später beim Trocknen des Schnittes der Geruch nach Cumarin (vgl. Abb. 6.08). Die Bildung der wenig stabilen Substanz erfolgt aus der α-Linolensäure von Phospholipiden zerstörter Zellen. Das *cis*-3-Hexenal isomerisiert rasch zum *trans*-2-Hexenal und verliert dabei an Geruchsintensität (Geruchsschwelle 17 ppb). Das *cis*-3-Hexenol und dessen Essigsäureester sind wegen ihrer Stabilität in der Parfümerie einsetzbar, die Geruchsschwelle steigt allerdings auf 70 ppb. Der Geruch des Esters wird als intensiv grün, scharf, nach frisch geschnittenen Gras mit einer Andeutung von unreifer Bananenschale charakterisiert. Er wird dazu verwendet floralen Gerüchen eine Frischenote zu verleihen.

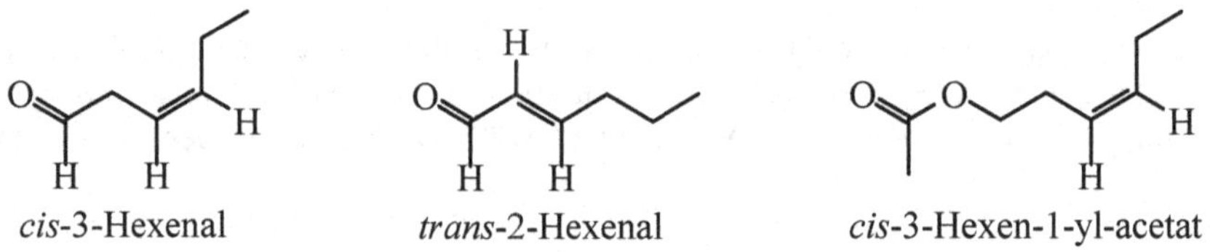

| *cis*-3-Hexenal | *trans*-2-Hexenal | *cis*-3-Hexen-1-yl-acetat |

**Abb. 6.06**: *cis*-3-Hexenal = (Z)-3-Hexenal [6789-80-6] und *trans*-2-Hexenal = (E)-2-Hexenal [6728-26-3] werden beide als leaf aldehyde (Blattaldehyd) bezeichnet. Das nicht gezeigte *cis*-3-Hexenol (leaf alcohol) [928-96-1] bildet mit Essigsäure das *cis*-3-Hexen-1-yl-acetat = (Z)-3-Hexen-1-yl-acetat = Verdural Extra® IFF [3681-71-8].

Nicht nur grobe mechanische Zerstörung erzeugt Blattaldehyde, sondern auch Schädlinge, welche sich von Pflanzenteilen ernähren, lassen sie unfreiwillig entstehen. Durch das Fressen entsteht zuerst *cis*-3-Hexenal, das rasch zum *trans*-2-Hexenal isomerisiert und Fressfeinde der geschlüpften Raupenschädlinge anlockt, was ihnen zum Verhängnis wird. Stabile Riechstoffe mit frische Noten zeigt Abb. 6.07.

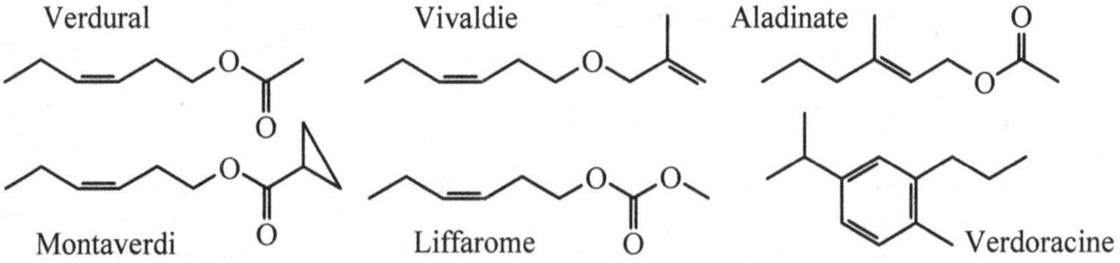

| Verdural | Vivaldie | Aladinate |
| Montaverdi | Liffarome | Verdoracine |

**Abb. 6.07**: Synthetische grün-frische Noten auf der Basis des *cis*-Hexenols. Montaverdi [188570-78-7], Vivaldie [292605-05-1], Liffarome [67633-96-9] von IFF und Aladinate. Verdoracine [14374-92-6].

*Fruity*

Zu den frischen Noten gehört in dem erweiterten Duftrad auch die Untergruppe 'fruity', welche alle Duftrichtungen von Beeren und Früchten außer denjenigen von Citrus-Arten umfasst. In der Parfümerie haben neben vielen anderen die Duftnoten Apfel, schwarze Johannisbeere (Cassis), Erdbeere, Himbeere, Kokos, Pfirsich und Pflaume eine Bedeutung.

Als Schlüsselaroma der Himbeere kann das Himbeerketon gelten (Abb. 6.08). Es kommt in den Früchten zusammen mit Mesifuran, β-Damascenon, α-Ionon und 200 anderen aromatischen Verbindungen vor. Das α-Ionon kann als Marker für unverfälschte Ware dienen, denn in den Früchten tritt fast ausschließlich das (R)-(+)-(E)-α-Ionon als Enantiomer auf.

γ-Butyrolacton          Ethylacetat

R=H    Furaneol          γ-Hexalacton          Cumarin
Himbeer-Keton          R=CH$_3$   Mesifuran

**Abb. 6.08**: Himbeerketon = 1-(p-Hydroxyphenyl)-3-butanon [5471-51-2]. Furaneol = Erdbeer-Furanon = (4-Hydroxy-2,5-dimethyl-3(2H)-furanon, HDMF, HD3F) [3658-77-3], sein Methylether ist das Mesifuran [4077-47-8] = 2,5-Dimethyl-4-methoxy-3(2H)-furanon, DMF. Im Pfirsich kommen γ-Butyrolacton (fruchtig) und γ-Hexalacton (cumarinartig) vor. Beiden Strukturen sind diejenigen des Ethylacetat und Cumarin mit ähnlichen Geruchsnoten gegenübergestellt. Für β-Damascenon siehe Abb. 3.04.

Das Erdbeeraroma ist eines der komplexesten Fruchtaromen. Es wird aus dem Zusammenspiel von fruchtigen, grünen, karamellartigen, blumigen und würzigen Komponenten generiert. Daher vermisst man ein hervorstechendes Schlüsselaroma. Das Erdbeer-Furanon (Furaneol) spielt unter den etwa 350 bekannten Komponenten eine sehr wichtige Rolle. Interessant ist, dass seine Vorstufen nicht von der Pflanze selbst, sondern von einem als Pflanzenepiphyt lebenden Methylobacterium gebildet werden.

Der schwarzen Johannisbeere verleiht das 1982 nachgewiesene 4-Methoxy-2-methyl-butan-2-thiol das markante Aroma (vgl. Abb 5.08). Daneben treten verschiedene Nitrile auf. Das Aroma der Brombeere ist geprägt durch p-Cymen-8-ol und Heptanol.

Zu den fruchtigen Aromen zählt auch das Kokosaroma wie es dem weißen essbaren Endosperm der Kokosnuss eigen ist. Dieses typische Aroma geht auf verschiedene δ-Lactone zurück. Für das Pfirsicharoma sind neben δ-Lactonen auch γ-Lactone verantwortlich (vgl. Abb. 5.04). Ab einer Länge von zehn Kohlenstoffatomen liefern sie typische Pfirsichnoten, die Vertreter mit kürzeren Ketten sind für fruchtige und cumarinartige Anteile verantwortlich (γ-Butyrolacton, γ-Hexalacton) (Abb. 6.08).

Das Aroma der Pflaume ist einerseits auch von γ-Lactonen andererseits von Linalool, Benzaldehyd, Zimtsäuremethylester und von C6-Aldehyden geprägt.

### 6.3.3 Florale Noten

*Floral*

Die Duftrichtung 'floral oder blumig' vereinigt die Blütendüfte frisch geschnittener Blumen. Sie ist sehr umfangreich, hat einige Überschneidungen mit Nachbargruppen und beinhaltet unter anderen Düfte von Hyazinthe, Jasmin (*Oleaceae*), Lavendel, Maiglöckchen, Acacia (*Mimosaceae*), Neroli (Pomeranze), Osmanthus (Süße Duftblüte, Süßolive), Pelargonien (Storchschnabelgewächse), Rose, Tuberose (*Polianthes tuberosa*, Nachthyazinthe), Veilchen, Ylang-Ylang (*Cananga odorata*).

Chemiker haben nach natürlichen Vorlagen der Duftmoleküle eine Reihe von synthetischen Riechstoffen geschaffen, die zum Teil intensiver riechen und leicht veränderte Noten aufweisen. Typisch blumig riechen Ethyl-Linalool, Florol, Majantol, Super Muguet, Lilial, Bourgeonal, Hedione, Paradisone, Jasminlacton, Coranol (Abb. 6.09) um einige der bekanntesten zu nennen. Das Myrrhone mit der Kombination der Noten Myrrhe und Iris ist ein 'captiver' Riechstoff, wird vom Hersteller nicht verkauft, sondern nur in eigenen Parfümkreationen verwendet. So darf weder die Substanz noch das entsprechende Parfüm während der Patentlaufzeit von anderen kopiert werden.

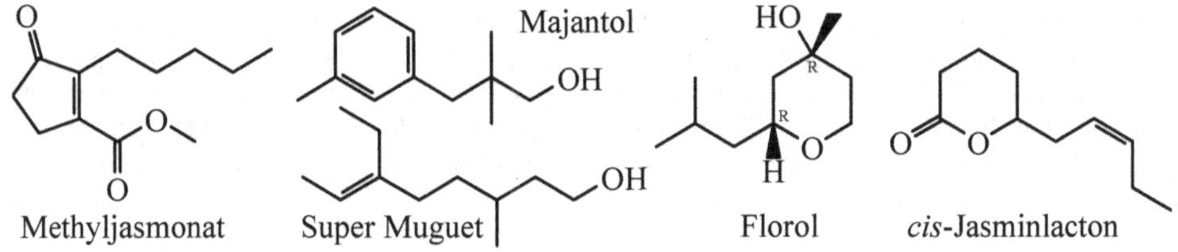

Methyljasmonat      Super Muguet           Florol      *cis*-Jasminlacton

**Abb. 6.09**: Methyljasmonat ist im Jasminöl enthalten. Durch Hydrierung der Doppelbindung entstehen Methyldihydrojasmonat = Hedione® [24851-98-7] und (+)-Methyldihydroepijasmonat = Paradisone®. Frisch blumig nach Maiglöckchen riechen Majantol® [103694-68-4] und Super Muguet® [26330-65-4]. Florol® [63500-71-0] besitzt einen frischen blumigen Duft. *cis*-Jasminlacton [25524-95-2] = δ-Jasmolacton hat eine cremige Note nach Jasmin, Pfirsich und Kokos.

*Soft Floral*

Die Untergruppe 'soft floral' vereinigt in sich Mischungen von klassischen blumigen Noten, darunter Gardenia, Tuberose und Jasmin, mit den pudrigen Noten von Iris und Vanille. Hierdurch entstehen weiche Dufteindrücke.

Die Duftstoffe aus Jasmin werden zusammen als Jasmonoide bezeichnet. Sie entstehen aus ungesättigten Fettsäuren. Zu ihnen gehört auch das in Abb. 6.09 abgebildete *cis*-Jasminlacton. Hauptbestandteil des Duftes ist das Benzylacetat mit p-Cresol und Indol, auf denen die leicht animalischen Aspekte beruhen.

In der Blüte der Nachthyazinthe überwiegen Duftnoten verschiedener Ester von Benzoesäure, Salicylsäure und Anthranilsäure, zu denen die einer Reihe charakteristischer ungesättigter γ- und δ-Lactone hinzutreten. Der Blütenduft der *Gardenia jasminoides* (Rubiaceen) ist von Benzoesäuremethylester, hohen Anteilen an Ocimen und Linalool sowie verschiedenen Estern der Tiglinsäure bestimmt (Abb. 6.10).

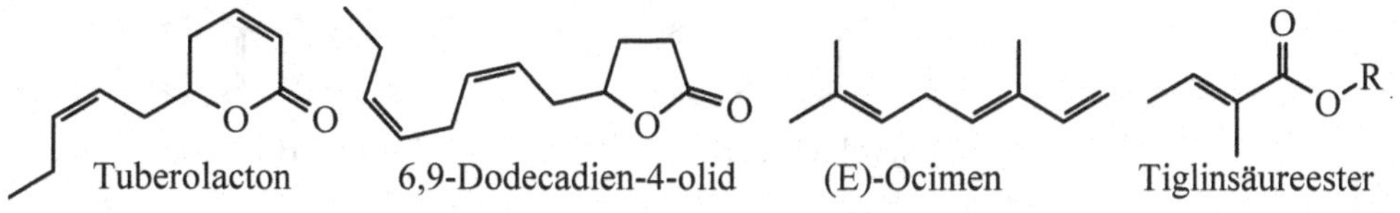

Tuberolacton        6,9-Dodecadien-4-olid        (E)-Ocimen        Tiglinsäureester

**Abb. 6.10**: Das Tuberolacton und das (Z,Z)-6,9-Dodecadien-4-olid sind Beispiele der vielen γ- und δ-Lactone aus der Tuberose. Das (E)-β-Ocimen [3779-61-1] hat einen kiefernartigen Geruch. Die Tiglinsäure [80-59-1] ist ein Hemiterpen mit angenehmem Geruch. Ihre Ester riechen süß fruchtig.

Aus dem Rhizom der Iris oder Schwertlilie (*Iris pallida*) bilden sich postmortal nach langer Lagerung *cis*-γ-Ionon und *cis*-α-Ionon als typische Duftstoffe, mit veilchenartigem Geruch ('Veilchenwurzel').

## Floral Oriental

Floral Oriental ist eine in sich geschlossene Duftfamilie, die schon seit etwa 1900 die Düfte von Orangenblüten, Lindenblüten und süßen Gewürzen umfasst.

Die Blüten der meisten Citrusarten verströmen herrliche Gerüche, die sich entweder durch Wasserdampfdestillation oder Extraktion gewinnen lassen und das Neroliöl ergeben. Sie enthalten neben viel Linalool, das Nerolidol und Farnesol als Charakterträger (Abb. 6.11). Daneben findet man Anthranilsäuremethylester und Phenylacetonitril.

Linalool        Nerolidol        Methylanthranilat

Farnesol        Phenylacetonitril

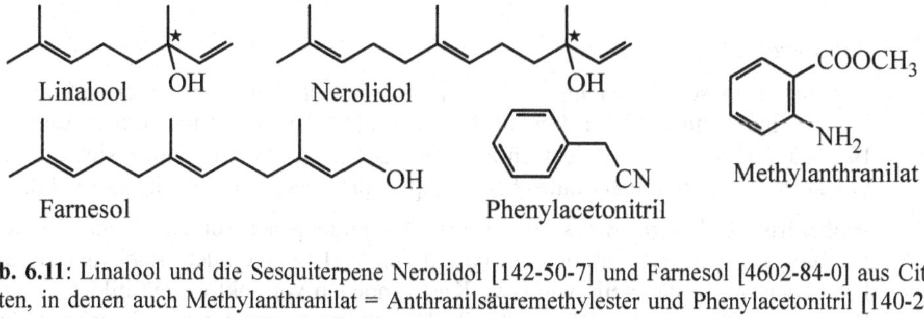

**Abb. 6.11**: Linalool und die Sesquiterpene Nerolidol [142-50-7] und Farnesol [4602-84-0] aus Citrusblüten, in denen auch Methylanthranilat = Anthranilsäuremethylester und Phenylacetonitril [140-29-4] vorkommen. Letzteres wird nicht als Riechstoff verwendet.

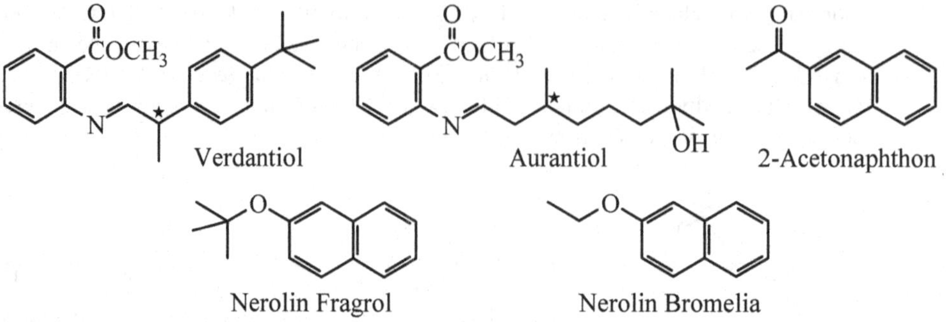

Verdantiol          Aurantiol          2-Acetonaphthon

Nerolin Fragrol          Nerolin Bromelia

**Abb. 6.12**: Die Schiffschen Basen (Imine) des Methylanthranilats Aurantiol® [89-43-0] und Verdantiol® [91-51-0] sind gute Fixative und starke Vertreter der Duftrichtung. 2-Acetonaphthon [93-08-3] riecht süß nach Orangenblüte und Honig. Verschiedene Ether von 2-Naphthol = β-Naphthol mit Bedeutung als Riechstoffe sind das Nerolin Fragrol = 2-Naphthylisobutylether [2173-57-1], Methyl-β-naphthylether [93-04-9] und 2-Ethoxynaphthalin = Nerolin Bromelia = Nerolin II [93-18-5].

Auch künstliche Riechstoffe konnten für diese Duftrichtung zur Genüge synthetisiert werden (Abb. 6.12). Mit Anthranilsäuremethylester und dem Aldehyd Lilial (Lysmeral) bildet sich die Schiffsche Base Verdantiol mit Geruch nach Orangen- und Lindenblüten und gut einsetzbar als Fixativ. Ganz ähnlich verhält sich das synthetische Aurantiol, das anderen Noten einen starken orientalischen Charakter verleiht und sie hervorragend zur Geltung bringt. Zu den ältesten synthetischen Riechstoffen gehören der Methyl- und Ethylether des β-Naphthol, oft als Nerolin I und II bezeichnet, und sein Isobutylether, das Nerolin Fragrol, sowie das 2-Acetonaphthon. Die Verbindungen Nerolin I und II wurden lange Zeit zur Parfümierung von Seifen in den Zügen der Deutschen Bundesbahn verwendet.

## 6.3.4  Orientale Noten

### Soft Oriental

Übergänge zwischen den im Duftrad nebeneinander liegenden Unterfamilien 'soft-oriental' und 'oriental' sind fließend. Für die Duftrichtung 'oriental' ist im Französischen ist auch die Bezeichnung 'ambrée', zu deutsch ambriert, gebräuchlich. Es handelt sich um süße, pudrige vanilleartige Noten mit animalischen Komponenten und Ähnlichkeiten zu Labdanum.

Ambergris (*Amber grisea*) ist eine Darmausscheidung der Pottwale, sehr wahrscheinlich ein pathologisches Sekret, das sich auf Grund von Verletzungen der Darmwand durch unverdauliche Nahrungsbestandteile wie etwa Kieferknochen von Oktopoden bildet. Die lipidhaltigen Klumpen treiben auf der Wasseroberfläche und stranden, wo man sie dann aufsammelt. Sie bestehen zu 85% aus Epicoprosterol und enthalten den geruchlosen Triterpenalkohol Ambrein, der mit Luftsauerstoff und durch Photooxidation eine Reihe von mono-, di- und trizyklischen Riechstoffen bildet, darunter Ambrox und Ambrinol (Abb. 6.13). Die Verarbeitung von Ambergris ist aufwendig. Das gesammelte Material muss pulverisiert werden und mit Ethanol mehrere Monate lang reifen bis der zarte Geruch entsteht, der sechs Noten umfasst: feucht-moosiger Waldboden, strenger Tabak, balsamisch nach Sandelholz, Moschus, Ozean und fäkal.

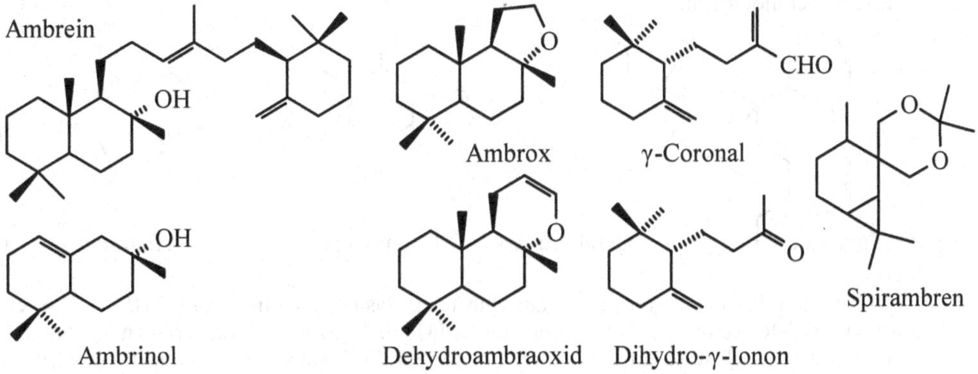

**Abb. 6.13**: Ambrein (C30) [473-03-0] ist das geruchlose Ausgangsprodukt für Substanzen der Note Amber, welche den Oxidationsprodukten Ambrinol [71832-76-3], Dehydroambraoxid und Ambrox eigen ist. Als Bruchstücke entstehen gleichzeitig γ-Coronal, das nach Meerwasser riecht, und Dihydro-γ-Ionon. Spirambren® [121251-67-0] = Amber-Carane ist ein künstlicher Ambra-Riechstoff.

Ambrox kann heute aus Sclareol halbsynthetisch hergestellt werden (Abb. 6.14). Eine Fülle von racemischen und chiralen Synthesewegen ausgehend von unterschiedlichsten natürlichen Vorstufen und Totalsynthesen sind zur Herstellung von Ambrox ausgearbeitet worden.

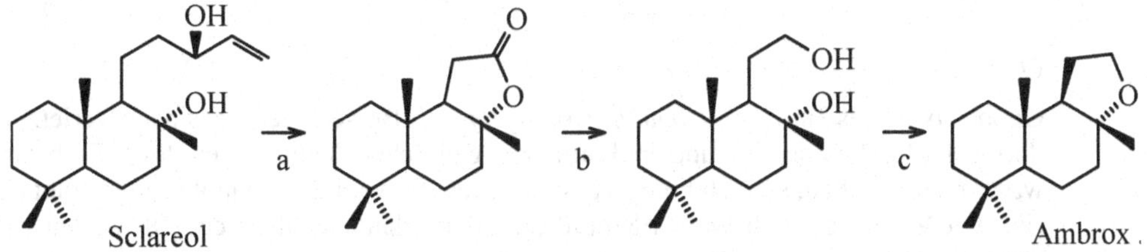

**Abb. 6.14**: Partialsynthese des Ambergris-Substitutionsproduktes Ambrox (Ambroxan®, Ambrofix®, Amberlyn® [6790-58-5] und Cetalox® [3738-00-9], alle $C_{16}H_{28}O$), ausgehend von (-)-Sclareol [515-03-7], das aus Pflanzenabfällen bei der Herstellung des ätherischen Öls des Muskateller-Salbeis (Römischer Salbei, Clary Sage) anfällt. Syntheseschritte: a) oxidativer Abbau zum Lacton Sclareolid [564-20-5] von holziger Note, b) Hydrierung zum Diol, c) Wasserabspaltung.

Olibanum (Weihrauch, frankincense) ist das Gummiharz von dornigen Büschen aus der Familie der Burseraceen, insbesondere von *Boswellia carteri*, welche in Somalia und Arabien beheimatet sind. Der Gebrauch des Harzes als Weihrauch ist seit dem Altertum bekannt und ist von Mesopotamien und Ägypten in das antike Griechenland und nach Rom weitergegeben worden.

Das Harz enthält bis zu einem Zehntel ätherisches Öl mit Mono-, Sesqui-und Diterpenen. Zu letzteren gehören für Olibanum charakteristische Stoffe wie das Incensol, dessen Essigsäureester und das Cembren A (Abb. 6.15). Insgesamt sind über 200 Verbindungen zu finden. Das Olibanum-Öl lässt sich durch Wasserdampfdestillation des Harzes gewinnen. Es hat einen süßen, holzig-balsamischen Geruch. Zu zwei Dritteln besteht das ätherische Öl aus 1-Octanol und 1-Octanolacetat.

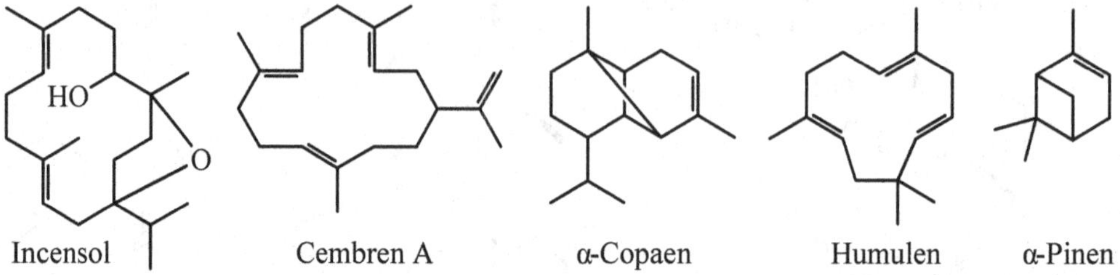

Incensol          Cembren A          α-Copaen          Humulen          α-Pinen

**Abb. 6.15**: Beispiele für Terpenoide aus Olibanum. Das Diterpen Incensol [22419-74-5] ist ein Agonist am TRPV3-Rezeptor (vgl. 2.4.2). Cembren A [31570-39-5] dient auch Termiten zur Spurmarkierung. Es riecht schwach wachsartig. Cembrene binden an die Colchicin-Bindungsstelle der Tubuline. Nicht gezeigt sind die Isomeren Isoincensol und Isocembren [25269-16-3]. Zu den Sesquiterpenen zählen das α-Copaen und Humulen = α-Caryophyllen [6753-98-6]. α-Pinen ist ein Vertreter der Monoterpene.

Bestandteile des Reinharzes sind pentazyklische Triterpensäuren wie verschiedene Boswelliasäuren. Diese sind allerdings wegen ihrer Größe ohne Geruch. Boswelliasäuren sind *in vitro* Hemmstoffe der 5-Lipoxygenase, weswegen sie zur Therapie von chronisch-entzündlichen Erkrankungen in Zukunft Bedeutung erlangen könnten. Wird Olibanum verbrannt oder verschwelt, treten im entstehenden Weihrauch unzählige Pyrolyseprodukte der Terpene auf.

## Oriental

Opopanax ist das Harz von *Commiphora erythraea* (Burseraceen), das nach Verletzungen des dornigen Busches austritt und in Form von gelblichen Klumpen erhärtet. Es besitzt einen warm-balsamischen, süßlich honigartigen Geruch. Sowohl der ethanolische Extrakt des Materials wie auch das durch Wasserdampfdestillation erhaltene ätherische Öl werden zur Erzeugung orientalischer Geruchsnoten angewendet. Hauptinhaltsstoffe sind Sesquiterpene, darunter α-Santalen, α-Bergamoten und (Z)-α-Bisabolen (Abb. 6.16).

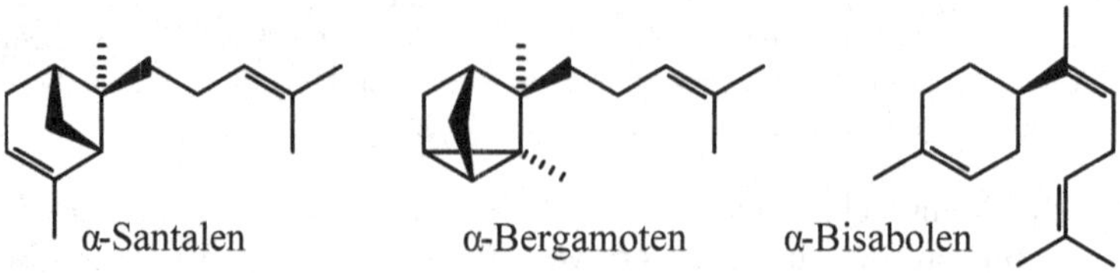

α-Santalen          α-Bergamoten          α-Bisabolen

**Abb. 6.16**: Sesquiterpene im Opopanax: α-Santalen [512-61-8], α-Bergamoten [17699-05-7] und (Z)-α-Bisabolen [29837-07-8].

Myrrhenharz stammt von *Commiphora molmol*, einem kleinwüchsigem, buschigen Baum der Arabischen Halbinsel aus der Familie der Burseraceen. Das Harz enthält etwa 8% ätherisches Öl von würzig warm aromatischem Duft. Beim Verbrennen entwickelt sich sein süß-holziger Geruch. Da Myrrhe antibakterielle Eigenschaften aufweist, nutzten es die Ägypter zur Balsamierung. Als Tinktur ist Myrrhe in der Medizin wegen seiner adstringierenden Wirkung geschätzt. Das Sesquiterpen δ-Elemen stellt mit 30% den größten Anteil im ätherischen Öl und riecht holzig (Abb. 6.17). Von ihm leiten sich drei weitere Strukturtypen von Furano-Sesquiterpenen ab, die teilweise den Geruch beeinflussen: Curzerenon, Furanoeudesma-1,3-dien und 2-Methoxyfuranodien. Zusammen ergeben sie einen Anteil von 40%.

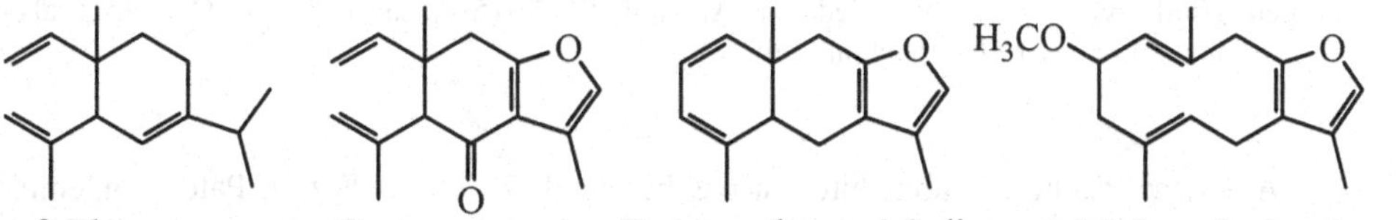

δ-Elemen          Curzerenon          Furanoeudesma-1,3-dien          2-Methoxyfuranodien

**Abb. 6.17**: Von dem Sesquiterpen Elemen, hier δ-Elemen [20307-84-0], leiten sich drei Reihen von Furano-Sesquiterpenen ab.

## Woody Oriental

Die beiden Sesquiterpene β-Santalol mit α-Santalol (Abb. 6.18) machen 90% des Sandelholzöls aus. Sie sind gleichzeitig Träger des charakteristischen balsamisch-süßen, samtig-warmen Holzdufts.

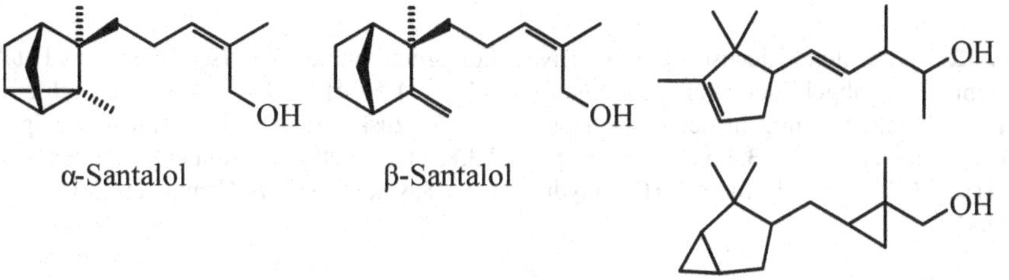

α-Santalol          β-Santalol          Ebanol          Javanol

**Abb. 6.18**: α-Santalol [115-71-9] und β-Santalol [77-42-9] sind natürliche Inhaltsstoffe des Sandelholzöls. Ebanol® [67801-20-1] und Javanol® [198404-98-7] sind zwei künstliche Moleküle mit Duftnoten, die denen des β-Santalol sehr ähnlich sind. Die Propirenringe ersetzen die Doppelbindungen.

Patchouli riecht holzig, balsamisch-süß, schwer und tief erdig mit einem Hauch von orientalischem Flair (Abb. 6.19). Es erfuhr in den 1960er Jahren während der Hippie-Kultur eine große Popularität nicht zuletzt deshalb, weil es angeblich den beim Rauchen von Cannabis entstehenden Geruch überdecken konnte. Das ätherische Öl wird durch Wasserdampfdestillation gewonnen aus den getrockneten Blättern von Pogostemon-Arten der Familie der Labiaten, darunter *Pogostemon patchouli*. Die Pflanzen sind in den tropischen Gebieten Asiens verbreitet.

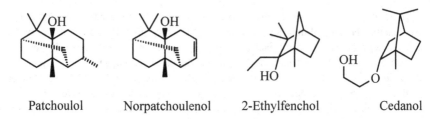

Patchoulol          Norpatchoulenol          2-Ethylfenchol          Cedanol

**Abb. 6.19**: Patchoulol [5986-55-0] macht bis zu 40% im Patchouli-Öl aus und prägt neben Norpat-
choulol [41429-52-1] die Duftnote. Das Gemisch der beiden synthetischen Stoffe 2-Ethylfenchol von
erdig-moosigem Geruch mit Cedanol (Arbanol) [7070-15-7] von holzigem Geruch ist als Terrasol 50
bekannt und imitiert den Patchouliduft.

Aus dem Patchoulol abgeleitet ist das bereits 1974 von IFF zum Patent angemeldete Iso E
Super (Abb. 6.20). Es erfreut sich in jüngster Zeit großer Beliebtheit. Die Duftrichtung wird
als weich, holzig und amberartig beschrieben. Nach der Anwendung ist der Geruch so unauffällig, dass das Parfüm von vielen als geruchlos empfunden wird, entwickelt aber später eine
zarte, trocken-holzige Sandelnote. Der Verbrauch dieses Riechstoffs liegt bei etwa 2 g pro
Einwohner und Jahr.

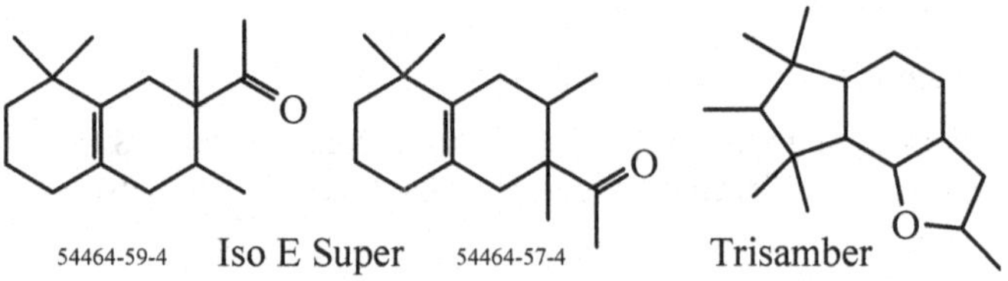

54464-59-4    Iso E Super    54464-57-4    Trisamber

**Abb. 6.20**: Künstliche Riechstoffe mit der Note holzig und amber. Von Iso E Super® = Patchouli-Etha-
non gibt es wie abgebildet zwei Stellungsisomere [54464-59-4] [54464-57-2] und durch eine Verschie-
bung der Doppelbindung in der rechten Struktur zwei zusätzliche Isomere (nicht gezeigt). Die linke
Struktur stellt das 1-[1,2,3,4,5,6,7,8-Octahydro-2,3,8,8-tetramethylnaphthalen-2yl]ethan-1-on = OTNE
dar. Trisamber® = woody furan = (Decahydro-2,6,6,7,8,8-hexamethyl-2H-indeno(4,5-b)furan) [338735-
71-0].

### 6.3.5 Holzige Noten

*Woods*

Angenehm holzige und unverkennbare Noten verströmen Hölzer von Coniferen der Pinaceen,
darunter Fichte (*Picea*), Tanne (*Abies*), Hemlocktanne (*Tsuga*), Kiefer (*Pinus*), Zeder
(*Cedrus*) und der Cupressaceen mit Zypresse (*Chamaecyparis*), Lebensbaum (*Thuja*), und
Wacholder (*Juniperus*). Auch die Wurzeln des tropischen Süßgrases *Vetiveria zizanioides*
(Vetiver; Poaceen) haben durch α- und β-Vetivon (Abb. 6.21) eine vornehm holzige Geruchs-
note und werden deshalb zu dieser Duftfamile gerechnet.

α-Vetivon          β-Vetivon          Atlanton          Cedrol

**Abb. 6.21**: α-Vetivon = Isonootkaton [15764-04-2], β-Vetivon [18444-79-6], α-(E)-Atlanton [108645-54-1] aus Zedern und Cedrol [77-53-2] aus Wacholderarten.

Aus dem in Exkreträumen des Holzes eingelagerten Terpentin von Kiefern des Mittelmeerraumes (*Pinus pinaster*) lässt sich durch Destillation Terpentinöl gewinnen, welches hauptsächlich aus Monoterpenkohlenwasserstoffen besteht. Der zurückbleibende Harzanteil wird Colophonium genannt und enthält verschiedene Diterpensäuren (Abietinsäure). Als Monoterpene werden α- und β-Pinen, Limonen, Caren u.a. gefunden. In Blattölen findet man eher Terpenalkohole und deren Ester. *Pinus longifolius* enthält große Anteile von Longifolen, welches sich in Isolongifolen (vgl. Abb. 4.14) umlagern und zu Isolongifolanon von holzigem Ambrageruch oxidiert werden kann.

Zedern aus der Familie der Pinaceen wachsen heute in ihren ursprünglichen Verbreitungsgebieten nur noch in wenigen Regionen, im Atlasgebirge Nordafrikas, im Libanon und im Himalaya. Es handelt sich um *Cedrus atlantica, C. libani* und *C. deodara*. Im ätherischen Öl ist zu 20% das geruchsprägende Atlanton enthalten. Zedernholz hat einen angenehm warmen, holzig-balsamischen, in hohen Konzentrationen modrigen Geruch.

Verschiedene Juniperusarten (Cupressaceen) enthalten im ätherischen Öl etwa 30% Cedrol und α-Cedren, deren Geruch man von Bleistiften kennt. *Juniperus virginiana* wird wegen seiner früheren Nutzung zur Herstellung von Bleistiften auch 'Bleistiftzeder' genannt.

*Mossy Woods*

Die im Duftrad aufgeführte Unterfamilie 'mossy woods' wird gerne auch 'chypre' genannt. Diese Bezeichnung geht auf einen von François Coty eingeführten Duft zurück, der auf einer zypriotischen Flechtenart als Basis aufbaut und unter dem Namen 'Chypre de Coty' große Bedeutung erlangte.

Die Duftnoten dieser Untergruppe sind vor allem von Eichenmoos und Labdanum geprägt, wobei auch Duftkomponenten von Patchouli und Amber aus benachbarten Gruppen einfließen.

Labdanum ist ein von den Blättern der in mediterranen Regionen wachsenden Zistrose (*Cistus ladaniferus, Cistus creticus*; Ordnung *Malvales*) ausgeschiedenes Harz. Es zeichnet sich durch einen warmen, süßlich harzigen Duft mit holziger Note aus. Bereits den Ägyptern bekannt, wurde es durch die Kreuzfahrer ins westliche Europa gebracht. Durch Wasserdampfdestillation erhält man aus dem Rohstoff das Labdanum-Öl. Unter seinen etwa 300 Komponenten stellt das Leden mit 9% den größten Anteil, das allerdings keinen bemerkenswerten Geruch hat. Ein wichtiger nach Holz riechender Bestandteil ist das 2,6,6-Trimethyl-2-cyclohexenon (Abb. 6.22). Daneben kommen auch Ambrinol und Ambrox (vgl. Abb. 6.13) sowie das Drim-8-en-7-on vor, die zur Geruchsnote Amber beitragen.

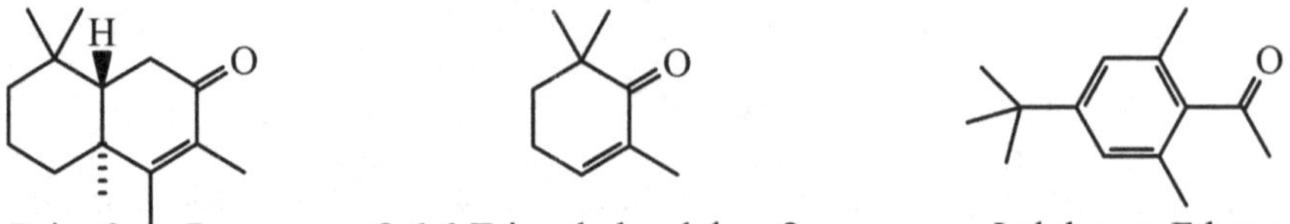

Drim-8-en-7-on              2,6,6-Trimethylcyclohex-2-enon              Labdanum Ethanon

**Abb. 6.22**: Drim-8-en-7-on riecht stark nach Amber und kommt auch in griechischem Tabak vor. 2,6,6-Trimethyl-2-cyclohexenon riecht holzig. Labdanum Ethanon = Orinox [2040-10-0] ist ein synthetischer Riechstoff mit trocken holziger Note.

Eichenmoos (*Evernia prunastri*) und Baummoos (*Parmelia furfuracea*) sind Flechten, in denen Algen und Pilze in Symbiose leben. Diese Pflanzengemeinschaft entwickelt eigene Flechtenstoffe, die schon seit dem 16. Jhdt. für die Erzeugung von Parfümen eine Bedeutung erlangt hatten. Ihr Geruch kombiniert den des Waldes mit pilzähnlichen, erdig-holzigen Noten. Hinzu kommen rauchige Komponenten nach verbranntem Birkenholz und Walnuss. Im Detail werden die Inhaltsstoffe und deren Eigenschaften im Abschnitt 6.4.2 vorgestellt.

## Dry Woods

Diese Familie umfasst trockene, rauchige und verbrannte Duftnoten von Holz verschiedener Bäume und diejenige von Tabak. Baumholz und Baumrinde enthält zum Schutz vor Parasitenbefall Gerbstoffe. Deren Konzentration variiert nach Art, Alter und Stressbelastung der Bäume. Zum Gerben von Tierhäuten, wie es zur Herstellung von Leder durchgeführt wird, dient wegen des höheren Gerbstoffgehaltes (10-15%) nicht das Holz, sondern die Rinde von Eichen, Fichten, Weiden und Birken oder das Holz von Kastanien. Während der Pflanzengerbung nimmt das Leder charakteristische Riechstoffe auf, seine Farbe wird bräunlich. Der Übergang erklärt auch die Verwendung der Bezeichnung 'Leder' (leather, cuir) anstelle von 'holzig' für die spezielle Geruchsnote dieser Untergruppe. Chromgegerbtes Leder weist einen anderen Geruch auf, der sich vorwiegend durch die Art der Rückfettung ergibt. Einige Isomere von Isopropyl- und Isobutylchinolinen (Pyralon), die nicht in der Natur vorkommen, besitzen die Duftnote Leder und lassen sich als Duftbausteine für Tabak, Holz und Leder verwenden.

Während der Verbrennung von Birkenholz (*Betula*) entstehen durch Pyrolyse aus der Rinde mit hohen Konzentrationen an Betulin und aus Birkenlignin angenehm riechende Verbindungen, die an Eichenmoos erinnern.

Tabak aus den Blättern des Nachtschattengewächses *Nicotiana tabacum* (*Solanaceae*) enthält nach einem speziellen Reifeprozess aus Fermentation und Trocknung an die 2700 chemisch identifizierte Verbindungen. Viele seiner charakteristischen Riechstoffe entstammen einem oxidativen Carotinoidabbau, darunter α-Ionon, β-Damascon, Oxoedulan, 4-Oxo-β-ionon,

Theaspiron, Megastigmatrienon mit jeweils C13-Grundkörpern (Abb. 6.23). Andere Fragmentierungen beim Abbau von Carotinoiden führen zu Produkten mit C11-, C10- oder C9-Grundkörpern.

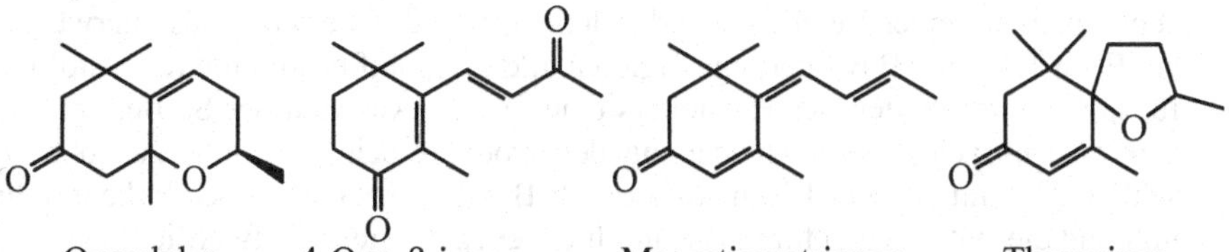

Oxoedulan      4-Oxo-β-ionon      Megastigmatrienon      Theaspiron

**Abb. 6.23**: Riechstoffe aus *Nicotiana tabacum* vom Ionontyp mit dem Grundkörper Megastigman (C13). Oxoedulan riecht nach orientalischem Tabak, 4-Oxo-β-ionon [27185-77-9] süß, nach Virginischem Tabak, Megastigmatrienon = 4-(2-Butenyliden)-3,5,5-trimethylcyclohex-2-en-1-on (Tabanon) [13215-88-8] trocken, süß, nach Tabak und Theaspiron [24399-19-7] nach schwarzem Tee. Für α- und β-Ionon vgl. Abb. 8.01, für γ-Ionon Abb. 6.13.

*Gourmand*

In Mode gekommen sind neuerdings Gourmand-Noten. Dazu zählen Schokolade, Karamell, Zucker, Zuckerwatte, Honig, Süße Milch und Mandel. Ein Grund für deren momentan zunehmende Beliebtheit könnte sein, dass sich eine übergewichtiger werdende Bevölkerung ohne jegliche Kalorienaufnahme an den Düften der 'verbotenen' Köstlichkeiten erfreuen will. Gegenläufig hierzu werden immer mehr Parfüme mit absonderlichen Noten kreiert. Es handelt sich um Gerüche nach Asche, Asphalt, Gartenerde, Gummi, feuchtem Mörtel, Kieselstein, Klebstoff, Kohle, Kunststoff, Feuerwerk, Papier, Salz, Sand, Tinte und Ton.

*Tropical*

Vorbilder für Substanzen dieser schweflig-fruchtigen Duftrichtung sind in der Passionsfrucht (*Passiflora edulis*) gefunden worden. Es handelt sich um Derivate von 1,3-Oxathian oder 1,2-Oxathiolan-2-oxid (Abb. 6.24). Strukturverwandte synthetisierte Verbindungen mit ähnlichen Geruchsnoten sind auf dem Markt.

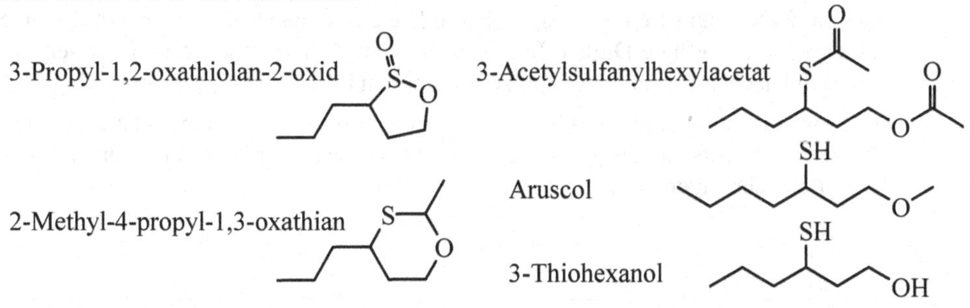

3-Propyl-1,2-oxathiolan-2-oxid

3-Acetylsulfanylhexylacetat

Aruscol

2-Methyl-4-propyl-1,3-oxathian

3-Thiohexanol

**Abb. 6.24**: Verbindungen aus Passiflora mit tropischen Noten (links), strukturverwandte synthetische Verbindungen (rechts). Das 3-Propyl-1,2-oxathiolan-2-oxid ist ein γ-Propylsultin; 2-Methyl-4-propyl-1,3-oxathian = Oxane [59323-76-1] mit schwefelig, grün-tropischer Note (zur Nomenklatur vgl. Tab. 5.11); 3-Acetylsulfanylhexylacetat = Passifloraacetat [136954-25-1], Aruscol = (S)-1-Methoxy-3-heptanthiol [400052-49-5] und 3-Thiohexanol [51755-83-0] haben schwefelige, tropisch-fruchtige Noten.

## 6.4 Sensibilisierende Riechstoffe

Wegen der Anwendung von Riechstoffen in fast allen Bereichen des täglichen Lebens beobachtet man bei einer Reihe von Verbindungen Sensibilisierungen als unerwünschte Wirkungen. Etwa 1,5% der Bevölkerung reagieren allergisch auf bestimmte Riechstoffe. Ursache hierfür können von Seiten des Herstellers eine falsche Auswahl der Stoffe, von Seiten des Nutzers eine unsachgemäße Anwendung der Produkte sein, was eine zu hohe Dosierung einschließt. Eventuell sind Riechstoffe durch Begleitsubstanzen oder Nebenprodukte verunreinigt und diese deswegen für unerwünschte Nebeneffekte verantwortlich.

Die in der internationalen Dachorganisation der nationalen Verbände vertretenen Riechstoffhersteller erarbeiten Richtlinien (IFRA-Richtlinien) mit dem Ziel, Riechstoffe möglichst sachgemäß anzuwenden und dadurch Schäden zu vermeiden. Dies gilt in besonderem Maße für Riechstoffe, welche unter Verdacht stehen unerwünschte Wirkungen auszulösen.

So können die von Experten ausgearbeiteten Richtlinien die Empfehlung aussprechen, bestimmte Riechstoffe gar nicht zu verwenden oder ihren Einsatz möglichst zu vermeiden. Die Beschränkungen beziehen sich häufig auf die verwendete Konzentration und auf einzelne Einsatzfelder. Sofern verunreinigende Begleitstoffe eine kritische Rolle spielen, werden auch Hinweise auf die Einhaltung von Reinheitskriterien gegeben oder Herstellungsverfahren vorgeschlagen, welche das Entstehen solcher Begleitstoffe im Vorfeld umgehen oder wenigstens minimieren. In manchen Fällen kann auch die Empfehlung gegeben werden, bestimmte Riechstoffe nur in Kombination mit anderen zum Einsatz zu bringen.

Zur Zeit sind 26 Riechstoffe als besonders stark allergieauslösend eingestuft. Hiervon sind 18 natürlich vorkommende Inhaltsstoffe ätherischer Öle, die jedoch auch synthetisch hergestellt werden. Die übrigen acht Riechstoffe sind ausschließlich synthetisch zugänglich.

Zum Schutze des Verbrauchers bei der Anwendung von Kosmetika sind diese 26 Riechstoffe in der Europäischen Union seit 2004 auf der Verpackung von Kosmetika kennzeichnungspflichtig, sofern sie bestimmte Konzentrationen übersteigen (Tab. 6.02). In Produkten, welche auf der Haut verbleiben (leave-on products), liegt die Grenze bei 0,001%, in von der Haut abspülbaren Produkten (rinse-off products) bei einer Konzentration von 0,01%.

Auch in Wasch- und Reinigungsmitteln sind seit 2005 nach der EU-Detergenzienverordnung 648/2004 EG beigefügte Duftstoffe als solche kenntlich zu machen und bei den 26 sensibilisierenden Riechstoffen ab einer Konzentration von 0,01% die Namen anzugeben.

Zur Kennzeichnung sind die Namen nach der internationalen Nomenklatur (INCI) verpflichtend, was eine Verschleierung der Identität der Riechstoffe hinter korrekten aber ungebräuchlichen Bezeichnungen verhindern soll.

---

**Tab. 6.02**: Liste der in der europäischen Union bei ihrem Einsatz in Kosmetika kennzeichnungspflichtigen Riechstoffe. GS = Gefahrgutsymbol: Xi = irritant, reizend; Xn = noxious, gesundheitsschädlich; N = umweltgefährdend. AP = allergenes Potential +++/++/+ stark/mittel/schwach sensibilisierend. * = nur synthetisch. Der INCI-Name ist die gültige Bezeichnung auf der Verpackung.

| INCI-Name (engl.) | IUPAC / Synonyme | CAS | GS | AP |
|---|---|---|---|---|
| *ALPHA-ISOMETHYL IONONE | 3-Methyl-4-(2,6,6-trimethyl-2-cyclohexen-1-yl)-3-buten-2-on | 127-51-5 | Xi N | + |
| *AMYL CINNAMAL | 2-(Phenylmethylen)heptanal | 122-40-7 | Xi | + |
| *AMYLCINNAMYL ALCOH. | 2-(Phenylmethylen)heptanol | 101-85-9 | Xi | ++ |
| ANISE ALCOHOL | 4-Methoxy-Benzylalkohol | 105-13-5 | Xn | + |
| BENZYL ALCOHOL | Benzylalkohol | 100-51-6 | Xn | + |
| BENZYL BENZOATE | Benzyl Benzoat | 120-51-4 | Xn | + |
| BENZYL CINNAMATE | Zimtsäurebenzylester | 103-41-3 | Xi N | ++ |
| BENZYL SALICYLATE | Benzyl Salicylat | 118-58-1 | Xi | + |
| *BUTYLPHENYL METHYLPROPIONAL | 2-(4-*tert.*-Butylbenzyl)propionaldehyd; Lilial®, Lysmeral®, BMHCA | 80-54-6 | Xn | ++ |
| CINNAMAL | Cinnamaldehyd; 3-Phenyl-2-propenal | 104-55-2 | Xn | +++ |
| CINNAMYL ALCOHOL | Cinnamyl Alkohol; 3-Phenyl-2-propen-1-ol | 104-54-1 | Xi | ++ |
| CITRAL | 3,7-Dimethyl-2,6-octadienal; Geranial/Neral | 5392-40-5 | Xi | ++ |
| CITRONELLOL | *DL*-Citronellol; 3,7-Dimethyl-6-octen-1-ol | 106-22-9 | Xi N | ++ |
| COUMARIN | 2H-1-Benzopyran-2-on | 91-64-5 | Xn | ++ |
| EUGENOL | 2-Methoxy-4-(2-propenyl)phenol | 97-53-0 | Xn | ++ |
| EVERNIA FURFURACEA EX. | Treemoss Extract = Baummoosextrakt | 90028-67-4 | | +++ |
| EVERNIA PRUNASTRI EX. | Oakmoss Extract = Eichenmoosextrakt | 90028-68-5 | | +++ |
| FARNESOL | 3,7,11-Trimethyl-2,6,10-dodecatrien-1-ol | 4602-84-0 | Xi | +++ |
| GERANIOL | (*E*)-3,7-Dimethyl-2,6-octadien-1-ol | 106-24-1 | Xi | ++ |
| *HEXYL CINNAMAL | 2-(Phenylmethylen)octanal | 101-86-0 | Xi | |
| *HYDROXYCITRONELLAL | 7-Hydroxy-3,7-dimethyloctanol | 107-75-5 | Xi | +++ |
| *HYDROXYISOHEXYL 3-CYCLOHEXENE CARBOXALDEHYDE | 4-(4-Hydroxy-4-methylpentyl)-3-cyclohexen-1-carboxaldehyd; Lyral®, Leerall®, Kovanol®, Mugonal | 31906-04-4 | Xi | +++ |
| ISOEUGENOL | 2-Methoxy-4-(1-propenyl)phenol | 97-54-1 | Xn | +++ |
| LIMONENE | 1-Methyl-4-(1-methylethenyl)cyclohexen | 5989-27-5 | Xi N | + |
| LINALOOL | 3,7-Dimethyl-1,6-octadien-3-ol | 78-70-6 | Xi | + |
| *METHYL 2-OCTYNOATE | 2-Octinsäuremethylester | 111-12-6 | Xn | + |

## 6.4.1 Oxidation und Sensibilisierung

Die sensibilisierende Eigenschaft von bestimmten Riechstoffen ist im Falle des Geraniol, Linalool und Limonen nachweislich durch deren Oxidationsprodukte, darunter Peroxide und Hydroperoxide verursacht. Diese entstehen erst durch den Einfluss von Sauerstoff während der Lagerung oder bei unsachgemäßer Handhabung (Abb. 6.25). Dem reinen Riechstoff fehlt dagegen die sensibilisierende Eigenschaft. Unter realen Bedingungen entstehen unvermeidbar in Anwesenheit von Luftsauerstoff immer kleine Mengen an Oxidationsprodukten. In solchen Fällen können dem frischen Riechstoff Antioxidantien (BHT oder α-Tocopherol) zur Stabilisierung zugesetzt werden. Die IFRA-Empfehlung setzt eine Grenzkonzentration für Peroxide von maximal 20 mmol/L fest, die nicht überschritten werden soll.

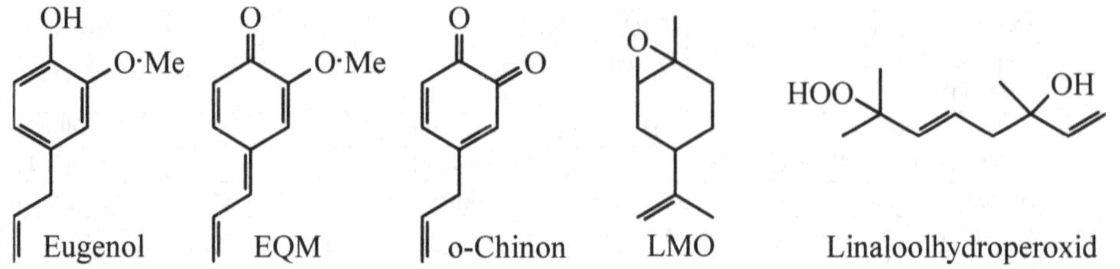

**Abb. 6.25**: Durch Oxidation von Riechstoffen entstehende Verbindungen mit sensibilisierender Potenz. EQM = Eugenol-p-Chinonmethid. Das o-Chinon des Eugenol kann erst nach dessen Demethylierung entstehen. LMO = Limonen-1,2-oxid, wovon es vier Stereoisomere gibt. Linalool liefert das Linaloolhydroperoxid = 7-Hydroperoxy-3,7-dimethyl-octa-1,5-dien-3-ol.

Im Falle von Linalool entsteht durch Oxidation das 7-Hydroperoxy-3,7-dimethyl-octa-1,5-dien-3-ol als Hauptprodukt. Ihm wird ein wesentlicher Anteil an der Sensibilisierung zugeschrieben, während absolut reines und frisches Linalool keine sensibilisierende Wirkung aufweist.

Eugenol kann nach Demethylierung zum o-Chinon oxidiert werden, das im Anschluss als Hapten wirkt. Andererseits ist die Oxidation zum p-Chinonmethid (EQM) möglich, ein Weg, der auch dem Isoeugenol offen steht und in beiden Fällen wahrscheinlich für die Cytotoxizität verantwortlich ist.

Limonen und verschiedene Oxidationsprodukte reizen Haut und Atemwege. Als ein Sensibilisator der Haut ist das Limonen-1,2-oxid bekannt, das durch Oxidation von ätherischen Ölen von Citrus-Arten an der Luft entsteht.

### 6.4.2.  Flechtenextrakte und Sensibilisierung

Baummoos- und Eichenmoos Extrakt sind eine Quelle für Harzsäuren, darunter die Dehydroabietin Säure (DHA), welche sensibilisierend wirken. Ihr Vorkommen in den Extrakten ist lediglich in Spuren von 0,1% erlaubt.

In nativen Flechten sind als charakteristische Inhaltsstoffe Depside enthalten, die aus zwei oder drei veresterten Flechtensäuren vom Orcin- bzw. β-Orcin-Typ (Orsellinsäuren) aufgebaut sind. Die während der Extraktion künstlich herbeigeführte Spaltung der Depside liefert ja nach Verfahren, Extraktionsmittel und Temperatur Produkte verschiedener Konsistenz. Die erhaltenen Rohextrakte nennt man 'resinoids', solche mit Ethanol weiter extrahierte werden als 'absolutes' gehandelt. Nach einem solchen Prozess erhält man von der Flechte *Parmelia furfuracea* das extrait de mousse d' arbre (tree moss extract) und von *Evernia prunastri* das extrait de mousse de chêne (oak moss extract). Die Riechstoffe gelten nicht als natürlich, da sie erst im Verlaufe des Verarbeitungsprozesses durch Hydrolyse, Umesterung und Decarboxylierung entstehen. Die Geruchsnoten liegen bei erdig, moosig, holzig und leicht lederig.

Die geruchsprägenden Stoffe entstehen bei der Verarbeitung aus den geruchlosen Depsiden. Aus dem zweikernigen Evernin gehen durch Hydrolyse die beiden Monoaryle β-Orsellinsäuremethylester (Methyl-β-orcinolcarboxylat) (Abb. 6.26) – mit einem Anteil von ca. 55% die Hauptkomponente – und Everninsäure hervor. Letztere liefert unter Veresterung mit Ethanol das Ethyleverninat oder durch Decarboxylierung den phenolischen Orcinolmonomethylether. Weitere Depside stehen als Vorstufen in großer Fülle zur Verfügung und erzeugen andere Abbauprodukte. Flechtenextrakt darf die beiden aldehydischen Verbindungen Atranol und Chloroatranol, die aus den depsidischen Vorstufen Atranorin bzw. Chloroatranorin freigesetzt werden, wegen deren sensibilisierender Potenz jeweils nur bis 100 ppm enthalten. Es stehen verschiedene chemische Verfahren zur Verfügung, die aldehydischen Komponenten zu beseitigen. Da das Extrakt in vielen Parfüms als unverzichtbares Fixativ enthalten ist, lassen sich beide Verbindungen in den Endprodukten häufig in Spuren nachweisen.

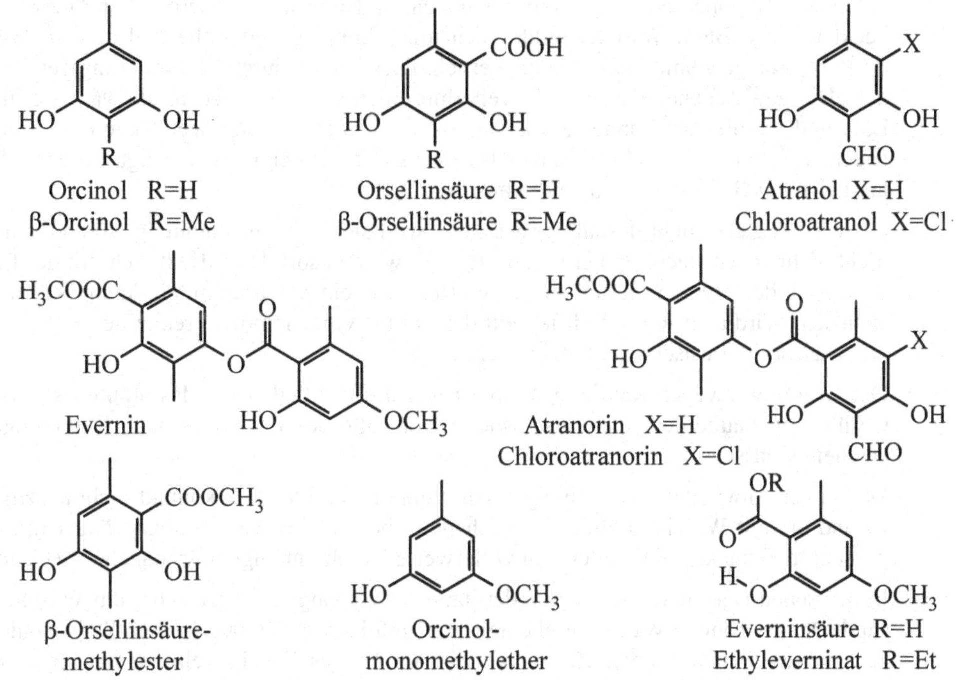

Orcinol  R=H
β-Orcinol  R=Me

Orsellinsäure R=H
β-Orsellinsäure R=Me

Atranol  X=H
Chloroatranol  X=Cl

Evernin

Atranorin  X=H
Chloroatranorin  X=Cl

β-Orsellinsäure-
methylester

Orcinol-
monomethylether

Everninsäure  R=H
Ethyleverninat  R=Et

**Abb. 6.26**: Inhaltsstoffe von Flechten (*Evernia prunastri* und *Parmelia furfuracea*), die sich aus zwei aromatischen Carbonsäuren vom Orcin- oder β-Orcin-Typ zusammensetzen. Gezeigt sind die Depside Evernin und Atranorin. Evernin liefert beim Abbau wohlriechende Verbindungen für die Parfümerie, darunter den 1898 entdeckten β-Orsellinsäuremethylester (= 3-Methylorsellinsäuremethylester) und über die Everninsäure sowohl Orcinolmonomethylether (Decarboxylierung) als auch je nach verwendetem Alkohol verschiedene Ester (Ethyleverninat, Methyleverninat). Auf die intramolekulare Wasserstoffbrücke zwischen Ester und orthoständigem Phenol sei hingewiesen. Orcinol = Orcin = 5-Methylresorcin [504-15-4]; β-Orcin = b-Orcinol [488-87-9]; Evernin [61631-65-0]; Everninsäure [570-10-5]; Ethyleverninat [6110 36-7]; β-Orsellinsäuremethylester = Methylatrarat = Evernyl; [4707-47-5]; Orcinolmonomethylether [3209-13-0]; Atranorin [479-20-9]; Chloroatranorin [479-16-3]; Atranol [526-37-4]; Chloroatranol [57074-21-2].

## 6.5  Wasch- und Reinigungsmittel

Waschmittel und die Gruppe der Reinigungsmittel, darunter Weichspüler, Geschirrspülmittel und Haushaltsreiniger für Küche, Bad, Toiletten, Fenster und Fußböden stellen Produkte dar, die mit Riechstoffen versetzt werden, um dem gereinigten Objekt einen frischen, angenehmen Geruch zu verleihen. Im wesentlichen kann das herstellende Gewerbe auf diejenigen Riechstoffe zurückgreifen, die auch in Kosmetika beliebt sind. Auf Grund der verwendeten großen Mengen sind vor allem preiswerte Lösungen gesucht.

Oft wird die Frage gestellt, warum Waschmittel überhaupt einen Riechstoff enthalten müssen, denn für die eigentliche Waschwirkung ist er nicht erforderlich. Mehrere Gründe sprechen für die Parfümierung. Zunächst hat das Waschmittel selbst einen Eigengeruch nach den darin enthaltenen Komponenten, der sich als chemisch, muffig charakterisieren lässt. Dieser soll überdeckt werden. Beim Waschen bildet sich mit schmutziger Wäsche und heißem Wasser der typische unangenehme Waschküchengeruch. Dieser kann durch Parfümierung gemindert werden. Die gewaschene Wäsche soll weiterhin einen Geruch abgeben, als wäre sie in frischer Luft und strahlender Sonne getrocknet worden. Dieser 'clean scent' kann ebenfalls durch Riechstoffe mit entsprechend langer Haftfestigkeit auf der Faser erzeugt werden. Hierdurch lässt sich ein Gefühl von Sauberkeit auslösen.

Oft wird Wäsche nicht deshalb gewaschen, weil sie wirklich schmutzig ist, sondern weil sie nicht mehr frisch riecht und erneut parfümiert werden soll. Dies deckt sich mit der Erfahrung der Hersteller, dass Änderungen in der Rezeptur eines Waschmittels kaum Reklamationen auslösen. Wird aber eine Modifikation des Duftes vorgenommen, reklamieren viele Kunden, das Waschmittel wasche nicht mehr richtig.

Der Grund, weswegen Reinigungsmittel Riechstoffe enthalten, ist das olfaktorisch ausgelöste Gefühl von Sauberkeit, das eine visuelle Kontrolle des Zustandes nach Reinigung unnötig erscheinen lässt.

Da bei der Anwendung von Reinigungsmitteln ein direkter Hautkontakt nicht auszuschließen ist und die mit Waschmitteln und Weichspüler behandelte Wäsche sogar länger mit der Körperhaut in Kontakt steht, gelten sinnvollerweise Beschränkungen für manche Riechstoffe.

In deutschen Haushalten wurden in der jüngsten Vergangenheit pro Jahr zum Wäschewaschen rund 630 000 Tonnen Waschmittel eingesetzt, gefolgt von 220 000 Tonnen Weichspüler, macht zusammen 850 000 Tonnen. Zusätzlich 250 000 Tonnen Geschirrreiniger brauchten die Deutschen zum Geschirrspülen und ihre Haushalte wurden mit 220 000 Tonnen Haushaltsreiniger auf Hochglanz gebracht. Pro Kopf ergibt sich ein Gesamtverbrauch von etwa 16 kg im Jahr. Legt man einen mittleren Gehalt an Riechstoffen von 0,5% zu Grunde, die Spanne liegt zwischen 0,1 und 3%, sind das pro Person 80 g Riechstoffe im Jahr oder 6500 Tonnen im ganzen Land. Was von dieser Menge nicht in die Luft diffundiert, gelangt über das Abwasser in die Kläranlagen.

Nach Aussage der europäischen Riechstoffhersteller werden von den rund 3000 kommerziell genutzten Riechstoffen etwa 30 Vertreter in einer Menge von jeweils mehr als 1000 Jahrestonnen hergestellt oder importiert. Damit zählen sie zu den 'High Production Volume Chemicals' (HPVC). Diese Stoffe stehen für etwa 95% der Produktionsmenge an Riechstoffen. Alle übrigen Riechstoffe gehören entweder zu den 'Low Production Volume Chemicals' (LPVC), mit einer Produktionsmenge zwischen 10 und 1000 Jahrestonnen, oder sie liegen darunter. Zu den am häufigsten eingesetzten Riechstoffen zählen Citrusduftnoten, Menthol und Vanillin.

## 6.5.1 Abbauverhalten im Abwasser

Auf Grund der Nutzungsgewohnheiten und der in den Wasch- und Reinigungsmitteln vorwiegend und in größerer Menge enthaltenen Riechstoffe lohnt ein Blick auf deren Abbaubarkeit im Abwasser. Die wichtigsten Verbindungen sind Linalool, Citronellal, Limonen, Citronellol, Isoeugenol, Hexylzimtaldehyd, Amylzimtaldehyd, Butylphenylmethylpropional, Cumarin und α-Isomethylionon (Tab. 6.03). Die verschiedenen Quellen leisten einen Beitrag zur Gesamtkonzentration aller Riechstoffe im Abwasser eines Einzugsgebietes. Werden beispielsweise die in einem Zeitraum verbrauchten Reinigungs-, Desinfektions und Waschmittel eines Krankenhauses auf das dort genutzte Wasservolumen verteilt, ergeben sich Konzentrationen von etwa 5 μg Riechstoffen/Liter, was sich auch experimentell bestätigen lässt.

Zur Bestimmung der biologischen Abbaubarkeit der Riechstoffe werden meist die OECD Richtlinien zur Prüfung organischer Moleküle auf leichte biologische Abbaubarkeit (Ready Biodegradation) in wässrigen sauerstoffhaltigen Medien herangezogen (Test No. 310). Es gibt für den Test sechs Verfahren, die in den Test Guidelines TG 301 A-F beschrieben sind. Die Tests laufen über 28 Tage und es müssen bestimmte Kriterien für die Parameter 'gelöster organischer Kohlenstoff' (DOC), Sauerstoff-Verbrauch oder $CO_2$-Bildung erreicht werden, um die Abbaubarkeit zu belegen.

**Tab. 6.03**: Abbauverhalten von Riechstoffen, die in handelsüblichen Wasch- und Reinigungsmitteln häufig vorkommen, im manometrischen Respirationstest nach TG 301F (OECD 301F). * Hier lassen sich Unterschiede im Abbauverhalten der beiden Enantiomere beobachten (nach Bolek, 2010). Die Substantivität (substantivity) gibt an, wie viele Stunden der Geruch in seiner ursprünglichen Note wahrnehmbar ist. Für eine Auswahl von Strukturformeln siehe Abb. 6.27.

| Riechstoff | CAS | Abbau % | substantivity | Geruchstyp |
|---|---|---|---|---|
| α-Isomethylionon | 127-51-5 | 1,4 | 124 | blumig |
| Amylzimtaldehyd | 122-40-7 | 1,4 | 256 | blumig |
| Anisalkohol | 105-13-5 | 86,5 | 82 | blumig |
| Lilial = 3-(4-*tert.*-Butylphenyl)butanal | 80-54-6 | 22,9 | 236 | blumig |
| Citronellal | 106-23-0 | 41,1 | 16 | blumig |
| (*RS*)-Citronellol | 106-22-9 | * 47,7 | 56 | blumig |
| Cumarin | 91-64-5 | 92,6 | 364 | Waldmeister |
| Diphenylether, Diphenyloxid | 101-84-8 | 11,7 | 156 | grün |
| Ethylvanillin | 121-32-4 | 93,2 | 400 | Vanille |
| Hexylzimtaldehyd | 101-86-0 | 9,9 | 400 | blumig |
| Isoeugenol | 97-54-1 | 93.0 | 400 | würzig |
| Limonen (Racemat) | 138-86-3 | * 22,9 | 4 | Citrus |
| Linalool | 78-70-6 | 85,1 | 12 | blumig |
| Lyral ® | 31906-04-4 | 0 | 400 | blumig |
| Thymol | 89-83-8 | 66,3 | 176 | herbal |

Die Tests sind für wasserlösliche, nicht-toxische, organische Verbindungen etabliert. Riechstoffe sind in der Regel schlecht wasserlöslich und leicht flüchtig. Beides kann entweder durch Sorption oder Entweichen zu falsch-positiven Ergebnissen führen, während ein für die Bakterien toxischer Riechstoff dessen Persistenz und damit ein falsch-negatives Resultat vortäuscht.

Wie im Closed Bottle Test (TG 301 D) oder im manometrischen Respirationstest (TG 301 F) gezeigt werden konnte, sind die Substanzen Cumarin, Ethylvanillin, Isoeugenol, Linalool und Thymol sehr gut abbaubar. Nur teilweise werden dagegen Citronellol, Diphenylether und Limonen abgebaut. Extrem langsame bis nicht messbare Abnahmen findet man für α-Isomethylionon, Amylzimtaldehyd, Hexylzimtaldehyd und Lyral (Abb. 6.27). Die Tabelle 6.03 zeigt wie sich einige ausgewählte Verbindungen im manometrischen Respirationstest verhalten.

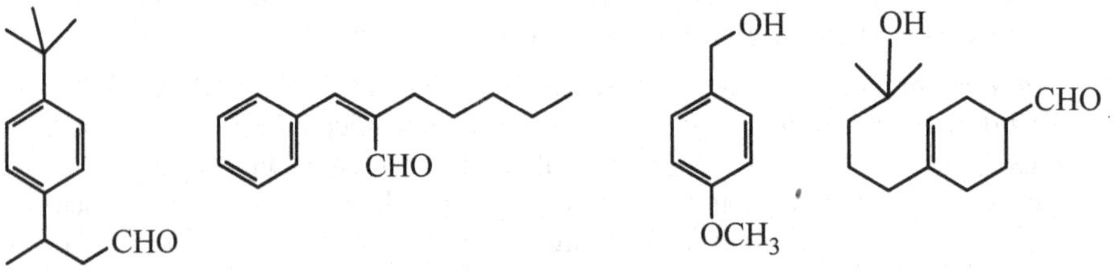

Abb. 6.27: Strukturen ausgewählter Riechstoffe, deren Abbauverhalten in Tabelle 6.03 dargestellt ist. Lilial = 3-(4-*tert.*-Butylphenyl)butanal oder Butylphenylmethylpropional, 2-(Phenylmethylen)heptanal = Amylzimtaldehyd, Anisalkohol = 4-Methoxybenzylalkohol und Lyral®, das zu 70% aus dem abgebildeten 4-(4-Hydroxy-4-methylpentyl)-3-cyclohexen-1-carboxaldehyd besteht und zu 30% aus dem Isomeren mit meta-ständiger Carbonylfunktion.

## 6.5.2 Moschus-Derivate - Ökologie

*Nitromoschus*

Riechstoffe vom Typ Nitromoschus waren als Ersatz für die natürlichen Moschus-Verbindungen eine kostengünstige Alternative (Abb. 6.28). Die Substanzen fallen durch einen hohen Dampfdruck, hohe Lipophilie und geringe Wasserlöslichkeit auf. Hieraus erklärt sich der sehr geringe Abbau durch Mirkoorganismen, das Auftreten in der Nahrungskette und die Anreicherung im Fettgewebe. Während die akute Toxizität recht gering ist, fielen in chronischen Untersuchungen an Tieren kanzerogene Wirkungen und die Induktion von Leberenzymen auf. Wegen des Verdachts der Auslösung kanzerogener und phototoxischer Wirkungen am Menschen dürfen nach EU-Verordnung die drei Nitromoschus-Verbindungen Moschus Ambrette (1995), Moschus Tibeten und Moschus Mosken (2000) nicht mehr angewendet werden. Weiterhin im Einsatz sind Moschus Keton und Moschus Xylol.

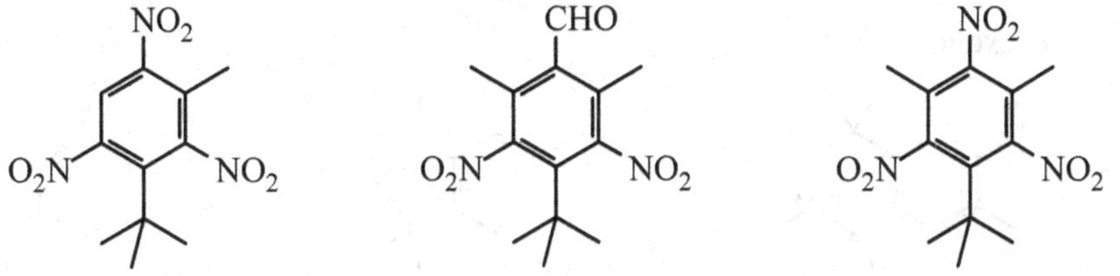


Musc Baur — M. Keton, MK — M. Xylen, MX

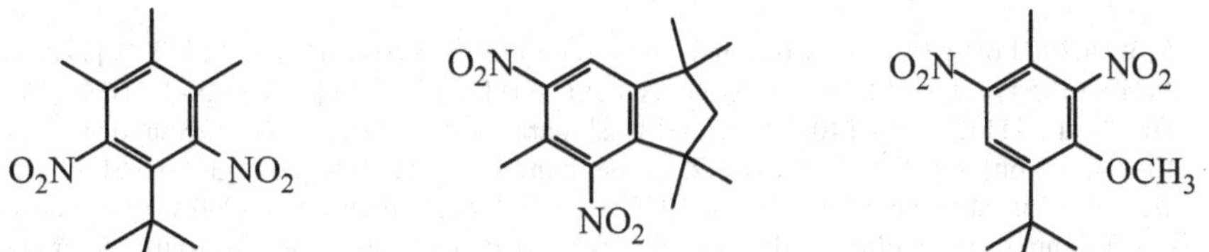


M. Tibeten, MT *verboten* — M. Mosken, MM *verboten* — M. Ambrette, MA *verboten*

**Abb. 6.28**: Nitromoschus-Verbindungen (M. steht für Musk oder Moschus). Die erste Nitromoschus-Verbindung *Musc Baur* (Tonquinol) wurde von Albert Baur 1888 synthetisiert und in Mülhausen i. E. hergestellt. Bald folgten drei weitere Verbindungen aus seiner Hand: M. Xylen = M. Xylol, M. Keton und M. Ambrette. Sie blieben bis zur Regulierung ihrer Verwendung und den ersten Anwendungsverboten 1981 die wichtigsten Moschus-Riechstoffe. Musk Keton kommt dem natürlichen Moschusgeruch am nächsten. In Europa wurden 1998 vom M. Xylen 86 t, vom M. Keton 40 t eingesetzt.

## *Polyzyklen*

Als Ersatz für die Nitromoschus-Verbindungen haben sich in der Folge einige polyzyklische Moschusverbindungen etabliert. Sie weisen im Vergleich zu Nitromoschus-Verbindungen ähnliche sensorische Eigenschaften auf, haben eine hohe Lipophilie (log $K_{ow}$ = 6) und ebenfalls keine nachweisbare biologische Abbaubarkeit in den gängigen Tests. Lipophilie und mangelnde Biotransformation ließen die Substanzen Tonalid und Galaxolid in Fischen aus einem Klärteich Konzentrationen im Fett von 58 mg/kg bzw. 159 mg/kg erreichen. Somit sind die Probleme der Bioakkumulation durch die Verwendung dieser neueren Moschusverbindungen keineswegs gelöst. Auch über das Verhalten und den Verbleib der Substanzen in der Umwelt und über ihre Wirkungen in biologischen Systemen ist wenig bekannt.

Die wichtigsten polyzyklischen Moschusverbindungen sind Galaxolid, Tonalid, Celestolid, Phantholid, Traseolid und Cashmeran (Abb. 6.29). Vielfach werden sie mit Akronymen bezeichnet. Die Substanzen haben verwandte chemische Strukturen.

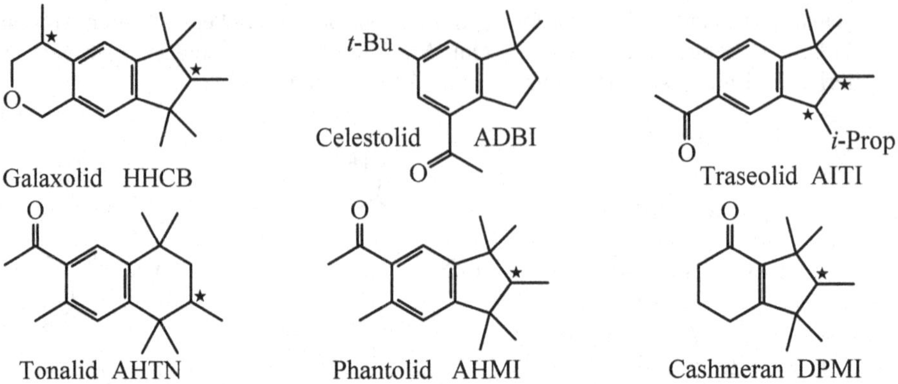

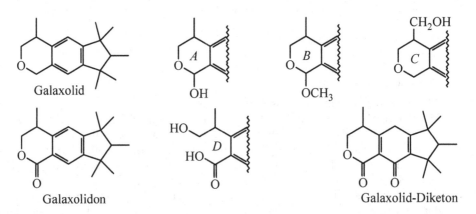

Galaxolid HHCB

*t*-Bu

Celestolid  ADBI

Traseolid  AITI  *i*-Prop

Tonalid AHTN

Phantolid AHMI

Cashmeran DPMI

**Abb. 6.29**: Polyzyklische Moschusverbindungen.  Galaxolid HHCB (1473 t) [1222-05-5],  Tonalid AHTN (385 t) [1506-02-1], Celestolid ADBI (16 t) [13171-00-1], Phantolid AHMI (19 t) [15323-35-0], Traseolid AITI (2 t) [68140-48-7] und Cashmeran DPMI  (1,2,3,5,6,7-hexahydro-1,2,3,3-pentamethyl-4h-inden-4-on) = 6,7-**D**ihydro-1,1,2,3,3-**p**enta**m**ethyl-4(5H)-indanon [33704-61-9]. In runden Klammern die Einsatzmengen in Europa 1998, weltweit zusammen etwa 6000 t. * markiert die asymmetrischen Zentren. Phantolid wurde 1951 als erstes Moschusderivat ohne Nitrogruppe eingeführt. Ihm folgten Celestolid (Crysolid) und Tonalid (Fixolid). Galaxolid kam 1965 auf den Markt.

Von Galaxolid (HHCB), dem neben Tonalid (AHTN) die größte wirtschaftliche Bedeutung zukommt, sind mehrere Metaboliten beschrieben (Abb. 6.30). Sie werden durch Bodenbakterien und verschiedene aquatische Pilze (*Clavariopsis aquatica, Myrioconium ssp.*) gebildet, die einen biologischen Teilabbau der persistenten Verbindungen bewerkstelligen können.

Galaxolid

A  OH

B  OCH₃

$CH_2OH$  C

Galaxolidon

D

Galaxolid-Diketon

**Abb. 6.30**: Galaxolid und einige beschriebene Metaboliten. Obere Reihe: A und C nach Hydroxylierung, B nach zusätzlicher Methylierung. Untere Reihe: Galaxolidon (Galaxolid-Lacton) durch Laccase eingeleitete radikalische Reaktion mit nachfolgender Ringöffnung (D) des Lactons. Das Galaxolid-Diketon wird durch *Clavariopsis aquatica* gebildet (nach C. Martin, 2007).

Die aquatischen Pilze sind allerdings nicht auf die Xenobiotika als Kohlenstoffquelle angewiesen, weswegen es sich um einen eher zufälligen Co-Metabolismus handelt. Extrazelluläre Laccasen scheinen die Bildung des Galaxolid-Lactons über ein Radikal mit nachfolgender Oxidation einzuleiten. Intrazellulär entstehen Metabolite durch Hydroxylierung, Oxidation, Reduktion und Methylierung. Auch photochemische Reaktionen werden beobachtet. Da derzeit nur wenige Metabolite bekannt sind, ergibt sich noch kein Gesamtbild des Abbaus. Grobe Abbauexperimente in mit Sedimentationsschlamm angereicherten Böden ergaben, dass unverändertes Galaxolid nach einem Jahr auf ein Zehntel seines Ausgangswertes abgesunken war, die Menge an Tonalid sich allerdings kaum verringerte.

Das Ausmaß der Sorption eines Stoffes an eine Feststoffoberfläche, die in Kontakt mit Wasser steht, lässt sich experimentell einfach bestimmen, indem man Klärschlamm mit dem zu prüfenden Stoff versetzt und unter kontrollierten Bedingungen (Rühren, Sauerstoffausschluss, Temperatur) das Erreichen des Verteilungsgleichgewichts abwartet. Die Messung der Konzentration nach Gleichgewichtseinstellung in der Wasserphase ermöglicht die Berechnung der Sorptionskonstanten Kd. Sie liegt für Arzneimittel zwischen etwa 1 bis 500 L/kg, für AHTN bei 5300 L/kg und für HHCB bei 4900 L/kg, beides Vertreter polycyklischer Moschusketone. Die hohen Maßzahlen weisen auf eine extreme Anreicherung an der Feststoffoberfläche hin. Durch Abtrennung des Klärschlamms entfernt man automatisch den gebundenen Teil der Substanz, was deren Konzentration in der wässrigen Phase, also in dem geklärten Abwasser, deutlich absenkt. Diese Verminderung erfolgt demnach nicht auf Grund eines biochemischen Abbaus. Im Klärschlamm findet man etwa 34 mg AHTN/kg Trockenmasse und 63 mg HHCB/kg Trockenmasse, während - zum Vergleich - im eingeleiteten Abwasser die Konzentrationen bei etwa 5 µg/L liegen.

Bei schlecht abbaubaren Riechstoffen gewinnt der Einfluss einer Abnahme der Substanz durch Verflüchtigung eine stärkere Bedeutung. Die Ausgasung der Riechstoffe stellt einen Teil der Probleme in der Umgebung von Klärwerken dar, da deren Geruchsfahnen in Abhängigkeit von Windrichtung und Wetterlage in die Umgebung abdriften.

Die drei Abbauwege der Riechstoffe, Biodegradation, Sorption und Verflüchtigung sind für Moschus-Derivate stark zu Gunsten der beiden letzten verschoben. Gleiches gilt für den heute populären Riechstoff Iso E Super (OTNE), der im Mittel mit 5 µg/L Abwasser in eine Kläranlage einläuft. Knapp zwei Drittel dieser Fracht sedimentiert an Schlamm gebunden, der biologische Abbau ist gering und die Ausgasung in die Atmosphäre besitzt eine größere Bedeutung bei der Minderung der Gesamtmenge.

Nach der Verflüchtigung sind die Substanzen in der Atmosphäre dem Angriff von Hydroxyl-Radikalen ausgesetzt (siehe Abschnitt 7.5.4). Unter solchen Bedingungen beträgt die atmosphärische Halbwertzeit von Galaxolid 5,3 Stunden.

*Makrozyklen*

Auf der Suche nach natürlichen Duftstoffen wurden von dem späteren Nobelpreisträger für Chemie Leopold Ružička 1916 das 15- und 17-gliedrige Muscon und Civeton gefunden (Abb. 6.31). Die Synthese von Muscon gelang erst zehn Jahre später. Moschus-Verbindungen tierischen Ursprungs mit dem penetranteren, animalischen Geruch gehören zu den zyklischen

Ketonen, während solche aus Pflanzen zu den Lactonen zählen. In vielen chemischen Trivial-
und Handelsnamen kommt diese Zuordnung in den Endungen -on bzw. -olid zum Ausdruck.
Generell rechnet man zu den synthetischen makrozyklischen Moschus-Verbindungen solche
mit Ringgrößen ab sechs Kohlenstoffatomen. In kleineren Ringen dominiert eine holzartige
Geruchsnote, während der Geruch nach Moschus mit zunehmender Ringgröße intensiver
wird. Im natürlichen Moschus kommt auch Muscopyridin vor, das eine leicht urinähnliche
Note aufweist.

Eine Reihe von weiteren makrozyklischen Moschusverbindungen gewinnt zusehends an Bedeutung, darunter Ambrettolid, Civeton, Exaltolid, Musconat, Habanolid und Ethylenbrassylat. Nach den chemischen Abstechern zu Nitroverbindungen und polyzyklischen Moschus-
stoffen, kehrt man aktuell zu den natürlichen Vorbildern zurück.

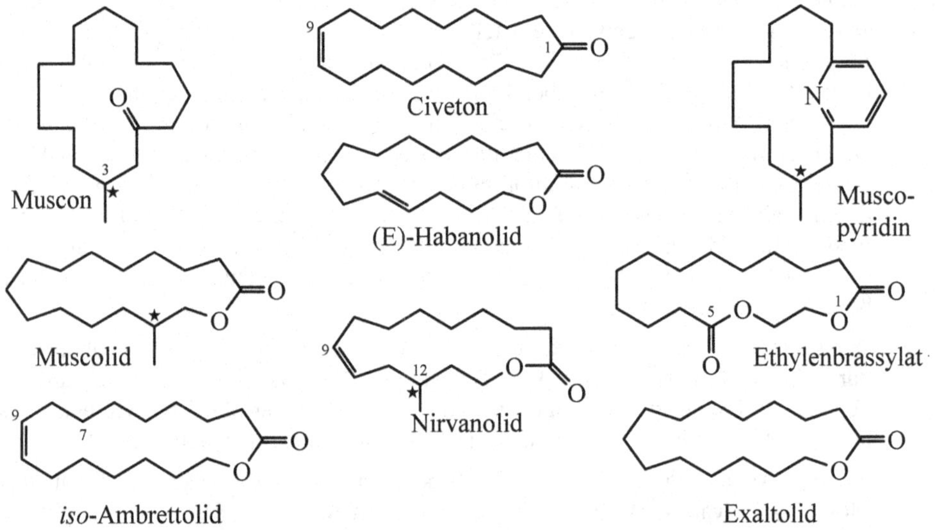

**Abb. 6.31**: Makrozyklische Moschusverbindungen mit Ringen der Größe 17, 16 und 15. Muscon und
Civeton sind Ketone aus den Drüsen des Moschushirsches und der Zibetkatze (Civet cat). Muscon und
Muscopyridin sind in der von L. Ružička verwendeten Darstellung angegeben. Civeton = cis-9-Cyclo-
heptadecen-1-on [74244-64-7]. Chirale Zentren sind durch * markiert. Ethylenbrassylat [105-95-3] und
Musconat = Zenolid [54982-83-1] sind zyklische Ethylenglykoldiester der Undecan- bzw. Decandicar-
bonsäure. In den Samen des tropischen Hibiskus (*Malvaceae*) sind das 5(Z)-Tetradecen-14-olid und das
7(Z)-Hexadecen-16-olid = Ambrettolid [123-69-3] enthalten. Das 9(Z)-Isomer *iso*-Ambrettolid [28645-
51-4] wird synthetisch gewonnen. Im Öl und den Samen von *Angelica archangelica* ist ein dem Musco-
lid (14-Methyl-15-pentadecanolid) analoges zyklisches Lacton (12-Methyl-13-tridecanolid) und das 15-
Pentadecanolid [106-02-5] enthalten, als Exaltolid® heute eine der wichtigsten synthetischen Quellen für
den Moschusgeruch. Cyclopentadecanon, Exaltone® ist das Ketonanaloge zu Exaltolid. Es kommt natürlich in der Moschusratte vor. Seit 1925 wird es nach Arbeiten von Ružička bei Firmenich synthetisiert.
Musk R1 (Givaudan) = 11-Oxa-16-hexadecanolid [3391-83-1]. Nirvanolid ist ein Captiv von Givaudan.

**Literaturauswahl**

Arcadi Boix Camps: Perfumery: Techniques in Evolution, Allured Business Media, 2nd Edition, 2009; 319 S.

Arctander S: Arctander's Perfume and Flavor Materials of Natural Origin. Wissenschaftliche Verlagsgesellschaft Stuttgart, 1961; 736 S.

Bolek R, Kümmerer K: Fate and effects of little investigated scents in the aquatic environment. Xenobiotics in the Urban Water Cycle – November 20, 2009. 16: 87-100 (2010)

Groom N: The New Perfume Handbook. 2nd Edition, Blackie Academic & Professional, Springer Verlag, 1997; 448 S.

Jellinek P: Die psychologischen Grundlagen der Parfümerie. 4. Aufl., Verlag Hüthig, 1999; 256 S.

Joulin D, Tabacchi R: Lichen extracts as raw materials in perfumery. Part 1: Oakmoss. Flavour and Fragrance Journal 24(2): 49-61 (2009) doi:10.1002/ffj.1916

Martin C, Moeder M, Daniel X, Krauss G, Schlosser D: Biotransformation of the polycyclic musks HHCB and AHTN and metabolite formation by fungi occurring in freshwater environments. Environmental Science and Technology 41: 5395-5402 (2007)

Poucher WA: Poucher's Perfumes, Cosmetics and Soaps: Volume 2, The Production, Manufacture and Application of Perfumes. 9th Edition, Chapman & Hall, London, Weinheim, New York, 1993

chem.sis.nlm.nih.gov: ChemIDplus lite; U.S. National Library of Medicine. chem.sis.nlm.nih.gov/chemidplus/chemidlite.jsp

www.bojensen.net: A small guide to Nature's fragrances. Jensen B, Kopenhagen, Dänemark, 2011

www.leffingwell.com: Leffingwell & Associates, Services and Software for the Perfume, Flavor, Food and Beverage Industries. John C. & Diane Leffingwell, Canton, Georgia

www.parfumo.de: Parfüm-Marken, Erscheinungsjahre - Parfüme seit dem Jahre 1370, Parfümeure. alsafa Design, Mittweida

www.thegoodscentscompany.com: The Good Scents Company, Alpha World: AW 627N, 2W. Absolutes, Aromatic Ingredients, All Ingredients, Botanical Species, CAS Numbers, Concretes, Cosmetic Functions, Cosmetic Ingredients, EINECS Numbers. Essential Oils, Extracts, FEMA Numbers, Flavis Numbers, Flavor Specialties, Flavor Ingredients, Food Additives, Found in Nature, Fragrances, Fragrance Ingredients, IUPAC Names, JECFA Numbers, M.W Index, Odor Index, Perfume Bases, Resins, Balsams & Botanics, Vegetable Oils

# 7 Riechstoffe in Anwendung und Technik

In vielen Kulturen werden Riechstoffe angewendet, um den Menschen in eine glückliche, erhabene und zufriedene, gefällige Gefühlslage zu versetzen und ein allgemeines Wohlbefinden auszulösen. Den Göttern des Himmels dienen die auf der Erde geopferten Düfte zur Freude und sie nehmen sie als ihre Speise entgegen. Leicht tragen die Winde sie in die Höhe. Den Menschen erwachsen aus den himmlischen Düften der Gottheiten angeblich auch heilende Kräfte.

## 7.1 Aromatherapie

Den Begriff der Aromatherapie gibt es seit Veröffentlichung der beiden Hauptarbeiten des französischen Chemikers und Parfümeurs R.M. Gattefossé (1881-1950), die unter den Titeln *Aromathérapie* und *Antiseptiques essentiels* im Jahre 1937 als Bücher erschienen sind.

Seine Idee, die sich auf eigene Beobachtungen mit Lavendel stützte, war, die antibiotische Wirkung der darin enthaltenen ätherischen Öle zu nutzen. In der Zwischenzeit wurden aber viel effektivere antibiotische Wirkprinzipien gefunden und chemische Substanzen synthetisiert, so dass seine Beobachtungen in Vergessenheit gerieten. Zwar hatte die französische Kosmetikerin M. Maury (1895-1968) eine 'esoterische Aromatherapie' begründet, doch fanden diese Gedanken bis Ende der 1970er Jahre keine besondere Beachtung. Sie vertrat die Ansicht, dass mit den Aromen aus den *essentiellen* Ölen die Seele einer Pflanze (*Essenz*) in den Menschen übergehe und dort heilkräftigend wirke. Im Zuge des neuaufkeimenden Interesses an alternativen Heilverfahren wurden alte Gebrauchsanweisungen überarbeitet und Listen erstellt, welche an die hundert verschiedenen Duftöle und ätherischen Öle bestimmten Beschwerde- und Krankheitsbildern zuordneten. Allerdings besteht unter den Anwendern der Aromatherapie, die auch als Osmotherapie bezeichnet wird, keine Einigkeit über die Indikationsgebiete.

In der praktischen Anwendung werden die Aromaöle entweder einmassiert oder nach geeigneter Verdunstung in die Raumluft als Aerosol inhaliert. Sie dienen der Behandlung und Linderung von Befindlichkeitsstörungen an Haut und Atemwegen. Bei einer oralen Applikation ist der Verdauungstrakt mit seinen typischen Beschwerdebildern Verdauungsstörungen und Spasmen erreichbar. Allerdings ist hier die Grenze zur Aufnahme von Aromen in der Nahrung in Form von Tees oder Gewürzen fließend. Rectale Applikationsformen für Aromaöle sind eher die Seltenheit.

In der Volksmedizin werden ätherische Öle besonders bei Atemwegserkrankungen (Husten) oder bei Verdauungsstörungen (Blähungen, Krämpfe) mit Erfolg angewendet und haben deshalb mit Recht auch die Aufnahme in die Arzneibücher gefunden. Ihre Indikationsgebiete und die Anwendungsformen sind dort klar benannt und die Mechanismen ihrer Wirkung teilweise erkannt.

Die Aromatherapie verspricht nicht nur bei diesen Störungen und vielen Organerkrankungen eine Linderung oder Heilung, sondern auch bei psychischen und psychosomatischen Erkrankungen wie sexuelle Störungen, Schlafstörungen, Stress, Angst oder Depression. Allerdings machen Anbieter von Produkten zur Aromatherapie deutlich, dass die Verwendung des Begriffs 'Therapie' wohl doch übertriebene Erwartungen an die Produkte und deren Anwendung auslösen könnte, indem sie formulieren: 'Für alle Anwendungshinweise zu unseren Produkten gilt natürlich, dass es sich nur um präventive und regenerierende, nicht um heiltherapeutische oder medizinische Behandlungen handelt. Bei krankhaften Beschwerden suchen Sie bitte einen Arzt auf.'

Die kritische Frage darf an dieser Stelle erlaubt sein, ob die mit der inhalierten Luft angebotene Konzentration der Riechstoffe ausreichend hoch ist, um die versprochenen Wirkungen auszulösen. Ätherische Öle verdampfen auf Grund ihres hohen Dampfdruckes leicht und führen in diesen Konzentrationen bereits zu einem stark wahrnehmbaren Sinneseindruck (sensorische Wirkung). Die mit der eingeatmeten Luft in die Alveolen eingetragene Menge an Riechstoff wird pulmonal resorbiert und gelangt in die Blutbahn. Ob allerdings die unter diesen Bedingungen im Blut erreichbaren Konzentrationen zur Auslösung einer systemischen Wirkung ausreichend hoch sind (pharmakologische Wirkung), lässt sich nicht generell sagen. Mit Sicherheit ist davon auszugehen, dass Riechstoffe mit intrinsischer Aktivität aus den ätherischen Ölen prinzipiell in der Lage sind Wirkungen auszulösen, sofern sie in der richtigen materiellen Konzentration an ihren Wirkort gelangen.

Der Mensch lässt sich durch die hohe Leistung seiner Nase, deren Informationen im Gehirn zu einem dominierenden Sinneseindruck verarbeitet werden, zu der festen Überzeugung verleiten, diese Riechstoffe seien auch zur Auslösung weiterer nützlicher Effekte im Körper in der Lage (psychische Wirkung). Für dieses Phänomen wurde auch der Begriff 'pseudo-pharmakologisch' geprägt. In dieser Wirkung können auch reflektorische, hedonische Komponenten oder eine Placebo-Wirkung anteilig enthalten sein.

Wie bereits erwähnt sind ätherische Öle seit Jahrhunderten Bestandteil des Arzneischatzes. Wegen der Komplexität ihrer Zusammensetzung ist es bisher schwierig, beobachtete Wirkungen auch bestimmten Komponenten zuzuordnen. Gesichert scheint, dass sich ihre antiphlogistischen und spasmolytischen Eigenschaften meist durch eine unspezifische Wirkung der lipophilen Substanzen auf die Zellmembran und durch eine Modulation der Calcium-Kanäle zu Stande kommen.


Bekanntermaßen lässt sich nach dem Genuss eines guten Biers bestens schlafen. 'Schuld' daran ist neben dem Alkohol auch der darin enthaltene Hopfen. Sogar wesentlich soll sein Beitrag sein, wie der Gebrauch des Hopfenkissens als Garant für einen guten Schlaf nahelegt. Sogar gekrönte Häupter wurden auf diese Weise von ihren Schlafstörungen befreit. Selbstredend muss von Zeit zu Zeit die geruchlos gewordene Füllung erneuert werden.

Die moderne Analytik konnte die Geheimnisse teilweise lüften, indem sie durch Head-space-Analyse den Blick auf die Riechstoffe rund um ein Hopfenkissen herum freigab. Besonders trat hierbei das Dimethylvinylcarbinol hervor, ein tertiärer Alkohol mit krautig-erdigem Geruch, dem eine sedierende Wirkung eigen ist (Abb. 7.01).

Die inhalatorische Verabreichung von 1,8-Cineol oder Eucalyptol, dem Hauptinhaltsstoff des Rosmarinöls, bewirkt eine Motilitätssteigerung an Mäusen, die in einem Lichtschrankenkäfig messbar werden. Eine Erniedrigung ihrer Motilität lässt sich in derselben Messeinrichtung bei Riechstoffen wie Linalool, Linalylacetat, Citronellal, 2-Phenylethylacetat, α-Terpineol und

Benzaldehyd beobachten. Gleichzeitig konnten im Blut der Tiere die entsprechenden Verbindungen nachgewiesen werden, was eine deutliche inhalative Aufnahme unter Beweis stellt. Mit Eucalyptol sind auch an Freiwilligen Versuche durchgeführt worden. Sie zeigten, dass die Inhalation zum Auftreten der Substanz im Blut führt und sich der cerebrale Blutfluss erhöht. Die Riechstoffe verhalten sich in dieser Weise wie Wirkstoffmoleküle eines Pharmakons.

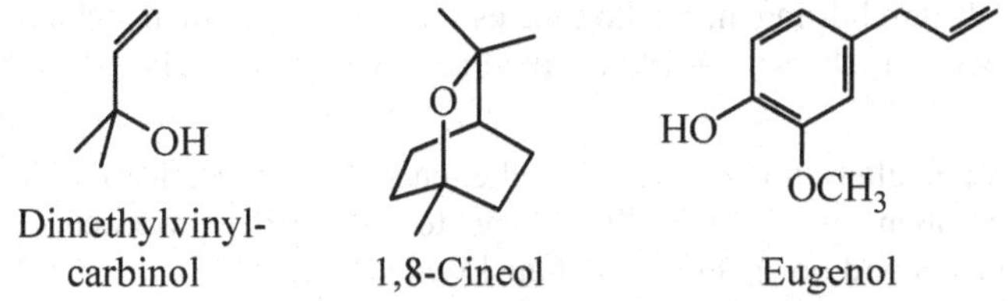

Dimethylvinyl-
carbinol                      1,8-Cineol                         Eugenol

**Abb. 7.01**: Dimethylvinylcarbinol [115-18-4] = 2-Methyl-3-buten-2-ol aus dem Hopfenkissen mit der Geruchsnote krautig, erdig, ölig. Eucalyptol [470-82-6] = 1,8-Cineol und Eugenol [97-53-0] = 2-methoxy-4-prop-2-enylphenol. Carbinol ist ein historischer, von H. Kolbe geprägter Begriff zur Nomenklatur von tertiären Alkoholen, der sich bei vereinzelten Verbindungen erhalten hat.

Beinahe jedem, der schon einmal eine Zahnarztpraxis betreten hat, ist der Geruch von Eugenol bekannt. Dieser Geruch stammt vom Zinkoxid-Eugenol-Zement, der zu provisorischen Füllungen und Befestigungen verwendet wird. Das enthaltene Eugenol wird für seine antibakterielle, anästhesierende und entzündungshemmende Wirkung geschätzt. Jedoch liegen die nutzbaren Konzentrationen weit über denen der Geruchsschwelle. Viele bekannte Wirkungen auf biochemischem und mikrobiologischem Gebiet treten hinzu.

Enterochromaffine Zellen im Magen-Darm-Trakt des Menschen lassen sich mit Eugenol, Thymol und einigen anderen Aromastoffen zur Freisetzung von Serotonin veranlassen. Diese Aktivierung ist von den in diesen Zellen exprimierten Olfaktor-Rezeptoren vermittelt. Dieselben Olfaktor-Rezeptoren, welche im Riechepithel die Geruchsempfindung auslösen, ermöglichen Aromenbestandteilen aus Gewürzen, wie hier aus Gewürznelken und Thymian, einen Einfluss auf die Darmfunktion auszuüben. Da Bestandteile von ätherischen Ölen auch in der Nahrung vorkommen, ist ein Vorkommen der Olfaktor-Rezeptoren im Darm nicht außergewöhnlich.

Falls Olfaktor-Rezeptoren nicht nur ausschließlich in Zellen der Riechschleimhaut sondern auch innerhalb des Organismus exprimiert werden, darf man mit rezeptorvermittelten systemischen Wirkungen von Riechstoffen an den entsprechenden Orten rechnen. Die Art der Wirkung hängt dabei von der Anbindung der Rezeptoren an die in den Zellen vorhandenen Signaltransduktionswege ab. Auch wenn im Vergleich zu den Rezeptoren der Riechschleimhaut die Empfindlichkeit der Rezeptoren im Organismus dieselbe wäre, müssten allerdings zum Erreichen einer wirksamen Konzentration immer noch Resorptionsbarrieren überwunden werden, was eine Verzögerung des Wirkungseintrittes mit sich bringt.

## 7.2  Grenzgebiete

Riechstoffe spielen gegenüber dem Organismus eine Sonderrolle, indem bereits geringe Konzentrationen der Umgebungsluft eine deutliche Wahrnehmung und eine gefühlsbetonte Reaktion auslösen. Obwohl hier geringste Mengen von Substanzen vorliegen und diese nahezu nur extrakorporal auftreten, meint das Individuum, es sei in seiner Ganzheit von diesem Stoff substantiell durchdrungen. So kommt es auch leicht zu dem Fehlschluss, allen Riechstoffen müssten wesentlich mehr Wirkungsqualitäten eigen sein, als nur Geruchsempfindungen auszulösen.

Mit ihren postulierten heilenden Fähigkeiten setzt sich das Kapitel 'Aromatherapie' auseinander. Hier sollen zwei gegenteilige Aspekte aufgegriffen werden, die Frage ob Riechstoffe krank machen und ob sie eine Sucht auslösen können.

### 7.2.1  Schnüffeln und Geruch - Macht Geruch Sucht?

Unter Schnüffeln versteht man die inhalative Zufuhr von flüchtigen Stoffen, die meistens in Form von Lösungsmitteln und Treibgasen in Werkstoffen wie Farben, Klebern, Kosmetika und Haushaltsartikeln enthalten sind (Tab. 7.01).

Die flüchtigen Stoffe, oft mit charakteristischem Geruch, stellen eine heterogene Gruppe von chemischen Verbindungen dar. Gemeinsam ist ihnen, dass sie beim Einatmen rasch über die Lunge in den Körper aufgenommen werden und auf Grund der guten Resorption Erregungszustände im Gehirn auslösen können. An dieser Stelle ist auf die Analogien zur Inhalationsnarkose hinzuweisen, was den Resorptionsweg, die erforderlichen Konzentrationen der Substanzen und das An- und Abfluten der Wirkung angeht.

Obwohl die meisten zum Schnüffeln verwendeten flüchtigen Stoffe charakteristisch und eher angenehm riechen, hat die hier missbräuchlich genutzte Wirkung nichts mit der Eigenschaft als Riechstoff zu tun. Um die zentralen Effekte auszulösen, bedarf es wesentlich höherer Konzentrationen als jene, die für das Riechen erforderlich sind.

**Tab. 7.01**:  Schnüffelstoffe in handelsüblichen Produkten.

| käufliche Produkte (Beispiele) | mögliche Schnüffelstoffe |
|---|---|
| Klebstoffe, Leime, Verdünner | Toluen, Hexan, Kohlenwasserstoffe |
| Nagelpolitur, Nagellackentferner | Aceton, Ethylacetat, |
| Feuerzeuggas, Benzin | Butan, Kohlenwasserstoffe |
| Parfüm, Deodorant, Sprühfarbe, Haarlack, Insektenspray, Enteiser, Fettentferner, Tipp-Ex | Butan, Pentan, chlorierte Kohlenwasserstoffe |
| Feuerlöschflüssigkeit | Halone |
| Lacke, Lackverdünner | Toluen, Ethylacetat, Butylacetat |
| Fertigsahne (Treibgas) | Lachgas ($N_2O$) |
| »Poppers« | Amylnitrit, Butylnitrit |

Schon 1799 wurden mit Lachgas, einem farb- und reizlosen Gas von süßlichem Geruch, in medizinischen Kreisen 'Lachgas-Parties' ausgerichtet. Das war etwa 50 Jahre bevor Lachgas zur Narkose bei Zahnextraktionen zur Verwendung kam. Auch Chloroform und Ether nutzte man in späterer Zeit um sich zu berauschen. Zum Schnüffeln werden heute viele Stoffe verwendet, die in leicht zugänglichen handelsüblichen Produkten enthalten sind und keiner Kontrolle unterliegen.

Das suchtauslösende Potential ist ihrem Wirkungsprofil mit zentralem Angriff zuzuschreiben. Der oft angenehme, selten indifferente Geruch der Schnüffelstoffe begünstigt das Interesse zu den ersten Inhalationsversuchen. Wären die Gerüche abstoßend oder gar ekelhaft, würde die Neugier sofort erlahmen.

Doch nicht immer bietet ein unangenehmer Geruch einen Schutz. Als Beispiel hierzu sei das γ-Butyrolacton (GBL) genannt, welches als Lösungsmittel in der Industrie (100.000 t/a) breite Verwendung findet. Oral eingenommen wird es im Körper rasch zu γ-Hydroxybuttersäure (GHB) gespalten, die zentral stimulierend und enthemmend wirkt (Liquid Ecstasy).

Ob einer überdurchschnittlichen Anwendung von Parfümen im normalen Leben schon das Prädikat Abhängigkeit zukommt ist fraglich, obwohl in vielen Fällen Elemente im Verhalten der Personen zu entdecken sind, die das nahelegen. So das Verlangen nach fortgesetzter Anwendung, die Tendenz zur Steigerung der Dosis und Entzugserscheinungen. Zumindest kann es sich um eine deutliche Gewohnheitsbildung handeln.


## 7.2.2 Macht Geruch krank?

Häufig und kontrovers wird die Frage diskutiert, ob von einem Geruch krankmachende Wirkungen ausgehen können. Diese Frage besteht eigentlich aus zwei Teilen: kann ein Geruch krank machen, was so viel bedeutet wie: kann die Geruchsempfindung, also ein Sinneseindruck, krank machen. Und zum zweiten: kann ein Riechstoff, also eine materiell in den Organismus aufgenommene Substanz, krank machen?

Während die erste Frage schwer zu beantworten ist, da neuronale Vorgänge nur kompliziert zu erfassen sind und stark subjektiv geprägt sein können, gibt es zu der zweiten Frage eher Antworten.

Bekannt und allgemein anerkannt ist die Tatsache, dass eine Reihe von Riechstoffen auf den menschlichen Organismus allergisierend wirken. Dies führte auch teilweise zu einem Anwendungsverbot und zu der Kennzeichnungspflicht von 26 Substanzen in Kosmetika. Es bleibt abzuwarten, ob durch eine häufigere und weiter verbreitete Anwendung von Riechstoffen, bedingt durch leichtere Verfügbarkeit dank geringerer Kosten und größerer gesellschaftlicher Akzeptanz, Fälle von Allergisierungen bekannt werden durch Riechstoffe, die bisher unauffällig waren.

Viele Riechstoffe wirken in unverdünnter Form auf der Haut irritierend und haben auch sonst zum Teil schädliche Wirkungen, sofern sie in konzentrierterer Form in den Körper gelangen. Häufig sind die Riechstoffe mit höheren Anteilen von Begleitprodukten unterschiedlicher Zusammensetzung in Anwendung, über die wenig Informationen vorliegen. Gleiches gilt für Naturstoffe, deren Zusammensetzung größeren Schwankungen unterliegt. Alle Begleitstoffe sind potentielle Wirksubstanzen. Generell ist zu bedenken, dass eine Substanz nicht nur eine einzige Wirkung hat. Anzunehmen, dass ein Riechstoff ausschließlich riecht und sonst keine Wirkungen haben kann, ist naiv. Schon allein die Probleme, die hoch lipophile Riechstoffe durch ihren schleppenden Abbau und ihre Kumulation im Ökosystem auslösen, zeigen, dass es mit dem Riechen nicht zu Ende ist.

Ein anderer Aspekt wird bei der Betrachtung des Grenzgebietes zwischen Riechstoffen und Lösungsmitteln klar. Eine Reihe von Lösungsmitteln, in den meisten Fällen auch noch nicht einmal schlecht riechende, sind in der Lage Gesundheitsstörungen und Krankheiten auszulösen. Viele dieser Verbindungen unterliegen im Einsatz einer behördlichen Regelung oder sind verboten. Gesetzlich verbindlich sind Grenzwerte bei der Arbeit (maximale Arbeitsplatzkonzentration, MAK, technische Richtkonzentration, TRK) oder in andern Bereichen zum Schutz der Beschäftigten oder der Bevölkerung einzuhalten.

Wie steht es mit dem Schutz vor Gerüchen oder Riechstoffen? Inwieweit ist ein unnötiges Ausbringen von chemischen Substanzen in die Umgebung statthaft? Die Bandbreite geht vom Tabakrauchen, über die Ausgasungen in einem Neuwagen bis zur Beduftung eines Wartezimmers. Schutz vor Riechstoffen sollte sich vor allem auf diejenigen Stoffe erstrecken, die potentiell negative Wirkungen auf Mensch und Ökologie haben. Der Einsatz solcher Riechstoffe, über die keine ausreichenden Informationen bezüglich ihrer Wirkung auf die Gesundheit und ihres Verhaltens in der Umwelt vorliegen, sollte äußerst zurückhaltend erfolgen. Dies müsste gerade dann gelten, wenn wegen Unterschreitung der im Jahr hergestellten Menge von einer Tonne keinerlei Untersuchungen über biologische und toxikologische Eigenschaften der Substanzen durchzuführen und einzureichen sind.

Durch die Rauchverbote sind rauchfreie Zonen in Gaststätten und öffentlichen Gebäuden entstanden, nicht in erster Linie wegen des störenden Geruchs, sondern um die Basisbevölkerung vor gesundheitlichen Risiken zu schützen, welche aus den emittierten Verbrennungsprodukten hervorgehen. Der stetig wachsende Einsatz von Duftstoffen zur persönlichen Pflege von Körper, Schönheit und Wäsche und das Duftstoffmarketing, das sogar in Arztpraxen und Krankenhäuser vorgedrungen ist, lässt aus verschiedenen Bereichen des öffentlichen Lebens den Wunsch nach Eindämmung aufkeimen. Viele Stimmen fordern über die zunächst freiwillige Einrichtung von duftfreien Krankenhäusern, Schulen, Universitäten, Kirchen und Hotels nachzudenken. Eine generellen Ausschluss von Duftstoffen oder einen Schutz vor Gerüchen wird man jedoch kaum durchsetzten können.

### 7.2.3 Wellness

Wellness-Angebote umfassen ein breites Spektrum von Aktivitäten und reichen von der Weltreise über Massage bis zum Aktivurlaub oder zur Entspannung unter Palmen. Im eigentlichen Sinne dienen sie dazu, Stress abzubauen und Kraft für den Alltag zu schöpfen. Entspannung bei einer Massage in wohliger Wärme, Bewegung im Wasser, in gepflegter Umgebung, bei leichter Musik, hellem Licht, kleinen aromatischen Gaumenfreuden und nicht zu vergessen auch mit interessanten Düften.

Im Wellnessbereich, zu dem Massagesalons, Fitnessstudios, Bräunungsstudios u. a. gerechnet werden können, gehört der Einsatz von Riechstoffen zur Grundlage des Geschäftes. Zur Mas-

sage selbst wird der Riechstoff mit dem Massageöl verwendet. In anderen Einrichtungen werden die Riechstoffe über Dosieranlagen verteilt oder Räucherkerzen oder Duftlampen übernehmen diese Aufgabe. Es hat sich als zweckmäßig erwiesen, Fremdgerüche wie Schweiß
oder Ozongeruch vor der Beduftung zu entfernen, denn diese Maßnahme hilft die erforderlichen Konzentrationen zu reduzieren.

Die Verteilung von Riechstoffgemischen kann durch eine Wärmequelle thermisch erfolgen.
Generell verarmt bei dieser Technik jedes eingesetzte Gemisch an leicht flüchtigen Anteilen,
was eine Geruchsverschiebung nach sich zieht. Während in Duftlampen das Duftöl mit Wasser verdünnt zum Einsatz kommt, tropft es bei Hitzeverdunstern auf eine temperaturgeregelte
Heizplatte. Überschüssiges Material sollte nicht rezirkulieren, da sich sonst die schwerflüchti-
gen Anteile ansammeln.

Zerstäubersysteme arbeiten mit Ultraschall und vermeiden jegliche thermische Belastung des
Materials. Sie werden meist in Klimaanlagen eingesetzt. Ätherische Öle haben aber hier den
Nachteil, dass sie in der Klimaanlage durch Oxidation altern und unerwünschte Ablagerungs-
filme bilden.

Schließlich sind Kalt-Verdunster-Systeme im Einsatz, zu denen Tropf-, Kapillar- und Rück-
halte-Systeme zählen. Bei diesen Verfahren schafft ein poröses Material wie Ton oder Vlies
die Voraussetzung für ein leichtes Verdunsten, während ein Luftstrom die Verteilung bewirkt.
Die Systeme haben den Nachteil, dass Intensität und Charakter des Duftes sich mit der Zeit
ändern.

## 7.3  Beduftung am 'Point of Sale'

Die Entscheidung des Kunden am 'Point of Sale' (PoS) ein Produkt zu kaufen ist der wichtigste Schritt, auf den die gesamte Wirtschaft hinarbeitet. Deshalb möchten die Strategen des
Marketing alle möglichen ihnen zur Verfügung stehenden Instrumente einsetzen, das Verhalten der Kunden zu ihren Gunsten zu beeinflussen. Kein Bereich des Verkaufs ist ausgenom-
men wie man an den aufgezählten Begriffen erkennt: Duftmarketing, Duftregie, Großraum-
beduftung, Duftkino, Duftprint, Messebeduftung, Messestandbeduftung, Shopbeduftung und
Wellness-Beduftung.

Im Einzelhandel hat der Kunde wenig Zeit und schnell bringen ihn verschiedene Einflüsse
dazu, es sich anders zu überlegen und weiterzugehen. Hierzu können Gerüche beigetragen
haben. Die schlimmsten Vernichter einer Entscheidung zum Kauf sind Schweißgeruch, ver-
brauchte und muffige Luft, Sanitärgeruch, kalter Rauch, Benzin, Abgase und Müllgeruch im
Geschäftsbereich. Hier sind Gegenmaßnahmen angezeigt, denn in der allgemeinen Wahrnehmung einer Dienstleistung stellt das Riechen nach dem Sehen die zweitwichtigste Einfluss-
größe dar.

Untersuchungen haben ergeben, dass gut 90% der Kunden im Einzelhandel eine dezente Beduftung angenehm empfinden, denn vielen ist das Erlebnis des Kaufens wichtiger als das erworbene Produkt, vor allem bei Luxusgütern. Angestrebt wird eine Beduftung knapp oberhalb der Wahrnehmungsschwelle. Eine Überbeduftung hat negative Auswirkungen genauso
wie irritierende Bildreize und Beschallung mit unangemessen lauter Musik.

Angemessene Beduftung erhöht die Kommunikationsbereitschaft der Kunden, verlängert ihre Aufenthaltsdauer in den Verkaufsräumen und steigert die allgemeine Wahrnehmung und die von Produkten. Zwar wachsen diese Parameter um 15 bis 20 Prozent, doch liegt die ausgelöste Umsatzsteigerung im Mittel deutlich tiefer bei etwa sechs Prozent.

Nun muss auch der eingesetzte Duft mit dem Produkt im Einklang stehen, beide sollten 'kongruent' sein. Das Kleidergeschäft darf nicht nach frischem Brot oder Pfeffer riechen, aber Kokosduft verkauft den Sommerurlaub im Reisebüro. Leichter haben es die Verkäufer von Kaffee oder Backwaren, da hier der Duft Bestandteil des Produktes ist und noch dazu die Vorfreude des kommenden Genusses ausmacht.

Der Point of Sale ist nicht der einzige Ort eines gezielten Dufteinsatzes. In zunehmendem Maße haben Dienstleister wie Banken, Berater und Anwälte erkannt, dass eine Beduftung zu einer besseren Bewertung ihrer Beratungsqualität durch den Kunden führt. Gleiches gilt auch für die Beurteilung von Schulungen und Seminaren.

Der große Bereich Gesundheit, der einen Bogen spannt von Wellness und Fitness über Reha und Pflegedienste bis hin zu Arztpraxen, unterliegt ähnlichen Beurteilungen durch Patienten und Kunden. Im Vordergrund steht die Entfernung körperlicher Gerüche mit einer nachfolgenden Beduftung.

Die Gastronomie kämpft häufig mit abgestandenen Essensgerüchen vom Vortag, die nicht einladend wirken. Sofort zweifelt der Gast an der Sauberkeit und Qualität der angebotenen Gerichte. Hat das Rauchen bisher selbst die Rolle der Beduftung übernommen, muss man sich nach dessen Verbot heute um das Problem abgestandener Luft kümmern, damit angenehme Düfte zur Wiederkehr des Kunden einladen.

Zum unverwechselbaren Erscheinungsbild eines Unternehmens, einer Firma oder einer Marke, der 'corporate identity', gehören eine Farbe, ein Logo, eine Melodie und natürlich auch ein Duft. Diese vier Elemente sprechen alle Sinne an und verbessern durch die Einbeziehung eines 'corporate scent' (CS) die Wiedererkennbarkeit des Unternehmens. So nutzen Hotelketten beduftete Anzeigen oder Briefe um eine Erwartung zu wecken, die sich im Moment des Betretens der Hotellobby erfüllt. Auch manche Fluglinien verwenden einen Erkennungsduft vom Passagierraum, über die bedufteten heißen Tücher bis zum Parfum der Flugbegleiter. Mahnbriefe werden deutlich erfolgreicher, wenn sie mit Androstenon beduftet sind.

Zur Raumbeduftung werden vielfach frische Citrusnoten, orientalische, dunkle-orientalische, erfrischende süßliche, holzige und exotisch-blumige Noten angeboten.

Das älteste Beispiel für Duftmarketing ist der frische Citrusduft. So hat es sich ergeben, dass praktisch alle Reinigungsmittel nach Zitrone riechen. In Sanitärreinigern trifft man häufig auf den Geruch nach Methylsalicylat. Dieses weckt bei Mitteleuropäern die Vorstellung von klinischer Sauberkeit und Zahnarztpraxis. In Nordamerika dagegen ist Methylsalicylat unter der Geschmacksrichtung Wintergreen in Kaugummi und Root Beer enthalten.

In Arztpraxen setzt das Duftmarketing auf Duftstoffe mit antiseptischer und beruhigender Komponente. Die Verkaufsunterstützung für Oberbekleidung hingegen empfiehlt erotisierende Düfte. Bemerkenswert ist, dass die Wirkung von passender Beduftung und richtiger Farbpräsentation auch dann eintritt, wenn die Kunden über die eventuellen Einflüsse auf ihr Verhalten Bescheid wissen.

## 7.3.1 Neuwagen

Der Geruch eines Neuwagens hat auf den Besitzer einen faszinierenden Eindruck. Um diesen Neuwagenduft mittels Spray, wenn auch nur vorübergehend, in ein altes Auto zu bekommen, scheuen viele weder Mühe noch Kosten. Für Fahrzeuge mit textiler Ausstattung gibt es ein Gemisch mit einer frischen, leicht technischen Duftnote, die nach neuem Polster und Kunststoff riecht. Warme und holzige Noten sind für edlere Gefährte mit Lederausstattung vorbehalten.

Die Untersuchung der Ausdünstungen von wirklichen Neuwagen bei 60°C erfasste etwa hundert organische Stoffe. Die wichtigsten gehören zu den leicht flüchtigen Kohlenwasserstoffen, darunter verzweigte und unverzweigte Alkane, Alkohole, Glykole, Ether, Ketone und Aromaten. Größte Konzentrationen findet man für Butanon und Toluen, die vielfach als Lösungsmittel eingesetzt werden und über längere Zeit ausgasen. Weiterhin werden Weichmacher, besonders Diethylhexylphthalat, und Formaldehyd gefunden (vgl. Abb. 7.02).

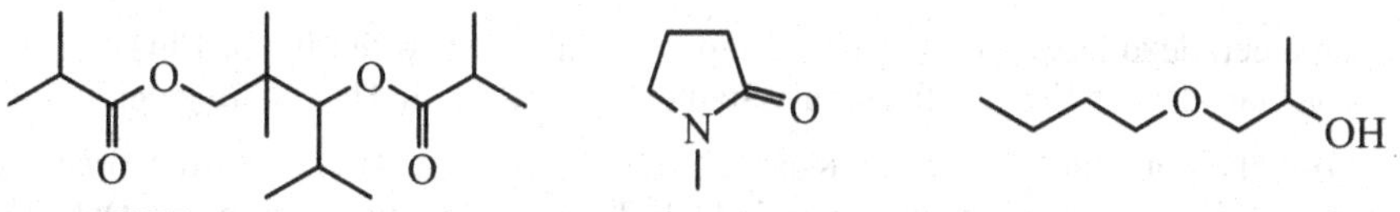

TXIB                    NMP                    1-Butoxy-2-propanol

**Abb. 7.02**: Einige Beispiele für flüchtige Verbindungen (VOC) aus der Innenraumluft von Neuwagen. TXIB = Texanoldiisobutyrat [6846-50-0] mit schwachem, fruchtigem Geruch. Das NMP = N-Methyl-2-pyrrolidon [872-50-4] riecht schwach aminartig. 1-Butoxy-2-propanol = 1,2-Propylenglykolmono-butylether [5131-66-8] (PGMB) tritt auch unter den Raumschadstoffen in Gebäuden auf.

Aus Leder gasen zusätzliche Verbindungen aus, darunter gesättigte und ungesättigte Aldehyde mit bis zu zwölf Kohlenstoffen. Schwerer flüchtige Verbindungen tragen weniger zum Geruch bei, sondern bilden Filme auf der Innenseite der Fensterscheiben.

## 7.3.2 Duftdruck

Zur Papierbeduftung werden die Riechstoffe zuerst mikroverkapselt (Scentific®). Dadurch erhält man ein Pulver mit einer Teilchengröße zwischen fünf und zehn Mikrometern. Zum Druck wird das Duftpulver wie übliche Farbstoffe in Drucklack aufgenommen und nach dem Drucken der vier normalen Druckfarben als oberste Schicht aufgebracht. Hierzu bedarf es keiner speziellen Druckmaschine und das bedruckte Papier verströmt keinen Duft, so dass auch keine Schutzmaßnahmen zu ergreifen sind. Wer etwas riechen will, muss über das Papier streichen und dabei die Mikrokapseln aufbrechen. Da keinesfalls alle Duftkapseln zerstört werden, ist auch nach längerer Zeit weiterer Riechstoff mobilisierbar. Der Duftstoff hält mindestens so lange wie der Werbeträger.

Der Einsatz dieser Duft-Druckfarben ist im Wachsen. Kataloge mit Duftproben, Briefmarken mit dem Duft der abgebildeten Blüten oder nach Zimt riechende adventliche Briefaufkleber sind populär. Die Kosmetikindustrie nutzt diese Möglichkeit auch, da aus hygienischen Gründen versiegelte Behältnisse zur Riechprobe vom Kunden nicht mehr geöffnet werden können. Der potentielle Kunde findet den Geruch auf das Etikett aufgedruckt.

Mikroverkapselte Riechstoffe lassen sich nicht nur in Farben zum Bedrucken aufnehmen, sondern auch in solche zum Anfärben von Stoffen. Damit stattet man Textilien mit einer bestimmten Menge an Duftstoff aus, der beim Tragen des Kleidungsstücks durch die mechanische Beanspruchung des Materials nach und nach aus den aufgebrochenen Polyurethan-Verkapselungen austritt. Der Vorrat ist so bemessen, dass das Textil über 30 Waschdurchgänge hinweg seine ursprünglichen Eigenschaften beibehält (Le Slip Français, Bayscent®).

## 7.4 Riechstoffe Technik

### 7.4.1 Riechstoffe im Gas

Eine geradezu lebenswichtige Anwendung von Riechstoffen ist ihr Einsatz in der Markierung von Gas, das als Erdgas, früher als Stadtgas, direkt in die Haushalte geleitet wird.

Vormals war Stadtgas in der Kokerei erzeugt worden. Hierzu wurde brennende Kohle mit Wasser in Kontakt gebracht, ohne jedoch die Verbrennung zu stoppen. Dabei bildet sich eine Reihe von gasförmigen Verbindungen. Neben flüchtigen Bestandteilen, die bei hohen Temperaturen aus der Steinkohle frei werden, entstehen durch die Reaktion im wesentlichen CO und Wasserstoff, welche auch die eigentlichen Energieträger des Stadtgases ausmachen. Beide Gase sind geruchlos, Wasserstoff hochexplosiv und CO sehr giftig. Um unkontrolliertes Entweichen oder Leckagen schnell erkennen zu können, musste man aus Sicherheitsgründen einen Warngeruch zusetzen. Auf Grund dieser Maßnahme sank die Häufigkeit von Unglücken durch Gas drastisch. Erdgas in Pipelines ist dagegen nicht odoriert.

*Schwefelhaltige Gas-Odoriermittel*

Die Wahl fiel damals auf das Tetrahydrothiophen (THT) (Abb. 7.03), das schon in hohen Verdünnungen einen unangenehmen knoblauchartigen Geruch aufweist. Bei der Verbrennung von Tetrahydrothiophen entsteht unter anderem Schwefeldioxid.

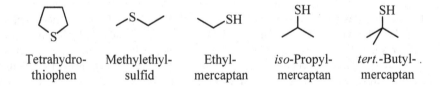

| Tetrahydro-thiophen | Methylethyl-sulfid | Ethyl-mercaptan | *iso*-Propyl-mercaptan | *tert.*-Butyl-mercaptan |

**Abb. 7.03**: Schwefelhaltige Gasodorierungsmittel: Tetrahydrothiophen = THT [110-01-0]. Zur Umrechnung 1 ppm = 3,66 mg/m³ vgl. 3.2.1. Die anderen Stoffe werden meist in Mischungen verwendet, z. B. mit *tert.*-Butylmercaptan = TBM [75-66-1] und *iso*-Propylmercaptan [75-33-2] als Scentinel®E, oder TBM mit Methylethylsulfid [624-89-5] als Scentinel®S-20. Ethylmercaptan = Ethanthiol [75-08-1].

Zum Einsatz in technischen Anlagen der Gasversorgung dürfen Odorantien nicht korrosiv am Rohrnetz, an Ventilen und Kompressoren wirken. Außerdem müssen sie leicht flüchtig und brennbar sein und dürfen sich nicht durch Sorption am Rohrsystem aus dem Gas abscheiden. Diese Voraussetzungen werden vom THT erfüllt.

Der Mensch riecht die Substanz THT in hoher Verdünnung und sein Geruchssinn wird von ihr auf Dauer nicht desaktiviert. Ihr Auftreten in der Atemluft verursacht keine Irritationen der Atemwege oder der Augen und löst auch keinen Kopfschmerz aus. Somit stellte THT ein beinahe perfektes Odoriermittel für Stadtgas dar und seine Anwendung ist auch heute noch für Erdgas in 87% aller Versorgungsnetze verbreitet. Die Endkonzentration liegt bei 18 mg/m³ Gas.

Weniger häufig (9%) werden Mercaptane zur Odorierung eingesetzt. Es handelt sich meist um Ethylmercaptan, Isopropylmercaptan, Tertiärbutylmercaptan (TBM) oder Methylethylsulfid, bzw. deren Gemische, die unter dem Namen Scentinel® in den Handel kommen. Die angewendeten Endkonzentrationen liegen bei 9 mg/m³ Gas. Auch ein Gemisch von THT und TBM (70/30) kommt in seltenen Fällen zur Anwendung. Die ebenfalls geruchlosen Gase Propan und Butan werden in der Regel mit Mercaptanen odoriert.

### Schwefelfreie Gas-Odoriermittel

Generell ist man bestrebt den Gehalt an Schwefel in fossilen Energieträgern zu reduzieren, um unnötige Korrosion technischer Anlagen durch entstehendes $SO_2$ zu vermeiden und den Eintrag in die Luft zu reduzieren. Obwohl Erdgas von Natur aus beinahe schwefelfrei ist, treten bei den weit verbreiteten Brennwertheizungen häufig Korrosionsschäden auf. Deshalb ist es sinnvoll, den Schwefelgehalt des Erdgases nicht künstlich durch ein schwefelhaltiges Odoriermittel zu erhöhen, sondern dieses durch ein schwefelfreies zu ersetzen. Insgesamt ließen sich etwa 600 t $SO_2$ im Jahr vermeiden.

Das hierzu neu entwickelte Odoriermittel besteht aus drei schwefelfreien Substanzen, welche einen unangenehmen Geruchseindruck hervorrufen (Abb. 7.04). Es handelt sich um ein Gemisch aus Methylacrylat (37,4%), Ethylacrylat (60%) und Methylethylpyrazin (2,5%), dem eine geringe Menge des Antioxidans Ionol (0,1%) zugesetzt ist. Das Gemisch wird seit etwa 2001 unter der Bezeichnung Gasodor S-Free angeboten. Im Gas ist eine Endkonzentration an Gasodor™ S-Free™ zwischen 7 und 30 mg/m³ ausreichend, in der Regel sind 12 mg/m³ üblich.

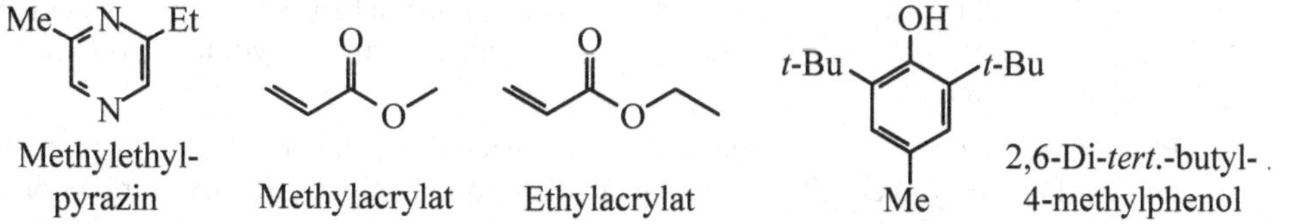

Methylethyl-pyrazin  Methylacrylat  Ethylacrylat  2,6-Di-*tert.*-butyl-4-methylphenol

**Abb. 7.04**: Komponenten eines schwefelfreien Gasodoriermittels. Methylethylpyrazin [13925-03-6] (Dampfdruck 2 mm Hg bei 25°C). Die leicht verdampfenden Flüssigkeiten Methylacrylat [96-33-3] (86 mm Hg) und Ethylacrylat [140-88-5] (39 mm Hg) haben einen stechend unangenehmen Geruch. Der Stabilisator 2,6-Di-*tert.*-butyl-4-methylphenol = BHT = butylated hydroxytoluene = Ionol [128-37-0] ist in der Lage mit zwei Peroxyradikalen zu verschiedenen nicht radikalischen Endprodukten zu reagieren.

*Ionen-Motilitäts-Spektrometrie*

Zur qualitativen und quantitativen Analyse der im Erdgas verwendeten Odorierungsmittel lässt sich erfolgreich über den gesamten in Frage kommenden Konzentrationsbereich die Ionen-Motilitäts-Spektrometrie einsetzten. Bei diesem Verfahren werden durch Elektronen aus einer β-Strahlungsquelle ($^{63}$Ni) zunächst Reaktions-Ionen mit dem Gas der Matrix erzeugt. Diese reagieren mit Molekülen des zu analysierenden Odorierungsmittels (Ethacrylat oder THT) und wandeln diese in Ionen um, wobei Monomere oder Dimere auftreten können. Anschließend beschleunigt ein elektrisches Feld die Ionen, die je nach Masse und Form unterschiedliche Geschwindigkeiten erreichen und demnach für eine festgelegte Teststrecke verschiedene Driftzeiten benötigen. Die sich bewegenden Ionen stellen einen elektrischen Strom dar, der beim Auftreffen auf eine Faraday-Platte leicht und genau gemessen werden kann. Aus den Datenpaaren Driftzeit und Strom ergeben sich nach Kalibrierung und Auswertung der Spektren innerhalb weniger Minuten eindeutige Aussagen über die im Gas vorliegenden Konzentrationen der Odorierungsmittel. Übrigens lässt sich dieses Verfahren auch zur frühen Erkennung von Lungenkrebs, zur Diagnose von Bronchialerkrankungen und zum Monitoring von Bakterien- und Pilzemissionen einsetzen.

### 7.4.2 Unvollständige Verbrennung

*Formaldehyd nach unvollständiger Verbrennung*

Erdgas, dessen überwiegender Energieträger Methan ist, verbrennt summarisch nach der Reaktionsgleichung

$$CH_4 + 2\,O_2 \;\rightarrow\; CO_2 + 2\,H_2O$$

vollständig zu Kohlendioxid und Wasser. In dieser Globalreaktion wird lediglich das Ergebnis erfasst. Im Detail liegen der Reaktion etwa 400 chemische Elementarreaktionen zu Grunde, welche die einzelnen Abläufe beschreiben und die auftretenden Reaktionsstufen wie Knotenpunkte in einem Netz miteinander verbinden (Abb. 7.05).

Einfluss auf die Prävalenz der eingeschlagenen Wege haben die Temperatur, der Druck und vor allem die Bereitstellung von Sauerstoff. In sauerstoffarmen oder fetten Gemischen setzen sich die Reaktionswege zum Ethin (Acetylen) durch, was durch Polymerisation sogar zur Rußbildung führen kann. In mageren oder sauerstoffreichen wie auch in stöchiometrischen Gemischen tritt überwiegend die Oxidation über Formaldehyd und Kohlenmonoxid zu Kohlendioxid auf.

Beim initialen Zünden von Erdgas entstehen wegen der noch zu geringen Flammentemperatur und der kurzen Verweilzeit größere Mengen an Formaldehyd. Die Gesamtreaktion bleibt also in einem frühen Stadium kurz hinter dem Frischgas stehen. Aus Energiemangel kommt der nächste Elementarschritt zum Formyl-Radikal

$$H_2CO + OH \;\rightarrow\; HCO + H_2O$$

nicht mehr in Gang. Besonders beim Zünden von Erdgas in Backöfen oder Heizthermen ist unmittelbar nach der Ausbildung der Flamme über eine Weile deutlich Formaldehyd im Abgas zu riechen ist. Aus diesem Grunde ist es vernünftig, gerade bei modernen Heizungsanlagen mit möglichst wenigen Brennerstarts auszukommen – derzeit etwa 100.000 im Jahr – um die ideale Abgascharakteristik während des Dauerbetriebs zu erreichen.

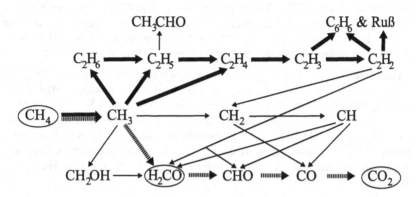

**Abb. 7.05**: Darstellung einer Auswahl von Elementarreaktionen, die bei der Verbrennung von Methan (Mitte links) zu $CO_2$ (unten rechts) auftreten. Im Sauerstoffüberschuss werden vorwiegend die Produkte der unteren Reihe gebildet (schraffierte Pfeile): Formaldehyd ($H_2CO$), Formaldehyd-Radikal (CHO), CO und $CO_2$. Formaldehyd entsteht im Verbrennungsprozess früh, das mit ihm reagierende OH-Radikal in der heißesten Zone der Flamme. Die Flammenfront mit der höchsten Wärmefreisetzung liegt im Überlappungsgebiet dieser beider Reaktanten. Bei Sauerstoffmangel bilden sich wegen der anfänglichen Polymerisierung zusätzliche Produkte des oberen Weges (geschlossene Pfeile), speziell Ethin (Acetylen), das über Benzen zur Rußbildung beiträgt, und Acetaldehyd [75-07-0]. Aus Ethin [74-86-2] kann mit zwei Hydroxyl-Radikalen Formaldehyd [50-00-0] und Formaldehyd-Radikal entstehen (dünne Pfeile).

Extremer stellen sich die Verhältnisse bei der Verbrennung von Holz in Öfen dar, weil sie eher unvollständig erfolgt. Die Konzentrationen von Formaldehyd im Abgas können hier bis 100 mg/m³ betragen. Eine Konzentration von 1 mg Formaldehyd/m³ Luft von 20°C entspricht 0,8 ppm (v/v). Die Geruchsschwelle des Formaldehyd liegt bei 0,5 ppm, hier wurde auch der MAK-Wert festgelegt. Schon vor der Erreichung der Geruchsschwelle setzt die Augenreizung ein (0,01-1,6 ppm), ab 0,1 ppm lässt sich eine Reizung der oberen Atemwege beobachten, gefolgt ab 0,8 ppm von Stechen und Brennen in den Augen, das praktisch von jedem empfunden wird, und ab 10 ppm von Husten.

### 7.4.3 Vergällung

*Denaturierung von Ethanol (Vergällung)*

Die Vergällung von Ethanol erfolgt um zu verhindern, dass dieses nicht ohne die Steuer abzuführen getrunken wird oder zur Herstellung von Genussmitteln Verwendung findet. Die zugesetzten Substanzen müssen einerseits das Ethanol ungenießbar machen, andererseits muss deren Entfernung so kostspielig sein, dass sie sich nicht lohnt. Am zweckmäßigsten erreicht man dies mit Stoffen, deren Siedepunkte nahe an dem des Ethanol liegen, was eine Abtrennung durch Destillation physikalisch erschwert.

Das früher zum Vergällen des Brennspiritus angewandte Pyridin wird heute kaum noch eingesetzt, da bei versehentlicher Einnahme gesundheitliche Risiken bestehen. Stattdessen gibt es andere branntweinsteuerrechtlich als Zusätze erlaubte oder vorgeschriebene Stoffe. Je nach Weiterverwendung des Ethanols sind verschiedene Vergällungsmittel üblich.

Ethanol zur Essigsäureerzeugung wird zweckmäßig mit Essigsäure vergällt. Für die weitere Verwendung in der Industrie sind zugelassen Methylethylketon (MEK), Petrolether, Toluen und Cyclohexan. Je nach Anwendungsbereich können auch Schellack, Kolophonium, Phthalsäurediethylester (Diethylphthalat), Thymol, Diethylether und *tert.*-Butanol in Verbindung mit Isopropanol oder das bittere Denatoniumbenzoat zum Einsatz kommen (Abb. 7.06). Die kosmetische Industrie legt Wert darauf, dass keine übelriechenden Substanzen Verwendung finden. So eignet sich für diesen Industriezweig Minzöl mit dem Hauptbestandteil Menthol besonders gut.

Von den genannten Vergällungsmitteln stammen Schellack und Kolophonium aus natürlichen Quellen. Schellack ist die Ausscheidung einer Laus, welche sich von den Säften von Bäumen und Sträuchern ernährt und gleichzeitig die harzigen Bestandteile der Pflanzensäfte ausscheidet. Die Exsudate trocknen ein und sammeln sich als Krusten um die Zweige der Pflanzen und lassen sich leicht gewinnen. Bei höheren Temperaturen entwickelt Schellack einen angenehmen Geruch.

Das Kolophonium wird aus Baumharzen verschiedener Coniferen gewonnen, indem man die leichtflüchtigen Komponenten abdestilliert und Terpentinöl gewinnt. Das zurückbleibende Material besteht zu etwa 70% aus Harz und ist fest.

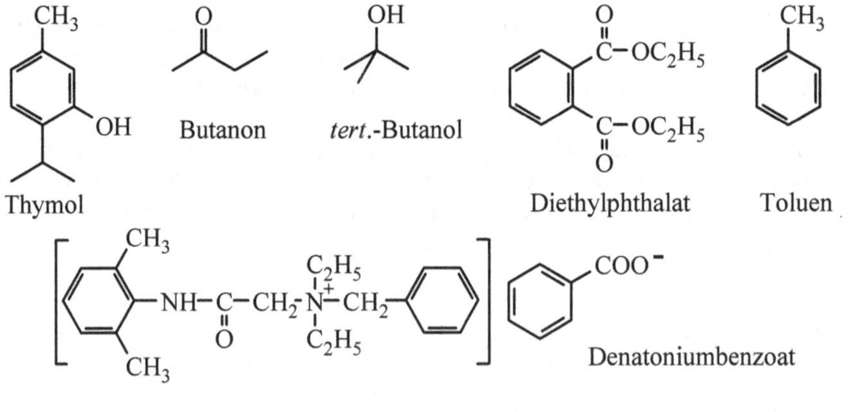

**Abb. 7.06**: Heute gebräuchliche Vergällungsmittel für Ethanol. Darunter finden sich Lösungsmittel wie Methylethylketon (MEK), welches identisch ist mit Butanon (gelegentlich auch *iso*-Butanon) [78-93-3], *tert.*-Butanol [75-65-0], Toluen [108-88-3] und Thymol [89-83-8]. Diethylphthalat (DEP) [84-66-2] ist neben Vergällungsmittel auch Träger für Duftstoffe, Filmbildner in Kosmetika und Weichmacher für Kunststoffe. Denatoniumbenzoat = Bitrex® [3734-33-6] ist kein Riechstoff.

Brennspiritus ist heute meist mit Methylethylketon (Butanon) versetzt und enthält zusätzlich noch etwa 10 ppm (m/m) Denatoniumbenzoat, die bisher bitterste bekannte Substanz, welche auch toxischen Verbindungen aus Sicherheitsgründen beigemischt wird. Aus Kostengründen enthält Brennspiritus oft Anteile von anderen Lösungsmitteln oder Regeneraten als Beimischung. Sofern er nur Ethanol enthält, ist er mit UN 1170 gekennzeichnet. In Reinigungsmitteln stellen Methylethylketon und Diethylphthalat ein Problem dar, weil sie solche Materialien angreifen können, die Ethanol eigentlich vertragen.

## 7.4.4 Schwimmbad

### Schwimmbadgeruch

Zur Keimreduktion von Wasser in Freibädern und Hallenbädern wird aus Kostengründen häufig freies Chlor angewendet. Als Folge davon bilden sich im Wasser verschiedene meist unerwünschte Desinfektionsnebenprodukte mit den für Schwimmbäder charakteristischen Gerüchen.

Zur Bildung dieser Produkte kommt es, wenn das Chlor mit den organischen Verbindungen reagiert, die zuvor von den Badegästen in das Wasser eingebracht wurden. Kritisch sind vor allem Aminosäuren aus abgegebenen Proteinen, Harnstoff, Kreatinin und Ammoniak. Daneben spielen auch Huminsäuren aus dem Wasser selbst eine wichtige Rolle.

Je nach Substrat können die Reaktionen mit Chlor verschiedene Endprodukte liefern, darunter Chlorstickstoffverbindungen, Chlorophenole und Haloforme, die generell leicht flüchtig sind und in höherer Konzentration ($100\ \mu g/m^3$) direkt über der Wasseroberfläche auftreten, so dass sie von Schwimmern in Hallenbädern verstärkt eingeatmet werden.

Vorherrschend ist die Bildung von typisch riechenden Haloformen (Abb. 7.07), darunter das Chloroform und die gemischten Haloforme Bromdichlormethan, Dibromchlormethan sowie das Bromoform. Sie entstehen in der Reaktion nach Einhorn aus Methylketonen.

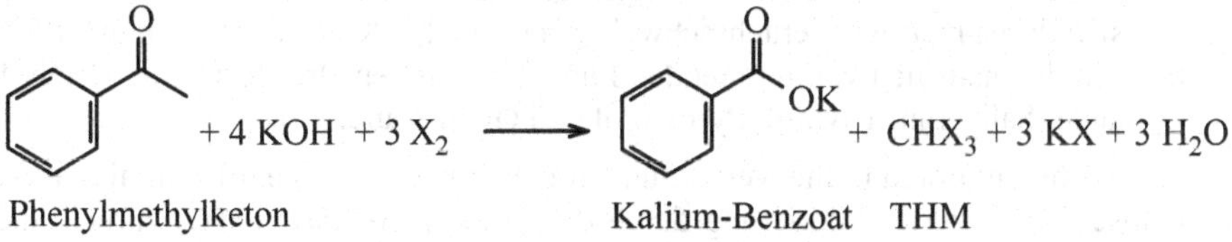

Phenylmethylketon                    Kalium-Benzoat   THM

**Abb. 7.07**: Bildung von Haloformen nach Einhorn. Voraussetzungen sind die Anwesenheit eines Methylketons, hier Phenylmethylketon = Acetophenon [98-86-2], einer Base und eines Halogens $X_2$. Aus dem Keton entsteht ein Enolation, das durch hypohalogenige Säure (HOX) dreimal nacheinander halogeniert wird. Dabei können sich auch gemischte Trihalogenmethane (THM) bilden. Die entstehende Säure ist um ein Kohlenstoffatom gekürzt. Die Reaktion mit Iod dient als Iodoformprobe zum Nachweis für Acetyl-Gruppen (Aceton und Ethanol nach vorheriger Oxidation).

Zur Bildung der gemischten Haloforme kommt es, weil im Wasser vorkommende Bromid- und Iodid-Ionen von Hypochlorit zu Brom und Iod oxidiert werden, welche dann wie Chlor reagieren. Das als Tränengas bekannte Chlor- oder Bromaceton tritt in geringen Mengen auf.

Weiterhin entstehen bei der Reaktion von Chlor mit stickstoffhaltigen Verbindungen verschiedene Chloramine, deren einfachster Vertreter das $NH_2Cl$ (Monochloramin) ist (Abb 7.08), und mit phenolischen Verbindungen die ebenfalls geruchsintensiven Chlorphenole. Beide Verbindungsklassen werden als 'gebundenes Chlor' zusammen erfasst. Für sie ist ein Grenzwert von 0,2 mg pro Liter Wasser festgesetzt. Neben dem Beitrag zum typischen Schwimmbadgeruch sind die als 'gebundenes Chlor' summierten Verbindungen augen- und schleimhautreizend. Eine Reizung der Augen durch Monochloramin lässt sich schon bei einer Luftkonzentration von ungefähr 10 ppm beobachten. Trichloramin löst Atemwegsbeschwerden aus.

$$NH_3 + HOCl \quad \rightarrow \quad NH_2Cl + H_2O$$

**Abb. 7.08**: Bildung von Monochloramin [10599-90-3] aus Ammoniak und Hypochloriger Säure. In Schwimmbädern geht die Reaktion von Harnstoff aus. Sie kann bis zum Trichloramin = Stickstofftrichlorid [10025-85-1] weiterlaufen.

## *Trinkwassergeruch*

In weit geringerem Ausmaß treten die gleichen Reaktionen auch bei der Chlorung von Trinkwasser auf, so dass auch Haloforme im Leitungswasser vorkommen können, was keinesfalls erwünscht ist. Die von ihnen ausgehenden gesundheitlichen Risiken lassen sich minimieren, indem man bei der Chlorung durch gleichzeitige Ammoniakzugabe die Entstehung von Monochloramin begünstigt und die der Haloforme vermeidet.

Monochloramin wirkt selbst desinfizierend, im Vergleich zu Chlor allerdings wesentlich schwächer. Die parallel entstehenden Produkte Dichloramin (< 0,8 mg/L) und Trichloramin (< 0,02 mg/L) sollen die angegebenen Grenzkonzentrationen nicht übersteigen, da sie besonders stark zum Geruch beitragen.

Chlorophenole können sich durch Chlorierung von natürlich vorkommenden Huminstoffen oder daraus hervorgegangenen Phenolen abiotisch bilden. Sie sind meist flüchtig und zeichnen sich durch niedrige Geruchsschwellen aus, die bei Konzentrationen unter 0,1 mg/L beginnen. Zu den natürlich vorkommenden Phenolen gehören Brenzcatechin, Orcin, Hydrochinon, Guaiacol, Saligenin, Thymol, Pyrogallol und Gallussäure.

Natürliche chlororganische Verbindungen gehen nach heutigem Kenntnisstand auf die enzymatisch katalysierte Chlorierung durch die Chloroperoxidase (CPO) zurück, die in dem Pilz *Caldariomyces fumago* vorkommt. Zur Bestimmung der Enzymaktivität dient das Substrat Monochlordimedon [7298-89-7]. Natürliche Substrate einer biotischen Halogenierung sind insbesondere Fulvinsäuren, Huminsäuren sowie Huminstoffe, ein natürliches Produkt stellt die 3,4-Dichlorphenylessigsäure dar.

Nach Schwefelwasserstoff riechendes Brunnenwasser verbessert man in tropischen Ländern geruchlich gerne durch Ausgasen. Dazu füllt man es in offene Wannen mit großen Oberflächen, muss allerdings Stechmücken an der Eiablage hindern.

## 7.4.5 Dauerwelle

### *Geruch von Haar nach Dauerwellen*

Die Erzeugung von Dauerwellen basiert auf dem Aufbrechen von Disulfidbrücken im Keratin des Haares durch eine chemische Reduktion. Nach erfolgter Formgebung erreicht man mit Hilfe einer Oxidation durch die Schaffung neuer Disulfidbrücken wieder eine Festigung der Haarstruktur.

Im ersten Prozess kommen Verbindungen mit freien Sulfhydrylgruppen zum Einsatz, darunter Thioglycolsäure, Thiomilchsäure, Glyceryl Thioglycolat, Salze der Thioglycolsäure, Cystein, Cysteamin und Bisulfit (Abb. 7.09). Sie haben alle, mit Ausnahme von Cystein und Bisulfit, einen mehr oder weniger unangenehmen schwefeligen Geruch mit einer unverkennbaren Note nach faulen Eiern.

Da die reduzierenden Substanzen zur Wirkungsentfaltung in das feuchte Haar eindringen müssen und sich nach der Behandlung nicht gänzlich entfernen lassen, bleiben sie im trockenen Haar eingeschlossen und sind für den Geruch der Dauerwelle (post perm mal-odor) verantwortlich, der bei angefeuchteten Haar besonders störend in Erscheinung tritt.

Die auftretenden Gerüche sind von den verwendeten Reduktionsmitteln abhängig, wobei Cysteamin selbst am wenigsten dazu beiträgt. Jedoch bilden sich bei seiner Anwendung durch Reaktion mit Carbonylgruppen des Keratins zusätzliche geruchsaktive Substanzen, darunter Thiazolidine. Diese bleiben im Haar, entweder chemisch gebunden oder eingeschlossen in der Matrix und werden je nach Feuchte freigesetzt. Die Geruchsnote soll Ähnlichkeiten mit der von Basmati-Reis (Duftreis) haben, in dem Tetrahydrochinoxalin und 2-Acetyl-1-pyrrolin Duftkomponenten sind.

Die Carbonylfunktionen vorab anderweitig mit Resorcin abzusättigen, verringert nachweislich die Geruchsentwicklung nach Einsatz von Cysteamin.

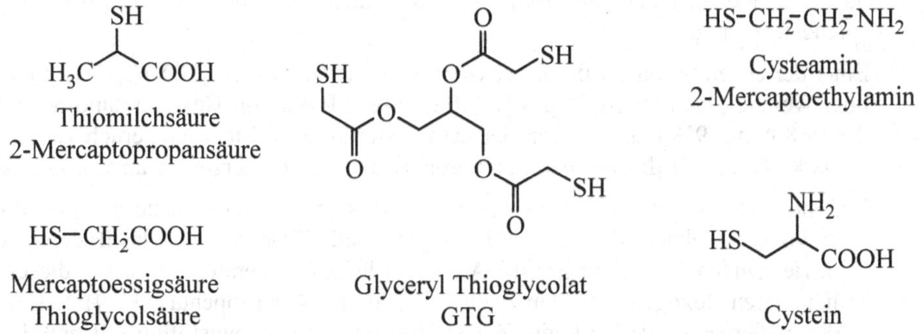

**Abb. 7.09**: Verbindungen mit Thiolgruppen, die zur Spaltung von S-S-Bindungen bei der Herstellung von Dauerwellen eingesetzt werden und über stark unangenehme Geruchsnoten verfügen. Die Thioglycolsäure ist als Ammonium- (ATG) und Na-Salz [367-51-1] in Verwendung, GTG [14974-53-9].

## 7.4.6 Riechstoffe in Sprengstoffen

Hier interessieren Flüssigsprengstoffe, die in der Presse oft mit solchen verwechselt werden, die man aus Flüssigkeiten herstellt, und plastfizierte oder formbare Sprengstoffe. Manche von ihnen haben olfaktorische Eigenschaften, die erwähnenswert sind. Nicht zu verwechseln sind außerdem die hier genannten Plastifizierer mit den Phlegmatsierern. Letztere werden häufig aus Sicherheitsgründen Explosivstoffen beigemischt, um deren Empfindlichkeit gegenüber mechanischen Einwirkungen herabzusetzen und die Gefahr einer unbeabsichtigten Explosion beim Transport zu mindern.

Zu den Sprengstoffen mit flüssigem Aggregatzustand gehören Glycerintrinitrat (Nobels Öl) und das als PLX bekannte Gemisch aus Nitromethan (95%) mit Ethylendiamin (5%). Ihnen ist durch den Dampfdruck der Geruch der Komponenten eigen.

Aus flüssigen Ausgangsstoffen lässt sich das Acetonperoxid (APEX) oder Triacetontriperoxid, ein extrem schlagempfindlicher, kristalliner Sprengstoff herstellen, der durch einen würzigen Geruch auffällt (Abb. 7.10). Bei der Explosion wird die Energie nicht in Form von Wärme sondern ausschließlich als Druckenergie frei. Aus einem Molekül entstehen vier Gasmoleküle.

Acetonperoxid

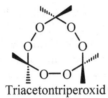
Triacetontriperoxid

**Abb. 7.10**: Acetonperoxid als Dimer (APEX [1073-91-2]) oder als Trimer Triacetontriperoxid (TATP [17088-37-8 ]) mit würzigem Geruch.

Plastifizierte Sprengstoffe bestehen aus einem oder mehreren pulvrigen Sprengstoffen, denen ein Plastifizierer beigemengt ist. Durch den Einsatz von Polyethylen, Wachs, Knetmassen oder Vaseline entstehen dann formbare Materialien, die irreführend die Bezeichnung Plastik-sprengstoffe tragen.

Einer der ersten Sprengstoffe dieser Gruppe enthielt Hexogen (RDX) gemischt mit 12% Vaseline. Weitere plastifizierte Explosivstoffe auf der Basis von Hexogen sind bekannt, darunter das PE808 mit 9% Plastifizierer, der dem Material einen Marzipangeruch verleiht. Dieser ist so stark, dass er für die sogenannten Sprengstoff-Kopfschmerzen verantwortlich ist.

Ein anderer Hexogen enthaltender Sprengstoff ist das C4 (composite compound 4), mit Bis-(2-ethylhexyl)-sebacat (DOS), Polyisobutylen und Mineralöl als Plastifizierer sowie einem stark riechenden Markierungsstoff. Auch das bekannte Semtex gehört zu dieser Gruppe, es enthält neben Hexogen noch den zweiten Explosivstoff Nitropenta (PETN). Letzteres hat auch stark gefäßerweiternde Wirkung. Zur Herstellung von Sprengstoffen mit praktischer Bedeutung stehen etwa 20 Grundsubstanzen zur Verfügung.

In der Montréal Convention von 1991 haben sich die Staaten, welche plastische Sprengstoffe herstellen aus Gründen der Sicherheit dazu verpflichtet, diese mit Geruchsstoffen zu markieren. Solche Markierungsstoffe werden im Englischen tagging agents genannt, oder kontrahiert 'taggants'. Im Technical Annex Part 2 der Konvention sind vier Substanzen aufgeführt, die sich zur Sprengstoffmarkierung eignen (Tab. 7.02). Die Verbindungen haben alle einen hohen Dampfdruck, weswegen Hunde in der Lage sind, diese nach entsprechendem Training wiederzuerkennen und verlässlich anzuzeigen. Die Geruchsmarkierung stellt aber keine Kennzeichnung bestimmter Produkte dar. Um eine präzise Detektion im Röntgengerät zu erreichen, muss zusätzlich Metallpulver, meist Aluminium, in das plastische Material eingearbeitet werden.

**Tab. 7.02**: Markierungsstoffe (tagging agents) für plastische Sprengstoffe.

| Markierungsstoff | Abkürzung | CAS | Dampfdruck | Konzentration % (m/m) |
|---|---|---|---|---|
| 2,3-Dimethyl-2,3-dinitrobutan | DMNB, DMDNB | 3964-18-9 | | > 0,1 |
| Ethylenglycoldinitrat | EGDN | 628-96-6 | | > 0,2 |
| 4-Nitrotoluol | pMNT | 99-99-0 | 40 Pa (20°C) | > 0,5 |
| 2-Nitrotoluol | oMNT | 88-72-2 | 13 Pa (20°C) | > 0,5 |

Zum Nachweis durch chemische Detektoren sind die Markierungsstoffe weniger geeignet, da ihre Konzentration im Material mit einem einzigen Markermolekül auf maximal 200 explosive Moleküle recht gering ist.

# 7.5 Entfernung von Riechstoffen

Alle Düfte verfliegen nach geraumer Zeit. Kein Riechstoff ist von unbegrenzter Lebensdauer. Ein Teil verlässt die Räume durch Diffusion. Im Freien verlieren sich die Düfte auf Grund ihrer Verdünnung und eines Abbaus in der Luft. Hieran sind die Einwirkungen von Licht und Sauerstoff sowie das Auswaschen beteiligt. Diese Prozesse sind alle relativ langsam. Will man schneller Geruchsfreiheit erzielen, stehen grundsätzlich zwei Möglichkeiten offen. Entweder man versucht die Riechstoffe in porösen Materialien auf Oberflächen zu binden, oder sie - wie die Natur es langsam vormacht - forciert in nicht riechende Bruchstücke zu zerbrechen oder umzuwandeln.

## 7.5.1 Bindung an Grenzflächen (Adsorption)

Zur Bindung von Riechstoffen eignen sich mikroporöse Materialien wie Aktivkohle, Kieselgel, Zeolith oder Cyclodextrine.

Aktivkohle hat eine riesige innere Oberfläche, ein Gramm des Materials im optimalen Fall etwa 2000 m², welche für die Adsorption bereitstehen. Gase, Farbstoffe, Gifte, Lösungsmittel, flüchtige Chemikalien (VOC), Aromen und Riechstoffe lassen sich adsorbieren. Nach dem Erreichen der erschöpfenden Sättigung ist eine thermische Reaktivierung möglich.

Kieselgel ist amorphes Siliciumdioxid und Zeolithe sind aus $AlO_4^-$- und $SiO_4$-Tetraedern aufgebaut. Beide haben große innere Oberflächen und adsorbieren viele Moleküle. Die Abbildung 7.11 zeigt verschiedene Anordnungen der Grundeinheiten in den Zeolithen.

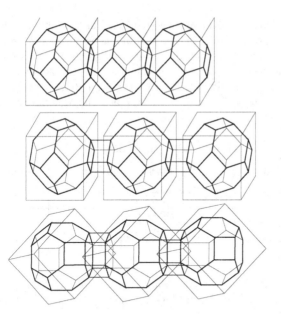

**Abb. 7.11**: Zeolithe setzen sich aus ein heitlichen Sodalit-Käfigen als Grundeinheiten von 24 mit Tetraedern besetzten Eckpunkten zusammen (T24). Diese können direkt über einen gemeinsamen T4-Einfachring (oben) oder über einen T4-Doppelring (mitte) oder über einen T6-Doppelring (unten) verbunden sein und bilden dadurch verschiedene Strukturen mit unterschiedlich großen Hohlräumen. Der abgebildete Polyeder kann als abgestumpfter Oktaeder gesehen werden.

## Cyclodextrine

Weiterhin finden auch die Cyclodextrine Verwendung, die aus 6 bis 8 Einheiten Glucopyranosid (Glucose) aufgebaut sind. Es gibt α-, β-, γ-Cyclodextrine, die sich in der Anzahl ihrer Zuckereinheiten (6, 7 oder 8) und in ihrer Wasserlöslichkeit unterscheiden. Die Moleküle sind ringförmig und zeigen eine größere und eine kleinere Öffnung wie ein Konus (Abb. 7.12). Während die Hydroxylgruppen an den Öffnungen angeordnet sind, ist das Innere wenig hydrophil, was es hydrophoben Molekülen dort ermöglicht, sich wie in einen Käfig einzulagern und ein Clathrat zu bilden.

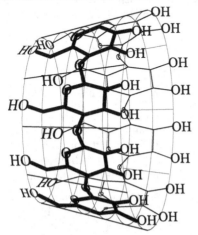

**Abb. 7.12**: Schematischer räumlicher Aufbau eines γ-Cyclodextrins (γ-CD) aus acht Zuckereinheiten, die in Form eines hohlen Kegelstumpfes angeordnet sind, in dessen Lumen hydrophobere Moleküle eingelagert werden können. Abmessungen: Höhe 0,79 nm, größter Außendurchmesser 1,55 nm, Wandstärke 0,38 nm.

Die Wasserlöslichkeit der Cyclodextrine wird durch die nach außen gerichteten, in zwei Ringen angeordneten Hydroxylgruppen gewährleistet. Die Löslichkeit von β-CD in Wasser liegt bei etwa 16 mM. Ein chemisch modifiziertes Cyclodextrin, das *Hydroxypropyl-β-Cyclodextrin (HP-β-CD)* findet Anwendung in geruchsabsorbierendem Reinigungsmaterial.

*Cucurbiturile*

Weitere Käfigmoleküle stellen die zyklischen Oligomere der Cucurbiturile dar. Diese Verbindungen setzen sich aus fünf bis zehn monomeren Glycoluril-Einheiten zusammen, die über Methylenbrücken verbunden sind. Erstmals synthetisiert wurden Cucurbiturile 1905, jedoch kannte man ihren genauen Aufbau nicht. Erst 85 Jahre später brachte die Strukturaufklärung zu Tage, dass es sich um Makrozyklen mit einem zentralen Hohlraum handelt, der in der Lage ist andere Moleküle aufzunehmen und zu binden (Abb. 7.13). Dies gilt nicht nur in flüssiger Phase, sondern auch für die Gasphase. Im leeren Zustand sind Cucurbiturile zur Entfernung von Molekülen aus der Luft verwendbar. Hat man sie vorher mit einem Riechstoff beladen, so wird dieser über längere Zeit hinweg abgegeben.

Cucurbiturile lassen sich an Textilien dazu verwenden, diese temporär mit desodorierenden Eigenschaften auszustatten. Das Cucurbituril wird hierzu wässrig aufgebracht und das Gewebe bei 80°C getrocknet. Mit vorher beladenen Cucurbiturilen gelingt auch eine längerfristige Beduftung. Das gebräuchlichste Cucurbituril besteht aus sechs monomeren Einheiten und wird als Cucurbit[6]uril bezeichnet. Bei der Synthese, die in Anwesenheit aller Reaktanten als sog. Eintopfreaktion abläuft, entsteht ein Gemisch der Oligomere, jedoch fehlt dasjenige aus neun Monomeren.

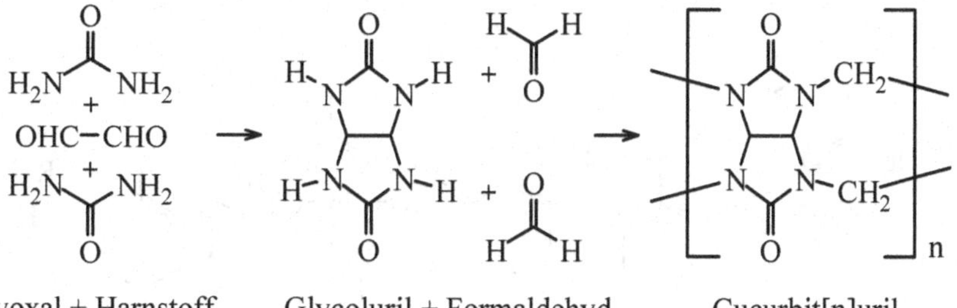

Glyoxal + Harnstoff        Glycoluril + Formaldehyd        Cucurbit[n]uril

**Abb. 7.13**: Die Synthese der Cucurbiturile geht von den Edukten Harnstoff, Glyoxal und Formaldehyd aus und beruht auf mehrfachen Kondensationen. Ein Cucurbit[n]uril ähnelt einer Schneekette mit n-mal sich wiederholenden Teilstücken. Die Abmessungen für das Cucurbit[6]uril betragen in der Höhe 0,91 nm, im Außendurchmesser 0,58 nm und im Innendurchmesser 0,39 nm. Das Molekül ist rotations- und spiegelsymmetrisch. Seinen Namen bekam es wegen seiner Ähnlichkeit zu einem Kürbis (*Cucurbita*). Die Wasserlöslichkeit für Cucurbit[7]uril ist mit $2 \times 10^{-2}$ M höher als die seines größeren und kleineren Nachbarn.

### 7.5.2 Immobilisierung durch Ligandenbindung

Seit langem haben Zink-Verbindungen ihren Platz in der Dermatologie. Zinkoxid (ZnO) wird im Wund- und Hautschutz eingesetzt. Es wirkt entzündungshemmend und schützt die Haut vor UV-Strahlung. Zinkoxid mindert im Schweiß die Geruchsentwicklung durch Bakterien, da es deren Vermehrung drosselt.

So war es sinnvoll unter verschiedenen Zinkverbindungen auch nach fungiziden Zusatzstoffen für Wandfarben zu suchen. Zwar fiel in den Tests mit Bakterien und Pilzen das Zinkricinolat nicht durch eine Hemmwirkung auf, aber es verminderte ganz deutlich den von Testkulturen ausgehenden Geruch. Dieser Beobachtung nachzuforschen, war es wert.

Zinkricinolat ist eine Metallseife, die man leicht durch Umsetzung von Ricinolsäure mit Zinksalzen ($ZnCO_3$, ZnO) erhält. Hierbei bilden zwei Moleküle Ricinolat an ein Zinkkation. Unter Beteiligung der zwei Hydroxylgruppen der beiden Säuremoleküle wird das zentrale Zink nach außen völlig abgeschirmt. In dieser Form hat das Zinkricinolat keinerlei geruchsadsorbierende Eigenschaften. Fügt man jedoch mit einem Komplexbildner oder einem primären Alkohol zusätzliche Liganden hinzu, öffnet sich die Abschirmung und Nukleophile können eine Bindungsposition einnehmen (Abb. 7.14). Solche Nukleophile sind vom Ammoniak abgeleitete Amine und vom Schwefelwasserstoff abgeleitete Mercaptane. Zu diesen beiden Gruppen zählen bekanntermaßen viele schlecht riechende Stoffe.

Der Zusatz von Komplexbildnern führt zu wasserlöslichen und grenzflächenaktiven Verbindungen, die in Wasch- und Reinigungsmitteln zur Adsorption von ungeliebten Gerüchen anwendbar sind. Zusammen mit Alkoholen lassen sich Desodorantien zur Beschichtung von Oberflächen herstellen, welche auf Fasern von Stoffen, Windeln oder auf Katzenstreu aktiv sind. In jedem Fall ist ein austauschbarer Ligand für die Wirksamkeit zwingend erforderlich. Durch Trocknen geht Zinkricinolat reversibel in seine inaktive Form über.

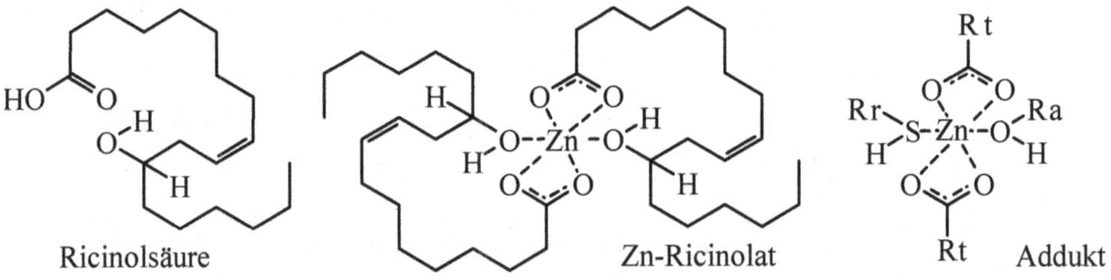

Ricinolsäure          Zn-Ricinolat          Rt    Addukt

**Abb. 7.14**: Ricinolsäure [141-22-0] und daraus durch Verseifung entstehendes Zinkricinolat (engl. Zinkricinoleate) [13040-19-2] mit zentralem Zinkion ($Zn^{2+}$), das durch die 12-Hydroxyl-Gruppen der beiden Ricinolsäuren abgeschirmt ist (Kuhn et al. 2000, nach Thie, 2010). Rechts ein mögliches Addukt von Zn-Ricinolat mit einem Mercaptan (RrSH) als Riechstoff. Die übrigen Liganden sind ein Alkohol (RaOH) und zwei Rizinolate (RtCOO⁻). Als Nebenreaktion kann unter Zerstörung des Komplexes die Bildung von Zinksulfid vorkommen.

### 7.5.3 Immobilisierung durch Salzbildung

Bekanntermaßen werden in gut geführten Gaststätten Fischgerichte häufig mit einer Scheibe Zitrone serviert. In vielen Kochbüchern und in der Werbung ist ein solcher Hinweis in Wort und Bild enthalten. Was hat es damit auf sich?

Fisch enthält nativ Trimethylaminoxid, Seefische bis zu 120 mg/kg, Süßwasserfische nur bis zu 5 mg/kg. Während der Lagerung und Bearbeitung wird dieses zu Trimethylamin reduziert. In der flüchtigen Aminfraktion kommen auch Dimethylamin, Methylamin und Ammoniak vor, daneben einige biogene Amine, die durch Decarboxylierung von Aminosäuren entstehen. All diesen Substanzen ist ein mehr oder weniger typischer fischartiger Geruch eigen.

Amine haben wie Ammoniak auf Grund eines freien Elektronenpaares am Stickstoff die Fähigkeit ein Proton aufzunehmen, das von einer Säure bereitgestellt wird. Hierdurch nimmt das zuvor ungeladene Amin eine positive Ladung auf, was die Wasserlöslichkeit steigert und dessen Flüchtigkeit drastisch reduziert (Abb. 7.15). Damit verschwindet auch der Nachschub geruchsaktiver Substanzen aus der Matrix. Die bereits in die Luft entwichenen Moleküle bleiben davon allerdings unbehelligt.

Auch die gastronomische Gepflogenheit nach dem Essen zum Händewaschen Zitrone und Wasser am Tisch bereitzustellen ist eine gleichsam effektive Methode, die nach Fisch riechenden Hände geruchsfrei zu bekommen.

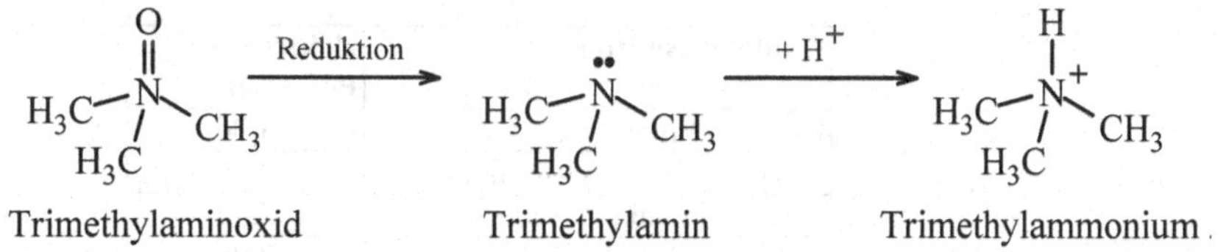

**Abb. 7.15**: Reduktion von Trimethylaminoxid (TMAO) zu Trimethylamin (TMA) mit anschließender Protonierung zum Trimethylammonium. Durch die Bildung des Kations geht die Flüchtigkeit des Amins und damit sein Geruch verloren.

Analog kann auch der Gestank der Buttersäure oder der anderer kurzkettiger Säuren durch Deprotonierung mit Hilfe von Basen zum Verschwinden gebracht werden, denn die bei der Neutralisierung entstehenden Anionen sind wegen ihrer Ladung nicht flüchtig. Alkalische Waschlösungen mit Natriumcarbonat oder Natronlauge sind hierzu geeignet.

Bei den bisher vorgestellten Verfahren, die Gerüche bändigen, wurden die Substanzen fixiert aber nicht zerstört. Anders ist es bei den folgenden Techniken, welche auf eine Zerstörung der geruchsaktiven Moleküle durch Oxidation setzen.

### 7.5.4 Zerstörung durch Oxidation

*Nass-chemische Verfahren*

Riechstoffe verbreiten sich in der Luft. Das Oxidationsmittel muss in der Gasphase anwendbar und ausreichend stabil sein. Hierzu eignen sich die meisten bekannten festen Oxidationsmittel, die in der Regel in gelöster oder fester Form zum Einsatz kommen, nicht. Die nasschemischen Verfahren bewähren sich allerdings zur Zerstörung von solchen Riechstoffen, die in Schmutzfilmen auf Oberflächen angelagert sind.

Bei der Entfernung von Gerüchen aus der Luft liegt das größte Problem in den geringen Konzentrationen der zu entfernenden Stoffe, die in ziemlich großen Volumen verteilt sind. Mit sinkender Konzentration und steigendem Volumen verschlechtert sich die Effizienz aller Maßnahmen. Zur Oxidation in der Gasphase können eine Reihe gasförmiger Oxidationsmittel dienen, die in Tabelle 7.03 zusammengefasst sind.

**Tab. 7.03**: Oxidationsmittel, die teilweise auch für eine Reaktion in der Gasphase geeignet sind. Tabelliert sind die Standadrd-Normalpotentiale. Die Reaktionsfähigkeit von Fluor ist in der Interhalogenverbindung Chlorfluorid [7790-89-8] nochmals gesteigert. Letzteres reagiert mit organischen Substanzen stürmisch unter Feuererscheinung.

| Oxidationsmittel | | elektrochem. Potential [V] |
|---|---|---|
| $F_2$ | Fluor | 3,06 |
| *OH | Hydroxyl-Radikal | 2,80 |
| *O | atomarer Sauerstoff | 2,42 |
| $O_3$ | Ozon | 2,08 |
| $H_2O_2$ | Wasserstoffperoxid | 1,78 |
| HClO | Hypochlorige Säure | 1,49 |
| $Cl_2$ | Chlor | 1,36 |
| $ClO_2$ | Chlordioxid | 1,27 |
| $O_2$ | Sauerstoff | 1,23 |

Die aufgeführten Oxidationsmittel lassen sich in Luft (Reaktion in der Gasphase) und Wasser (nass-chemische Verfahren) in bestimmten Bereichen einsetzen.

Als Beispiel für ein effektives nass-chemisches Oxidationsverfahren soll die Entfernung des durch Mercaptane bedingten Geruches einer Stinktierattacke dienen. Vielfach stehen die Besitzer von Hunden und Katzen vor dem Problem, ihren Liebling wieder stubenrein zu bekommen. Hierzu badet man ihn in einer Lösung von Wasserstoffperoxid, die durch Zusatz von Backpulver alkalisiert wurde. Dabei entstehen durch Oxidation die nicht riechenden Sulfonsäuren (Abb. 7.16).

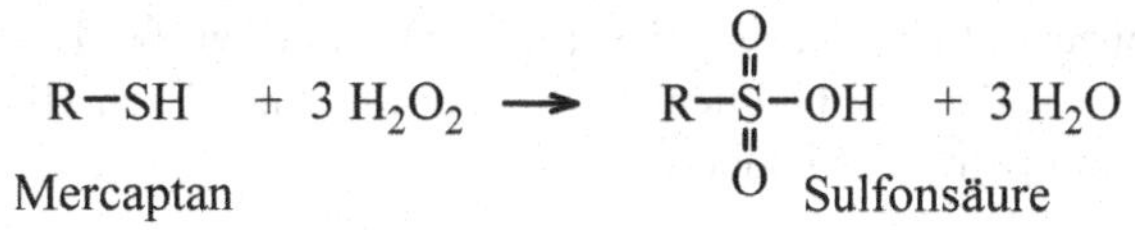

$$R{-}SH \;+\; 3\,H_2O_2 \;\longrightarrow\; R{-}\overset{\displaystyle O}{\underset{\displaystyle O}{\overset{\|}{\underset{\|}{S}}}}{-}OH \;+\; 3\,H_2O$$

Mercaptan           Sulfonsäure

**Abb. 7.16**: Entfernung des Geruches von Mercaptanen durch Oxidation zu Sulfonsäuren.

## *Oxidation durch Hydroxyl-Radikale in der Atmosphäre*

Flüchtige organische Verbindungen, sog. VOC, unterliegen in der Atmosphäre einem stetigen chemischen Abbau. Über verschiedene Zwischenstufen werden die einzelnen Moleküle zwar unterschiedlich schnell, aber letztlich doch bis zur Ebene von Kohlendioxid und Wasser abgebaut.

In diesem Zusammenhang interessieren hier weniger die VOC aus Emissionen anthropogener Aktivitäten, als vielmehr diejenigen Stoffe aus biogener Produktion, welche von der Vegetation in die Luft emittiert werden.

An herausragender Stelle stehen dabei Terpene, darunter ätherische Öle und das Isopren als Grundbaustein aller Terpene, das vor allem von Wäldern abgegeben wird. Die Emissionen von Grünflächen, Ackerland und Wald summieren sich im Jahresmittel zu etwa einem Fünftel aller leicht flüchtigen Verbindungen ohne Methan (NM-VOC).

Der Abbau dieser natürlich emittierten Verbindungen, wie auch der aller anderen VOC, erfolgt überwiegend durch das Hydroxyl-Radikal. Es wird unter dem Einfluss von Sonnenlicht unter Beteiligung von Stickoxiden über Ozon und Wasser gebildet. Weil das Hydroxyl-Radikal eine zentrale Rolle in der Reinigung der Luft spielt, wird es gerne als das 'Waschmittel der Atmosphäre' tituliert.

Im Detail spielen sich folgende Prozesse ab, die zur Bildung des sekundären Luftschadstoffes Ozon und zum Abbau von VOC führen.

Stickstoffdioxid und Sauerstoff befinden sich im Gleichgewicht mit NO und Ozon. Die Hinreaktion ist als Photolyse, anders als die Rückreaktion, von der Lichtintensität abhängig. Optimal für die Photolyse von $NO_2$ ist Licht der Wellenlänge unter 424 nm. Insgesamt stellen die Reaktionen einen Nullzyklus dar.

$$NO_2 + h\nu \;\rightarrow\; NO + O$$

$$O + O_2 \;\rightarrow\; O_3$$

$$O_3 + NO \;\rightarrow\; NO_2 + O_2$$

Die maximal mögliche Ozonkonzentration entspräche derjenigen von ursprünglich vorhandenem $NO_2$. Eine darüber hinausgehende Steigerung der Ozonkonzentration kommt in diesem isolierten System nicht vor. Im Gleichgewicht liegt sie tiefer. Nach dem Massenwirkungsgesetz ergibt sich für die Ozonkonzentration:

$$O_3 = [NO_2] \times \text{Lichtintensität} / [NO]$$

Höhere Konzentrationen von Stickstoffdioxid und große Lichtintensität begünstigen die Ozonbildung. Natürliche Quellen für Stickoxide sind deren Bildung bei Gewittern und die Freisetzung aus Nitrat des Erdbodens.

Gebildetes Ozon unterliegt in einem optimalen Wellenlängenbereich von 310 bis 320 nm ebenfalls der Photolyse.

$$O_3 + hv \ (310) \quad \rightarrow \quad O^* + O_2$$

Während etwa 90% des hierbei entstehenden atomaren singulett Sauerstoffs $O(^1D)$ mit molekularem Sauerstoff wieder zu Ozon reagieren, reagieren die restlichen 10% zusammen mit Wasser aus der Luftfeuchtigkeit zu zwei Hydroxyl-Radikalen. Dieser Weg stellt die wichtigste Quelle für Hydroxyl-Radikale dar, die während des Tages in einer Konzentration von etwa $5 \times 10^6 \ (cm^3)^{-1}$ in der Luft vorkommen.

$$O(^1D) + H_2O \quad \rightarrow \quad 2 \ OH \qquad \text{(Hydroxyl-Radikal)}$$

Hohe Luftfeuchtigkeit und große Lichtintensität begünstigen die Entstehung von Hydroxyl-Radikalen und sind Ursache für eine Senkung der Ozonkonzentration.

In Abwesenheit von organischen Substanzen in der Luft kann das Hydroxyl-Radikal mit Stickstoffdioxid in verschmutzter Luft zu Salpetersäure reagieren:

$$NO_2 + OH \quad \rightarrow \quad HNO_3$$

Weil gut wasserlöslich, wird die Säure durch nasse Deposition leicht aus der Atmosphäre entfernt und die Konzentration an Stickoxiden nimmt ab. Dies ist die wichtigste Verlustreaktion für das Hydroxyl-Radikal. Hierdurch könnten NO-abhängige Prozesse sogar zum Erliegen kommen.

Eine andere Verlustreaktion für Radikale stellt die Reaktion des $HO_2$-Radikals mit sich selbst in sauberer Luft dar. Hierbei entstehen Wasserstoffperoxid und Sauerstoff. In der Reaktion ist M (Mediator) der dritte Stoßpartner, der zur Aufnahme überschüssiger Energie benötigt wird.

$$HO_2 + HO_2 + M \quad \rightarrow \quad H_2O_2 + O_2 + M$$

Befinden sich in der Luft abbaubare flüchtige Verbindungen (VOC), reagieren Hydroxyl-Radikale mit diesen und leiten durch den initialen Schritt einen stufenweisen Abbau der Verbindungen ein, an dessen Ende Kohlendioxid und Wasser stehen, sofern nicht ein Zwischenprodukt dem Kreislauf durch Deposition in Aerosolen entzogen wird.

Das Reaktionsschema in Abb. 7.17 zeigt wie ein hypothetisches organisches Molekül beim Durchlaufen des Radikal-Zyklus in eine Carbonylverbindung überführt wird. Ein entstandener Metabolit kann bis zu seinem völligem Abbau in weiteren Zyklen einer erneuten Oxidation unterworfen werden.

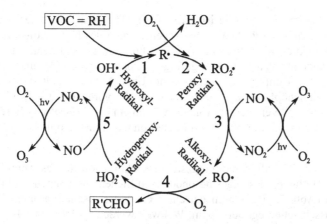

**Abb. 7.17:** Reaktionen beim Abbau eines VOC mit Kohlenstoffgerüst in der Atmosphäre, eingeleitet durch das Hydroxyl-Radikal (OH) in Anwesenheit von NO. Im Schritt 1 bildet sich durch den Angriff des OH-Radikals auf RH Wasser und ein Radikal des Fremdstoffes, das im zweiten Schritt durch Anlagerung von Sauerstoff in das Peroxy-Radikal ($RO_2$) übergeht. Im dritten Schritt entsteht hieraus unter Beteiligung des $NO/NO_2$-Systems das Alkoxy-Radikal (RO). Der vierte Schritt führt nach Anlagerung von Sauerstoff zu einer Carbonylverbindung und setzt ein Hydroperoxy-Radikal ($HO_2$) frei, dessen Anion das Hyperoxidanion, früher Superoxidanion ($O_2^-$) ist. Im letzten Schritt wird unter Beteiligung des Stickoxid-Systems das Hydroperoxy-Radikal zum Hydroxyl-Radikal regeneriert und steht für einen weiteren Zyklus zur Verfügung. Gebildetes $NO_2$ unterliegt der Photolyse und regeneriert das NO unter Bildung von Ozon. In der Bilanz benötigt ein Durchlauf neben Licht (2 hv), 4 Moleküle $O_2$ und liefert zwei Moleküle Ozon. Gleichzeitig wird die eingeschleuste Fremdsubstanz zum Aldehyd oxidiert.

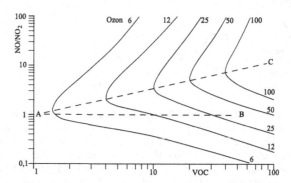

**Abb. 7.18:** Simulierte Ozonproduktion in Abhängigkeit von VOC-Angebot und $NO/NO_2$ Konzentration in doppelt logarithmischer Darstellung. Abgebildet sind Linien gleicher Ozonproduktion (Isoplethen). Sind viele Stickoxide in der Luft, aber nicht genügend VOC, so wird kaum Ozon gebildet (A, linker Rand). Sind in großen Mengen VOC vorhanden, aber kaum Stickoxide (unterer Rand), so ist die Ozonproduktion schwach. Nur wenn weder eine NO- noch eine VOC-Limitierung vorliegt, können große Ozonkonzentrationen entstehen (Linie A – C).

Für die Ozonbilanz wichtig ist, dass durch das Hinzutreten eines organischen Stoffes (VOC) über die gebildeten Radikale eine Regenerierung des $NO_2$ erfolgt, was sich umgehend in der Ozonproduktion niederschlägt. Wie in Abb. 7.18 gezeigt führt das $NO/NO_2$-System alleine unter Lichteinfluss nur zu einer geringen Ozonproduktion (A, linker Rand). Tritt ein VOC hinzu steigt die Ozonproduktion entlang der Linie A–B an, kann jedoch das Angebot an Radikalen nur ausschöpfen, wenn auch genügend NO vorhanden ist. Die Linie A–C trennt deshalb einen NO-sensitiven Bereich (unten) von einem VOC-sensitiven Bereich der Ozonproduktion (oben). Die Linien gleicher Ozonproduktion nennt man Isoplethen.

Die in Abb. 7.17 allgemein vorgestellte Reaktion soll für das Isopren, das im Sommer während der Helligkeit des Tages besonders von Eichen und Pappeln emittiert wird, näher erläutert werden (Abb. 7.19). Isopren hat einen charakteristischen, aromatisch milden Geruch, seine Geruchsschwelle liegt bei 3 ppm. Weltweit werden im Jahr etwa 1000 Mt Isopren freigesetzt. Auf Grund der zwei Doppelbindungen im Isopren existieren für das Hydroxyl-Radikal vier Angriffspunkte. Wesentlich sind die Anlagerungen an C2 und C3 und die sich daraus ergebenden Abbaureaktionen zu Methylvinylketon und Methacrolein. Als zweites Produkt entsteht in beiden Fällen Formaldehyd.

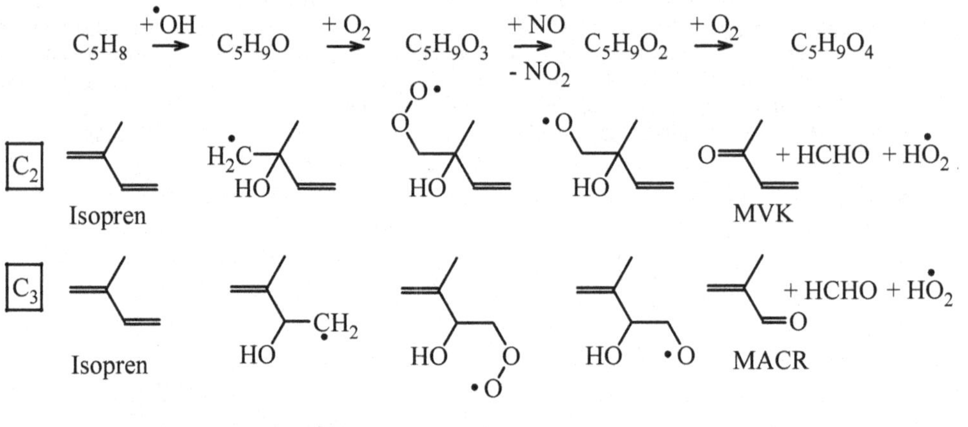

**Abb. 7.19**: Wesentliche Reaktionen bei der atmosphärischen Oxidation von Isopren [78-79-5] initiiert durch den Angriff des Hydroxyl-Radikals an C2 und C3. Die oberste Zeile stellt die beiden Reaktionen als Summengleichungen dar. Die Anlagerung des Hydroxyl-Radikals an C2, die leicht überwiegt, führt zu Methylvinylketon = MVK [78-94-4], diejenige an C3 zu Methacrolein = MACR [78-85-3]. Das Hydroperoxy-Radikal ($HO_2$) wird über $NO/NO_2$-System wieder zum OH-Radikal zurückverwandelt und tritt erneut in den Reaktionszyklus ein (siehe Abb. 7.17). Durch Oxidation und Isomerisierung entsteht als Nebenprodukt auch 3-Methylfuran ($C_5H_6O$).

Das gebildete Produkt Methylvinylketon reagiert in einem zweiten Durchlauf noch einmal mit Hydroxyl-Radikalen wobei hauptsächlich Glycolaldehyd, Methylglyoxal und Formaldehyd entstehen. Aus Methacrolein bilden sich nach Reaktion mit Hydroxyl-Radikalen vorwiegend Hydroxyaceton, Formaldehyd und Methylglyoxal. Teilweise entziehen sich die sekundären Produkte einem weiteren Abbau durch Deposition in Aerosolen.

Ein Maß für die Leichtigkeit des Abbaus einer flüchtigen organischen Substanz (VOC) in der Atmosphäre kann aus ihrem Ozonbildungspotential abgeleitet werden (Tab. 7.04). Der experimentelle Parameter MIR (maximum incremental reactivity) drückt dieses Potential aus als diejenige rechnerische Menge an Ozon, deren Bildung von einem Gramm VOC ausgelöst wird. Je höher der Parameter, desto häufiger durchlaufen Oxidationsprodukte der Ausgangssubstanz den Reaktionszyklus, in dessen Verlauf Ozon gebildet wird. Geringe Parameter weisen auf einen schlechten Abbau oder einen frühen Abbruch der Reaktionen hin.

**Tab. 7.04:** Ozonbildungspotential von Klassen organischer Spurenstoffe und einzelner NM-VOC (non methane - volatile organic compounds). Der Parameter MIR als Maß für das Ozonbildungspotential wird aus der Differenz der Ozonbildung zwischen einem Referenz- und einem Testsystem für das jeweilige VOC unter festgelegten Bedingungen in Anwesenheit optimaler Konzentrationen an NOx bestimmt (SAPRC-07).

| Verbindungsklasse | MIR [g $O_3$/g VOC] |
|---|---|
| Alkene (Olefine) | 8 - 11 |
| Aromaten | 7 - 9 |
| Aldehyde | 5 - 7 |

| Verbindung | MIR [g $O_3$/g VOC] |
|---|---|
| Methan | 0,015 |
| Isopren | 10,28 |
| Formaldehyd | 9,24 |
| Hydroxyaceton | 3,15 |
| Methacrolein | 5,84 |
| Methylvinylketon | 9,39 |
| 3-Methylfuran | 6,64 |

Die Oxidation von Aromaten in der Atmosphäre (Abb. 7.20) verläuft zu etwa einem Zehntel über eine durch das Hydroxyl-Radikal ausgelöste H-Abstraktion. Zu neun Zehnteln kommt es mit dem Hydroxyl-Radikal zur Bildung eines radikalischen Addukts, für dessen weitere Reaktion mehrere Wege diskutiert werden. Zum kleineren Teil bildet sich über Benzenoxid, Oxepin und nach dessen Photolyse Phenol. Zum größeren Teil reagiert das radikalische Addukt mit molekularen Sauerstoff entweder unter Bildung eines Hydroperoxy-Radikals (HO$_2$), oder es schließt sich die Anlagerung des Sauerstoffs zu einem Peroxy-Radikal an, welches in den zuvor beschriebenen Radikalzyklus eintritt und die Reaktionsprodukte Hexadienal, Butendial und Glyoxal entstehen lässt.

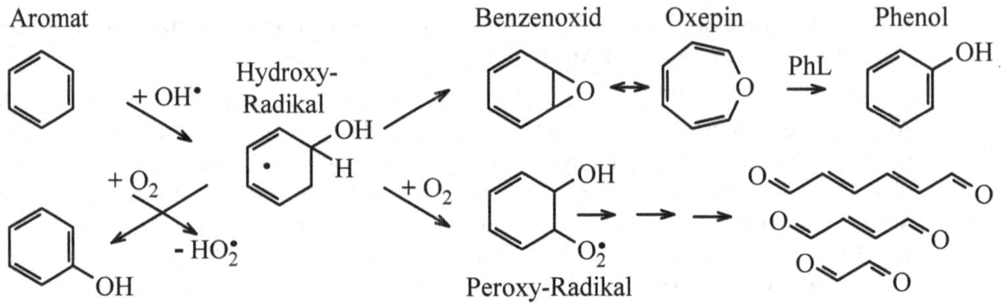

Aromat                                        Benzenoxid    Oxepin              Phenol

**Abb. 7.20**: Wege der Oxidation von Aromaten in der Atmosphäre, die nach initialer Adduktbildung mit Hydroxyl-Radikalen starten. Hydroxy-Radikal = Hydroxycyclohexadienyl-Radikal (radikalisches Addukt), Peroxy-Radikal = Hydroxycyclohexadienyl-Peroxy-Radikal. PhL = Photolyse. Hexadienal, Butendial und Glyoxal von oben nach unten. Bei substituierten Aromaten treten auch ipso-Additionen von OH-Radikalen auf.

Neben dem Hydroxyl-Radikal ist das ebenfalls photokatalytisch gebildete hochreaktive Nitrosyl-Radikal und Ozon in der Lage organische Moleküle wie Riechstoffe anzugreifen und zu zerstören. Am effektivsten ist die Wirkung des Hydroxyl-Radikals.

Seine Angriffe erfolgen auf verschiedene Weise am Molekül und sind von dessen Struktur abhängig. Neben der erwähnten Wasserstoff-Abstraktion und den Additionen an aromatische und kondensierte Ringe, kommen noch Reaktionen mit Doppel- und Dreifachbindungen und solche mit Stickstoff, Schwefel und Hydroxylgruppen vor. Alle Reaktionen tragen zum Abbau der in der Luft befindlichen Verbindung bei. Aus ihnen lässt sich die Reaktionsfreudigkeit abschätzen, mit der Hydroxyl-Radikale ein gegebenes Molekül zerstören. Um diese Eigenschaft in einer Zahl zu fassen, wird eine Abbaukonstante durch Hydroxyl-Radikale angegeben (rate constant). Sie ist in der Maßeinheit [cm³ /Moleküle × sec] angegeben. Mit einer über 24 Stunden gemittelten Konzentration der Hydroxyl-Radikale in der Luft von $0,5 \times 10^6$ [Radikale/cm³] lässt sich die Halbwertzeit eines in der Luft verteilten Stoffes ermitteln:

$$t_{\frac{1}{2}} = \ln 2 / (\text{OH rate-const} \times \text{conc OH})$$

Die Berechnung des Abbaus auf der Grundlage der Hydroxyl-Radikale ist ausreichend genau, da er den Hauptweg darstellt.

## Oxidation durch Ozon (Ozonolyse)

Man spricht von Ozonolyse einer Verbindung, wenn eine in einem Molekül vorhandene Doppelbindung unter dem Einfluss von Ozon gespalten wird. Die Reaktion besteht aus mehreren Schritten, die im Schema erläutert sind (Abb. 7.21). Zunächst bildet sich durch Cycloaddition von Ozon an die Doppelbindung das Primärozonid. Dieses zerfällt wie angegeben in eine Carbonylverbindung und ein Carbonyloxid, zwei Moleküle, die sich wiederum durch eine Cycloaddition zum Sekundärozonid verbinden, sofern die Konzentration der Reaktanten hoch genug ist. Nach anschließender Hydrolyse entstehen zwei in der Regel verschiedene Carbonylverbindungen und Wasserstoffperoxid.

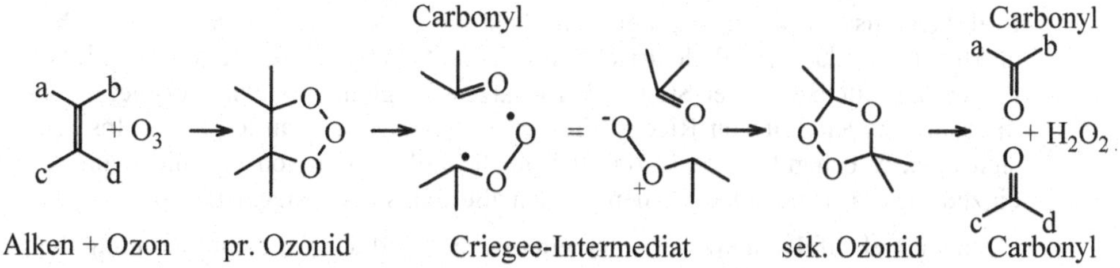

Abb. 7.21: Allgemeines Reaktionsschema der präparativen Ozonolyse durch Addition von Ozon an eine Doppelbindung (Harries 1905). Das Primärozonid ist ein 1,2,3-Trioxolan, das Sekundärozonid ein 1,2,4-Trioxolan (Ozonid). Je nach Substitution (a, b, c, d) entstehen als Endprodukte gleiche oder unterschiedliche Carbonylverbindungen, jedoch haben die bei der unterschiedlichen Spaltung des Primärozonids gebildeten Criegee-Intermediate (CI) hierauf keinen Einfluss. Die Intermediate sind benannt nach Rudolf Criegee (1902-1975).

Die oben beschriebene präparative Reaktion läuft beim Abbau von VOC mit Doppelbindungen bis zur Stufe der Criegee-Intermediate auch in der Atmosphäre ab und ist unabhängig von der Lichteinstrahlung (Abb. 7.22). Allerdings unterbleibt in der Gasphase die zweite Cycloaddition, was die Criegee-Intermediate endlicher Lebensdauer zwingt in anderer Weise zu reagieren.

Abb. 7.22: Ozonolyse von Isopren im der Atmosphäre. Dargestellt ist der Zerfall der aus Isopren und Ozon initial gebildeten Primärozonide. Auf Grund der zwei Doppelbindungen im Isopren sind zwei 1,2,3-Trioxolane möglich. In der linken Bildhälfte ist die Ozonolyse der linken Isopren-Doppelbindung mit Folgereaktionen nach oben und unten dargestellt. Analog auf der rechten Seite. Jedes 1,2,3-Trioxolan kann wiederum auf zweierlei Art zerfallen, so dass ein Gemisch von vier Paaren an Produkten auftritt:
unten:
Methacrolein (MACR) und Methylperoxy-Radikale ($CH_2OO$) neben Methylvinylketon (MVK) und $CH_2OO$-Radikalen als Criegee-Intermediate, sowie
oben:
zwei verschiedene Peroxy-Radikale (Carbonyloxide) als Criegee-Intermediate jeweils mit Formaldehyd.
An Sekundärprodukten (nicht gezeigt) entstehen aus den Radikalen unter anderen Hydroxyl-Radikale (OH), Hydroperoxy-Radikale ($HO_2$) und CO.

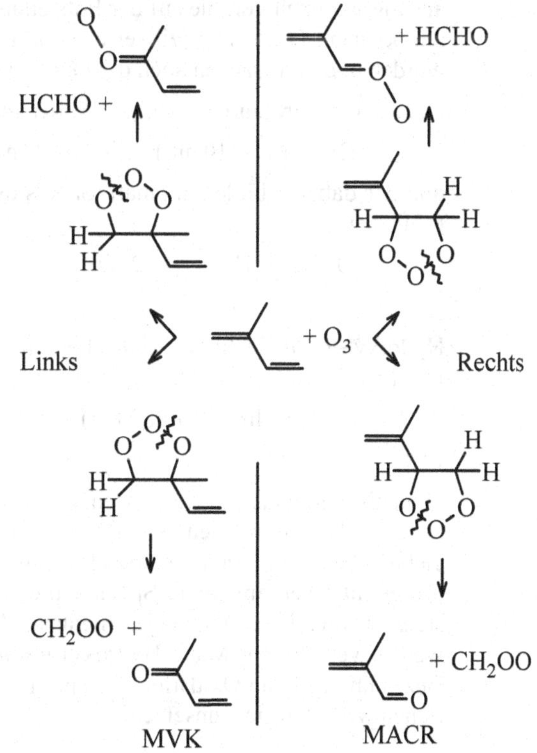

In der technischen Praxis erzeugt man Ozon bis zu einer Konzentration von 5% durch stille elektrische Entladung (dielektrische Barriereentladung) in Generatoren, die Ozonisatoren heißen, unmittelbar an der Stelle des Einsatzes. So gelingt es zum Beispiel Gebrauchtwagen in relativ kurzer Zeit von Riechstoffen zu befreien. Der ziemlich kleine Insassenraum lässt sich effektiv behandeln, da Ozon auch in die Polster und sonstige unzugängliche Bereiche einzudringen vermag. Oberflächen werden allerdings auch angegriffen.

Ozon kann ebenfalls in Wasser eingeleitet werden und der Wasseraufbereitung dienen. Häufig nutzt man dieses Verfahren um anfallende Prozesswässer aus pharmazeutischer Produktion gezielt von Rückständen darin enthaltener Wirkstoffe zu befreien, bevor sie weiter verdünnt werden.

Zur Bereitstellung größerer Mengen an Ozon zur Abluftbehandlung dienen UV-Strahler. Besonders VUV-Lampen (Vacuum-UV), die Licht der Wellenlänge 185 nm aussenden (UV-C), stellen die zur Spaltung des Sauerstoff erforderliche Energie bereit.

$$O_2 + h\nu \ (185\,nm) \ \rightarrow \ 2\,O; \qquad\qquad O + O_2 \ \rightarrow \ O_3$$

Ozon hat bei 20°C eine Halbwertzeit von etwa 20 min. Der spontane Zerfall steigt mit steigender Temperatur.


Bei der Anwendung von Ozon kommen neben der besprochenen direkten Reaktion mit Ozon auch Reaktionen vor, die auf der Entstehung von weiteren Spezies mit oxidativen Eigenschaften beruhen. Diese sind teilweise schon beim atmosphärischen Abbau von VOC besprochen worden und verursachen nach der Ozonolyse verschiedene sekundäre Reaktionen.

Ozon selbst wird durch Licht der Wellenlänge 310 nm (UV-B) gespalten nach:

$$O_3 + h\nu \ (310\,nm) \ \rightarrow \ O_2 \ (^1\Delta g) + O(^1D)$$

und der dabei gebildete atomare Sauerstoff reagiert mit Luftfeuchtigkeit zu zwei Hydroxyl-Radikalen:

$$O(^1D) + H_2O \ \rightarrow \ 2\,OH$$


Hydroxyl-Radikale bilden sich ebenfalls während einer Bestrahlung von $H_2O_2$ mit UV-C-Licht:

$$H_2O_2 + h\nu \ (200\text{-}280\,nm) \ \rightarrow \ 2\,OH$$


Oxidativ wirkende Spezies lassen sich auch durch ein weiteres physikalisches Verfahren erzeugen, nämlich in einem 'nicht-thermischen Plasma' (NTP). Hierbei werden in einem starken elektrischen Feld Elektronen beschleunigt und mit Molekülen der Luft zur Kollision gebracht. Dabei entstehen angeregte Spezies, die sekundär Radikale bilden. Die Temperatur der Luft steigt während des Vorganges nicht an. Höhere Luftfeuchte verbessert den Wirkungsgrad, weil in verstärktem Maße Hydroxyl-Radikale entstehen. Das Verfahren, das auch unter der Bezeichnung 'kalte Oxidation' bekannt ist, lässt sich besonders bei geringen Abluftkonzentrationen wirtschaftlich einsetzen.

*Photo-Oxidation*

Unter Photooxidation versteht man eine Oxidationsreaktion mit Sauerstoff, die erst durch den Einfluss von Licht in Gang gesetzt wird. Hierbei muss das abzubauende Molekül Licht absorbieren. Die vom Licht stammende Energie überführt das Molekül in eine energiereiche Zwischenverbindung (AB*). Deren weitere Reaktion kann mit Sauerstoff in zwei Varianten zu verschiedenen Oxidationsprodukten führen:

$$AB + h\nu \rightarrow AB^*$$

a) $AB^* \rightarrow A^* + O_2 + B \rightarrow$ A-Produkte

$\rightarrow B^* + O_2 + A \rightarrow$ B-Produkte

b) $AB^* + O_2 \rightarrow$ C- Produkte

## 7.5.5 Silber und Geruchshemmung

Während die bisher vorgestellten Verfahren Riechstoffe entfernen oder zerstören, zielt der Einsatz von Silber darauf ab, die bakterielle Freisetzung oder Modifikation solcher Geruchsstoffe vor allem in Textilien zu unterbinden. Bei diesem Einsatz wird die 1893 von dem schweizer Botaniker Naegeli ursprünglich an Algen beobachtete Wachstumshemmung durch geringe Konzentrationen an Schwermetallen wie Silber und Kupfer genutzt. Für dieses Wirkprinzip prägte er den Begriff 'oligodynamischer Effekt'.

Zur Erklärung des Phänomens gibt es eine Hypothese, wonach sich die Silber-Ionen in die Wasserstoffbrücken der gepaarten DNA der Bakterien einlagern und damit die Bindungslängen verändern. Die Bindung ist wesentlich stärker als diejenige an Proteine und verursacht, sofern mehr als ein Silber-Ion pro 80 Basenpaare inkorporiert sind, eine Verzerrung der Helixstruktur und eine Behinderung der Transkription.

Wegen der guten Wasserlöslichkeit von Silbersalzen lassen sich diese selbstverständlich nicht für eine dauerhafte Beladung von Textilien verwenden. Um die Haftfestigkeit des Silbers zu erhöhen, wurde neuerdings versucht Silber in Form von Nanopartikeln einzusetzen. Hier besteht zumindest die Möglichkeit, dass aus dem Vorrat an Silber auch nach mehreren Waschvorgängen immer noch neue Ionen abgegeben werden können, um das bakterielle Wachstum zu hemmen. Jedoch beträgt der Verlust an Silber bei einem Waschzyklus die Hälfte des jeweiligen Vorrates. Es ist deshalb zu vermuten, dass das abgelöste Nanosilber erst in der Kläranlage seine Wirkung auf Bakterien, dort aber unerwünscht, entfaltet und das Textil (z. B. die Nano-Silber Wandersocke) seine hochgepriesene Eigenschaft verloren hat.

Nano-Silber wird derzeit in etwa 300 verschiedenen Produkten des Haushaltes eingesetzt und mit den Begriffen 'antibakteriell', 'Geruch hemmend', 'keimfrei' oder 'Schmutz abweisend' beworben, darunter: Innenauskleidung von Kühlschränken, Staubsauger, Tapeten, Zahnbürsten, Tastaturen, Antischimmel-Wandfarben, Lacke zur Beschichtung von Griffen an Einkaufswagen oder von Haltebändern an Rolltreppen, um nur einige herauszugreifen.

Noch nichts war bekannt über high-tech Beschichtungen mit Nano-Silber, als die Türen von öffentlichen Gebäuden repräsentative Griffe aus massivem Messing hatten, die von den Händen blank geputzt und keimfrei waren. Nach deren Anfassen rochen die Hände nach Metall.

### 7.5.6 Photokatalyse an Titandioxid

Jedem begegnet das Weiß des Titandioxids tagtäglich: in Anstrichfarben, Gegenständen aus Kunststoff, Papier, Zahnpasta, Kosmetika und sogar in Lebensmitteln (E171) kann es enthalten sein. Das chemisch stabile und nicht toxische Material $TiO_2$ wird in Korngrößen zwischen 0,2 und 0,5 μm als Weißpigment eingesetzt.

Schon lange wird Titandioxid in der katalytischen Reinigung der Abgase aus Kraftwerken und Müllverbrennungsanlagen genutzt. Es handelt sich um die Entstickungskatalysatoren (DeNOx-Katalysatoren), welche an einer imprägnierten Oberfläche aus Titandioxid Stickoxide und Ammoniak zu Stickstoff und Wasser konproportionieren lassen.

In Japan wurden Untersuchungen angestellt, um Beschichtungen zu entwickeln, die sauber bleibende Oberflächen liefern. Titandioxid ist hier geeignet. Ursache ist die photokatalytische Aktivität des Materials, welche durch Sonnenlicht in Gang gesetzt wird. Titandioxid tritt in den drei Modifikationen Rutil, Brookit und Anatas auf, die sich hinsichtlich ihrer photokatalytischen Potenz unterscheiden. Der Effekt tritt verstärkt bei Nanopartikeln (20 nm) des $TiO_2$ auf, bei Rutil mit Licht einer Wellenlänge von 385 nm, bei Anatas mit Licht von 365 nm. Durch eine Dotierung mit Wolfram oder Zink (Chrom, Eisen, Zinn) lässt sich die photokatalytische Aktivität bereits im sichtbaren Licht beobachten. Die Bestrahlung mit Licht lässt auf dem Titandioxid vermutlich einen Verlust von Sauerstoffatomen in der Grenzfläche entstehen. Die nun nicht mehr von Sauerstoff besetzten Plätze sind extrem hydrophil, so dass Wasser auf der Oberfläche nicht in Tröpfchen kondensiert, sondern spreitet und auf diese Weise Mikroben und Schmutzpartikel unterwandert, so dass sie abgespült werden können.

Nach der Entdeckung dieser photokatalytischen Wirksamkeit verlagerte sich der Forschungsschwerpunkt. Während zu Beginn die Erzeugung von sich selbst reinigenden und antimikrobiellen Oberflächen im Mittelpunkt stand, interessierte man sich nun dafür, ob die Photokatalyse für einen Abbau in der Luft enthaltener Schadstoffe genutzt werden könnte.

Mittlerweile werden Betonsteine und Straßenbeläge angeboten, welche abriebfest das modifizierte und dotierte $TiO_2$ enthält. Es handelt sich um besondere Zemente TioCem und NOxer. Zur Zeit sind in verschiedenen europäischen Ländern Versuche im Gange, an mit diesen Materialien ausgestatteten Fußgängerzonen, Straßenflächen, Tunnelportalen oder Lärmschutzwänden die photokatalytisch ausgelöste Minderung der Konzentration von NOx zu messen, in deren Verlauf als Endprodukt Nitrat entsteht.

Interesse besteht auch daran das Abbauverhalten von Formaldehyd und anderen Riechstoffen zu untersuchen. Dabei wird mit Anstrichen in Räumen gearbeitet, die bereits mit relativ schwacher Lichteinwirkung photokatalytisch aktiv sein müssen. Sogar die Entwicklung von Textilien, die photokatalytisch Geruchsstoffe abbauen können, wurde vorangetrieben. Unter dem Namen Nanodor gibt es eine PET-Faser, in welche Nanopartikel von Titandioxid im Schmelzspinnverfahren eingearbeitet sind. Dies verleiht der Faser eine Geruchsfreiheit, da die sich anlagernden Riechstoffe auf der Oberfläche bei Belichtung zersetzt werden. Ein Abrieb der Faser schadet nicht, da im Faserinneren vorhandenes Titandioxid freigelegt wird. Textilien aus dieser Faser können mit gleichbleibenden Eigenschaften lange eingesetzt und beliebig oft gewaschen werden.

### 7.5.7 Edelstahl und Riechstoffe

Berufsköche haben die Erfahrung gemacht, dass Edelstahlmesser auch dann nicht nach Zwiebeln oder Knoblauch riechen, wenn sie im regelmäßigen Einsatz zum Schneiden sind. Diese autodesodorierende Wirkung ist bekannt, jedoch in ihrem Mechanismus nicht verstanden. Einer Adsorption schwefelhaltiger Moleküle wie Propanthial-S-oxid im Falle der Zwiebel (Abb. 5.07) durch elektrische Kräfte an der Oberfläche könnte eine katalytisch erleichterte Oxidation der Riechstoffe zu nichtflüchtigen Substanzen folgen. Sicher ist, dass eine besondere, absichtlich erzeugte Mikrostruktur der Oberfläche und die Anwesenheit von Wasser einen bedeutenden Einfluss auf den beobachteten Effekt haben.

Versuche mit Butanon (Methylethylketon) in der Luft eines Versuchsraumes ließen erkennen, dass sich in Anwesenheit einer feinstrukturierten Edelstahl-Oberfläche die Konzentration des Riechstoffes schneller reduzierte als in deren Abwesenheit.

### Literaturauswahl

Carr EM, Jensen WN: Odors generated during thioglycolate waving of hair. Part V. Fragrances and Cosmetics. Annals of the New York Academy of Sciences 116: 735–745 (1964) doi:10.1111/j.1749-6632.1964.tb45108.x

Guderian R. Atmosphäre, Handbuch der Umweltveränderungen und Ökotoxikologie: Anthropogene und biogene Emissionen - Photochemie der Troposphäre - Chemie der Stratosphäre und Ozonabbau. 1. Aufl., Springer-Verlag, Berlin Heidelberg New York, 2000; 424 S.

Kuhn H, Müller F, Peggau J, Zekorn R: Mechanism of the odor-adsorption effect of zinc ricinoleate. A molecular dynamics computer simulation. Journal of Surfactants and Detergents 3(3): 335–343 (2000) doi:10.1007/s11743-000-0137-9

Malkin TL, Goddard A, Heard DE, Seakins PW: Measurements of OH and HO2 yields from the gas phase ozonolysis of isoprene, Atmos. Chem. Phys., 10:1441-1459 (2010) doi:10.5194/acp-10-1441-2010

Möller D: Luft. Chemie - Physik - Biologie - Reinhaltung - Recht. Verlag de Gruyter, Berlin, 2011; 750 S. ISBN 9783110200225

Pritsching K: Odorierung. Praxiswissen Gasfach. DIV – Deutscher Industrieverlag München, Vulkan-Verlag, Essen. 3. Aufl. 2010; 130 S. ISBN 9783802756245

Salzmann R: Multimodale Erlebnisvermittlung am Point of Sale: Eine verhaltenswissen-schaftliche Analyse unter besonderer Berücksichtigung der Wirkungen von Musik und Duft. Deutscher Universitätsverlag 2007; 360 S. ISBN-10: 383500882X

Thie G: Entwicklung und Untersuchung grenzflächenaktiver Zinkrizinoleat-Komplexe zur Adsorption von Schadstoffen aus der Gasphase. Duisburg, Essen, Univ., Diss., 2010; 150 S. Volltext in DuEPublico: Dokument 21837.

Wabner D, Beier C, Demleitner M, Struck D: Aromatherapie. Grundlagen, Wirkprinzipien, Praxis. Urban & Fischer, Elsevier, 2008; 592 S.

Warnatz J, Maas U, Dibble RW: Verbrennung. Physikalisch-Chemische Grundlagen, Model-lierung und Simulation, Experimente, Schadstoffentstehung. 3. Aufl., Springer-Verlag Berlin Heidelberg, 2001; X, 326 S.

Winkler J: Titandioxid. Die Technologie des Beschichtens. Vincentz Network GmbH & Co KG, 2003;128 S. ISBN 387870738X

www.planet-wissen.de/natur_technik/erfindungen/sprengstoff/sprengstoffsuche.jsp Marietta Arellano, Stand vom 10.07.2014

www.dvgw.de/fileadmin/dvgw/wasser/aufbereitung/swba06_erdinger.pdf

# 8 Hersteller von Aromen und Riechstoffen

## 8.1 Die größten Hersteller von Aromen und Riechstoffen

Eine tabellarische Zusammenfassung (Tab. 8.01) soll die 'top 10' der Branche vergleichen.

**Tab. 8.01**: Die zehn größten Hersteller von Aromen und Riechstoffen weltweit. In den Spalten 2008, 2009 und 2013 ist der prozentuale Anteil auf der Basis des Umsatzes tabelliert. 100% entsprechen etwa 20 Milliarden US$ in den Jahren 2008 und 2009, 24 Milliarden US$ im Jahr 2013. * alle Sparten von Sensient Technologies zusammen.

| Firma | 2008 % | 2009 % | 2013 % | Firmensitz | | Mit-arbeiter |
|---|---|---|---|---|---|---|
| Givaudan | 18,9 | 19,1 | 20,5 | Schweiz | Vernier | 8800 |
| Firmenich | 12,2 | 13,9 | 13,9 | Schweiz | Genf | 6000 |
| IFF | 11,8 | 11,6 | 12,4 | USA | New York | 5400 |
| Symrise | 9,1 | 9,8 | 10,5 | Deutschland | Holzminden | 5000 |
| Takasago | 6,7 | 6,1 | 5,2 | Japan | Kamata / Tokyo | 2800 |
| Sensient Flavors | 2,9 | 2,7 | 2,7 | USA | Milwaukee | * 3600 |
| T. Hasegawa | 2,5 | 2,3 | 1,8 | Japan | Tokyo | 1000 |
| Frutarom | 2,3 | 2,1 | 2,8 | Israel | Haifa | 1500 |
| Mane SA | 2,3 | 2,7 | 4,2 | Frankreich | Le Bar sur Loup | |
| Robertet SA | 2,1 | 2,2 | 2,2 | Frankreich | Grasse | 1000 |
| Sonstige | 29,3 | 27,5 | 23,8 | | | |

## 8.2 Gründungen und Geschichte

### 8.2.1 Givaudan

Gegründet wurde Givaudan 1895 in Zürich durch Léon Givaudan und sein Bruder Xavier schloss sich ihm an. 1898 zog die Firma nach Genf um und errichtete ein Werk in Vernier in der Nähe von Genf.

1963 wurde Givaudan von Hoffmann-La Roche übernommen, ein Jahr später dann auch die 1820 gegründete Firma Roure aus Grasse, der Hochburg der Parfümerie Frankreichs. Diese beiden Firmen wurden 1991 aus dem Konzern ausgegliedert und firmieren von da an als gemeinsames Unternehmen unter dem Namen 'Givaudan Roure'. Damit bilden sie den Kern des heutigen Unternehmens, der durch spätere Erwerbungen weiter vergrößert werden konnte.

Die Firma Roure war ein ganzes Jahrhundert lang ein klassischer Produzent von ätherischen Ölen, die für Parfümhersteller wichtig waren, Jasmin und Rose. Eigener Pflanzenanbau und Pflanzenzucht bildeten eine solide Grundlage. Louis Roure, von 1898 bis 1947 Geschäftsführer der Firma, sorgte sich um talentierte Parfümeure und stellte 1935 eines der ersten französischen Designer-Parfüme vor. In seiner Ägide wurde 1946 von Jean Carles die Ecole de Parfumerie de Roure gegründet, die seit 1970 als ISIPCA bei Versailles ihre Fortsetzung gefunden hat und weltweit die einzige ihrer Art ist (Institut Supérieur International du Parfum, de la Cosmétique et de l'Aromatique Alimentaire).

In den Jahren von 1989 bis 1997 gelangen der 'Givaudan Roure' drei bedeutende Erwerbungen. Sie steigerten den Einfluss des Unternehmens deutlich und ließen den Marktanteil wachsen. Es waren dies: Riedel-Arom (1989), Fritzsche, Dodge & Olcott (FDO) (1991) und Tastemaker (1997). Eine dieser Erwerbungen ging sogar auf die vor der Firma Roure gegründete Dodge & Olcott (1796) zurück. Im Jahr 2000 erfolgte die Namensänderung von 'Givaudan Roure' in 'Givaudan'.

Die gegenwärtig letzte große Übernahme war im Jahre 2007 diejenige von 'Quest International', einer niederländischen Tochtergesellschaft von ICI. Quest International (QI) geht auf die traditionsreiche im Jahre 1905 gegründete 'Chemische Fabriek Naarden' (CFN) zurück.

### 8.2.2 Firmenich

Firmenich ist seit seiner Gründung in Genf ein typisches Familienunternehmen und heute das größte private Unternehmen seiner Art. Der Chemiker Philippe Chuit (1866-1939) und der Kaufmann Martin Naef gründeten im Jahre 1895 die Firma Chuit & Naef und begannen mit ihren Arbeiten in einem Schuppen, den sie von Karl Firmenich anmieteten. Philippe Chuit heiratete 1900 Thérèse Firmenich, die Tochter des Vermieters, und ihr älterer Bruder Fred Firmenich trat als Verkäufer in die Firma Chuit, Naef & Co. ein. In dem Schuppen entwickelten sie 1902 Violettone und Dianthine® und kurz darauf Iralia® (Abb. 8.01). Beide Substanzen zogen die Aufmerksamkeit von Parfümeuren, darunter François Coty, auf sich und wurden sehr beliebt.

**Abb. 8.01**: Iralia = 10-Methyl-α-Ionon [1335-46-2] und Violettone = β-Ionon [79-77-6]. Letzteres ist aus Citral und Aceton durch basenkatalysierte nukleophile Addition über Pseudoionon [141-10-6] zugänglich. Pseudoionon lässt sich durch konzentrierte Schwefelsäure in β-Ionon überführen. Die Isomere des Ionons (α-, β-) unterscheiden sich in der Stellung der Doppelbindung im Cyclohexen. Das γ-Ionon trägt eine Methylengruppe am Cyclohexanring (Abb. 6.13).

1908 brachte das Unternehmen den Duft- und Aromastoff Cyclosia® auf den Markt. Seine Synthese war bereits 1905 ausgehend vom Citronellal gelungen, das zu Hydroxycitronellal hydratisiert wurde (Abb. 8.02).

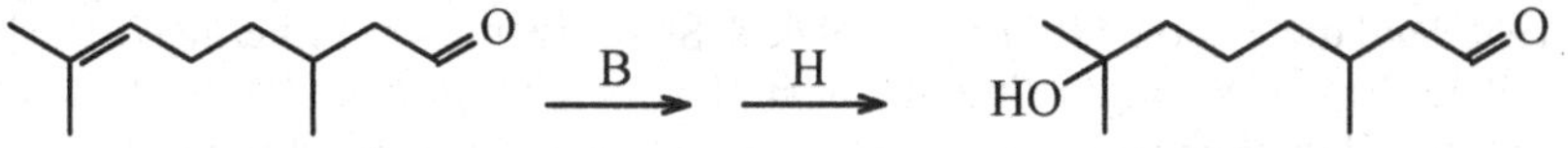

Citronellal												Hydroxycitronellal

**Abb. 8.02**: Citronellal [106-23-0] als Ausgangsmaterial für die Synthese von Cyclosia® = Hydroxycitronellal [107-75-5]. Im ersten Schritt findet eine Bisulfit-Addition statt (B), danach eine Hydratisierung (H) in Anwesenheit mineralischer Säuren.

Im Jahre 1921 gelang es Chuit, den in Kroatien geborenen Chemiker Leopold Ružička, der bereits bei Haarmann & Reimer in Holzminden gearbeitet hatte um seine Habilitation zu finanzieren, mit einem guten Angebot für Firmenich zu gewinnen. In dieser Zeit glückten der Firma die Synthesen von Nerol (1922) und Nerolidol sowie 1925 diejenige von Cyclopentadecanon (Exaltone®).

Ružičkas Interesse galt der Chemie vielgliedriger Ringe, wie sie Steroiden und Hormonen zu Grunde liegen, und Terpenen. Für seine Erkenntnisse über Polyethylene und höhere Terpene wurde ihm 1939 zusammen mit A. Butenandt der Nobelpreis der Chemie zuerkannt.

Nach dem Ausscheiden der beiden Gründerväter 1931 und 1933 ging der Firmenbesitz mehrheitlich auf die Familie Firmenich über und im Gefolge änderte sich der Firmennamen 1934 in Firmenich & Cie. Im Jahre 1972 bildete die Familie eine Aktiengesellschaft unter Fred-Henri Firmenich als Geschäftsführer. Die dritte Generation war ab 1989 mit der Leitung des Unternehmens betraut und wandelte dieses in die 'Holding Firmenich International' um, was den internationalen Aktivitäten in vielen Ländern Rechnung trug. Die vierte Generation hat die Geschäftsführung 2002 übernommen.

### 8.2.3 International Flavors & Fragrances Inc. (IFF)

1889 gründeten Joseph Polak & Leopold Schwarz in Zutphen, Niederlande, ein Geschäft für Fruchtsaftkonzentrate. Dieses lief so gut, dass sie nach sieben Jahren eine zweite Fabrik aufmachten. 1917 ging der Mitarbeiter van Ameringen als Vertreter von Polak & Schwarz (P&S) nach Amerika, wo er bald darauf das Unternehmen verließ und in Manhattan eine eigene Firma für den Import von ätherischen Ölen aus den Niederlanden eröffnete. Im Jahre 1929 gründete van Ameringen mit einem Kollegen Dr. Haebler die 'van Ameringen-Haebler, Inc.' mit einer Produktionsanlage für Duftstoffe in New Jersey.

P&S konnte in den 1930er Jahren in Amerika kaum Geschäfte machen. Daher entschloss man sich zur Förderung des Verkaufs einen Manager nach New York zu senden. Einen Geschäftszweig in New York gab es seit 1935.

Während der Nazibesetzung der Niederlande musste P&S einen arischen Direktor einstellen und die meisten Mitarbeiter sollten für den Arbeitseinsatz in Deutschland abgezogen werden. Indem man eigene Beschäftigungsausweise ausstellte, wollte man die Beschäftigten der Firma erhalten. Doch führte das missglückte Vorhaben zur Verhaftung von Adolf Schwarz, des Neffen des Firmengründers. Er überlebte mit seiner Familie die Inhaftierung im Konzentrationslager Theresienstadt.

1958 fand die Fusion der Firmen Polak & Schwarz mit 'van Ameringen-Haebler' unter gleichzeitiger Umbenennung in 'International Flavors & Fragrances Inc.' (IFF) statt und ermöglichte
ein schnelles Wachstum des Geschäftes für Aromen und Duftstoffe.

Im Jahr 2000 übernahm IFF die Firma 'Bush Boake Allen Ltd.', welche ihrerseits schon 1966
durch eine Vereinigung zweier älterer Vorläufer 'Stafford Allen & Sons, W. J. Bush & Company' und 'A. Boake, Roberts & Co.' entstanden war. Erstere geht zurück bis in das Jahr 1833,
als sich der Müller Stafford Allen und der Drogist Charles May zusammen fanden um San-
delholzöl und Nelkenöl herzustellen, als in den Regalen der Apotheker noch der Hilfsstoff
Sägemehl stand.

Die jüngste Vergrößerung des Konzerns war die Übernahme des 1983 in Grasse gegründeten
Unternehmens Laboratoire Monique Rémy (LMR) im Jahr 2000.

## 8.2.4  Symrise

Symrise ist ein Konzern, der im Jahre 2003 durch die Fusion von zwei in Holzminden ansäs-
sigen Firmen, Haarmann & Reimer (H&R) und Dragoco, entstanden ist.

Im Jahre 1874 gründete Wilhelm Haarmann in Holzminden die 'Haarmann's Vanillinfabrik'.
Er plante hier eine kurz zuvor im Studium der Chemie bei v. Hofmann entdeckte Vanillin-
Synthese in großem Maßstab zu verwirklichen. Die Synthese geht vom Coniferin aus, das mit
Chromtrioxid zu Glucovanillin oxidiert wird und sich zu Glucose und Vanillin hydrolysieren
lässt (Abb. 8.03). Durch die Findigkeit von Haarmann und seinem Kollegen Karl Ludwig
Reimer, ebenfalls aus der Arbeitsgruppe August Wilhelm v. Hofmann, gelang eine weitere
Synthese. Sie machte Vanillin vom Eugenol aus kostengünstiger zugänglich. Reimer trat 1876
der Firma bei, welche von da an Haarmann & Reimer hieß, und bald internationale Anerken-
nung ihrer synthetischen Riechstoffe erhielt. Seit 1891 nutzte die Firma das von Ferdinand
Tiemann, einem Studienkollegen Haarmanns, entwickelte Isoeugenol-Verfahren zur Produktion des Vanillins, was dessen Herstellung endlich rentabel machte.

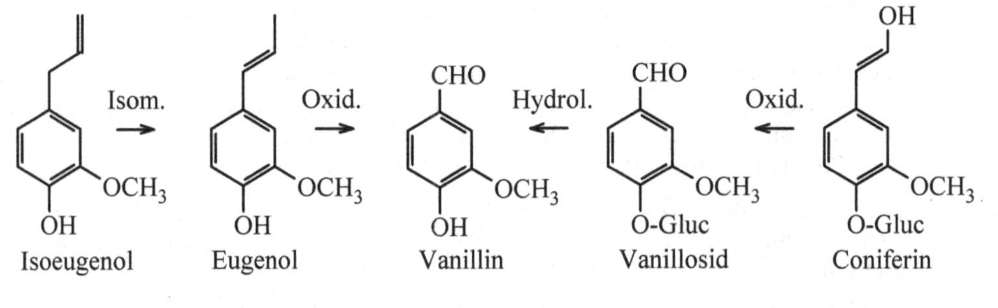

**Abb. 8.03**: Zwei Synthesen für Vanillin aus dem Hause Haarmann & Reimer. Aus Coniferin (1874):
die Oxidation erfolgt mit Chromtrioxid, das entstandene Vanillosid = Glucovanillin wird zu Vanillin
[121-33-5] hydrolysiert. Aus Isoeugenol (1891) oder Eugenol (1876): eine Isomerisierung von Isoeugenol im Alkalischen liefert Eugenol, das mit Kaliumpermanganat oder Ozon (Ozonisierungsverfahren
von Takasago, 1926) zu Vanillin oxidiert wird.

Ebenfalls von Tiemann stammte das 1893 zum Patent angemeldete Verfahren zur Herstellung von Ionon (vgl. Firmenich). Von den weiteren 30 Patenten der nächsten zehn Jahre dürfte diejenige der Reimer-Tiemann-Synthese von Salicylaldehyd bekannt sein. Es dient als Zwischenprodukt zur Herstellung von Cumarin. Nach dem Tod des Firmengründers 1931 führten dessen beiden Söhne das Unternehmen weiter. Durch den II. Weltkrieg gingen alle Auslandsbeteiligungen verloren.

Der Neuanfang begann praktisch bei Null. Bis zum Jahre 1953 war das Geschäft umstrukturiert und in der Bayer AG ein Kapitalgeber gefunden, um wieder ein bedeutender Produzent für Duftstoffe und Aromen zu werden. Das Unternehmen wurde 1954 von der Bayer AG gekauft und als Tochtergesellschaft geführt. Eigene Tochtergesellschaften und Zukäufe von Firmen erweiterten den Einflussbereich nach Mexiko, Brasilien, Großbritannien, Südafrika, Frankreich, Spanien und in die USA.

Ende 2002 verkaufte die Bayer AG Haarmann & Reimer an das Unternehmen EQT, das ebenfalls eine Beteiligung an der Dragoco AG erwarb und damit die Fusion der beiden Firmen zur Symrise GmbH & Co. KG ermöglichte.

Dragoco ist die jüngere der beiden Firmen. Sie wurde 1919 von dem Friseurmeister Carl Wilhelm Geberding mit dem Ziel gegründet, Parfüme und wohlriechende Seifen zu komponieren. Seine Vorliebe für die asiatische Kultur drückt sich in der Wahl des Firmennamens aus, gebildet aus *Dragon Company*. Der Erfolg machte 1928 den Ausbau der Produktionsanlagen erforderlich, seit 1930 wurden auch Geschmacksstoffe hergestellt. 1935 übernahm Geberding die in Pirna ansässige Heinrich Haensel Pirna GmbH & Co. KG und verlegte sie nach Holzminden.

Nach dem II. Weltkrieg leiteten die Söhne Geberding die Geschäfte. Tochtergesellschaften entstanden in den USA, Großbritannien, Frankreich, Österreich, Italien und in der Schweiz. 1993 wandelte man die Firma in eine Aktiengesellschaft um, die Exportquote stieg auf 80%. Insgesamt gab es weltweit 25 Tochterunternehmen. Nach einem Teilerwerb durch die EQT erfolgte die Fusion zur Symrise GmbH & Co. KG im Februar 2003.

Die Nachfrage der Verbraucher nach gesunden Lebensmitteln, die auch im Einklang mit der Natur hergestellt werden, ist nicht nur für die Landwirtschaft eine Herausforderung und ein Ansporn, sondern auch für einen Hersteller von Aromen. Naturidentischen Aromastoffen aus der Retorte haftet ein Makel an. Daher liegt es nahe Verfahren zu finden, welche von natürlichen Vorstufen ausgehend auf enzymatischem Weg zu den gewünschten Produkten gelangen.

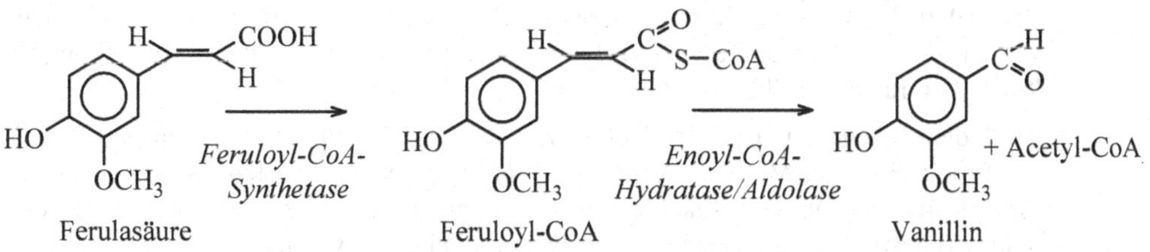

**Abb. 8.04**: Enzymatisch katalysierte Reaktionen bei der biotechnologischen Produktion von Vanillin aus *trans*-Ferulasäure [537-98-4] (Priefert et al., 2001). Das biotechnologisch hergestellte Vanillin darf als natürlich bezeichnet werden.

Für die Herstellung von Vanillin ist es Symrise in Zusammenarbeit mit der Universität Münster gelungen, ein biokatalytisches Verfahren zu entwickeln (Abb. 8.04). Es geht von Ferulasäure aus, einer Vorstufe des Vanillin, die im Reis leicht zugänglich ist. Die enzymatische Reaktion läuft energetisch vorteilhaft bei Raumtemperatur ab, sie benötigt weder chemische Ausgangsstoffe herkömmlicher Art, noch hinterlässt sie problembehaftete Rückstände zur Entsorgung.

Neben der Synthese von Aromastoffen ist deren Anreicherung aus Naturprodukten eine Möglichkeit zu hochkonzentrierten Präparaten zu gelangen. Auf diesem Gebiet ist es Symrise gelungen, ein Verfahren zu etablieren, mit dem sich Aromen aus wässrigen Flüssigkeiten in Poren geeigneter natürlicher Mineralien und Polymere ansammeln. Nach Abschluss dieses Vorgangs löst man sie mit einer anderen Flüssigkeit wieder ab und erhält ein konzentriertes Gemisch der Aromastoffe. Dem unter der Bezeichnung SymTrap® bekannten Verfahren lassen sich Aromen aus Früchten, Gemüse, Kräutern und auch aus Fleisch und Fisch unterziehen. Vorteilhaft ist vor allem, dass man die Technik sogar zur Rückgewinnung von Aromastoffen nutzen kann, die bislang im Abwasser verloren gingen, weil ihre zu geringe Konzentration eine Wiedergewinnung ausschloss. Da diese Technik, im Gegensatz zur Destillation, den Materialien keine Wärmebelastung zumutet, arbeitet sie überaus schonend.

Von der Leistungsfähigkeit des SymTrap-Verfahrens konnte sich die Öffentlichkeit zu Beginn des Jahres 2014 überzeugen, da das in einer Schokolade als Nussaroma verwendete Piperonal nicht durch Synthese, sondern nachweislich durch ein physikalisches Verfahren gewonnen wurde und daher zu Recht als 'natürlich' deklariert worden war.

### 8.2.5 Takasago International Corporation 高砂香料工業株式会社

Die Takasago Perfumery Company Ltd. wurde 1920 als Japans erster Hersteller für Aromastoffe gegründet. Vanillin war eines der begehrten Aromen, das 1926 mit dem Ozonisierungsverfahren hergestellt wurde. Ein weiteres Produkt war Heliotropin und 1929 konnte man die ersten drei Tonnen Safrol in die Schweiz exportieren. Das Ho-Öl aus *Cinnamomum camphora* stand seit 1932 im Zentrum des Interesses. Über die Fortschritte der Firma informierte eine Zeitung, die 1928 herausgegebene 'Takasago Perfumery Times'.

Während der Expansion Japans verlegte man 1938 den Sitz der Firma nach Taipeh und gründete 1940 die 'Chinese Camphor Company' in Shanghai. Nach dem II. Weltkrieg ging der Firmensitz in Taipeh an Taiwan verloren und China übernahm das Büro in Shanghai und die 'Shanghai-Takasago Chemical Company'.

Nach dem Kriege standen seit 1948 im Zentrum der Aktivitäten Phenylacetaldehyd, um 1955 die Produktion von Musk T, Ambrone T und synthetischem Menthol sowie die Herstellung eines Pulveraromas, des 'Takasago Micron', das ab 1957 erzeugt wurde. Auch erschien die während des Krieges eingestellte Firmenzeitung ab 1958 wieder.

Seit den 1960er Jahren eröffnete Takasago Büros in São Paulo, Mexico City, Singapur, London, Brüssel, Zürich und Barcelona, ebenso Forschungszentren für Parfümerie in Tome-Asu, Brasilien, und in Paris.

Um die Nachfrage nach Menthol zu decken nahm Takasago 1972 in Iwata, Japan, eine neue Herstellungsanlage in Betrieb. Diese wurde 1983 ersetzt durch eine Anlage zur enantioselektiven Synthese von Menthol. Seit deren Fertigstellung verließen jährlich rund 1000 Tonnen Menthol das Werk. Es handelt sich (-)-Menthol, das nach dem Takasago-Verfahren als ein fast reines Enantiomer (94% ee) entsteht. Dieses Verfahren basiert auf der von Prof. R. Noyori in Zusammenarbeit mit Takasago entwickelten Methode zur Isomerisierung von Allylaminen. Für seine Untersuchungen zur asymmetrischen Hydrierung ehrte man R. Noyori zusammen mit W. S. Knowles im Jahre 2001 mit dem Nobelpreis der Chemie.

1999 wurde in Zülpich bei Euskirchen die Takasago Europe GmbH ins Leben gerufen. Seit 2004 gibt es die beiden Unternehmen Takasago Guangzhou und Takasago Shanghai in China. Heute existieren in 24 Ländern Tochterunternehmen und insgesamt 14 Produktionsstandorte weltweit.

### 8.2.6 Sensient Technologies

Der Vorläufer von Sensient Technologies wurde im Jahre 1882 als Meadow Springs Distillery Company von Leopold Wirth, Gustav Niemeier und Henry Koch in Milwaukee gegründet. 1887 änderte man den Firmennamen in National Distilling Company um, begann aber bereits mit der Herstellung von Bäckerhefe der Produktbezeichnung Red Star Yeast. Durch die Prohibition in den Vereinigten Staaten war 1919 das Überleben der Firma extrem gefährdet.

Aber der Verkauf der Bäckerhefe rettete das Geschäft, das sich mehr und mehr in Richtung Lebensmittel orientierte. Zwar nahm man nach dem Ende der Prohibition für vier Jahre die Herstellung von Bier und Gin wieder auf, schloss jedoch 1937 die Destillation endgültig. Hefe und Essig bildeten das Kerngeschäft. Red Star kaufte 1961 die Universal Foods Corporation und übernahm ein Jahr danach deren Namen. Von da an erweiterte sich das Geschäftsprofil in den Bereich Lebensmittel, spezialisierte sich später aber in der Sparte Zusatzstoffe, so dass heute Farben und Aromen im Zentrum stehen. Seit 1977 firmiert es als Aktiengesellschaft an der New Yorker Börse. Das Unternehmen wandelte sich bis heute durch etwa zwanzig strategische Zukäufe, von denen einige genannt seien: Stella Cheese Corporation (1963), Rogers Foods, Inc. (getrocknete Zwiebeln und Knoblauch) (1979), Warner-Jenkinson Company (soft-drinks Abfüllung) (1984), Idaho Frozen Foods (Kartoffeln) (1985), Felton International (Aromen) (1990), Morton International, Inc. (food, drug and cosmetic color business) (1991), Pointing Holdings Ltd. aus Großbritannien (Hersteller von Lebensmittelfarbstoffen) (1999).

Im Jahre 2000 schlug sich die Erweiterung und Veränderung in dem neu gewählten Firmennamen 'Sensient Technologies Corporation' nieder, der sich aus Wortteilen des Mottos '*Sens*ory experience ... through specialized ingred*ient*s' zusammensetzt. In dieser Phase trennte man sich auch von Red Star Yeast (2001). Verkauft wurden außerdem die Sparten Käse (1990) und frozen-food (1994).

Heute sind die Aktivitäten in zwei wesentlichen Geschäftsbereichen zusammengefasst. Zum einem die *Flavors & Fragrances Group of Sensient Technologies*, welche die Bereiche Zusatzstoffe für Nahrungsmittel, Getränke, Kosmetik und Arzneimittel umfassen und zugehörige moderne Technologien bereitstellen (Sensient Flavors & Fragrances, Sensient Flavors, Sensient Dehydrated Flavors). Zum anderen gibt es die *Color Group of Sensient Technologies*, eine Sparte für Farbstoffe in Druckfarben, Tinten und bildgebende Verfahren mit den vier Teilbereichen: Sensient Food Colors, Sensient Cosmetic Technologies, Sensient Pharmaceutical Technologies und Sensient Imaging Technologies.

### 8.2.7 T. Hasegawa Co., Ltd. 長谷川香料株式会社

Totaro Hasegawa gründete 1903 in Tokyo die nach ihm benannte Firma Totaro Hasegawa Shoten und begann mit dem Handel von Aromen. Ab 1941 führte sein Sohn Shozo Hasegawa die Geschäfte. Nach dem II. Weltkrieg wurde das Unternehmen 1948 zu einer Aktiengesellschaft umstrukturiert. Ende 1961 erfolgte nach einer Kapitalerhöhung die Gründung der T. Hasegawa Co., Ltd., die alle Geschäfte ihrer Vorgängerin übernahm. Im Jahre 1964 wurde in der Stadt Fukaya ein neues Zentrum errichtet. Dieses nahm die Produktion von Aromen aus der Anlage in Kawasaki auf. In Fukaya baute man ein technisches Forschungszentrum (1969) und vereinigte dort 1977 alle Zweige der Produktion.

Die Gründung der ersten Tochtergesellschaft, der T. Hasegawa U.S.A., INC., erfolgte Ende 1978 in Lawndale, Californien. Die Einrichtung wurde 1989 nach Cerritos, Californien, verlagert. Weitere Tochtergesellschaften und Niederlassungen wurden gegründet: Singapur (1990), Hong Kong (1991) und Shanghai (1996). Ende 2001 startete die volle Produktion der T. Hasegawa Flavours & Fragrances (Shanghai) Co., Ltd. und 2004 begann die Arbeit in der T. Hasegawa (Southeast Asia) Co., Ltd. in Thailand. Der Betrieb des Büros in Hong Kong wurde Ende 2001 eingestellt. Ende 2009 nahm die T. Hasegawa (Suzhou) Co., Ltd. als zweite Produktionsanlage in China ihre Arbeit auf.

### 8.2.8 Frutarom Industries Ltd.

Die Firma wurde 1933 von Yehuda Araten und Maurice Gerzon, zwei niederländischen Industriellen, als 'Frutarom Palestine Ltd.' im britischen Mandatsgebiet in einem wüstenartigen Gelände zwischen Haifa und Acco gegründet. Man verschrieb sich dem Anbau und der Kultivierung von Pflanzen und Blumen zur Gewinnung von Aromen, Gewürzen und ätherischen Ölen. Als bekannter Chemiker förderte Professor Chaim Weizmann, der spätere erste Präsident Israels, dieses Vorhaben. Die Firma wurde 1952 Teil der neu gegründeten Electrochemical Industries (Frutarom) Ltd. (ELF), mit der sie 1973 in den Besitz der US-amerikanischen Holding ICC kam.

Durch systematischen Zukauf von Firmen startete Frutarom ab 1990 mit dem Erwerb von drei kleineren Firmen in den USA, Großbritannien und Israel eine aggressive Expansion. Im Jahre 1996 wurde Frutarom als Aktiengesellschaft aus der Holding ausgegliedert und wuchs rasant. Zu den über 20 erworbenen Betrieben gehören unter anderen: Meer Corporation, USA (1993), Baltimore Spice Israel Ltd. (1999), CPL Aromas Ltd. Flavours & Ingredients (2001), die schweizerische Emil Flachsmann AG (2003), Teilbereiche von IFF (Food Systems) aus der Schweiz und aus Deutschland (2005), A. M. Todd Botanical Therapeutics, Tochterunternehmen der von Albert May Todd 1869 in Kalamazoo gegründeten Firma (2005), Gewürzmüller-

Nesse aus Deutschland mit Kontakten zu Osteuropa (2006), Acatris Health USA mit Tochtergesellschaften in Belgien und den Niederlanden (2006), Belmay mit Tochterunternehmen in Singapur, Norwegen, Dänemark und dem gesamten britischen Markt (2007), Reyhan aus Israel (Reyhan = ריחן = aromatische Pflanze) (2007), Adumim Food Additives Ltd., gegründet 1977 in Israel (2007), Gewürzmüller GmbH aus Deutschland, gegründet 1896 von Familie Rendlen (2007), Blessing BioTech aus der Gewürzmüller-Gruppe in Deutschland (2007) und die Gewürzsparte der Chr. Hansen GmbH in Holdorf (2009).

Die zusammengefassten Firmen decken die Bereiche Aromen, Zusatzstoffe für Lebensmittel und Getränke, Stabilisatoren, Gewürze, Nutraceuticals ab. Neben zwanzig Produktionsstätten gibt es 27 Zentren für Forschung und Entwicklung und 46 Handelsniederlassungen, die in Schwellenländern und Märkten mit großem Wachstumspotential positioniert sind.

## 8.2.9  Mane SA France

Mit der Produktion von Materialien zur Parfümherstellung aus Pflanzen der Region durch Victor Mane begann 1871 die Geschichte der Firma 'V. Mane Fils'. Zwischen 1916 und 1958 modernisierten die beiden Söhne Eugène und Gabriel das Geschäft und bauten es international aus. Seit 1959 wurde unter Maurice Mane, dem Enkel des Gründers, die Produktionskapazität gesteigert, Forschung und Entwicklung gefördert, in die neue Sparte der Aromen für Lebensmittel investiert und ein Netz von Tochterfirmen eröffnet. Vom Jahre 1995 an ist der Urenkel Jean Mane Präsident der Firma und sein Bruder Michel Mane Chef der amerikanischen Tochtergesellschaft Mane USA.

Der Stammsitz der Firma liegt in der Stadt Le Bar sur Loup unweit von Grasse und in der Nachbarschaft des 'Parc International d'Activité de Sophia Antipolis' (Technologie und Wissenschaftspark). Am Stammsitz beherbergt der eine Betriebsstandort die Forschung, Entwicklung, Herstellung von Naturprodukten und naturidentischen Molekülen, der andere die automatisierte Mischung und Verpackung von Riechstoffen und Aromen.

## 8.2.10  Robertet SA France

Im Jahre 1850 gründeten François Chauvé und Jean-Baptiste Maubert in Grasse eine Firma, in der sie Gerüche aus Pflanzen der Region extrahierten. Dies war die Zeit, als in der Region, die als Zentrum für Leder und Gerberei bekannt war, sich immer mehr Parfümhersteller ansiedelten. Dies hatte seinen Grund, denn man versuchte den durch das Gerben entstandenen schlechten Geruch des Leders durch eine Parfümierung zu überdecken. 1875 erwarb Paul Robertet das Geschäft und eröffnete einen neuen Betrieb in der Avenue Sidi-Brahim, den er von Gustave Eiffel entwerfen ließ, und schuf damit den heutigen Stammsitz. Während der Weltausstellung 1900 in Paris wurden Produkte des Hauses mit einer Goldmedaille ausgezeichnet. Durch diese Ehrung wurde die Firma bekannt, was half, neue Kunden unter den Parfümherstellern zu gewinnen. Bald zählten zu den Abnehmern der Produkte berühmte Namen wie Guerlain und Chanel. Ab 1914 trug die Firma den Namen Robertet.

Der Sohn des Gründers, Maurice Maubert, leitete von 1923 bis 1961 die Geschäfte. In dieser Zeit entwickelte man in der Firma technische Innovationen, so den 'incolore' Prozess für farblose Extraktionen und 1950 das Butaflore-Verfahren. Hierbei handelt es sich um eine Druck-extraktion mit Butangas (2-3 bar) bei niedriger Temperatur, die helle, wachsarme Blütenöle 'Butaflore' liefert, welche durch hohe Geruchsähnlichkeit mit den Blüten auffallen. Mit dem Verfahren gelingt es sogar Maiglöckchen, Flieder, Gardenia und Freesia zu extrahieren, was bisher unmöglich war. So blieb die Firma zunächst den natürlichen Geruchsstoffen der Pflanzen verpflichtet, die schwierig zu gewinnen waren. Sie standen damit in Konkurrenz zu billigeren synthetischen Grundstoffen von anderen Firmen.

Nach der Ausweitung des Geschäftes in den Bereich Aromen als Zusatzstoffe für Lebensmittel durch die Enkel des Gründers folgte eine Phase der Expansion beginnend mit dem Erwerb der französischen Firma Cavallier im Jahre 1966. Danach begann der Aufbau von Tochtergesellschaften in den USA, Argentinien, Brasilien, Mexiko und England. Zusätzlich wurden in Japan, der Schweiz, Italien, Deutschland und Singapur Stätten für Forschung und Entwicklung geschaffen und Handelsniederlassungen eingerichtet.

Die Urenkel schließlich brachten das Unternehmen 1984 an die Pariser Börse, behielten aber die Mehrheit der Aktien und die Geschäftsleitung. Durch den Erwerb der Firma 'Jay Flowers' im Jahre 1986, umbenannt in Robertet Flavors, gelang die Expansion und der Zugang zum amerikanischen Markt. Weitere Tocherunternehmen kamen hinzu: in Italien Robertet Fragrances (1992), dem das amerikanische Novarome Inc. einverleibt wurde (1994) und in Belgien PAB aus der Danone Gruppe, das als Robertet Savoury firmierte (2001).

Während man im Jahr 1994 in die Vergrößerung der Anlagen in Grasse investierte, eröffnete die Firma 2007 ein Creative Centre in New York on 5th Avenue, baute eine Produktionsanlage in China, entwickelte eine Zusammenarbeit mit Indien und knüpfte Verbindungen mit Charabot und Plantes Aromatiques du Diois.

---

### Webseiten der Firmen

www.leffingwell.com/top_10.htm
www.givaudan.com
www.firmenich.com
www.iff.com
www.symrise.com
www.takasago.com
www.sensient.com
www.thasegawa.com
www.t-hasegawa.co.jp/index.php
www.frutarom.com
www.mane.com
www.robertet.com

# 9 Glossar

Im Glossar finden sich kurze Definitionen fachspezifischer Begriffe, etymologische Erklärungen zu Wörtern und Ausdrücken aus anderen Sprachen. Erklärungen zu fachspezifischen Abkürzungen und Akronymen von nationalen und internationalen Fachverbänden sind in einer eigenen Liste unter Abkürzungen mit zugehörigen Links zusammengestellt.

Aas
: Bezeichnung für einen toten Organismus, der durch Verwesung und Fäulnis infolge der dabei entstandenen giftigen Zerfallsprodukte und bakterieller Toxine für Menschen ungenießbar geworden ist.

absolute
: lat. *absolvere* ablösen, daraus engl. absolute, frz. absolu

Adsorption
: lat. *adsorbere* ansaugen; Bindung von Molekülen durch physikalische Kräfte an Grenzflächen. Zur Definition von Absorption siehe Abschnitt 3.2.2

Agrumen (plur.): ital. agrume (m), meist plur. agrumi; Sammelbegriff für Früchte von Zitruspflanzen

allo- / allelo-
: gr. άλλος ein anderer, daraus durch Verdopplung: einer dem andern = wechselseitig; allelochemicals und Allomone wirken zwischen zwei Arten.

Ambra (f)
: gleichbedeutend mit Amber (m). lat. *ambra grisea* graue Ambra, frz. ambre gris, engl. ambergris. Ausscheidungen des Pottwals, Duftstoff

Anosmie
: gr. αν = Verneinung, οσμή Geruch, Duft; Fehlen des Geruchssinnes

Aroma
: gr. αρώμα Gewürz, süßes Kraut lat. *aroma* (pl. *aromata*)

Aromawert
: $A_x = c_x/a_x$ = vorliegende Konzentration der Substanz X in einer Matrix / Geruchsschwelle der Substanz X in der Matrix. $A_x$ ist benennungslos. Je höher der Aromawert, desto bedeutender ist der Beitrag dieser Substanz zum charakteristischen Aroma dieses Lebensmittels.

attractant
: engl. aus lat. *attrahere* beiziehen, anlocken; Lockstoff

bimodal
: lat. *bis* zweimal und *modus* Art, Weise; eine bimodale Häufigkeitsverteilung hat zwei Maxima, auch zweigipflige Häufigkeitsverteilung.

Bowman Drüsen: *Glandulae olfactoriae*, (Sir W. Bowman, Chirurg, London 1816-1892). Es handelt sich um unter der Riechschleimhaut gelegene seröse Drüsen.

Cadaverin
: lat. *cadaver, cadaveris* Leiche

Captiv
: lat. *capere* fangen, festhalten und lat. *captivus* der Gefangene. Captiver Riechstoff oder Captiv; Erklärung siehe Abschnitt 6.3.3

Carnivor/Herbivor: lat. *caro, carnis* Fleisch; lat. *herba* Pflanze, Kraut; lat. *vorare* fressen, verschlingen

Cassis
: lat. *cassia* Baum mit wohlriechender würziger Rinde, wilder Zimt aus gr. κασία gewürzhafte Rinde; frz. cassis schwarze Johannisbeere (*Ribes nigrum*)

Chemotaxis
: gr. τάξις Aufstellung, Ordnung; durch chemische Stoffe erreichte Ordnung

currant, black or red: frz. raisins de Corinthe zu engl. raysyns of coraunt, daraus currant; schwarze bzw. rote Johannisbeere

dezipol          'dezi' lat. *decem* zehn, hier Einheitenpräfix Zehntel, 'pol' lat. *pollutio* Verschmutzung

Dose Response Curve: Dosis-Wirkungskurve, eigentlich Konzentrations-Wirkungs-Kurve in halblogarithmischer Darstellung

Duft             mhd. *dimpfen* = rauchen; mhd. *dampf*

ektopisch        gr. εκ aus, heraus und gr. τόπος Ort; Zusatzbezeichnung für Gewebe, Zellen und Organe, die an einem anderen als dem üblichen Ort auftreten.

extero-          Präfix zu lat. *externus* außen liegend

Faeces, Fäzes: lat. *faex, faecis* (f) Kot

Filum, Fila      lat. *filum* (n) Faden, Garn; *Fila olfactoria*, vgl. Axone der Riechzellen

Flatulenz        lat. *flatus* (m) Wind, Blähung

flavour/flavor: engl./amerik. Geschmack; Wohlgeruch, Duft, Aroma lat. *flare* blasen, flatus; altfr. flëur/flaur riechen

foetor (m)       lat. *foetor* Gestank

Forensik, forensisch lat. *forum* Marktplatz. lat. *forensis* zum Gericht gehörig, da auf dem Forum Romanum Gerichtsprozesse öffentlich verhandelt wurden. forensisch: zur Bezeichnung eines wissenschaftlichen Fachgebiets, dessen Untersuchungen im Zusammenhang mit einem Gerichtsverfahren stehen.

fragrance        im 13. Jhdt. aus lat. *fragrare* einen guten Geruch verbreiten; *fragrant, fragrance* frz./engl. Duft, Duftgeruch, Duftstoff, Wohlgeruch

Furfural         lat. *furfur* Kleie; da der Aldehyd Furfural erstmalig aus Kleie gewonnen wurde, ist er nach dieser benannt worden. Daraus abgeleitet ist Furan.

Glomerulus       (auch Glomerulum), plur. Glomeruli: lat. *glomerulus* Knäulchen aus lat. *glomus* das Knäuel

glossopharyngeus: gr. γλῶσσα Zunge und φάρυνξ Rachen, Kehle, Schlund; zur Bezeichnung des Nerven, der Zunge und Rachen versorgt.

gregär           lat. *grex, gregis* die Herde

Halitosis        lat. *halitus* Atem, *halare* atmen. Bezeichnung für Mundgeruch

headspace        engl. [tech.] Luftraum in Lebensmittelverpackungen, Freiraum, Gasraum

hedonisch        gr. ηδονή Freude, Vergnügen, Annehmlichkeit

Hesperiden       gr. εσπερίδες Nymphen. Der Begriff wurde von Linné zur Bezeichnung von Zitruspflanzen verwendet.

hetero-          gr. έτερος der andere, verschieden; als Präfix verwendet. Heteroatome sind von Kohlenstoffatomen verschieden.

Hippocampus: gr. ἵππος Pferd und κάμπος Ungeheuer → Seepferd. Seit 1706 wegen der Ähnlichkeit einer Gehirnstruktur mit einem Seepferd verwendet.

Hyposmie       gr. ὑπό unter, unterhalb und ὀσμή Geruch; Mangel an Riechfähigkeit

Hypothalamus: gr. ὑπό unter und θάλαμος siehe dort. Seit 1893 zur Bezeichnung einer Gehirnstruktur unterhalb des Thalamus verwendet.

Isoplethen (plur.): gr. ἴσος gleich und gr. πλῆτος Fülle, Menge;
              Linien gleicher Werte für eine Maßgröße, die von zwei Faktoren abhängig ist.

kairo-         gr. καιρός richtiger Zeitpunkt; Kairomone bringen Informationen in chemischer Form zum rechten Zeitpunkt an den Empfänger.

Kakodyl        gr. κακός schlecht, ὀδμή / ὀσμή Geruch und ὕλη Stoff, Materie

Kakosmie       gr. κακός schlecht und ὀσμή Geruch; Erkrankung, in der Gerüche fälschlich als schlecht empfunden werden.

Karamell       lat. *calamellus* Röhrchen über span. caramelo = gebrannter Zucker, frz. caramel; früher dt. Karamel

koscher        jidd. aus hebr. כשר [kâśêr]; rituell unbedenklich, als Speise tauglich

Kosmetik       gr. κοσμέω ordnen, schmücken

-krin          gr. κρίνειν (aus)sondern. Zur Einteilung verschiedener Typen von Drüsen:
              merokrin: gr. μέρος Teil; kleine oder ekkrine Schweißdrüsen,
              apokrin: gr. ἀπό von – weg; große Schweißdrüsen, Milchdrüsen,
              holokrin: gr. ὅλος ganz, gesamt; Talgdrüsen

Lamina         lat. *lamina* Platte, Scheibe, Schicht

Limbisches System: lat. *limbus* Saum, Kante

luteinisierendes Hormon (LH): lat. *luteus* gelb. Das Hormon bewirkt die Auslösung von Follikelreifung und Ovulation.

Makrosmat/Mikrosmat: gr. μακρός groß, stark und gr. ὀσμή Geruch (Riechriese)
              gr. μικρός klein (Riechzwerg)

Matrix         lat. *matrix, matricis* plur. *matrices* Muttertier, Gebärmutter; hier Ausgangsmaterial für chemische Analysen

Mimikry        engl. mimicry Nachahmung, aus gr. μιμέω nachahmen, nachäffen, über lat. *mimicus* nachahmend; mit engl. Suffix -ry entspricht dt. -(e)rei

Moschus (m): Sanskrit (altind.) muská Hode; über Persisch mušk lederner Wasserschlauch, Moschus ins Griechische und Lateinische

odour/odor     lat. *odor, odoris* (m) Geruch, frz. *odeur* (f), engl. *odour*
              gr. ὄζειν riechen, vgl. Ozon

olere          lat. *olere* duften, riechen, stinken (*pecunia non olet* – Geld stinkt nicht)

olf            'olf' von lat. *olfactare* riechen. Das olf (Olf) ist die Maßeinheit für die Quellstärke, also für eine kontinuierliche Abgabe eines Geruchs, bzw. Riechstoffen.

olfactorius      lat. *olfactare* - an etwas riechen, Intensivum von *olfacere* riechen, wittern;
                 *Nervi olfactorii, Nn. olfact., Tractus olfactorius*;
                 Riechnerv (I. Hirnnerv) verläuft in den *Bulbus olfactorius*

Osmidrosis       gr. οσμή Geruch und gr. ιδρώσ Schweiß, Anstrengung;
                 Absonderung von riechendem Schweiß

Ozäna            gr. όζειν riechen; Stinknase

Parfum/Parfüm: aus lat. *per* durch und lat. *fumus, fumum* (m) Rauch, Dampf über das Verb
                 *perfumar* verschiedener romanischer Sprachen des Mittelmeeres 1397 zu frz.
                 *parfum* (m) Duft

Patch-Clamp-Technik: engl. patch Flicken und clamp festklemmen; Verfahren, mit dem sich
                 die durch einzelne Kanäle der Zellmembran fließende elektrische Ladung
                 (Strom) messen lässt. Weiterentwicklung der Voltage-Clamp-Technik.

Pheromon         gr. φέρειν tragen, bringen und gr. ορμείν antreiben;
                 auch: infochemicals, Soziohormone, Erkennungsstoffe, Sexuallockstoffe.
                 priming / Primer-Pheromone lösen endokrin eine Entwicklungsänderung aus;
                 engl. primer Zünder;
                 releasing / Releaser-Pheromone lösen eine Verhaltensänderung aus.

Pnikogene        gr. πνίγειν ersticken bzw. πνικτός erstickt; 5. Hauptgruppe, vgl. Stickstoff

Putrescin        lat. *putrescere* verfaulen

Radikal          lat. *radix* die Wurzel. In der Chemie: ein Atom/Molekül mit mindestens einem
                 ungepaarten Elektron

Repellent        (auch Repellens) plur. Repellentien oder Repellents; lat. *repellere* zurückwei-
                 sen, vertreiben; Schreckstoff

Resinoid         lat. *resina* das Harz; gr. είδος Bild, Aussehen; daraus Suffix *-oid* ähnlich

riechen, Geruch: rauchen, dampfen, duften, einen Geruch empfinden
                 (rauchen ist Kausativ zu riechen)

scent            engl. Duft, eigentlich *sent* von frz. *sentir* fühlen, wahrnehmen

Sensille         plur. Sensillen aus lat. *sensus* die Empfindung; mit lat. Diminutivsuffix *-ille,
                 -illium*

sensorisch       lat. *sensus* der Sinn; durch Wahrnehmung über die Sinne

Skatol           gr. σκώρ, σκατός der Kot

systemisch       den gesamten Organismus betreffend; nach Resorption verteilt sich ein Stoff
                 systemisch, d. h. im gesamten Organismus.

Tattogene        gr. τάττω oder τάσσω aneinander reihen; 4. Hauptgruppe = Kettenbildner

teleologisch     gr. τελέω vollenden, ans Ziel kommen; einem Ziel oder Zweck dienlich

Thalamus         gr. θάλαμος innerer Raum, Schlafgemach. Seit 1756 zur Bezeichnung einer
                 Gehirnstruktur verwendet.

| | |
|---|---|
| topisch | gr. τόπος Ort; örtliche Anwendung eines Stoffes |

Torus        lat. *torus* Wulst; hier im Sinne von Ringtorus gebraucht. Seine Oberfläche lässt sich auf einem Rechteck vollständig darstellen, ohne dass nicht-definierte Punkte (Singularitäten) auftreten.

trigeminus   lat. *tris* dreifach und lat. *geminus* Zwilling

van t'Hoff-Regel, RGT-Regel: Die Reaktionsgeschwindigkeit-Temperatur-Regel besagt, dass sich bei einer Erhöhung der Temperatur um 10°C die Geschwindigkeit einer chemischen Reaktion etwa verdoppelt. JH van 't Hoff erhielt 1901 den ersten für Chemie vergebenen Nobelpreis.

Velum        lat. *velum* Segel; anatomisch *Velum palatinum* = das Gaumensegel, der weiche Teil des Gaumens

in vitro     lat. *vitrum* Glas. *in vitro* bezeichnet die Betrachtung eines Prozesses im Reagenzglas. Im Gegensatz dazu *in vivo*, das einen Prozess im lebenden Organismus verfolgt. Analog gebildet ist *in silico*, worunter die rechnerische Simulation eines Prozesses verstanden wird. *in vitro – simplicitas, in vivo – veritas.*

vomeronasales Organ / VNO: lat. *vomer, vomeris* (m) Pflugschar, Pflug; anatomisch: Pfugscharbein. Geruchsorgan bei Säugetieren, auch Jacobson-Organ. Von dem dänischen Arzt Ludwig Levin Jacobson (1783-1843) im Jahre 1809 entdecktes, entwicklungsgeschichtlich sehr altes Riechorgan.

Vomeropherine: zusammengesetzt aus *vomer* und Pheromon, bezeichnen Pheromone, die über das vomeronasale Organ wirken sollen.

Zibet (n)    arab. *zabad* Moschus

# 10 Abkürzungen

| | |
|---|---|
| FG | **F**ood **G**rade ist ein Qualitätsmerkmal, den Aromen und Chemikalien führen können, wenn sie zum Verzehr geeignet, gesundheitlich unbedenklich, keine gesundheitliche Gefahr bewirken und nach GLP-Richtlinien hergestellt sind. Gesetzliche Vorschriften wie die EG-Aromen-Richtlinie 88/388/EWG, Zusatzstoff-Zulassungsverordnung, Reinheitskriterien für Zusatzstoffe, Höchstmengen für Kontaminanten und Pflanzenschutzmittel müssen erfüllt sein. |
| FIDOL | **F**requency, **I**ntensity, **D**uration, **O**ffensiveness, **L**ocation stellen diejenigen Faktoren dar, von denen die Lästigkeit eines Geruches abhängt. |
| FTNF | **F**rom **T**he **N**amed **F**ruit; FTNF-Aromen stammen ausschließlich aus der namensgebenden Frucht (From The Named Fruit), |
| FTNS | **F**rom **T**he **N**amed **S**ource FTNS-Aromen stammen von anderen Pflanzen. Beide sind geeignet für den Einsatz als „Add-back Flavors" in Fruchtsäften; vgl. WONF |
| GEE | Europäische Geruchseinheit = $GE_E$ = $ou_E$ enthalten in einem Kubikmeter Luft = $GE_E/m^3$ oder $GE/m^3$ oder $OU_E/m^3$ oder $OUE/m^3$. Der Zahlenwert der Geruchseinheit ist der Verdünnungsfaktor, der erforderlich ist, um gerade die Geruchsschwelle eines Kollektivs zu erreichen. Die Riechstoffkonzentration an der Geruchsschwelle ist per Definition $1\ OUE/m^3$. |
| HPVC | **H**igh **P**roduction **V**olume **C**hemical (gegenwärtig sind hier 2782 Substanzen gelistet). Es handelt sich um Chemikalien, die auf dem Europäischen Markt mit mehr als 1000 Tonnen pro Jahr hergestellt oder importiert werden. |
| LPVC | **L**ow **P**roduction **V**olume **C**hemical: zwischen 10 und 1000 Tonnen pro Jahr auf dem Europäischen Markt (gegenwärtig sind hier 7 829 Substanzen gelistet) |
| MVOC | **m**icrobial **v**olatile **o**rganic **c**ompounds (von Schimmelpilzen gebildete flüchtige Verbindungen) |
| NMVOC | **n**on **m**ethane **v**olatile **o**rganic **c**ompounds |
| OTV | **o**lfactory **t**hreshold **v**alue, dt. Geruchsschwellenwert |
| UV-Licht | auf Grund der biologischen Wirkung der UV-Strahlung unterscheidet man drei Bereiche: UV-C: 100-280 nm; UV-B: 280-315 nm; UV-A: 315-380 nm. |
| SVOC | **s**emi **v**olatile **o**rganic **c**ompounds Sdp. $240/260 - 380/400°C$ (nach n-Hexadecan) |
| VOC | **v**olatile **o**rganic **c**ompounds Sdp. $50/100 - 240/260°C$ (zwischen n-Hexan und n-Hexadecan) |
| VSC | **v**olatile **s**ulfuric **c**ompounds (flüchtige schwefelhaltige Verbindungen) |
| VVOC | **v**ery **v**olatile **o**rganic **c**ompounds Sdp. $< 0 - 50/100°C$ (vor n-Hexan) |

| WGK | Wassergefährdungsklasse (Umweltbundesamt) Stufen 1, 2, und 3 |
| WLN | Wiswesser Line Notation (1949) |
| WONF | With Other Named Fruits, WONF-Aromen sind aus anderen natürlichen Quellen hergestellt. Auch 'With Other Natural Flavors'; vgl. FTNF. |

## Verbände, Archive, Datenbanken

| ASTM | American Society for Testing and Materials, gegründet 1898 von Ingenieuren und Chemikern der Pennsylvania Railroad. Seit 2001 ASTM International. Erarbeitung von Industriestandards. Das ASTM Committee E18 on Sensory Evaluation of Materials and Products wurde 1960 ins Leben gerufen. (www.astm.org/COMMIT/COMMITTEE/E18.htm). |
| CAS | Chemical Abstract Service Registry Service |
| CE / CoE | Council of Europe (COE) |
| C.I. | Colour Index (begründet 1925) listet derzeit rund 27000 Farbstoffe. Herausgegeben von der Society of Dyers and Colourists und der American Association of Textile Chemists and Colorists, mit Angabe von C.I. Generic Name und C.I. Constitution Number (www.colour-index.org). |
| CosIng | European Commission database with information on cosmetic ingredients (ec.europa.eu/enterprise/cosmetics/cosing) |
| CTFA | Chemistry, Toiletry and Fragrance Association (USA) |
| DVAI | Deutscher Verband der Aromenindustrie e.V., gegründet 1906, mit derzeit etwa 60 Mitgliedern |
| DVRH | Deutscher Verband der Riechstoff-Hersteller e.V. (www.riechstoffverband.de) |
| EFFA | European Flavour and Fragrance Association, gegründet 1961, ab 2009 European Flavour Association, 6 Avenue des Arts, B-1210 Brussels |
| EFSA | European Food Safety Authority |
| EINECS | European Inventory of existing Commercial Chemical Substances. Die Europäische Datenbank kommerzieller Altstoffe listet 100204 Chemikalien, die von 1971 bis 1981 auf dem europäischen Markt vertreten waren. |
| ESIS | European chemical Substances Information System - online database |
| FCC | Food Chemicals Codex, ist ein Kompendium aus international anerkannten Monographie-Standards und Prüfverfahren zur Bestimmung der Reinheit und Qualität von Lebensmittelinhaltsstoffen wie Konservierungsmitteln, Geschmacksverstärkern, Aromen, Farbstoffen und Nährstoffen. 7. Ausgabe Februar 2010, Ergänzung durch drei Supplemente in halbjährlichem Abstand. |
| FEMA | Flavour and Extract Manufacturer's Association of the United States |
| FGE | Flavouring Group Evaluations (FGE's). FGE.xx |

| FLAVIS | The EU **Fla**vour **I**nformation **S**ystem. FLAVIS bietet Informationen über etwa 2700 chemisch definierte Aromastoffe. |
|---|---|
| GARA | **G**lomerular **A**ctivity **R**esponse **A**rchive (395 Riechstoffe) Die Datensammlung enthält Karten der räumlichen Verteilung der glomerulären Aufnahme von 2-Desoxyglucose im *Bulbus olfactorius* der Ratte in Abhängigkeit von chemisch definierten Riechstoffen. (gara.bio.uci.edu/index.jsp) |
| GESTIS | **Ge**fahr**st**off**i**nformation**s**system der Deutschen Gesetzlichen Unfallversicherung vom Institut für Arbeitsschutz der Deutschen Gesetzlichen Unfallversicherung (IFA). In der GESTIS-Stoffdatenbank hat jede Substanz eine maximal 6-stellige Zentrale-Vergabe-Nummer (ZVG-Nr.) zur eindeutigen Identifikation. (www.dguv.de/ifa/de/gestis/stoffdb/index.jsp) |
| GRAS | **g**enerally **r**ecognized **a**s **s**afe; Bezeichnung eines Status von Substanzen, die als Aromastoffe eingesetzt werden. FEMA Positivliste. FEMA GRAS flavoring substances 24 & 25 |
| GPCR | **G** **p**rotein-**c**oupled **r**eceptors  (www.gpcr.org/7tm/) |
| IFA | Institut für Arbeitsschutz der Deutschen Gesetzlichen Unfallversicherung. 53757 Sankt Augustin |
| IFRA | **I**nternational **F**ragrance **A**ssociation; Fragrance Industry Ingredient List (www.ifraorg.org). 43rd Amendment to the IFRA Standards. |
| InChI | **I**nternational **Ch**emical **I**dentifier (2006); (old.iupac.org/inchi/index.html) |
| InChIKey | ist von InChI abgeleitet und stellt immer eine Buchstabenkette der Länge 24 dar, bestehend aus drei Teilen (14-8/2) Gerüst-Block, Wasserstoff-Block, Flag, Check. Für Coffein ergibt sich: InChIKey=RYYVLZVUVIJVGH-UHFFFAOY AW |
| INCI | **I**nternational **N**omenclature of **C**osmetic **I**ngredients Die INCI-Deklaration: * Die Inhaltsstoffe werden in abnehmender Reihenfolge, entsprechend ihrer Konzentration aufgeführt. Bei Inhaltsstoffen, die weniger als ein Prozent ausmachen, muss keine Reihenfolge eingehalten werden. * Farbstoffe werden am Ende mit ihren CI-Nummern aufgeführt. Hier ist keine Reihenfolge vorgeschrieben. Bei Kosmetik, die in verschiedenen Farbnuancen angeboten wird, können alle möglicherweise vorkommenden Farbstoffe in einer eckigen Klammer aufgelistet werden. z.B.: [+/- CI75100, CI77015, CI77289]. Das "+/-" bedeutet, dass vielleicht nur einige der Farbstoffe im Produkt enthalten sind. * In besonderen Fällen kann für einen Inhaltsstoff Vertraulichkeit beantragt werden. Die Kennzeichnung vertraulicher Inhaltsstoffe erfolgt durch einen siebenstelligen Code. z. B.: 600277D oder ILN5643. |
| IOFI | **I**nternational **O**rganization of the **F**lavor **I**ndustry, gegründet 1969 in der Schweiz, vertritt nationale Vereinigungen von Aromenherstellern aus 23 Ländern. 100 rue du Rhône, CH-1204 Genève |

| JECFA | Joint FAO/WHO Expert Committee on Food Additives |
| LRI | Linear Retention Indices of Aroma Compounds. The LRI & Odour Database - Odour Data. (www.odour.org.uk) |
| MITI | Ministry of International Trade and Industry, Japan. Für MITI Test I und II siehe OECD |
| OECD | Organisation for Economic Co-operation and Development. Von der OECD stammen u.a. die Richtlinien für den Test zur Beurteilung des biologischen Abbauverhaltens einer Substanz. Die Test Guidelines TG 301 A-F umfassen den DOC Die-Away Test (301 A) (Modified Sturm Test), CO2 Evolution Test (301 B), Modified MITI Test (I) (301 C), Closed Bottle Test (301 D), Modified OECD Screening Test (301 E) und den Manometric Respirometry Test (301 F). |
| REACH | Registration, Evaluation, Authorisation and Restriction of Chemicals, ist eine Verordnung (EG) Nr. 1907/2006 des Europäischen Parlaments und des Rates, die seit 1. Juni 2007 in Kraft ist. Hiernach brauchen Hersteller oder Importeure, eine Registrierung für diejenigen Stoffe, die sie als solche und/oder in Zubereitungen mit mehr als einer Tonne pro Jahr in der Europäischen Union herstellen oder in die Europäische Union importieren. Je nach der pro Jahr hergestellten Menge steigen die Anforderungen an die einzureichenden Informationen über einen Stoff. Generell gilt „no data, no market". |
| SFP | Société Française des Parfumeurs, 36 rue du Parc de Clagny, F-78000 Versailles; (www.parfumeur-createur.com) |
| SMILES | simplified molecular input line entry specification (1985); Für Vanillin ergibt sich: O=Cc1ccc(O)c(OC)c1 |
| TNO | Nederlandse Organisatie voor Toegepast Natuurwetenschappelijk Onderzoek = Niederländische Organisation für Angewandte Naturwissenschaftliche Forschung = The Netherland's Organization for Applied Scientific Research, Hauptsitz in Delft. TNO Division of Nutrition and Food Research, Zeist, Niederlande |
| VCF | Volatile Compounds in Food database / Nijssen, L.M.; Ingen-Visscher, C.A. van; Donders, J.J.H. [eds]. – Version 12.3 – Zeist (The Netherlands): TNO Quality of Life, 1963-2010; Mit dem Aufbau der Liste der VCF wurde 1963 von Dr. C. Weurman im 'Flavour Department' of TNO Nutrition & Food Research begonnen. Heute umfasst die ständig erweiterte Zusammenstellung ca. 8000 flüchtige Verbindungen aus Nahrungsmitteln und enthält Daten von FEMA GRAS und EU-Flavis. (www.vcf-online.nl) |

# 11 Sachverzeichnis

*Hinweis*: Für chemische Substanzen, die mit ihrer Strukturformel abgebildet oder in Tabellen aufgeführt sind, ist in der Legende der Abbildung oder in einer Spalte der Tabelle die CAS-Registrier-Nummer angegeben.

Printed in the United States
By Bookmasters